中文版
AutoCAD 2024
从入门到精通

张倩　刘谊　路爽　编著

化学工业出版社

·北京·

内容简介

本书以实际操作为导向，系统地讲解了 AutoCAD 2024 的操作方法与应用技巧。

全书共 18 章，遵循由浅入深、从基础知识到案例进阶的学习原则，对 AutoCAD 基础入门、图形特性与图层管理设置、捕捉与定位图形、绘制基本二维图形、编辑二维图形、创建面域与图案填充、管理与应用图块、创建尺寸标注、创建文字与表格、创建三维基础模型、创建三维复杂模型、渲染三维模型以及图纸输出与打印等内容进行了讲解，并结合室内、建筑、机械和园林四大领域的案例进行总结，以达到学以致用的目的。

本书内容丰富，有很强的实用性，非常适合 AutoCAD 初学者使用，也可作为高等院校及培训机构相关专业的教材及参考用书。

图书在版编目（CIP）数据

中文版 AutoCAD 2024 从入门到精通 / 张倩，刘谊，
路爽编著. —北京：化学工业出版社，2024.2
ISBN 978-7-122-44306-9

Ⅰ. ①中… Ⅱ. ①张… ②刘… ③路… Ⅲ. ①
AutoCAD 软件　Ⅳ. ①TP391.72

中国国家版本馆 CIP 数据核字（2023）第 193204 号

责任编辑：耍利娜　　　　　　　　　　　　　　文字编辑：袁玉玉　袁　宁
责任校对：田睿涵　　　　　　　　　　　　　　装帧设计：张　辉

出版发行：化学工业出版社（北京市东城区青年湖南街 13 号　邮政编码 100011）
印　　装：三河市延风印装有限公司
787mm×1092mm　1/16　印张 30¾　字数 761 千字　2024 年 3 月北京第 1 版第 1 次印刷

购书咨询：010-64518888　　　　　　　　　　售后服务：010-64518899
网　　址：http://www.cip.com.cn
凡购买本书，如有缺损质量问题，本社销售中心负责调换。

定　　价：99.00 元

1. 为什么要学习 AutoCAD

AutoCAD 是一款计算机辅助设计软件，它主要用于二维制图以及三维基本模型的创建。该软件可对图形做各类编辑、转换、放大、缩小等一系列操作，还可将二维图形转换成三维模型，方便设计者从各个角度观察并修改设计方案。此外，软件具有很强的通用性，它可以根据设计者的需求，将图纸导入至 3ds Max、SketchUp、UG、Photoshop 等各类设计软件进行加工，以便展示出更加完善的设计作品。目前，AutoCAD 已成为工业设计领域的入门必备软件。

2. 本书包含哪些内容

本书是一本介绍 AutoCAD 绘图技术的实用图书，全书可分为 3 个组成部分，其中：

第 1~9 章主要介绍了 **AutoCAD 二维绘图技能的应用**，从了解 AutoCAD 软件讲起，全面介绍了软件入门基础操作、图形特性和图层管理、图形捕捉与定位、基本图形的绘制、图形的编辑与修改、面域与图案填充的创建、图块的创建与管理、尺寸标注的添加、文字表格的添加等知识。

第 10~14 章主要介绍了 **AutoCAD 三维绘图技能的应用**，这部分内容涵盖了设置三维建模环境、创建三维基本模型、编辑三维实体模型、渲染三维实体模型以及图形的打印与输出等知识。

第 15~18 章主要介绍了 **四大行业成套图纸的绘制方法**，分别对室内、建筑、机械和园林这四个行业中常见的设计案例进行绘制，以巩固所学的绘图技能，让读者将所学理论运用到实际设计工作中。

3. 选择本书的理由

本书采用 **基础知识+动手练习+实战演练+课后作业** 的编写模式，内容由浅入深、循序渐进，从实战应用中激发学习兴趣。

（1）全书覆盖二维绘图和三维绘图的知识体系

本书对二维绘图和三维绘图两大体系进行了全方位讲解，书中尽可能涵盖 AutoCAD 所有应用知识点。本书简洁明了、简单易学，从而能够保证读者更快地入门。

（2）本书理论实战紧密结合，摆脱纸上谈兵

本书包含了上百个案例，既有针对一个功能的动手练习，也有综合总结性的实战案例，所有的案例都经过了精心的设计。读者在学习本书的时候可以通过案例更好、更快地理解知识和掌握应用，同时这些案例也可以在实际工作中直接引用。

（3）配套视频讲解，学习高效快捷

书中几乎每个案例都配有二维码视频，只需拿起手机扫一扫，即可轻松观看高清同步视频教学，体验感非常好。

4. 学习本书的方法

为了让读者能够快速掌握 AutoCAD 绘图技能，下面给出几点学习方法，供读者参考。

（1）牢固绘图基础

按照本书的知识体系，由浅入深地掌握每一项基础命令的用法，一点一滴地积累所学知识。

（2）勤于思考，加强练习

在遇到问题时，先思考问题出在何处，是概念理解错误，还是方法使用不当。可及时查看书中相关内容，并动手去解决，这样便会加深记忆。此外，只有多实践，才能发现问题，并解决问题，否则永远是在纸上谈兵，无法真正学到技能。

（3）善于总结

在经过一个阶段的学习后，需要停下来进行自我总结。总结之前所学的知识点，哪些对自己来说比较重要，然后根据自己的总结，进行有针对性的加强练习。

总之，学习就是一个"**理论→实践→思考总结→再实践**"的过程。

本书在编著过程中力求严谨细致，但由于编著者水平有限，疏漏之处在所难免，望广大读者批评指正。

编著者

第1章
全方位了解 AutoCAD

第2章
图形特性的设置与管理

第 3 章
图形的精确定位与测量

第 4 章
基本图形的绘制方法

第5章
对图形进行编辑与修改

第 6 章
创建图形面域与图案填充

第 7 章
创建与管理图块

第8章
对图形进行快速标注

第9章
添加与编辑文字和表格

第 10 章
设置三维建模环境

第 11 章
创建三维基本模型

第 12 章
编辑三维实体模型

第 13 章
对实体模型进行渲染

第 14 章
输出与打印图形

第15章
绘制三居室室内设计图

第16章
绘制住宅建筑平面设计图

第17章
绘制机械零件图

第18章
绘制景观小品设计图

第1章

全方位了解 AutoCAD

📖 本章概述

对于工程技术专业的人来说，AutoCAD 软件是再熟悉不过了。利用该软件可以快速并准确地绘制出各类工程设计图纸，它是一款优秀的辅助绘图软件。本章将带领读者全方位地了解 AutoCAD 软件，其中包括软件的应用领域、软件的基本功能、软件的基础操作等。

✒️ 学习目标

- 初步了解 AutoCAD 软件。
- 了解 AutoCAD 绘图环境的设置方法。
- 掌握 AutoCAD 入门操作。

扫码观看本章视频

📓 实例预览

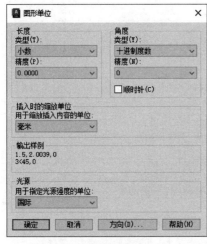

设置绘图单位

保存低版本文件

1.1　AutoCAD 软件简介 ●●●

AutoCAD 是美国 Autodesk 公司开发的一款计算机辅助设计软件，主要用于二维绘图、详细绘制、设计文档和基本三维设计。该软件先后经历了数十次改进，每一次升级和更新，功能都会得到不断完善。目前，软件最新版本为 AutoCAD 2024。

1.1.1　AutoCAD 的应用领域

随着科学技术的发展，AutoCAD 软件已经被广泛运用到了各行各业，尤其在建筑、机械、电气、服装等行业发挥了其强大的绘图及设计方面的能力，并取得了丰硕的成果和巨大的经济效益。

（1）在建筑行业中的应用

建筑设计是一项创造性很强的工作，它最终是以图纸的形式将各类建筑直观地表达出来。将 AutoCAD 技术与建筑设计的结合是计算机图形图像技术发展的必然结果，如图 1-1 所示的是别墅外立面设计图纸。该软件不仅能将设计方案用规范、美观的图纸表达出来，还能有效地帮助设计人员提高设计效率，这是手工绘图无法比拟的。

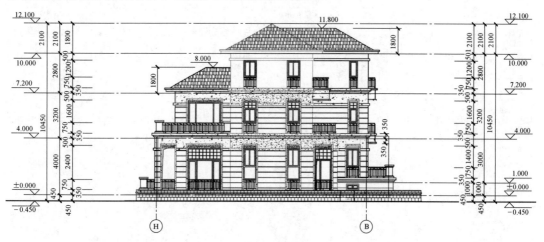

图 1-1　建筑设计图

（2）在机械行业中的应用

AutoCAD 在机械制造行业的应用最早，也最为广泛，其应用主要集中在零件与装配图的实体生成等。它彻底更新了设计手段和设计方法，摆脱了传统设计模式的束缚，引进了现代设计观念，促进了机械制造业的高速发展，如图 1-2 所示为二级圆柱齿轮减速器装配图纸。

（3）在电气行业中的应用

在电气设计中，AutoCAD 主要应用在制图和一部分辅助计算方面。电气设计的最终产品是图纸，作为设计人员需要基于功能或美观方面的要求创作出新产品，并需要具备一定的设计概括能力，从而利用软件绘制出设计图纸，如图 1-3 所示的是电气控制原理图。

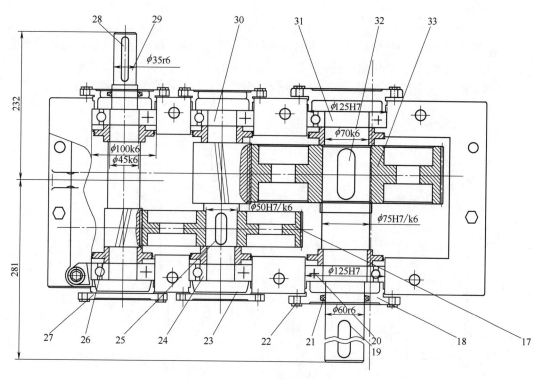

图 1-2　机械装配图

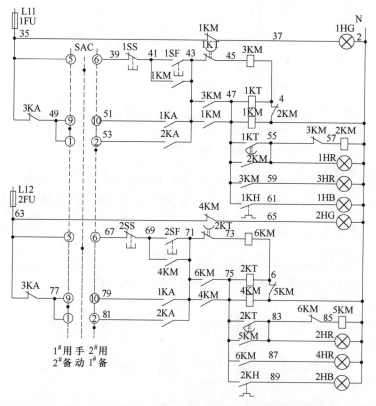

图 1-3　电气控制原理图

（4）在服装行业中的应用

随着时代的发展与科技的进步，服装行业也逐渐应用 AutoCAD 绘图技术。该技术可用来进行服装款式图的绘制、对基础样板进行放码、对完成的衣片进行排料、对完成的排料方案直接通过服装裁剪系统进行裁剪等，如图 1-4 所示，使服装设计更加科学化、高效化。

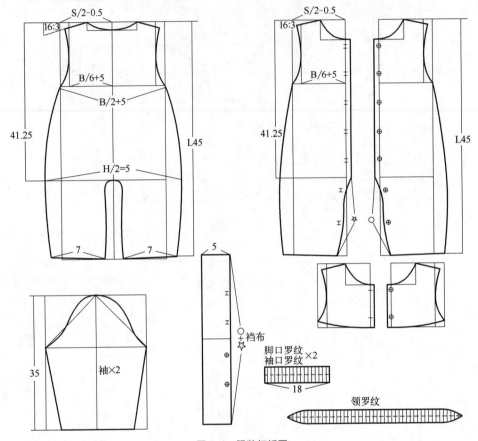

图 1-4　服装打板图

由于功能的强大和应用范围的广泛，越来越多的设计单位和企业采用这一技术来提高工作效率、产品的质量和改善劳动条件。因此，AutoCAD 已逐渐成为工程设计中最流行的计算机辅助绘图软件之一。

1.1.2　AutoCAD 的基本功能

AutoCAD 具有绘制二维图形和三维图形、标注图形、协同设计、图纸管理等功能，主要表现在以下几个方面。

·**绘图功能**：绘图功能是 AutoCAD 软件的核心功能，使用该功能可以绘制各类几何图形，并对绘制完成的图形进行标注。

·**编辑功能**：编辑功能是对已有的图形进行各类操作，包括形状和位置的更改、属性的设置、复制、删除、剪切和分解等。

·**设置功能**：设置功能是对各类参数的设置，如图形属性、绘图界限、图纸单位和比例，以及各种系统变量的设置等。

- **辅助功能**：辅助功能的作用是在绘图过程中为用户提供参数查询、坐标值查询、通过坐标值定义点、进行视图管理、选择图形、约束与控制点以及查询帮助信息等。
- **文件的管理**：主要是对图形文件进行打开、关闭、保存、文件格式的转换、打印输出以及文件的发表等。
- **三维功能**：三维功能主要是建立、观察和显示各种三维模型，包括线框模型、曲面模型以及实体模型等。

1.1.3 AutoCAD 2024 新增功能

新版 AutoCAD 2024 在保留旧版本功能特色的同时又引入了一系列新增功能，其中包含活动见解、智能块、标记导入等。

（1）活动见解

活动见解功能可让用户了解到自己或其他协作人员针对当前图纸所做的所有操作。在 AutoCAD 中打开图形文件后，活动见解功能就开始记录编辑操作。它还可记录 AutoCAD 之外的一系列操作。例如在"Windows 资源管理器"中重命名或复制图形后，再打开该图形文件时，系统将从"活动见解"数据库中读取在该图形中所编辑的操作，并将这些操作按时间顺序显示在"活动见解"选项板中。在处理图形时，所有操作会写入数据库，并对这些数据进行实时更新。

（2）智能块

智能块功能可以根据用户之前在图形中放置该块的位置提供相关建议。用户在放入图块时，系统会记录当前图块在图形中的放置方式，以推断相同块的下次放置。当下次插入类似的图块时，系统则会提供图块的放置建议。

（3）标记导入

标记导入功能是 AutoCAD 2023 版本的新增功能，该功能可以覆盖手绘或电脑绘制标记的 PDF 图像文件，并识别出文件中的标记，帮助用户将标记内容插入到当前图形文件中。AutoCAD 2024 版本对该功能进行了一些改进。例如，新增了"更新现有文字"选项功能，让电脑自动对现有文字进行更新，无需用户手动输入。

（4）更新"开始"选项卡

在"开始"选项卡的"最近使用的项目"选项中，新增了图形"排序依据"和"搜索"功能。使用"排序依据"功能可根据需要来选择图形文件的排序方式。使用"搜索"功能可以快速搜索到所需的图形文件。

1.1.4 安装 AutoCAD 2024

在 Autodesk 官方网站中下载好 AutoCAD 2024 版本后，即可进行软件的安装。

▶Step01：AutoCAD 2024 安装包在安装之前需要先解压，双击应用程序图标，会打开"解压到"对话框，选择解压目标文件夹（如果 C 盘有足够的空间，可保持默认），如图 1-5 所示。

▶Step02：设置完毕后单击"确定"按钮，即开始解压，如图 1-6 所示。

▶Step03：解压完毕后会自动开始进行安装准备，如图 1-7 所示。

▶Step04：进入到"法律协议"界面，选择"我同意使用条款"复选框，再单击"下一步"按钮，如图 1-8 所示。

图 1-5　选择目标文件夹

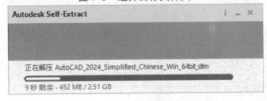

图 1-6　开始解压

图 1-7　安装准备

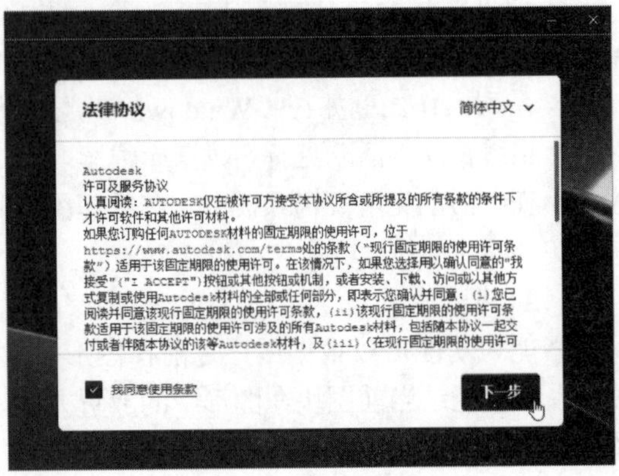

图 1-8　"法律协议"界面

▶Step05：在"选择安装位置"界面，根据需要指定安装路径（一般保持默认，如果 C 盘空间不足，也可指定到其他磁盘），设置后单击"安装"按钮，如图 1-9 所示。

▶Step06：系统会开始安装该程序，并显示安装进度，如图 1-10 所示。

图 1-9　"选择安装位置"界面

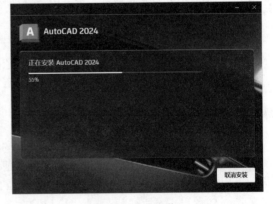

图 1-10　正在安装

▶Step07：安装完毕后，界面中会提示"AutoCAD 2024 安装完成"，并弹出提示框"请重新启动计算机以完成安装"，单击"重启启动"按钮即可，如图 1-11 所示。

▶Step08：计算机重启后，双击安装的 AutoCAD 2024 应用图标，即可启动该应用程序，如图 1-12 所示。

图 1-11　完成安装

图 1-12　AutoCAD 2024 启动界面

1.1.5　AutoCAD 2024 的工作界面

AutoCAD 2024 的工作界面主要包括菜单浏览器、标题栏、快速访问工具栏、功能区、绘图区、命令行、文件选项卡和状态栏等，如图 1-13 所示。

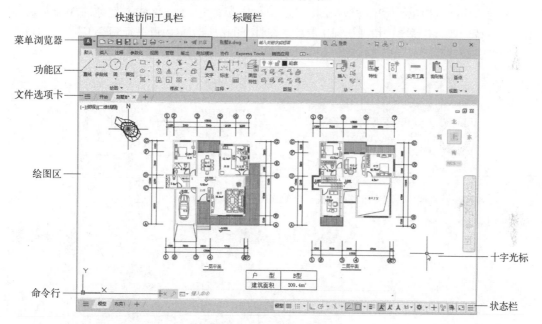

图 1-13　AutoCAD 2024 工作界面

（1）菜单浏览器

菜单浏览器 位于工作界面左上角，单击该按钮可以打开文件列表。在文件列表中，用户可执行新建、打开、保存、另存为、输入、输出、发布、打印、图形实用工具及关闭等命令。在文件列表右侧会显示最近使用过的图形文件，单击所需文件右侧 按钮，在打开的快捷菜单中可选择文件打开的方式，以及从列表中删除选项，如图 1-14 所示。

在文件列表中选择"选项"，可打开"选项"对话框，在该对话框中用户可对系统配置的相关参数进行设置，如图 1-15 所示。

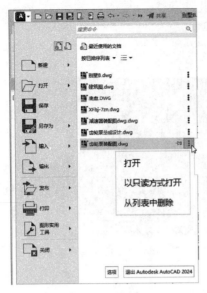

图 1-14 文件列表

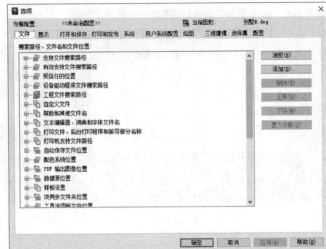

图 1-15 "选项"对话框

（2）快速访问工具栏

快速访问工具栏位于标题栏最左侧。该工具栏中带有更多的功能并与其他的 Windows 应用程序保持一致。右键单击快速访问工具栏，在打开的快捷菜单中可进行删除工具、添加分隔符、自定义快速访问工具栏等操作，如图 1-16 所示。

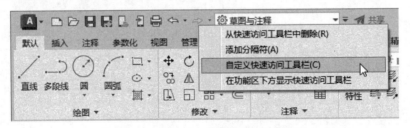

图 1-16 快速访问工具栏及打开的快捷菜单

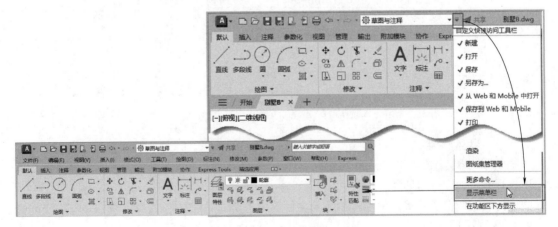

图 1-17 显示菜单栏

单击快速访问工具栏右侧▾按钮，在打开的下拉列表中选择"显示菜单栏"选项，可将菜单栏显示出来，以便进行命令调用操作。菜单栏默认为隐藏状态，如图1-17所示的是菜单栏为显示状态的效果。

（3）标题栏

标题栏位于工作界面的最上方，它是由快速访问工具栏、当前图形标题、搜索栏、登录、Autodesk App Store、保持连接、帮助以及窗口控制按钮组成。按【Alt+Enter】或者右击鼠标，在打开的快捷菜单中执行窗口的还原、移动、大小、最小化、最大化、关闭等操作，如图1-18所示。

图1-18 标题栏

用户也可通过右上角的窗口控制按钮来对当前窗口进行最大化、最小化和关闭操作。

（4）功能区

功能区位于标题栏下方，由选项卡、功能面板和操作命令三个部分组成。每一个选项卡中包含了多个功能面板。此外，这些功能面板中也包含了多个与该功能相关的操作命令。单击功能面板中的操作命令按钮即可执行该命令，如图1-19所示。

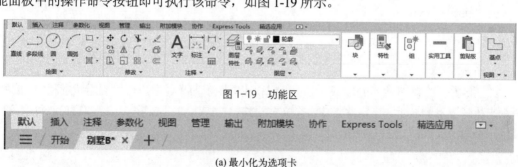

图1-19 功能区

(a) 最小化为选项卡

(b) 最小化为面板标题

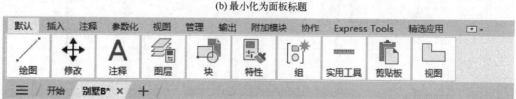

(c) 最小化为面板按钮

图1-20 功能区呈现模式

单击功能区最右侧  按钮,在展开的列表中可以选择将功能区最小化为选项卡、最小化为面板标题、最小化为面板按钮这三种方式来呈现功能区,如图 1-20 所示。

(5)文件选项卡

文件选项卡位于功能区下方,默认新建的文件,会以 Drawing1 的名称来命名。单击文件名右侧"+"按钮,可新建一个空白文件,并以 Drawing2 来命名该文件。该选项卡有利于用户寻找需要的文件,方便使用,如图 1-21 所示。

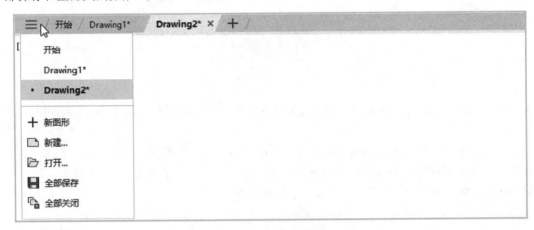

图 1-21 文件选项卡

单击文件选项卡左侧 ≡ 按钮,在打开的下拉列表中,用户可进行文件的新建、打开、全部保存和全部关闭操作,如图 1-22 所示。

图 1-22 文件选项列表

(6)绘图区

绘图区是一个没有边界的区域,用于绘制和编辑图形对象。用户可以利用状态栏中的缩放命令来控制图形的显示。该软件支持多个文档操作,绘图区可以显示多个绘图窗口,每个窗口显示一个图形文件,如图 1-23 所示。

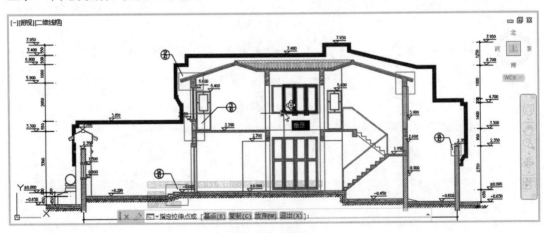

图 1-23 绘图区

在绘图窗口中除了显示当前的绘图结果外，还显示了当前使用的坐标系类型以及坐标原点，X轴、Y轴、Z轴的方向等。

（7）命令行

命令行默认是悬浮在绘图区中，用户可以拖动命令行至任意位置；当然也可将其固定在某一个位置，方便用户输入命令。一般将其固定在绘图区下方、状态栏上方位置，如图1-24所示。

图 1-24　命令行

单击命令行左侧▐或▦▦▦标识，可移动命令行。在命令行中，用户可通过键盘输入相关命令并进行绘制操作。

（8）状态栏

状态栏位于工作界面最下方。它用于显示当前绘图的状态。状态栏的左侧会显示"模型"和"布局"两种绘图模式，单击即可进行模式的切换。状态栏右侧显示了多种辅助绘图的命令按钮，其中包括栅格捕捉、正交、极轴捕捉、对象捕捉、线宽显示、比例设置、工作空间切换、视图缩放等，如图1-25所示。

图 1-25　状态栏

1.2　了解绘图环境的设置

在开始学习绘图操作前，用户可以根据自己的使用习惯，来对当前的绘图环境进行一番设置，例如切换工作空间，设置系统配置参数、绘图界限、绘图单位、绘图比例等。

1.2.1　切换工作空间

AutoCAD软件提供了3种工作空间，分别为"草图与注释""三维基础""三维建模"，其中草图与注释为默认工作空间。用户可通过以下方法进行各空间的切换。

· 执行"工具>工作空间"命令，在打开的级联菜单中选择需要的空间类型即可。

· 单击快速访问工具栏的"工作空间"下拉按钮 ⚙ 草图与注释　　　▼。

· 单击状态栏右侧的"切换工作空间"按钮 ⚙ ▾。

· 在命令行输入WSCURRENT命令并按回车键，根据命令行提示输入"草图与注释""三维基础"或"三维建模"，即可切换到相应的工作空间。"AutoCAD经典"工作空间不可用快捷键命令进行设置。

（1）草图与注释

草图与注释工作空间主要用于绘制二维平面图形。该空间是以XY平面为基准的绘图空间，可利用系统提供的绘图工具、图形修改工具来绘制各类二维图形，是用户最常用的工作空间，如图 1-26 所示。

图 1-26　草图与注释工作空间

（2）三维基础

三维基础工作空间只限于绘制三维模型。用户可运用系统所提供的建模、编辑、渲染等各种命令，创建出三维模型，如图 1-27 所示。

图 1-27　三维基础工作空间

（3）三维建模

三维建模工作空间是在三维基础空间的基础上，增添了多种建模方式，其应用更为广泛，如图 1-28 所示。

图 1-28　三维建模工作空间

1.2.2　设置系统配置参数

默认的系统配置往往不符合绘图者的使用习惯，所以在绘图前，通常都需要对一些配置参数进行设置，以方便绘图者绘制各类图形。用户可通过以下方式打开系统"选项"对话框。

- 从菜单栏执行"工具>选项"命令。
- 单击菜单浏览器 ，在弹出的列表中选择"选项"命令。
- 在命令行输入 OP 快捷命令，按回车键即可。
- 在绘图区中单击鼠标右键，在弹出的快捷菜单中选择"选项"命令。

执行以上任意一种操作后，系统将打开"选项"对话框，用户可在该对话框中设置所需要的系统配置，如图 1-29 所示。

下面对"选项"对话框中的各选项卡进行说明。

- 文件：该选项卡用于确定系统搜索支持文件、驱动程序文件、菜单文件和其他文件。
- 显示：该选项卡用于设置窗口元素、布局元素、显示精度、显示性能、十字光标大小和淡入度控制等参数。
- 打开和保存：该选项卡用于设置系统保存文件类型、自动保存文件的时间及维护日志等参数。
- 打印和发布：该选项卡用于设置打印输出设备。

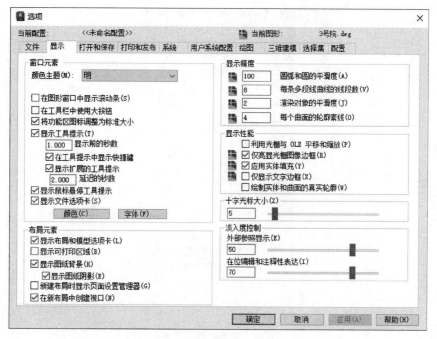

图 1-29 "选项"对话框

· 系统：该选项卡用于设置三维图形的显示特性、定点设备以及常规选项等参数。

· 用户系统配置：该选项卡用于设置系统的相关选项，其中包括"Windows 标准操作""插入比例""坐标数据输入的优先级""关联标注""超链接"等参数。

· 绘图：该选项用于设置绘图对象的相关操作，例如"自动捕捉设置""自动捕捉标记大小""AutoTrack 设置"以及"靶框大小"等参数。

· 三维建模：该选项卡用于创建三维图形时的参数设置。例如"三维十字光标""三维对象""视口显示工具"以及"三维导航"等参数。

· 选择集：该选项卡用于设置与对象选项相关的特性。例如"拾取框大小""夹点尺寸""选择集模式""夹点颜色"以及"选择集预览""功能区选项"等参数。

· 配置：该选项卡用于设置系统配置文件的置为当前、添加到列表、重命名、删除、输入、输出以及配置等参数。

 动手练习——设置软件主题色及绘图区背景色

AutoCAD 2024 软件默认的主题色为蓝黑混搭色，如果该颜色不能够满足绘制者的需求，可通过以下方式来调整主题颜色。

▶Step01：在绘图区任意位置单击鼠标右键，在打开的快捷菜单中选择"选项"，如图 1-30 所示。

▶Step02：在"选项"对话框中将"颜色主题"设为"明"，如图 1-31 所示。

▶Step03：单击"颜色"按钮，打开"图形窗口颜色"对话框，将"统一背景"的颜色设为白色，如图 1-32 所示。

▶Step04：设置完成后，单击"应用并关闭"按钮，返回上一层对话框，单击"确定"按钮即可。此时，界面颜色由默认的黑蓝色变成明亮的白色，如图 1-33 所示。

图 1-30　打开“选项”对话框

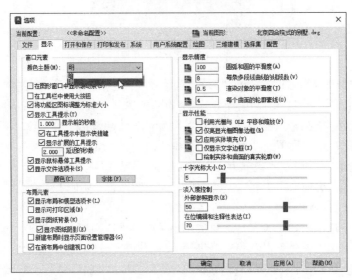

图 1-31　设置颜色主题为“明”

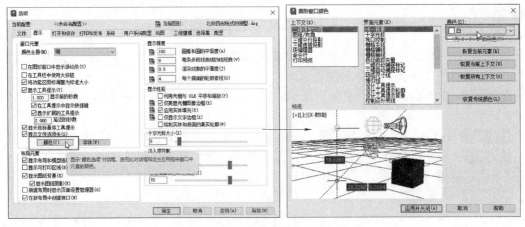

图 1-32　设置绘图区背景色

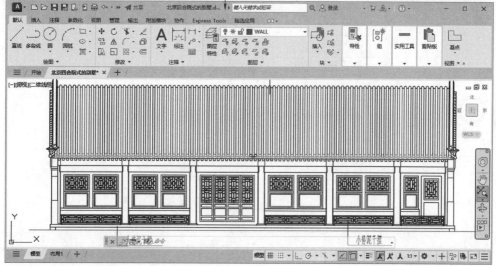

图 1-33　设置前后对比效果

 动手练习——设置鼠标右键功能

AutoCAD 默认的鼠标右键功能是快捷菜单，在这里用户可通过设置来改变右键功能，以便符合自己的使用习惯。例如，将右击鼠标后打开的快捷菜单设置为右击后重复上一条命令操作。

▶Step01：单击鼠标右键，在快捷菜单中选择"选项"，打开"选项"对话框。切换到"用户系统配置"选项卡，单击"自定义右键单击"按钮，如图 1-34 所示。

▶Step02：在打开的"自定义右键单击"对话框中，将"默认模式"设为"重复上一个命令"，将"编辑模式"设为"重复上一个命令"，将"命令模式"设为"确认"，如图 1-35 所示。

▶Step03：单击"应用并关闭"按钮关闭该对话框，返回"选项"面板，可以看到系统自动取消了"绘图区域中使用快捷菜单"复选框，再单击"关闭"按钮关闭对话框，如图 1-36 所示。

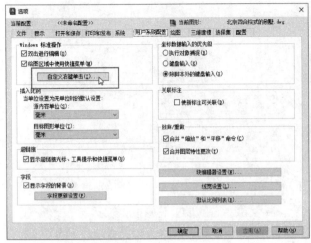

图 1-34 打开"选项"对话框

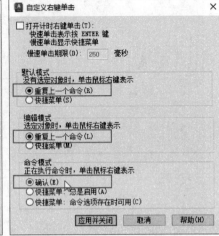

图 1-35 自定义右键设置

图 1-36 完成设置

技术要点

如要恢复鼠标右键的快捷菜单功能，只需要在"选项"面板中重新勾选"绘图区域中使用快捷菜单"复选框即可。

1.2.3 设置绘图界限

绘图界限是指在绘图区中设定的有效区域。在实际绘图过程中，如果没有进行设定绘图界限，那么系统对作图范围将不做限制，会给打印和输出过程增加难度。用户可通过以下方法执行设置绘图界限操作：

· 菜单栏：执行"格式>图形界限"命令。

· 命令行：输入 LIMITS 命令，然后按回车键。

执行以上任意一种操作后，根据命令行中的提示，设定好所需尺寸即可。

命令行提示如下：

命令: LIMITS　　　　　　　　　　　　　　　　　　　　　　　　　　　（输入命令，回车）

重新设置模型空间界限:

| 指定左下角点或 [开(ON)/关(OFF)] <0.0000,0.0000>: | （默认设置，回车） |
| 指定右上角点 <420.0000,297.0000>: | （输入尺寸参数） |

1.2.4 设置绘图单位

在绘图之前，首先应对绘图单位进行设定，以保证图形的准确性。在菜单栏中执行"格式>单位"命令，或在命令行输入 UNITS 并按回车键，即可打开"图形单位"对话框，从中便可对绘图单位进行设置，如图 1-37 所示。

"**长度**"选项组：在"类型"下拉列表中可以设置长度单位，在"精度"下拉列表中可以对长度单位的精度设置。

"**角度**"选项组：在"类型"下拉列表中可以设置角度单位，在"精度"下拉列表中可以对角度单位的精度设置。勾选"顺时针"复选框后，图像以顺时针方向旋转。若不勾选，图像则以逆时针方向旋转。

"**插入时的缩放单位**"选项组：缩放单位是用于插入图形后的测量单位，默认情况下是"毫米"，一般不做改变，用户也可以在类别下拉列表中设置缩放单位。

"**光源**"选项组：光源单位是指光源强度的单位，其中包括国际、美国、常规选项。

图 1-37 "图形单位"对话框

"**方向**"按钮：单击"方向"按钮打开"方向控制"对话框。默认测量角度是东，用户也可以设置测量角度的起始位置。

动手练习——设定绘图比例

默认的绘图比例为 1∶1。如果用户对其比例有特殊的要求，可对比例进行自定义设置。

▶**Step01**：在状态栏中单击"当前视图的注释比例"按钮 1:1▾，在打开的列表中选择所需

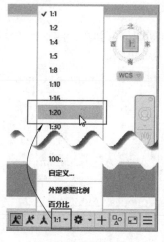

图 1-38 设置比例

图 1-39 "编辑图形比例"对话框

的比例值即可，如图 1-38 所示。

▶Step02：如果该列表中没有所需要的比例值，可选择"自定义"选项，打开"编辑图形比例"对话框，在其中单击"添加"按钮，如图 1-39 所示。

▶Step03：在"添加比例"对话框中设置好所需的比例值，单击"确定"按钮，如图 1-40 所示。

▶Step04：返回到上一层对话框，单击"确定"按钮关闭对话框。再次单击"当前视图的注释比例"按钮，在其列表中选择刚设定的比例值即可，如图 1-41 所示。

图 1-40　设定比例值

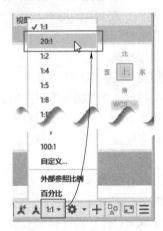
图 1-41　选择设定的比例值

1.3　掌握绘图的入门操作 ●●●

绘图环境设置好后，接下来就可以开始绘制图形了。在学习绘图技术前，先要掌握绘图入门的一些基础操作。例如，软件的启动与退出、图形文件的管理、命令调用的方法以及坐标系的设置等。

1.3.1　启动与退出软件

成功安装应用程序后，系统会在桌面上创建一个快捷启动图标，并在程序文件夹中创建 AutoCAD 程序组。用户可通过下列方式启动 AutoCAD 2024 应用程序：

· 在电脑桌面执行"开始>所有程序>'AutoCAD 2024-简体中文（Simplified Chinese）'文件夹>AutoCAD 2024-简体中文（Simplified Chinese）"命令。

· 双击 AutoCAD 2024 应用程序的快捷方式图标。

· 双击任意一个 AutoCAD 图形文件。

图形绘制完毕后保存文件，用户可通过以下几种方法退出 AutoCAD 应用程序：

· 在菜单栏中执行"文件>退出"命令。

· 单击"菜单浏览器"按钮，在打开的列表中单击"退出 Autodesk AutoCAD 2024"按钮。

· 在软件右上角单击"关闭"按钮。

1.3.2 管理图形文件

图形文件的操作是进行高效绘图的基础，它包括新建图形文件、打开已有的图形文件、保存图形文件、关闭图形文件和修复图形文件等。在该软件的文件菜单和快速访问工具栏中提供了以上管理图形文件所必需的操作工具。

（1）新建文件

启动应用程序后，系统会进入"开始"界面。单击"新建"按钮即可创建一个以"Drawing1"命名的空白文件，如图1-42所示。

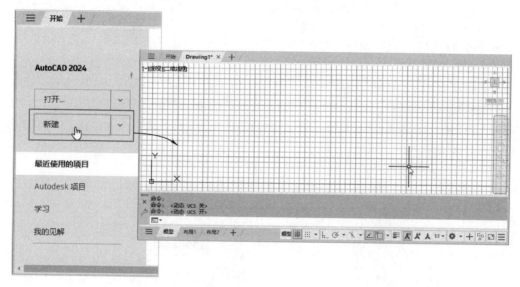

图1-42　新建空白文件

此外，用户可以通过以下几种方法来新建文件：

· 单击"菜单浏览器"按钮 ，在弹出的列表中执行"新建>图形"命令。
· 在菜单栏中执行"文件>新建"命令。
· 在快速访问工具栏中单击"新建"按钮 。
· 单击文件选项卡中的"+"按钮。

图1-43　从"选择样板"中新建文件

- 在命令行中输入 NEW 命令后，按回车键。
- 按 Ctrl+N 组合键。

执行以上任意一种操作后，系统会打开"选择样板"对话框，从文件列表中选择需要的样板，然后单击"打开"按钮即可创建新的图形文件，如图 1-43 所示。

（2）打开文件

在绘图过程中，想要打开其他相关的图形文件，可通过以下几种方法来打开：
- 单击"菜单浏览器"按钮 ，在弹出的列表中执行"打开>图形"命令。
- 在快速访问工具栏单击"打开"按钮 。
- 从菜单栏执行"文件>打开"命令。
- 在命令行输入 OPEN 命令，然后按回车键。
- 按 Ctrl+O 组合键。
- 直接双击 AutoCAD 图形文件。

通过执行以上方法后，系统会打开"选择文件"对话框，在此选择所需的图形文件，单击"打开"按钮即可，如图 1-44 所示。此外，将所需打开的文件移动至 AutoCAD 工作界面中，同样也可打开文件。

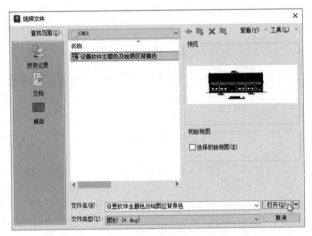

图 1-44　"选择文件"对话框

> ◎ **技术要点**
>
> 　　使用 AutoCAD 2024 打开早期版本的图形文件时，经常会出现缺失字体库样式的情况，如图 1-45 所示。此时，用户可以选择合适的大字体将其替换，也可以选择忽略字体替换继续打开。

（3）保存文件

首次保存文件时，按 Ctrl+S 键会打开"图形另存为"对话框，在此设定好文件名称及保存路径，单击"保存"按钮即可保存该文件，如图 1-46 所示。

文件另存为操作后，当再次按 Ctrl+S 键时，可直接保存并覆盖上一次保存的图形文件。如果用户想要保留上一次保存的文件，而对当前文件进行重新保存，那么可通过以下方法来进行文件的保存操作：
- 单击"菜单浏览器"按钮 ，在弹出的列表中执行"另存为>图形"命令。

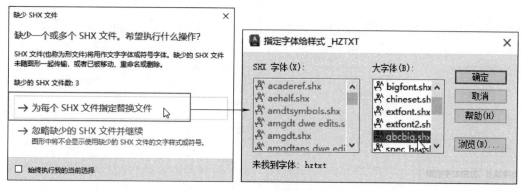

图 1-45 选择大字体替换

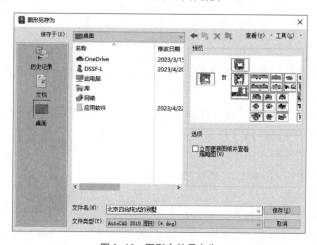

图 1-46 图形文件另存为

- 在菜单栏执行"文件>另存为"命令。
- 单击快速访问工具栏的"另存为"按钮 。
- 按 Ctrl+Shift+S 组合键。

执行以上任意操作都可打开"图形另存为"对话框,重新设置一下文件名称及保存的路径,单击"保存"按钮即可。

动手练习——设置文件自动保存操作

AutoCAD 软件提供了文件自动保存功能,在遇到软件意外关闭时,它可以有效地减少或避免突发情况带来的损失。

▶Step01: 单击"菜单浏览器"按钮,选择"选项",打开"选项"对话框,如图 1-47 所示。

▶Step02: 切换到"打开和保存"选项卡,系统会默认开启了"自动保存"功能,用户只需在此设置一下"保存间隔分钟数"参数,完成后单击"确定"按钮即可,如图 1-48 所示。

◎ 技术要点

在设置"保存间隔分钟数"时需注意,保存间隔时间太短,在绘制过程会出现频繁的卡顿现象;保存间隔时间太长,该功能就达不到自动保存的效果。所以,自动保存的时间间隔最佳为 10~20 分钟。

图 1-47　打开"选项"对话框　　　　　　　　　　图 1-48　设置自动保存

（4）关闭文件

当完成图形的绘制并保存后，可对当前图形进行关闭操作。关闭文件的操作方法有以下几种：

- 单击"菜单浏览器"按钮 ，在弹出的列表中选择"关闭>当前图形"命令。
- 在文件选项卡中单击当前文件名右侧" "按钮。
- 从菜单栏执行"文件>关闭"命令。
- 在命令行输入 CLOSE 命令，然后按回车键。
- 按 Ctrl+F4 组合键。

如果没有对图形文件进行操作，可以直接关闭文件；如果对图形文件进行了修改，在执行关闭命令时，系统会打开提示对话框，询问"是否将改动保存到***？"单击"是"按钮可进行保存后再关闭操作。如果单击"否"按钮，可直接关闭文件。单击"取消"按钮，则取消关闭命令的执行操作，如图 1-49 所示。

图 1-49　关闭提示对话框

（5）图形修复

当出现软件崩溃，无法继续操作，而其他软件又能够正常运行的现象，那有可能是该文件有错误需要修复。用户可通过以下三种修复方法来解决。

① 用 RECOVER 命令修复图形　在菜单栏中执行"文件>图形实用工具>修复"命令，对文件进行修复。在命令行输入 RECOVER 命令也可。

如果该命令不能修复图形，AutoCAD 会显示几条信息中的一条表明这个图形文件不能被修复。如果图形已经严重损坏，修复过程会终止并导致退出 AutoCAD。这种情况发生后，需要重新启动计算机并尝试另一种修复方法。如果用 RECOVER 命令能打开图形，紧跟着应该用 AUDIT 命令。因为图形中可能包含不能被 RECOVER 命令排除的损坏，这种情况下应该用一次或几次 AUDIT 命令修复此故障。

② 用 INSERT 命令修复图形　如果用 RECOVER 命令不能成功打开一个图形，可以把此图形插入到另一个图形中，就像插入了一个外部图块。

在命令行中输入 INSERT 命令，在打开的对话框中选择该图形文件和"分解"选项功能，单击"确定"按钮，此时 AutoCAD 会试着插入并分解损坏的图形文件，如果成功地插入了图块，就按 AUDIT 命令进行修复。如果可以打开一个图形，但是会出现一些已经被损坏了的信息，或者在此图形上工作了很短的时间后会有错误出现，这时就可以把此图形另存为低版本格式，并在低版本中重新打开这个图形，以此类推。

③ 利用备份文件　如果上述方法都无法修复，可在 AutoCAD 安装目录下找到其备份文件，将其扩展名.bak（在作图的过程中，会自动生成该文件）改为.dwg，并复制到另一目录打开，一般都可以打开使用，但因其是备份文件，可能需要重做一些工作。

1.3.3　命令执行方式

命令是 AutoCAD 中人机交互最重要一部分。在操作过程中有多种执行命令的方法，如通过命令按钮、下拉菜单或命令行等。在绘图时，应根据实际情况选择最佳的执行方式，以提高工作效率。

（1）利用键盘输入命令

将光标定位到命令行中，通过键盘输入命令快捷键（字母不分大小写），按回车即可执行该命令。例如，在命令行输入 CO 快捷命令后，按回车键，即可启动"复制"命令，如图 1-50 所示。

图 1-50　执行"复制"命令

当然，利用键盘还可使用【Ctrl】【Alt】【Shift】与其他字母或者按键组合来快速执行命令。例如，按【Ctrl+O】组合键可打开文件；【Ctrl+S】组合键可保存文件；【Shift+（F1~F5）】组合键可控制系统变量等。

（2）利用鼠标执行命令

利用鼠标可以通过单击功能区、菜单栏或鼠标右键来执行相关命令。

① 功能区：在功能区中单击需要的命令按钮，即可执行该命令，然后按照提示进行绘图工作，如图 1-51 所示。

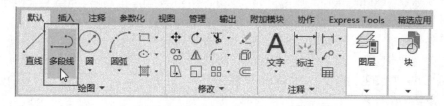

图 1-51　利用功能区执行"多段线"命令

② 菜单栏：在菜单栏中选择所需命令选项后，即可执行该命令，如图 1-52 所示。

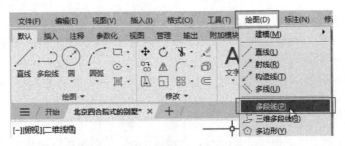

图 1-52　利用菜单栏执行"多段线"命令

③ 鼠标右键：在绘图区空白处单击鼠标右键，在打开的右键菜单中可以通过"最近的输入"选项来执行相关命令，如图 1-53 所示。当选择某个图形后，单击鼠标右键，在快捷菜单中可根据需要选择所需编辑命令来执行，如图 1-54 所示。

图 1-53　未选择图形右键菜单

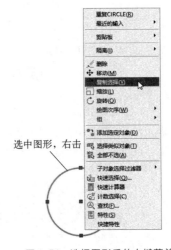

图 1-54　选择图形后的右键菜单

1.3.4　设置坐标系

任意物体在空间中的位置都是通过一个坐标系来定位的。在绘制图形时，系统也是通过坐标系来确定图形的位置。坐标系是确定对象位置的基本手段。所以，掌握坐标系的设置操作是学习绘图的基础。

在 AutoCAD 中坐标系分为世界坐标系（WCS）和用户坐标系（UCS）。这两种坐标系都是通过 X 轴、Y 轴和 Z 轴坐标来精确定位。

（1）世界坐标系

世界坐标系（world coordinate system，简称 WCS）是由三个垂直并相交的坐标轴，即 X 轴、Y 轴和 Z 轴构成，显示在绘图区域的左下角，如图 1-55 所示。

在世界坐标系中，X 轴和 Y 轴的交点就是坐标原点 O（0，0），X 轴正方向为水平向右，Y 轴正方向为垂直向上，Z 轴正方向为垂直于 XOY 平面，指向操作者。在二维绘图状态下，Z 轴是不可见的。世界坐标系是一个固定不变的坐标系，其坐标原点和坐标轴方向都不会改变，它是系统默认的坐标系。

（2）用户坐标系

相对于世界坐标系 WCS，用户可根据需要创建无限多的坐标系，这些坐标系称为用户坐标系。比如进行复杂绘图操作，尤其是三维造型操作时，固定不变的世界坐标系已经无法满足用户的需要，故而定义一个可以移动的用户坐标系（wser coordinate system，简称 UCS），用户可以在需要的位置上设置原点和坐标轴的方向，更加便于绘图。

在默认情况下，用户坐标系和世界坐标系完全重合，但是用户坐标系的图标少了原点处的小方格，如图 1-56 所示。

图 1-55　世界坐标系　　　　　　　　　　　　图 1-56　用户坐标系

（3）创建新坐标

在绘图时经常需要通过输入坐标值来确定线条或图形的位置、大小和方向。用户可通过以下方法来输入新的坐标值。

① 绝对坐标　绝对坐标包含绝对直角坐标和绝对极坐标两种。

• 绝对直角坐标：相对于坐标原点的坐标，可以输入（X，Y）或（X，Y，Z）坐标来确定点在坐标系中的位置。当输入（30，15，40）时，则表示在 X 轴正方向距离原点 30 个单位，在 Y 轴正方向距离原点 15 个单位，在 Z 轴正方向距离原点 40 个单位。

• 绝对极坐标：通过相对于坐标原点的距离和角度来定义点的位置。输入极坐标时，距离和角度之间用"<"符号隔开。当输入（30<45）时，则表示该点距离原点 30 个单位，并与 X 轴成 45°。逆时针旋转，角度为正，顺时针旋转，角度则为负。

② 相对坐标　相对坐标是指相对于上一个点的坐标，它是以上一个点为参考点，用位移增量确定点的位置。在输入相对坐标时，需在坐标值前加"@"符号。如上一个点的坐标是（3，20），输入（@2，3），则表示该点的绝对直角坐标为（5，23）。

📖 实战演练——将文件保存为低版本

为了方便在早期版本中能够打开高版本的图形文件，在保存图形文件时，可将其文件类型设为低版本格式。

▶Step01: 打开"机械零件图"素材文件，如图 1-57 所示。

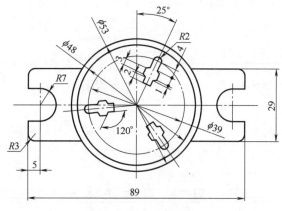

图 1-57　打开素材文件

▶Step02: 单击"菜单浏览器"按钮 **A**▾，在文件列表中选择"另存为"选项，打开"图形另存为"对话框，设置文件存储路径及输入文件名。单击"文件类型"下拉列表，根据需要选择所需的低版本格式。例如，从列表中选择"AutoCAD 2004/LT2004 图形（*.dwg）"选项，如图 1-58 所示。

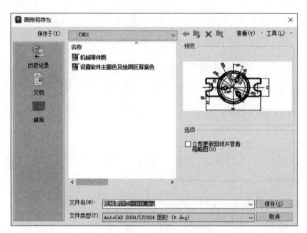

图 1-58　设置"文件类型"选项

▶Step03: 设置后单击"保存"按钮。此时该图形可在 AutoCAD 2004 以上版本中打开。

◎ **技术要点**

　　AutoCAD 2024 版本默认保存的版本格式为 AutoCAD 2018 图形（*.dwg）。如想将默认的保存格式设为低版本格式，可打开"选项"对话框，切换到"打开和保存"选项卡，在"文件保存"选项组中打开"另存为"下拉列表，选择所需的低版本类型，单击"确定"按钮即可，如图 1-59 所示。

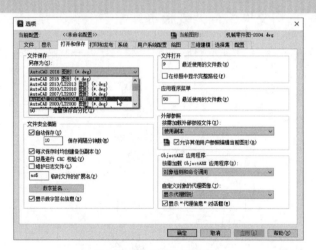

图 1-59　设置默认保存版本

　课后作业

（1）调整十字光标大小

默认的十字光标大小为 10，用户可根据需要来更改其大小，如图 1-60 所示是光标大小为100 的效果。

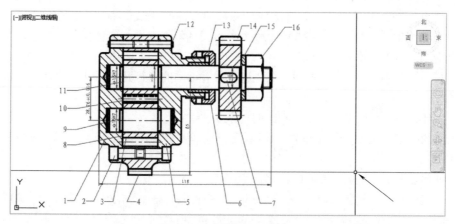

图 1-60　光标大小为 100 效果

操作提示：

Step01：右键单击绘图区空白处，在快捷菜单中选择"选项"。

Step02：在"选项"对话框的"显示"选项卡中，将"十字光标大小"设为100，单击"确定"按钮即可。

（2）用只读方式打开文件

用只读方式打开文件后，系统会对该文件进行保护，不让他人随意修改文件，如图 1-61 所示。

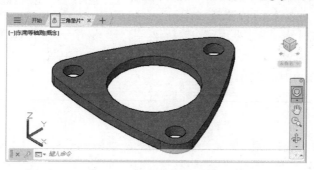

图 1-61　用只读方式打开文件

操作提示：

Step01：在"开始"界面中单击"打开"按钮，打开"选择文件"对话框。

Step02：选择所需文件，单击"打开"右侧下拉三角按钮，从列表中选择"以只读方式打开"选项即可。

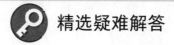 精选疑难解答

Q：在进行"打开"或"保存"操作时，为什么不打开相应的对话框？

A：默认情况下在进行"打开"或"保存"命令时，会通过相应的对话框来进行操作。有时会误操作，关闭了这些对话框。遇到这种情况时，用户可通过改变系统变量值来调出对话框。

在命令行中输入命令 FILEDIA，按回车键，将参数设为 1，此时则会显示对话框；如果参数设为 0，则不会打开对话框。

Q：关闭 AutoCAD 文件后，都会出现*.bak 文件，这是什么文件，可以删除吗？

A：AutoCAD 的"*.bak"格式的文件为备份文件，主要用于文件恢复。默认情况下系统会在每一次保存文件时创建一个备份文件，该文件可以删除。如不想每次关闭软件后，都会出现"*.Bak"文件的话，可将其关闭。在"选项"对话框的"打开和保存"选项卡中取消勾选"每次保存时均创建备份副本"复选框即可。

Q：为什么在状态栏中没有"注释比例"命令按钮？

A：如果状态栏中没有所需的命令按钮，用户可单击状态栏最右侧 ≡ 按钮，在打开的列表中勾选所需命令选项后，即可将该命令添加到状态栏中。

Q：如何在 Word 中插入 AutoCAD 图形？

A：先将图形复制到剪贴板，再在 Word 文档中粘贴。需注意的是，由于 AutoCAD 默认背景颜色为黑色，而 Word 背景颜色为白色，首先应将图形背景颜色改成白色。另外，将图形插入 Word 文档后，往往空边过大，效果不理想，可以利用 Word 图片工具栏上的裁剪功能进行修剪，空边过大问题即可解决。

Q：为什么坐标系不是统一的状态，有时会发生变化？

A：坐标系会根据工作空间和工作状态的不同发生更改。一般默认情况下，坐标系是 WCS，它包括 X 轴和 Y 轴，属于二维空间坐标系。

如果进入三维工作空间，则多了一个 Z 轴。世界坐标系的 X 轴为水平，Y 轴为垂直，Z 轴正方向垂直于屏幕指向外，属于三维空间坐标系。

Q：文件选项卡可以关闭吗？如何关闭？

A：软件中的文件选项卡主要用于快速新建、打开、保存、关闭和切换文件。如果用户不需要，可将其关闭。打开"选项"对话框，在"显示"选项卡中取消"显示文件选项卡"的勾选，单击"确定"按钮即可关闭。

第2章

图形特性的设置与管理

📖 本章概述

　　图形特性设置包含图形的颜色、线型和线宽的设置。通过设置这些特性可以快速区分不同类型的图形。在绘制时，用户可对某个图形特性进行单独调整，也可利用图层功能对相同种类的图形特性进行统一调整。

✈ 学习目标

- 设置图层特性。
- 了解图层并学会创建图层。
- 掌握图层的管理操作。

📑 实例预览

"特性"选项板

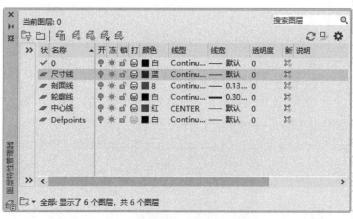

创建并设置图层特性

2.1 设置图形特性 ●●..

每个图形都有自己的特性，有些特性属于公共特性，适用于多数对象，如颜色、线型、线宽等；有些特性则是专用于某一类对象的特性，如圆的特性包括半径和面积，直线的特性则包括长度和角度等。

2.1.1 图形特性的设置面板

在绘图过程中，如果需要设置某个图形的特性参数，可通过两种功能面板来设置。

（1）使用"特性"面板

在"开始"选项卡中可查找到"特性"面板，该面板是由"特性匹配""对象颜色""线宽"和"线型"这四个命令组合而成，如图 2-1 所示。

图 2-1 "特性"面板

该面板中的"ByLayer"为"随图层设置"，表示当前图形特性以图层定义为准，不进行单独设置。

（2）使用"特性"选项板

"特性"面板仅包含了三种基本特性的设置，而在"特性"选项板中可对图形的公共特性

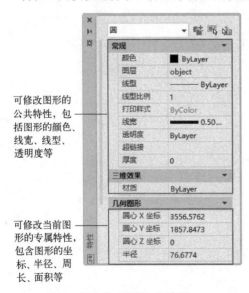

图 2-2 "特性"选项板

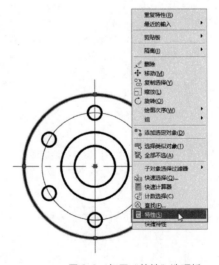

图 2-3 打开"特性"选项板

和专属特性进行设置，如图 2-2 所示。选中所需图形，单击鼠标右键，在快捷菜单中选择"特性"选项，即可打开该选项板，如图 2-3 所示。

此外，用户还可以通过以下几种方法打开"特性"选项板：

- 在菜单栏中执行"修改>特性"命令。
- 在"默认"选项卡的"特性"面板中单击右侧小箭头按钮 ↘。
- 在命令行中输入 PROPERTIES 命令，按回车键。
- 按【Ctrl+1】组合键即可。

2.1.2　更改图形的颜色

选中所需图形，在"特性"面板中单击"对象颜色"下拉按钮，在打开的列表中选择所需颜色即可，如图 2-4 所示。若在列表中没有满意的颜色，也可选择"更多颜色"选项，打开"选择颜色"对话框，在此选择合适的颜色即可，如图 2-5 所示。

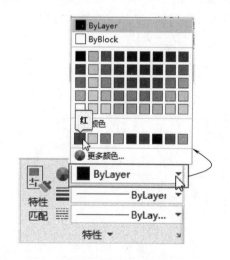

图 2-4　设置对象颜色

图 2-5　"选择颜色"对话框

在"选择颜色"对话框中有 3 种颜色选项卡，分别是"索引颜色""真彩色"和"配色系统"。

索引颜色：AutoCAD 软件使用的颜色都为 ACI 标准颜色。每种颜色用 ACI 编号（1~255 之间）进行标识。而标准颜色名称仅适用于 1~7 号颜色，分别为：红、黄、绿、青、蓝、洋红、白/黑。

真彩色：使用 24 位颜色定义显示 1600 多万种颜色。在选择某颜色时，可以使用 RGB 或 HSL 颜色模式。通过 RGB 颜色模式，可选择颜色的红、绿、蓝组合；通过 HSL 颜色模式，可选择颜色的色调、饱和度和亮度要素，如图 2-6 所示为"HSL"颜色模式，而如图 2-7 所示为"RGB"颜色模式。

配色系统：AutoCAD 包括多个标准 Pantone 配色系统。用户可以载入其他配色系统，例如 DIC 颜色指南或 RAL 颜色集。载入用户定义的配色系统可以进一步扩充可供使用的颜色选择范围，如图 2-8 所示。

图 2-6　HSL 颜色模式

图 2-7　RGB 颜色模式

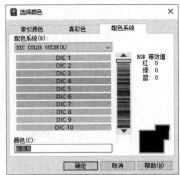

图 2-8　配色系统

2.1.3 更改图形的线宽

线宽是指图形在打印时输出的宽度，这种线宽可以显示在屏幕上，并输出到图纸。在制图过程中，使用线宽可以清楚地表达出截面的剖切方式、标高的深度、尺寸线和小标记，以及细节上的不同，如图 2-9、图 2-10 所示为隐藏线宽和显示线宽的效果。

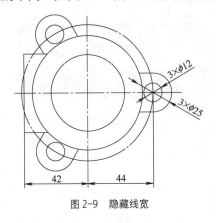

图 2-9　隐藏线宽

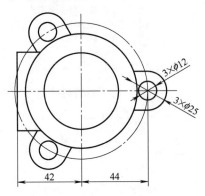

图 2-10　显示线宽

选中所需图形，在"特性"面板中单击"线宽"下拉按钮，在其列表中选择合适的线宽选项即可，如图 2-11 所示。若列表中没有合适的宽度，也可选择"线宽设置"选项，打开"线宽设置"对话框，选择线宽并设置线宽单位，还可以调整线宽显示比例，如图 2-12 所示。

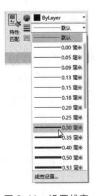

图 2-11　设置线宽

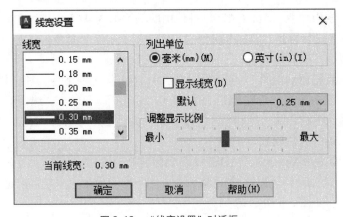

图 2-12　"线宽设置"对话框

2.1.4 更改图形的线型

在"特性"面板中单击"线型"下拉按钮，在打开的列表中选择所需线型，如图 2-13 所示。若列表中没有合适的线型，也可选择"其他"选项，打开"线型管理器"对话框，单击"加载"按钮，打开"加载或重载线型"对话框，选择合适的线型加载即可，如图 2-14 所示。

图 2-13　选择线型

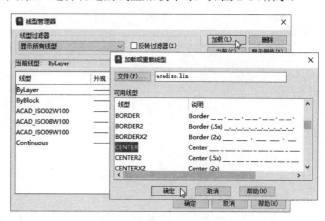

图 2-14　加载线型

动手练习——设置中心线的线型

下面将以设置法兰盘中心线型为例，来介绍图形线型的设置方法。

▶Step01：打开"法兰盘俯视图"素材文件，如图 2-15 所示。

▶Step02：在"特性"面板中打开"线型"下拉列表，选择"其他"选项，打开"线型管理器"对话框，单击"加载"按钮，如图 2-16 所示。

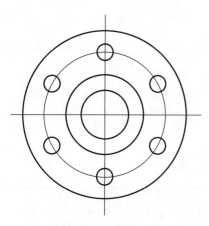

图 2-15　打开素材文件

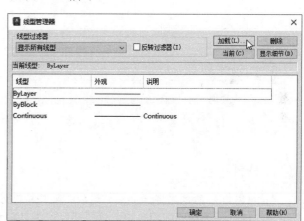

图 2-16　打开"线型管理器"对话框

▶Step03：在打开"加载或重载线型"对话框中选择 CENTER 线型，单击"确定"按钮，如图 2-17 所示。

▶Step04：返回到上一层对话框，再次单击"确定"按钮，关闭对话框，如图 2-18 所示。

▶Step05：在绘图区中选择所需的中心线，如图 2-19 所示。

▶Step06：在"特性"面板中打开"线型"下拉列表，选择刚加载的中心线型即可，如图 2-20 所示。

图 2-17　加载线型　　　　　　　　　　　　　图 2-18　完成加载操作

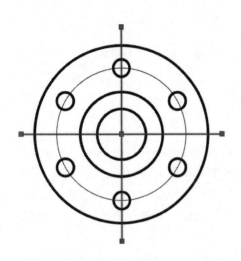

图 2-19　选择中心线

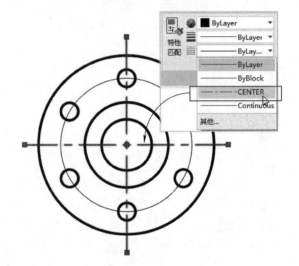

图 2-20　更改中心线型

 技术要点

　　有时会遇见更改图形线型后，线型没有发生变化。这时只需右击该图形，打开"特性"选项板，在"常规"选项组中设置一下"线型比例"参数即可。

2.1.5　特性匹配

　　"特性匹配"命令是将一个图形对象的某些特性或所有特性复制到其他的图形对象上，是AutoCAD软件一个很实用的编辑工具。通过以下几种方式执行"特性匹配"命令：

- 在菜单栏中执行"修改>特性匹配"命令。
- 在"默认"选项卡的"特性"面板中单击"特性匹配"按钮 ▣。
- 在命令行输入 MA 快捷命令，并按回车键。

动手练习——复制中心线的特性

　　下面将以复制零件图的中心线特性为例，来介绍特性匹配功能的具体操作。

▶Step01：打开"机械零件图"素材文件，如图 2-21 所示。

▶Step02: 在"特性"面板中单击"特性匹配"命令按钮，根据命令行提示，选择要复制的中心线，如图 2-22 所示。

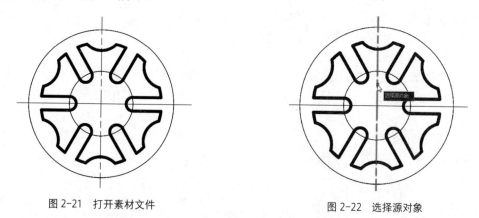

图 2-21 打开素材文件   图 2-22 选择源对象

▶Step03: 选择后，光标右上角会显示笔刷图标，此时选择所有目标图形，即可完成特性复制操作，如图 2-23 所示。按【Esc】键可退出操作。

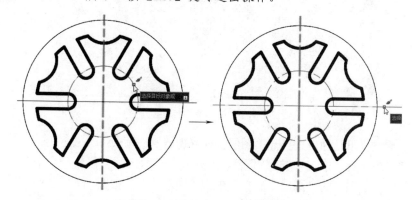

图 2-23 选择目标线型，完成复制

2.2 创建与设置图层 ●●●●

利用图层可以方便地对图形进行统一管理，其中包括图形的特性。该功能是 AutoCAD 软件较为重要的功能之一，熟练掌握该功能的操作，可提高用户作图效率。

2.2.1 认识图层

在绘制复杂工程图纸时，若将所有图形都绘制在一个图层中，这样会给后期图纸修改带来很大的麻烦。如果将图形分门别类地放到不同的图层中，然后再将这些图层相互叠加。当后期要对某部分的图形进行修改，只需选择相应的图层即可。用户在修改的同时，不会影响到其他图层中的图形效果。

一个图层相当于一张透明纸，先在其上绘制有特定属性的图形，然后将若干图层一张一张重叠起来，构成最终的图形。将不同类型的图形放在不同的图层上，可以很方便地控制以下几

个方面的图形属性:

- 图层上的对象是否在任何视口中都可见。
- 是否打印对象以及如何打印对象。
- 为图层上对象设置何种颜色、线型和线宽。
- 图层上的对象是否可以修改。
- 在绘制图形的过程中,总是存在一个当前图层,默认情况下当前图层是 0 图层。通过图层管理器可以切换当前图层,当前绘制的图形对象在未指定图层的情况下都存放在当前图层中。

(1)图层特性管理器

AutoCAD 中图层的创建与管理都可在图层特性管理器面板中操作,如图 2-24 所示。

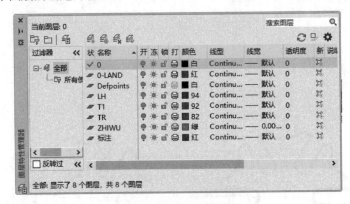

图 2-24　图层特性管理器

用户可以通过以下几种方式打开"图层特性管理器"选项板:

- 在菜单栏中执行"格式>图层"命令。
- 在"默认"选项卡的"图层"面板中单击"图层特性"按钮。
- 在"视图"选项卡的"图层"面板中单击"图层特性"按钮。
- 在命令行中输入 LAYER 命令,按回车键。

(2)图层的特性

每个图层都有各自的特性,它通常是由当前图层的默认设置决定的。在操作时,用户可对各图层的特性进行单独设置,其中包括"名称""打开/关闭""锁定/解锁""颜色""线型""线宽"等。

◎ **技术要点**

　　在默认情况下,系统只有一个 0 层。而在 0 层上是不可以绘制任何图形的,该图层主要是用来定义图块的。定义图块时,先将所有图层均设为 0 层,其后再定义块,这样在插入图块时,当前图层是哪个层,其图块就属于哪个层。

2.2.2　**新建图层**

　　一般来说在绘制图形前,需要先创建相关图层,并调整好该图层的特性,例如颜色、线型、线宽以及图层状态,以方便后期修改。用户可以通过以下几种方法新建图层:

- 在"图形特性管理器"选项卡中单击"新建图层"按钮。
- 在"图形特性管理器"选项卡中单击鼠标右键，在弹出的快捷菜单中选择"新建图层"命令。
- 在"图形特性管理器"选项卡中选择已有图层，然后按回车键。
- 按【Alt+N】组合键新建。

动手练习——创建"中心线"图层

下面将以创建"中心线"图层为例，来介绍图层的创建方法。

▶Step01：在"默认"选项卡中单击"图层特性"按钮，打开"图层特性管理器"选项板，如图 2-25 所示。

▶Step02：单击"新建图层"按钮，创建"图层 1"图层，且图层名称处于编辑状态，如图 2-26 所示。

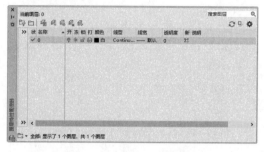

图 2-25　打开"图层特性管理器"选项板

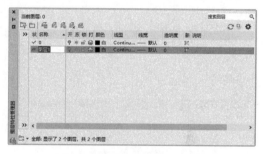

图 2-26　新建"图层 1"图层

▶Step03：将该图层命名为"中心线"，并按回车键确认，如图 2-27 所示。

▶Step04：在选项板中单击"中心线"图层的"颜色"按钮，打开"选择颜色"对话框，从中选择红色，单击"确定"按钮，修改图层颜色，如图 2-28 所示。

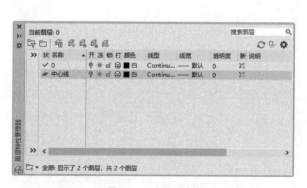

图 2-27　为图层命名

图 2-28　设置图层颜色

▶Step05：单击"线型"按钮 Continu...，打开"选择线型"对话框，单击"加载"按钮，如图 2-29 所示。

▶Step06：在打开"加载或重载线型"对话框中选择 CENTER 线型，单击"确定"按钮，如图 2-30 所示。

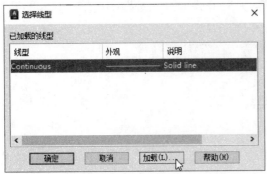
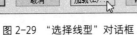
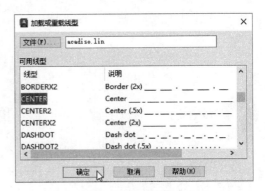

图 2-29 "选择线型"对话框   图 2-30 加载线型

▶Step07: 返回到"选择线型"对话框中，选择加载的中心线型，并单击"确定"按钮，如图 2-31 所示。

▶Step08: 此时，中心线图层的线型已发生了相应的变化，如图 2-32 所示。

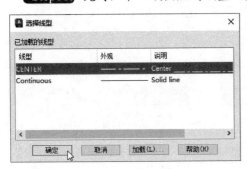
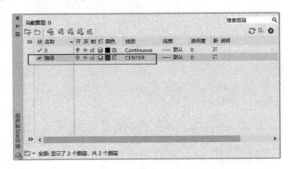

图 2-31 选择已加载线型   图 2-32 完成图层线型的更改

 ## 动手练习——修改"轮廓线"图层的线宽

下面将以创建轮廓线图层为例，来介绍图层线宽的设置操作。

▶Step01: 打开"图层特性管理器"选项板，单击"新建图层"按钮，创建轮廓线图层，如图 2-33 所示。

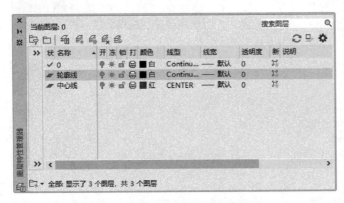
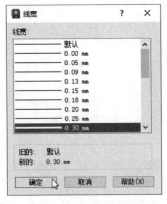

图 2-33 新建轮廓线图层   图 2-34 选择线宽

▶Step02: 单击"轮廓线"图层的"线宽"按钮 —— 默认，打开"线宽"对话框，选择 0.30mm 选项，单击"确定"按钮，如图 2-34 所示。

▶Step03: 返回"图层特性管理器"选项板，即可看到"轮廓线"图层线宽已发生了变化，如图 2-35 所示。

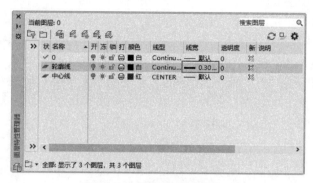

图 2-35　设置图层线宽效果

2.2.3　删除图层

对于多余的图层，用户可将其清除，以方便对有用的图层进行管理。用户可以通过以下几种方法删除图层：

- 在"图形特性管理器"选项卡中单击"删除图层"按钮 。
- 在"图形特性管理器"选项卡中单击鼠标右键，在弹出的快捷菜单中选择"删除图层"命令。
- 选中图层，按【Delete】键删除。
- 按【Alt+D】组合键。

> **注意事项**
>
> 删除选定图层只能删除未被参照的图层。而被参照的图层则不能被删除，其中包括图层 0、包含对象的图层、当前图层，以及依赖外部参照的图层，还有一些局部打开图形中的图层也被视为已参照不能删除。

2.2.4　置为当前

当前层指正在使用的图层，用户绘制图形的对象将存在于当前层中。默认情况下，在"特性"面板中会显示当前层的状态信息。通过以下几种方法设置当前层：

- 在"图形特性管理器"选项卡中选择需要设为当前层的图层，单击"置为当前"按钮 。
- 在"图形特性管理器"选项卡中双击需要设为当前层的图层。
- 在"图形特性管理器"选项卡中单击鼠标右键，在弹出的快捷菜单中选择"置为当前"选项。
- 在"图层"面板中单击"图层"下拉按钮，打开当前图层列表，从中选择要设为当前的图层即可。
- 选择图层，按【Alt+C】组合键。

2.2.5 控制图层状态

图层状态包括图层的打开与关闭、冻结与解冻、锁定与解锁等，都是通过"图层样式管理器"选项板来完成。

（1）打开/关闭图层

编辑图形时，由于图层比较多，选择也要浪费一些时间，这种情况下，用户可以隐藏不需要的部分，从而显示需要使用的图层。当图层关闭后，该图层上的图形对象不再显示在屏幕上，也不能被编辑和打印输出，打开图层后又将恢复到用户所设置的图层状态。

在执行选择和隐藏操作时，需要把图形以不同的图层区分开。当按钮变成💡（蓝色）图标时，图层处于关闭状态，该图层的图形将被隐藏；当图标按钮变成💡（橙色），图层处于打开状态，该图层的图形则显示。如图 2-36 所示部分图层是关闭状态，其他的则是打开状态。

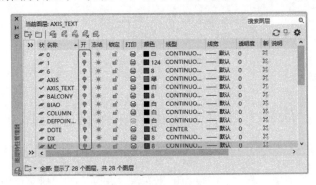

图 2-36　打开/关闭图层

用户可以通过以下方式打开/关闭图层：

- 在"图形特性管理器"选项板中单击图层💡按钮。
- 从菜单栏执行"格式>图层工具>图层关闭"命令
- 在"图层"面板中单击下拉按钮，然后单击开关图层按钮。
- 在"默认"选项卡的"图层"面板中单击"关"按钮⚘，根据命令行的提示，选择一个实体对象，即可隐藏图层；单击"打开"按钮⚘，则可显示图层。

关闭图层后，该图层中的对象将不再显示，但仍然可以在该图层上绘制新的图形对象，而新绘制的图形也是不可见的。另外通过鼠标框选无法选中被关闭图层中的对象。

> ### ◎ 技术要点
> 被关闭图层中的图形是可以编辑修改的。例如删除图形、镜像图形等。选择图形时输入【All】或按【Ctrl+A】组合键，那么被关闭图层中的对象也会被选中，并被删除或镜像。

（2）冻结/解冻图层

冻结图层和关闭图层都可以使图形不显示，冻结图层后不会遮盖其他图形。在绘制大型图纸时，冻结不需要的图层可以加快显示和重生成的操作速度。冻结的范围很广，不仅可以冻结模型窗口的任意对象，还可以冻结各个布局视口中的图层。当按钮变成❄图标时，图层处于冻结状态，该图层的图形将被隐藏；当图标按钮变成☀，图层处于解冻状态。如图 2-37 所示部分图层是冻结状态，其他的则是解冻状态。

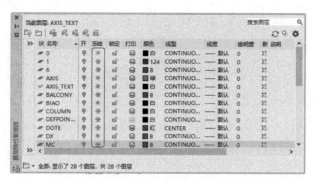

图 2-37　冻结图层

用户可以通过以下几种方法冻结图层：

- 在图层特性管理器单击"图层冻结"按钮 ☼ 。
- 在菜单栏中执行"格式>图层工具>图层冻结"命令。
- 在"默认"选项卡的"图层"面板中单击"冻结"按钮 ，即可将图层冻结；单击"解冻"按钮 即可将图层解冻。

◎ **技术要点**

冻结图层与关闭图层的区别在于：冻结图层可以减少系统重生成图形的计算时间。若用户的电脑性能较好，且所绘图形较为简单，一般不会感觉到图形冻结后的优越性。

（3）锁定/解锁图层

锁定图层时，图层上的图形对象可见、可打印，也可增加新的实体，但是不可编辑。当图标变成 时，表示图层处于解锁状态；当图标变为 时，表示图层已被锁定。锁定相应图层后，用户不可以修改位于该图层上的图形对象。如图 2-38 所示，部分图层处于锁定状态，其他则是解锁状态。

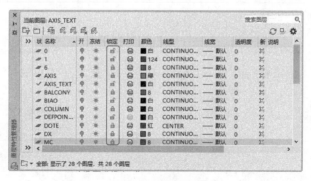

图 2-38　锁定图层

用户可以通过以下方式锁定和解锁图层：

- 在"图形特性管理器"选项板中单击 按钮。
- 在"图层"面板中单击下拉按钮，然后单击 按钮。
- 从菜单栏执行"格式>图层工具>图层锁定"命令。
- 在"默认"选项卡的图层面板中单击"锁定"按钮 ，根据提示选择一个实体对象，即可锁定图层；单击"解锁"按钮 ，则可解锁图层。

（4）隔离/取消隔离图层

隔离图层是指除隔离图层之外的所有图层关闭，只显示隔离图层上的图形。用户可以通过以下方式隔离图层：

- 在菜单栏中执行"格式>图层工具>图层隔离"命令。
- 在"默认"选项卡的"图层"面板中单击"隔离"按钮 ，选择要隔离图层上的图形并按回车键，图层就会被隔离出来，未被隔离的图层将会被隐藏，不可以进行编辑和修改。单击"取消隔离"按钮 ，图层将被取消隔离。

动手练习——设置图层合并

下面将"沙发""图层的图形合并到"家具"图层中，具体操作步骤介绍如下：

▶Step01： 打开"沙发组合"素材文件，如图 2-39 所示。打开"图层特性管理器"选项板，由此可看见已创建了 5 个图层，如图 2-40 所示。

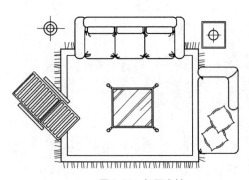

图 2-39　打开素材

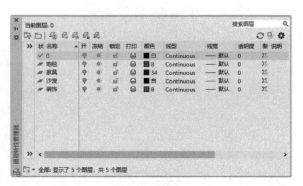

图 2-40　图层列表

▶Step02： 选择"沙发"图层并单击鼠标右键，在弹出的快捷菜单中选择"将选定图层合并到…"选项，如图 2-41 所示。

▶Step03： 打开"合并到图层"对话框，从"目标图层"列表中选择"家具"图层，如图 2-42 所示。

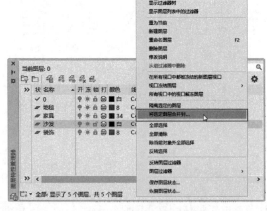

图 2-41　选择"将选定图层合并到…"命令

图 2-42　选择目标图层

▶Step04: 单击"确定"按钮，系统会弹出"合并到图层"对话框，从中单击"是"按钮，如图 2-43 所示。

▶Step05: 此时在"图层特性管理器"选项板中可以看到，图层列表中"沙发"图层不见了，如图 2-44 所示。

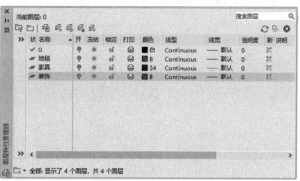

图 2-43 "是否合并到图层"提示

图 2-44 合并后结果

2.3 图层管理工具

"图层特性管理器"对话框为用户提供了专门用于管理图层的工具，其中包括"新建特性过滤器""新建组过滤器""图层状态管理器"等。此外，可以使用图层转换器实现图形的标准化和规范化。下面将具体介绍这些管理图层工具的使用方法。

2.3.1 图层过滤器

图层过滤功能大大简化了图层方面的操作。当图形中包含大量图层时，在"图层特性管理器"选项板中单击"新建特性过滤器"按钮 🗗，可以使用打开的"图层过滤器特性"对话框对图层进行批量处理，按照需求过滤出想要的图层，如图 2-45 所示。

图 2-45 "图层过滤器特性"对话框

2.3.2　图层状态管理器

图层状态管理器可以将图层文件建立成模板的形式，输出保存，然后将保存的图层输入到其他文件中，从而实现图纸的统一管理。在"图层特性管理器"选项板中单击"图层状态管理器"按钮，即可打开"图层状态管理器"对话框，如图 2-46 所示。

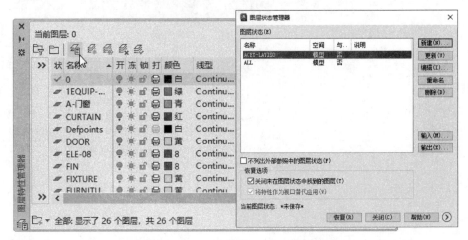

图 2-46　"图层状态管理器"的打开及其对话框

2.3.3　图层转换器

使用图层转换器可以转换图层，实现图形的标准化和规范化。图层转换器能够转换当前图形中的图层，使之与其他图形的图层结构或者 AutoCAD 标准文件相匹配。例如，如果打开一个与所在公司图层结构不一致的图形时，就可以使用图层转换器转换图层名称和属性，以符合所在公司的图形标准。

执行"工具>CAD 标准>图层转换器"命令，即可打开"图层转换器"对话框，如图 2-47 所示。

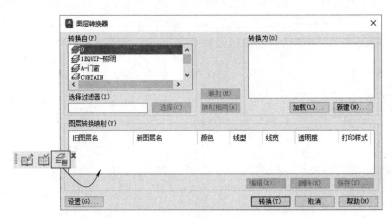

图 2-47　"图层转换器"对话框

2.3.4　保存与恢复图层状态

图层设置包括图层状态和图层特性。图层状态包括图层是否打开、冻结、锁定、打印和在新视口中自动冻结。图层特性包括颜色、线型、线宽和打印样式，用户可以选择要保存的图层状态和图层特性。

例如，可以选择只保存图形中图层的"冻结/解冻"设置，忽略其他所有设置。恢复图层状态时，除了每个图层的冻结或解冻设置以外，其他设置仍然保持当前状态。在 AutoCAD 中，可以使用图层状态管理器来管理所有图层的状态和特性。

 动手练习——按需输出图层

在绘图过程中可将已创建好的图层输出至新文件中，从而避免重复创建相同的图层，以节省时间，提高绘图效率。下面将以输出居室平面图图层为例，来介绍图层输出的具体操作。

▶Step01：打开"两居室"素材文件，并打开"图层特性管理器"选项板，单击"图层状态管理器"按钮，打开"图层状态管理器"对话框，单击"新建"按钮，对当前图层重命名，如图 2-48 所示。

▶Step02：单击"确定"按钮，返回上一层对话框。单击"输出"按钮，在"输出图层状态"对话框中指定好路径、文件名和文件类型，单击"保存"按钮，如图 2-49 所示。

图 2-48　创建图层文件

图 2-49　输出图层文件

▶Step03：新建空白文档，并打开"图层特性管理器"选项板，单击"图层状态管理器"按钮，打开该对话框，单击"输入"按钮，如图 2-50 所示。

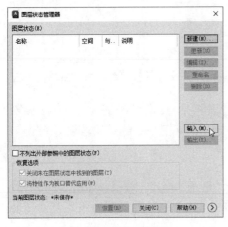

图 2-50　输入图层文件

图 2-51　选择图层文件导入

▶Step04: 在"输入图层状态"对话框中将"文件类型"设为"图层状态（*.las）"，选择刚输出的图层文件，单击"打开"按钮，如图 2-51 所示，即可将该图层文件导入至新文件中。

 实战演练——调整壳体零件图形的特性

在没有设置图层的情况下，创建的图形都会显示在"图层 0"中，这样会对后期图纸加工带来不必要的麻烦。下面将以壳体零件图为例，来为其添加图层，以便调整图纸显示的效果。

▶Step01: 打开"壳体零件图"素材文件，单击"图层特性"按钮，打开"图层特性管理器"选项板，单击"新建"按钮，新建"中心线"图层，如图 2-52 所示。

▶Step02: 单击该图层的"颜色"按钮，将其图层颜色设为红色，如图 2-53 所示。

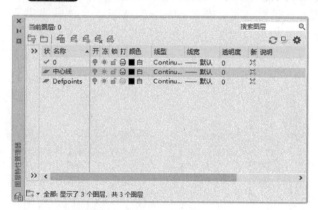

图 2-52　新建图层

图 2-53　设置图层颜色

▶Step03: 返回到上一层对话框，单击该图层的"线型"按钮，在"选择线型"对话框中，单击"加载"按钮，如图 2-54 所示。

▶Step04: 在"加载或重载线型"对话框中，选择 CENTER 线型，单击"确定"按钮，如图 2-55 所示。

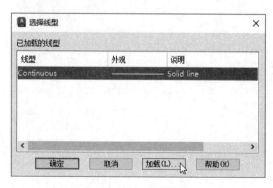

图 2-54　加载线型

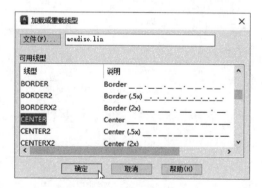

图 2-55　选择线型

▶Step05: 返回到上一层对话框，选中刚加载的线型，单击"确定"按钮，如图 2-56 所示。

▶Step06: 在"图层特性管理器"对话框中，创建的"中心线"图层的特性已发生了相应的变化，如图 2-57 所示。

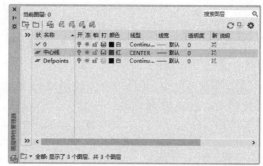

图 2-56　选择加载的线型　　　　　　　　　　图 2-57　查看效果

▶Step07：选中 0 层，单击"新建图层"按钮，新建"轮廓线"图层，如图 2-58 所示。

> **注意事项**
>
> 图层具有延续功能，如果选择以"中心线"图层来新建，系统会自动延续中心线图层的所有特性。而"轮廓线"图层的特性为默认特性，不需要更改颜色和线型。所以，这里就选择以 0 层作为基础来新建，以免重复修改而带来麻烦。

▶Step08：单击该图层"线宽"按钮，打开"线宽"对话框，选择 0.30mm 选项，单击"确定"按钮，完成轮廓线的线宽设置，如图 2-59 所示。

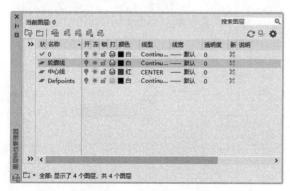

图 2-58　新建"轮廓线"图层

图 2-59　设置线宽

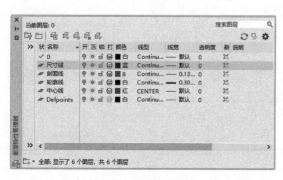

图 2-60　创建其他图层

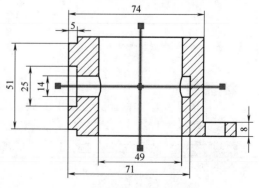

图 2-61　选择中心线

▶Step09: 按照同样的创建方法，完成其他图层的创建，以及相关特性的设置，如图 2-60 所示。

▶Step10: 在绘图区中选择零件图中的中心线，如图 2-61 所示。

▶Step11: 在"图层"面板中单击"图层"下拉按钮，在打开的列表中选择"中心线"图层，如图 2-62 所示。

▶Step12: 此时，被选的中心线特性已发生了变化。同时，该中心线已添加至"中心线"图层中，如图 2-63 所示。

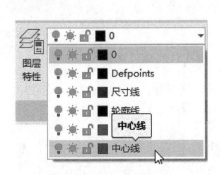

图 2-62　选择"中心线"图层

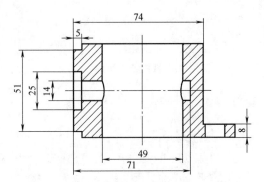

图 2-63　调整中心线所在的图层

▶Step13: 选中其中任意一条中心线，单击鼠标右键，选择"特性"选项，打开"特性"设置面板，将"线型比例"设置为 0.5，如图 2-64 所示，调整线型显示比例。

▶Step14: 在"特性"面板中单击"特性匹配"命令，选中刚设置线型比例的中心线，将其比例复制到另一条中心线上，如图 2-65 所示。

图 2-64　调整线型比例

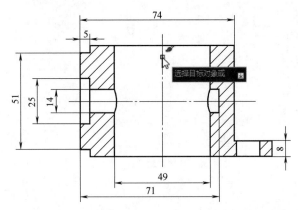

图 2-65　复制线型

▶Step15: 选中零件图中填充线，在"图层"面板中单击图层下拉按钮，选择"剖面线"选项，将填充线放入剖面线图层中，如图 2-66 所示。

▶Step16: 选中零件的轮廓线，将其放入"轮廓线"图层中，如图 2-67 所示。

▶Step17: 选中零件图中的标注线，将其添加至"尺寸线"图层中。零件图最终效果如图 2-68 所示。

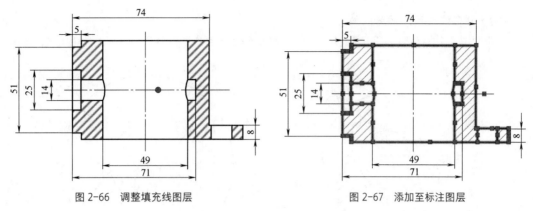

图 2-66　调整填充线图层　　　　　　　　　　图 2-67　添加至标注图层

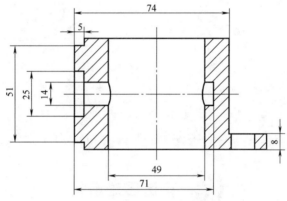

图 2-68　设置的最终效果

课后作业

（1）创建室内施工图常用图层

创建室内施工图常用的图层列表，以便于接下来的图形绘制，如图 2-69 所示。

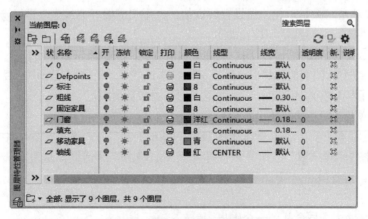

图 2-69　创建室内施工图常用图层

操作提示：

Step01：新建"粗线、轴线、门窗、标注"等图层。

Step02：分别设置各个图层的颜色、线型和线宽。

（2）隐藏零件图中的标注内容

利用"图层特性管理器"选项板，将零件图中的"标注线"图层进行关闭，如图 2-70 所示。

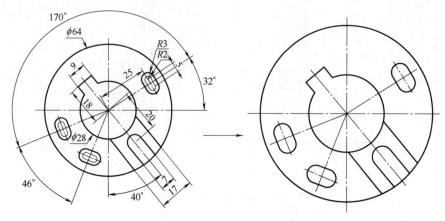

图 2-70　关闭"标注线"图层

操作提示:

Step01: 打开"图层特性管理器"选项板。

Step02: 选择"标注线"图层，单击其" "图标按钮，将其变为蓝色即可。

精选疑难解答

Q1:　Defpoimts 图层是什么图层，为什么删除不掉?

A: Defpoimts 图层是用户在进行标注时，系统自动创建的图层，该图层和图层 0 性质相同，无法删除。

Q2:为什么设置图形线宽后，图形没有变化?

A: 线宽默认是隐藏状态的，当设置线宽值后，用户需要开启线宽功能才会显示线宽。在状态栏中单击"显示/隐藏线宽"按钮即可。

Q3:为什么设置虚线线型后，图中的线型没有变化，还是显示为直线?

A: 当出现线型无改变的现象时，用户只需右击该线型，在快捷菜单中选择"特性"选项，在打开的"特性"选项板中设置一下"线型比例"的参数值即可。

Q4:图层漫游器功能如何使用?

A: 图层漫游器主要用于查看每个图层中的图形对象。在"图层"面板中单击下拉三角按钮，单击"图层漫游"按钮，即可打开"图层漫游"对话框，这里会显示出当前图形中所有的图层。选择其中一个图层，那么在该图层上的所有图形均会显示出来，而其他图形将被隐藏。

Q5:如何将两个图层合并到一个图层中?

A: 在图层特性管理器对话框中，选择要合并的图层，再单击鼠标右键，在弹出的快捷菜单中选择"将选定图层合并到..."选项，在打开的"合并到图层"对话框中，选择目标图层，单击"确定"按钮，即可完成合并操作。

Q6：如何重命名图层？

A：在"图层特性管理器"对话框中可以重命名图层。首先打开"图层特性管理器"对话框，在需要重命名的图层上单击鼠标右键，在弹出的快捷菜单列表中单击"重命名图层"选项，输入图层名称，按回车键即可。

Q7：如何将指定图层上的对象在视口中隐藏？

A：这个需要在功能区中进行设置。在状态栏单击 **布局1** 按钮，打开模型空间激活指定视口，在"默认"选项卡中的"图层"面板上打开图层下拉列表，在其中单击"在视口中冻结或解冻"按钮。此时图层中的图形将在该视口中隐藏。

第 3 章

图形的精确定位与测量

📖 本章概述

在 AutoCAD 中利用各种捕捉与追踪功能可以更准确地绘制图形，提高绘图速度。此外，利用图形测量工具可以在绘制图形的同时，快速测量出图形尺寸，以方便用户参考设计。

✒ 学习目标

- 掌握视图控制操作。
- 掌握常用捕捉工具的操作。
- 掌握图形测量工具的操作。

扫码观看本章视频

📑 实例预览

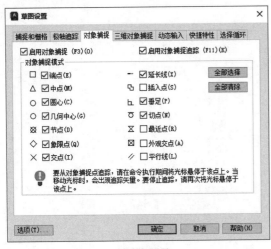

对象捕捉设置

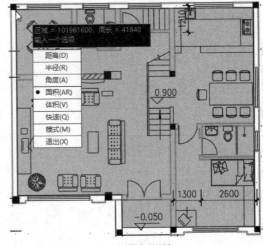

测量房屋面积

3.1 平移与缩放视图

在绘图过程中为了更好地观察视图与绘图，需要对视图进行平移、缩放、重画、重生成、全屏显示等操作。

3.1.1 平移视图

使用平移视图工具可以重新定位当前图形在窗口中的位置，以便于对图形的其他部分进行浏览或绘制。该命令不会改变视图中对象的实际位置，只改变当前视图在操作区域中的位置。按住鼠标中键不放，当光标变成"✋"形状后可移动当前视图，如图 3-1 所示。

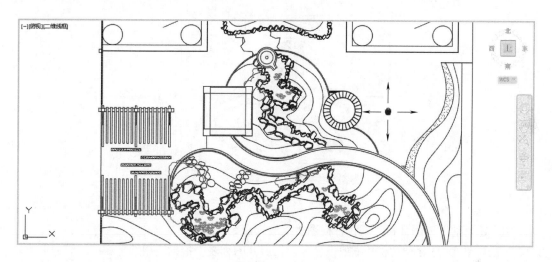

图 3-1 平移视图

此外，用户还可通过以下几种方式来执行"平移"命令：
- 在菜单栏中执行"视图>平移"命令，在展开的列表中根据需要选择相应的平移命令。
- 在绘图区右侧导航栏中单击"平移"按钮🖐。
- 在命令行输入 PAN 命令，然后按回车键。

3.1.2 缩放视图

在绘图过程中，有时需要对图形某个细节部位进行调整，这就需要利用视图缩放工具对该区域进行放大，从而方便绘制。绘制完成后，再将视图缩小到正常大小，以便查看图形的整体效果。视图缩放只会改变屏幕显示大小，图形的实际大小不会改变。

用户可通过滚动鼠标中键调整当前视图的缩放。向前滚动鼠标中键可放大视图，如图 3-2 所示。向后滚动鼠标中键可缩小视图，如图 3-3 所示。

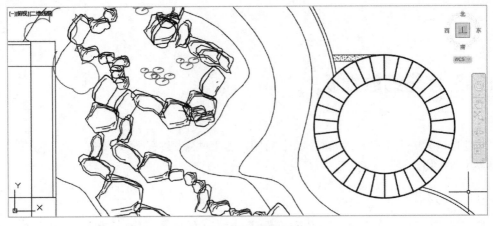

图 3-2　放大视图效果

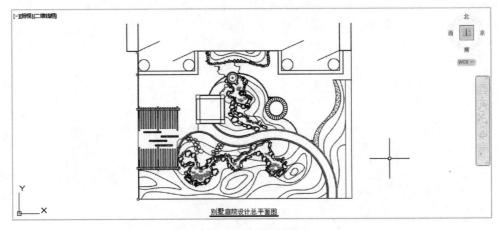

图 3-3　缩小视图效果

用户还可通过下面几种方式执行视图"缩放"命令：

· 在菜单栏中执行"视图>缩放"命令，在展开的列表中根据需要选择相应的缩放命令。

· 在绘图区右侧导航栏中单击"缩放"下拉按钮 ，在展开的列表中选择缩放命令。

· 在"缩放"工具栏中单击需要的"缩放"命令。

· 在命令行输入 ZOOM 命令，然后按回车键，根据需要来选择视图缩放方式。

命令行提示如下：

命令: ZOOM
指定窗口的角点，输入比例因子 (nX 或 nXP)，或者
[全部(A)/中心(C)/动态(D)/范围(E)/上一个(P)/比例(S)/窗口(W)/对象(O)] <实时>:

命令行各选项的含义如下。

全部： 当前视口中缩放显示整个图形。

中心： 缩放显示由中心点和放大比例所定义的窗口。高度值较小时增大放大比例，高度值较大时减小放大比例。

动态： 缩放显示视图框中的部分图形。

范围： 缩放以显示图形范围并使所有对象最大显示。

上一个： 缩放显示上一视图，最多可恢复前 10 个视图。

比例： 以指定的比例因子缩放显示。

窗口： 缩放显示由两个角点定义的矩形窗口框定的区域。

对象： 尽可能大地显示一个或多个选定的对象，并使其位于绘图区域的中心。

实时： 利用定点设备，在逻辑范围内交互缩放。

> ◎ **技术要点**
>
> 　　无论是放大还是缩小视图，在绘图区任意处双击鼠标中键，当前的视图会自动适应屏幕大小，并显示出所有的图形。

3.1.3 重画与重生成

在绘图和编辑过程中，屏幕上常常会留下对象的拾取标记，这些临时标记并不是图形中的对象，却会使当前图形画面显得凌乱，这时可以使用重画与重生成功能清除这些临时标记。

（1）重画

由于显卡等硬件加速延迟等原因，进行视图调整后，视图中的显示可能会呈锯齿状或出现斑点标记，使用视图的重画命令可以更清晰地查看图形。通过以下几种方式执行"重画"命令：

- 在菜单栏中执行"视图>重画"命令。
- 在命令行输入 REDRAWALL 命令，然后按回车键。

（2）重生成

"重生成"又称为"刷新"，该命令可将当前视口中的图形对象进行刷新，并重新计算所有图形对象的屏幕坐标，尤其是圆、圆弧等非线性图形对象。如果使用"重画"命令后仍不能正确显示图形，则可以使用"重生成"命令。通过以下几种方式执行"重生成"命令：

- 在菜单栏中执行"视图>重生成"命令。
- 在命令行输入 REGEN 命令，然后按回车键。

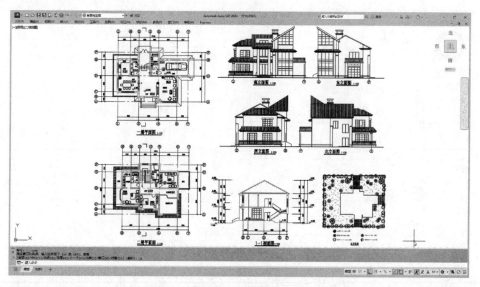

图 3-4　全屏显示

3.1.4 全屏显示

"全屏显示"功能会隐藏功能区面板,并使界面全屏显示在电脑屏幕上,使得绘图区变得更加宽敞,从而帮助使用者更加全面地观察图形的整体效果,如图 3-4 所示。

用户可通过以下几种方式启用"全屏显示":

· 在菜单栏中执行"视图>全屏显示"命令即可进入全屏显示模式(再次执行该命令将退出全屏显示模式)。

· 在状态栏单击"全屏显示"按钮 (再次单击该按钮将退出全屏显示模式)。

· 在命令行中输入 CLEANSCREENON 命令,然后按回车键(输入 CLEANSCREENOFF 命令将退出全屏显示模式)。

· 按【Ctrl+0】(数字零而不是字母 O)组合键(再次执行该命令将退出全屏显示模式)。

3.2 捕捉与追踪图形

为了保证图纸的准确性,可使用捕捉功能来定位到图形的某个点,绘制图形。AutoCAD 软件提供了多种捕捉功能,常用的有:栅格捕捉、对象捕捉、极轴追踪等。下面将对这些常用捕捉功能进行简单介绍。

3.2.1 栅格与捕捉

栅格是指在屏幕上显示分布按指定行间距和列间距排列的点,起到坐标纸的作用,给用户提供距离和位置参考。默认栅格间距为 10mm×10mm,该距离可根据需要进行修改。新建空白文件后,随即会启动栅格模式,如图 3-5 所示。

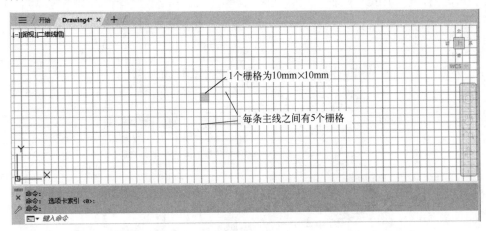

图 3-5 栅格模式

（1）显示/关闭栅格

栅格默认为显示状态。若想将其关闭,可在状态栏中单击"栅格"按钮 即可,如图 3-6 所示。

图 3-6 栅格模式

用户还可以通过以下方式来显示或关闭栅格模式。

· 在命令行输入 GRIDMODE 命令，按回车键，根据提示输入 1 可以显示栅格，输入 0 则关闭栅格。

· 按【Ctrl+G】组合键或按【F7】键。

（2）捕捉模式

栅格点具有吸附作用。开启栅格捕捉功能后，栅格点会自动吸附光标，使光标快速定位在指定点的位置。需注意的是，该模式下的光标只能按指定的步距移动。用户可通过以下方式开启栅格捕捉：

· 在菜单栏中执行"工具>绘图设置"命令。

· 在状态栏单击"捕捉模式"按钮▦开启捕捉模式，并单击右侧扩展按钮，在打开的列表中选择"栅格捕捉"。

· 在命令行输入 SNAPMODE 命令，按回车键，根据提示输入 1 可以开启捕捉模式，输入 0 则关闭捕捉模式。

· 按【Ctrl+B】组合键或按【F9】键。

（3）设置栅格和捕捉

利用"草图设置"对话框中的"捕捉和栅格"选项卡，可以设置栅格与捕捉功能的相关参数，如图 3-7 所示。

图 3-7 "草图设置"对话框

在状态栏中右击"栅格"按钮，在打开的列表中选择"网格设置"选项即可打开"草图设置"对话框。

此外，单击状态栏"捕捉模式"右侧下三角按钮，在快捷菜单中选择"捕捉设置"命令也可打开"草图设置"对话框。

3.2.2 对象捕捉

有时需要从图形中某个点开始绘制新图形，例如，以一条线段的中点为起点，绘制另一条直线。如果只凭人眼观察来拾取，不可能精确地捕捉到线段中点，这时就需要利用"对象捕捉"功能进行快速精准的捕捉。

对象捕捉分为自动捕捉和临时捕捉两种。临时捕捉主要通过"对象捕捉"工具栏来实现。执行"工具>工具栏>AutoCAD>对象捕捉"命令，打开"对象捕捉"工具栏，如图3-8所示。

图 3-8 "对象捕捉"工具栏

通过以下方式打开和关闭对象捕捉模式：

- 在状态栏单击"对象捕捉"按钮 □。
- 按【Ctrl+F】组合键或按【F3】键。
- 在"草图设置"对话框中勾选"启用对象捕捉"复选框。

打开"草图设置"对话框，在"对象捕捉"选项卡中勾选所需的捕捉点，如图3-9所示。也可以在状态栏单击"对象捕捉"按钮右侧的下拉按钮，选择需要的捕捉点，如图3-10所示。

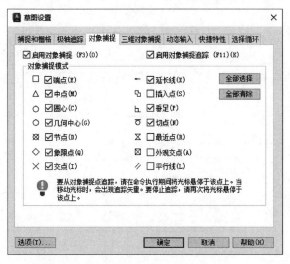

图 3-9 "对象捕捉"选项卡

图 3-10 捕捉点列表

下面将对各捕捉点的含义进行介绍。

端点：直线、圆弧、样条曲线、多线段、面域或三维对象的最近端点或角。

中点：直线、圆弧和多线段的中点。

圆心：圆弧、圆和椭圆的圆心。

几何中心：任意闭合多段线和样条曲线的质心。

节点：捕捉到指定的点对象。

象限点：圆弧、圆和椭圆上 $0°$、$90°$、$180°$ 和 $270°$ 处的点。

交点：实体对象交界处的点。延伸交点不能用作执行对象捕捉模式。

延长线：用户捕捉直线延伸线上的点。当光标移动对象的端点时，将显示沿对象的轨迹延伸出来的虚拟点。

插入点：文本、属性和符号的插入点。

垂足：圆弧、圆、椭圆、直线和多线段等的垂足。

切点：圆弧、圆、椭圆上的切点。该点和另一点的连线与捕捉对象相切。

最近点：离靶心最近的点。

外观交点：三维空间中不相交但在当前视图中可能相交的两个对象的视觉交点。

平行线：通过已知点且与已知直线平行的直线的位置。

 动手练习——绘制灯具平面图形

下面将利用对象捕捉功能来绘制灯具平面图形。

▶Step01：在状态栏中右击"对象捕捉"按钮，在打开的列表中选择"对象捕捉设置"选项，打开"草图设置"对话框，勾选"圆心"复选框，单击"确定"按钮，如图 3-11 所示。

▶Step02：在"默认"选项卡中单击"圆心，半径"命令按钮 ⊘，可启动"圆"命令，捕捉绘图区任意点为圆心，并根据命令行提示，绘制半径为 100mm 的圆，如图 3-12 所示。

命令行提示如下：

命令：_circle	执行"圆"命令
指定圆的圆心或 [三点(3P)/两点(2P)/切点、切点、半径(T)]：<捕捉 关>	指定任意点为圆心
指定圆的半径或 [直径(D)]：100	输入半径值，回车

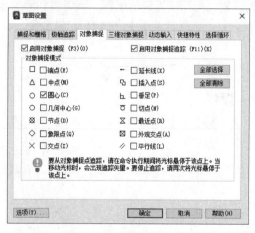

图 3-11　设置捕捉点

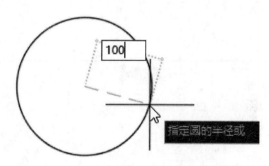

图 3-12　绘制半径为 100mm 的圆

▶Step03：在"默认"选项卡中单击"直线"按钮 ╱，可启动"直线"命令。将鼠标悬浮于圆心位置，系统会自动捕捉到圆心，如图 3-13 所示。

▶Step04：按【F8】键开启正交功能，沿辅助虚线向右移动光标，并输入移动距离 40mm，如图 3-14 所示。

▶Step05：按回车键即可确认直线的起点位置。再向右移动光标，输入长度 80mm，如图 3-15 所示。

▶Step06：按回车键确认，完成直线的绘制，如图 3-16 所示。

▶Step07：继续捕捉圆心，将光标向上移动，并输入移动距离 40mm，指定好直线的起点，如图 3-17 所示。

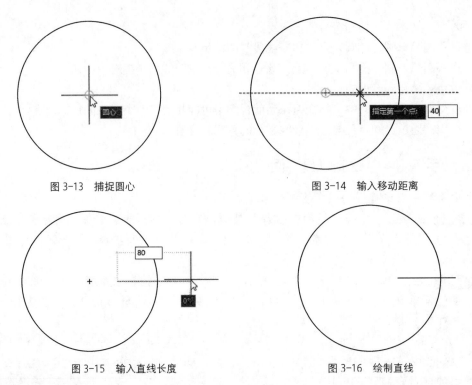

图 3-13　捕捉圆心

图 3-14　输入移动距离

图 3-15　输入直线长度

图 3-16　绘制直线

▶Step08:　向上移动光标，绘制长 80mm 的直线，完成第二条直线的绘制，如图 3-18 所示。

▶Step09:　按照同样的方法，绘制出其他两条直线，完成灯具平面图形的绘制操作，如图 3-19 所示。

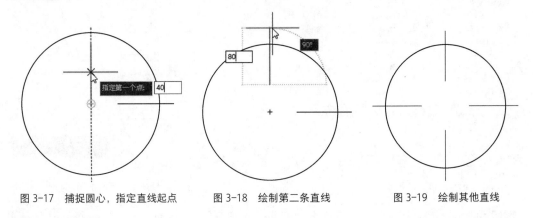

图 3-17　捕捉圆心，指定直线起点

图 3-18　绘制第二条直线

图 3-19　绘制其他直线

3.2.3　极轴追踪

如要绘制指定角度的斜线，可利用极轴追踪功能来绘制。用户可以通过以下方式启用极轴追踪模式：

- 在状态栏单击"极轴追踪"按钮 ⟋。
- 按【Ctrl+U】组合键或按【F10】键。
- 在"草图设置"对话框中勾选"启用极轴追踪"复选框。

极轴追踪包括极轴角设置、对象捕捉追踪设置、极轴角测量等。在"极轴追踪"选项卡中可以设置这些功能，如图 3-20 所示。各选项组的作用介绍如下：

图 3-20 "极轴追踪"选项卡

（1）极轴角设置

"极轴角设置"选项组包含"增量角"和"附加角"选项。在"增量角"下拉列表框中里选择具体角度，也可在"增量角"复选框内输入任意数值。

附加角是对极轴追踪使用列表中的任意一种附加角度。它起到辅助的作用，当绘制角度的时候，如果是附加角设置的角度就会有提示。"附加角"复选框同样受 POLARMODE 系统变量控制。

勾选"附加角"复选框，再单击"新建"按钮，输入角度数，按回车键即可创建附加角。选中数值然后单击"删除"按钮，可以删除数值。

（2）对象捕捉追踪设置

"对象捕捉追踪设置"选项组包括仅正交追踪和用所有极轴角设置追踪，其具体含义介绍如下。

仅正交追踪：是追踪对象的正交路径，也就是对象 X 轴和 Y 轴正交的追踪。当"对象捕捉"打开时，仅显示已获得的对象捕捉点的正交对象捕捉追踪路径。

用所有极轴角设置追踪：指光标从获取的对象捕捉点起沿极轴对齐角度进行追踪。该选项对所有的极轴角都将进行追踪。

（3）极轴角测量

"极轴角测量"选项组包括"绝对"和"相对上一段"2 个选项：

绝对：是根据当前用户坐标系 UCS 确定极轴追踪角度。

相对上一段：是根据上一段绘制线段确定极轴追踪角度。

 动手练习——绘制指北针图形

下面将利用"极轴追踪"和"对象捕捉"功能来绘制指北针图形。

▶Step01：在状态栏中右击"极轴追踪"按钮，在弹出的快捷菜单中选择"15，30，45，60"增量角选项，如图 3-21 所示。

▶Step02：在绘图区中执行"圆"命令，在绘图区中任意指定一点作为圆心，移动鼠标，根据命令行的提示，在命令行中输入 50，绘制半径值为 50mm 的圆形，如图 3-22 所示。

命令行提示如下：

命令: _circle	执行"圆"命令
指定圆的圆心或 [三点(3P)/两点(2P)/切点、切点、半径(T)]:	指定好圆心
指定圆的半径或 [直径(D)] <50.0000>: 50	输入半径值 50，按回车键

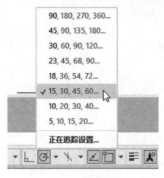

图 3-21 设置增量角

图 3-22 绘制圆

▶Step03：在状态栏中右击"对象捕捉"按钮，在打开的快捷菜单中选择"对象捕捉设置"选项，在"对象捕捉"选项卡中勾选好所需对象捕捉模式，单击"确定"按钮，如图3-23所示。

▶Step04：执行"直线"命令，捕捉圆形上端象限点，作为直线的起点，向下移动鼠标，此时系统会自动沿着105°角的方向显示追踪辅助线。将光标沿着该追踪线，捕捉与圆形的交点作为直线的端点，绘制斜线，如图3-24所示。

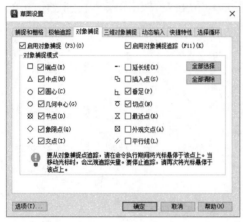

图 3-23 设置捕捉模式

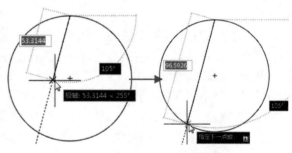

图 3-24 捕捉追踪辅助线绘制斜线

▶Step05：继续向上移动光标，捕捉45°追踪辅助线，并在命令行中输入35，按回车键，完成线段长度为35mm的斜线，如图3-25所示。

▶Step06：继续向下移动光标，沿着45°追踪线，并捕捉与圆形的交点，绘制斜线，如图3-26所示。

▶Step07：继续向上移动光标，捕捉第一条线段的起点，闭合图形，如图3-27所示。

▶Step08：执行"单行文字A"命令，根据命令行的提示，指定好文字的插入点，设置文字高度为30，旋转角度为0，按回车键，启动文字编辑框，在此输入"N"，并在空白处单击一下，按【Esc】键，完成指北针符号的输入操作，如图3-28所示。

命令行提示内容如下：

命令: _text
当前文字样式: "Standard"   文字高度: 30.0000 注释性: 否   对正: 左
指定文字的起点 或 [对正(J)/样式(S)]:   指定文字的插入点
指定高度 <30.0000>: 30   输入文字高度值,按回车键
指定文字的旋转角度 <0>:   按回车键

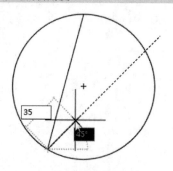

图 3-25　捕捉绘制斜线

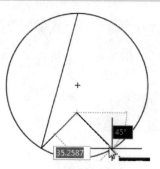

图 3-26　继续绘制斜线

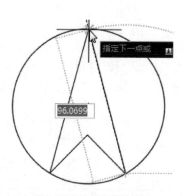

图 3-27　绘制指北针图形

图 3-28　添加指北针符号

3.2.4　正交模式

AutoCAD 提供的正交模式将定点设备的输入限制为水平或垂直,利用该功能,用户可以方便地绘制与当前坐标系统的 X 轴或 Y 轴平行的线段,也就是水平线或垂直线。通过以下几种方法可开启正交模式:

- 在状态栏单击"正交限制光标"按钮 。
- 在命令行输入 ORTHO 命令,按回车键。
- 按【Ctrl+L】组合键或按【F8】键。

3.2.5　动态输入

使用动态输入功能可以在指针位置处显示标注输入和命令提示等信息,从而极大地方便绘图,通过单击状态栏的"动态输入"按钮 开启或关闭该功能。

（1）启用指针输入

打开"草图设置"对话框的"动态输入"选项卡,勾选"启动指针输入"复选框,即可启

用指针输入功能，如图 3-29 所示。而在"指针输入"选项区中单击"设置"按钮，在"指针输入设置"对话框中，便可根据需要设置指针的格式和可见性，如图 3-30 所示。

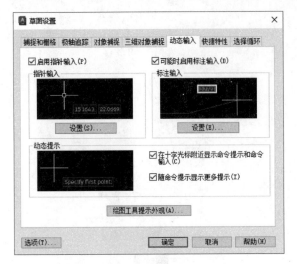

图 3-29 勾选"启动指针输入"复选框　　　　图 3-30 指针输入设置

（2）启用标注输入

在"草图设置"对话框的"动态输入"选项卡中勾选"可能时启用标注输入"复选框，即可启用标注输入功能。在"标注输入"选项区中单击"设置"按钮，打开"标注输入的设置"对话框，在其中可以设置标注的可见性，如图 3-31 所示。

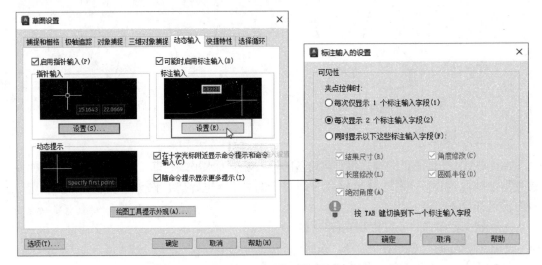

图 3-31 标注输入的设置

（3）显示动态提示

在"草图设置"对话框的"动态输入"选项卡中，勾选"动态提示"选项区中的"在十字光标附近显示命令提示和命令输入"复选框，则可在光标附近显示命令提示。

单击"绘图工具提示外观"按钮，在打开的"工具提示外观"对话框中，可以设置工具提示的颜色、大小、透明度等，如图 3-32 所示。

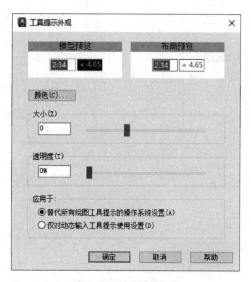

图 3-32　工具提示外观

3.3　精准测量图形

测量功能是利用各种测量工具对图形的长、宽、面积、周长、图形之间的距离以及图形面域质量等信息进行测量。该功能可帮助用户快速了解当前所绘制图形的尺寸数据以及与其他图形之间的关系，以方便对图形细节部分进行调整。

3.3.1　测量距离

"距离"是测量两个点之间的距离值，在使用距离工具时，只需指定要查询的两个端点，即可显示测量结果。可以通过以下方式进行距离的测量：

- 在菜单栏中执行"工具>查询>距离"命令。
- 在"默认"选项卡的"实用工具"面板中单击"距离"按钮 ◳◳◳。
- 在命令行输入 MEASUREGEOM 命令，根据提示选择"距离"，按回车键即可。

 动手练习——测量阀盖轴孔之间的距离

下面利用"距离"工具测量阀盖零件轴孔之间的距离值。

▶Step01：打开"阀盖零件"素材文件，执行"距离"命令，以捕捉左上角轴孔的圆心为第 1 个测量点，如图 3-33 所示。

▶Step02：向右移动光标，以捕捉右上角轴孔的圆心为第 2 个测量点，单击即可查看测量结果，如图 3-34 所示。

▶Step03：按【Esc】键可取消测量操作。再次执行"距离"命令，同样以左上角轴孔圆心为第 1 个测量点，以左下角轴孔圆心为第 2 个测量点，测量出这两个轴孔之间的距离，如图 3-35 所示。

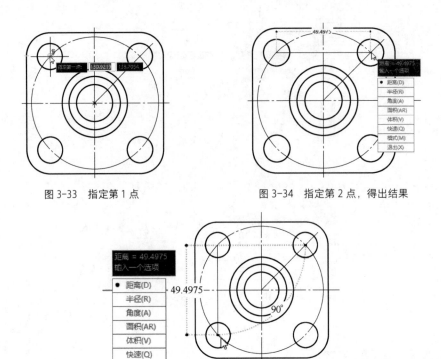

图 3-33　指定第 1 点

图 3-34　指定第 2 点，得出结果

图 3-35　测量其他轴孔距离

3.3.2　测量半径

"半径"主要用于测量圆或圆弧的半径或直径数值。通过以下几种方式可进行半径/直径的测量：

- 在菜单栏中执行"工具>查询>半径"命令。
- 在"默认"选项卡的"实用工具"面板中单击"半径"按钮 。
- 在命令行输入 MEASUREGEOM 命令，根据提示选择"半径"，按回车键。

执行"半径"命令后，选择所需测量的圆或圆弧，即可得出结果，如图 3-36 所示。

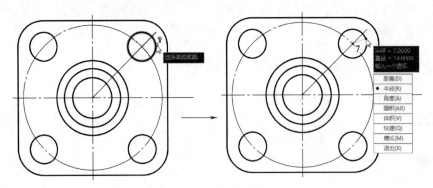

图 3-36　测量半径和直径

3.3.3　测量角度

"角度"用于测量两条线段之间的夹角度数，通过以下几种方式可进行角度的测量：

- 在菜单栏中执行"工具>查询>角度"命令。
- 在"默认"选项卡的"实用工具"面板中单击"角度"按钮 。
- 在命令行输入 MEASUREGEOM 命令，根据提示选择"角度"，然后按回车键。

动手练习——测量垫圈零件的偏移角度

下面利用"角度"工具来测量垫圈外围齿轮图形偏移的夹角度数。

▶Step01：打开"垫圈零件"素材文件，执行"角度"命令，先选择水平中心线作为测量的第 1 条边线，如图 3-37 所示。

▶Step02：向上移动光标，选择最近一个齿轮的中心线作为测量的第 2 条边线，单击即可得出测量结果，如图 2-38 所示。

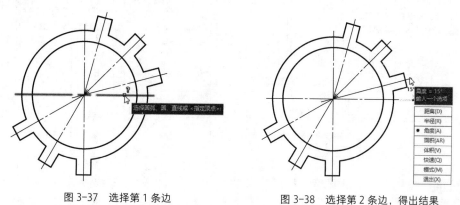

图 3-37　选择第 1 条边　　　　　　　图 3-38　选择第 2 条边，得出结果

▶Step03：按照该方法，测量其他齿轮中心线之间的夹角度数，如图 3-39 所示。

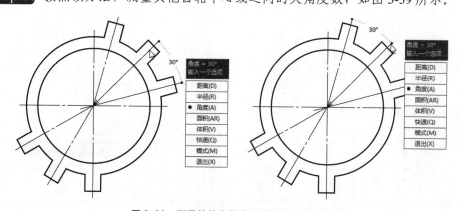

图 3-39　测量其他齿轮中心线间的夹角度数

3.3.4 测量面积

"面积"可以测量出指定区域的面积和周长，在进行面积测量时，可通过指定点来选择要测量的面积区域。通过以下几种方式可进行面积的测量操作：

- 在菜单栏中执行"工具>查询>面积"命令。
- 在"默认"选项卡的"实用工具"面板中单击"面积"按钮 。
- 在命令行输入 MEASUREGEOM 命令，根据提示选择"面积"，按回车键即可。

动手练习——测量主卧室空间的面积

下面利用"面积"功能来测量两居室中的主卧空间面积。

▶**Step01：** 打开"三居室平面"素材文件，执行"面积"命令，先指定主卧室中第一个测量点，如图 3-40 所示。

▶**Step02：** 移动光标，沿着卧室墙体指定下第二个测量点，如图 3-41 所示。

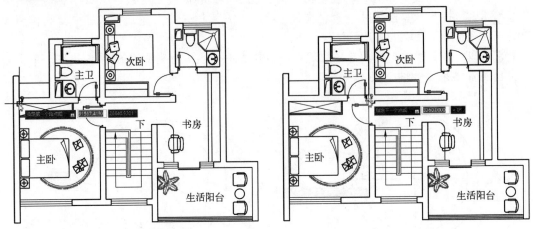

图 3-40　指定第一点 　　　　　　　　　 图 3-41　指定第二点

▶**Step03：** 移动光标，沿着墙体指定卧室第三个测量点，如图 3-42 所示。

▶**Step04：** 继续移动光标指定最后一个测量点，单击鼠标即可显示测量结果，如图 3-43 所示。

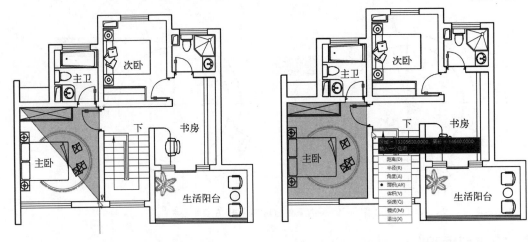

图 3-42　指定第三点 　　　　　　　　　 图 3-43　显示测量结果

3.3.5　快速测量

利用"快速测量"命令可以快速测量出图形的长、宽、夹角以及圆半径或直径的数值。在"默认"选项卡的"实用工具"面板中单击"快速"按钮 ▧▧▧▧▧▧▧，将光标移至图形中，系统会自动对光标周围的直线、圆弧、夹角等图形进行测量，并显示出测量结果，如图 3-44 所示。所测量的图形会被突显出来。

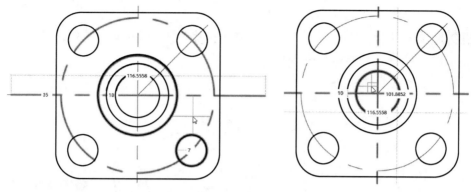

图 3-44 快速测量图形

技术要点

"体积"主要用于测量三维实体的体积。在"测量"列表中选择"体积"后，依次捕捉实体底面的测量点，以及实体高度，按回车键即可得出测量结果。

 实战演练 1——绘制机械配件图形

本例将利用对象捕捉功能，并结合二维绘图工具来绘制简单的机械配件图形。

▶Step01: 在状态栏中右击"对象捕捉"按钮，在快捷列表中选择"对象捕捉设置"选项，打开"草图设置"对话框，勾选"圆心""象限点"复选框，如图 3-45 所示。

▶Step02: 单击"确定"按钮关闭对话框。执行"圆心,半径"命令 ⊙，绘制一个半径为 10mm 的圆，如图 3-46 所示。

命令行提示如下：

命令：_circle
指定圆的圆心或 [三点(3P)/两点(2P)/切点、切点、半径(T)]:　　　　　　指定圆心位置
指定圆的半径或 [直径(D)] <2.0000>: 10　　　　　　　　　　　　　　输入半径参数，回车

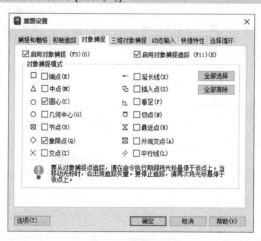

图 3-45　设置捕捉点

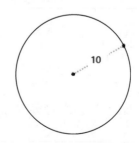

图 3-46　绘制圆

▶Step03: 执行"圆心,半径"命令，捕捉圆心绘制一个半径为 18mm 的同心圆，如图 3-47

所示。

▶Step04: 再次执行"圆心,半径"命令,将光标悬停于圆心位置,捕捉到圆心后向右移动光标,并输入距离 64mm,如图 3-48 所示。

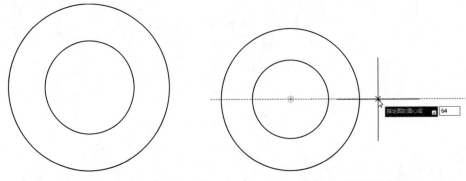

图 3-47 绘制同心圆   图 3-48 设置圆心位置

▶Step05: 按回车键确认即可指定圆心位置。移动光标并输入半径值为 20mm,如图 3-49 所示。

▶Step06: 继续执行"圆心,半径"命令,捕捉半径为 20mm 的圆心,绘制半径为 30mm 的同心圆,如图 3-50 所示。

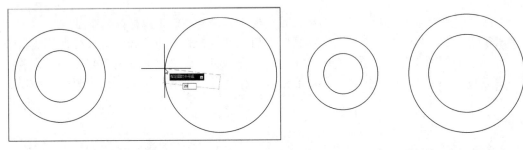

图 3-49 输入半径   图 3-50 绘制第二个同心圆

▶Step07: 再次打开"草图设置"对话框,在"对象捕捉"选项板中勾选"交点"复选框,如图 3-51 所示。

▶Step08: 执行"直线"命令,捕捉左侧大圆的象限点作为直线的起点,向右移动光标沿参考线捕捉到与右侧圆的交点作为直线终点,如图 3-52 所示。

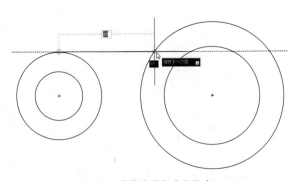

图 3-51 设置"交点"捕捉点   图 3-52 指定直线起点和终点

Step09: 单击鼠标并按回车键即可完成直线的绘制。按照同样的方法，在其下方绘制一条直线，如图 3-53 所示。

Step10: 在"默认"选项卡中单击"修剪"按钮，可执行修剪操作。选择图形中多余的线段，即可将其剪掉。修剪结果如图 3-54 所示。

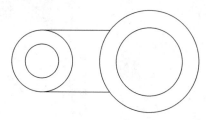

图 3-53 绘制直线

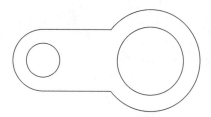

图 3-54 修剪图形

 ### 实战演练2——测量别墅一层空间面积

本例将对别墅一层空间面积进行测量。

Step01: 打开"别墅一层方案"素材文件，如图 3-55 所示。

Step02: 执行"面积"命令，指定左上角第 1 个测量点，如图 3-56 所示。

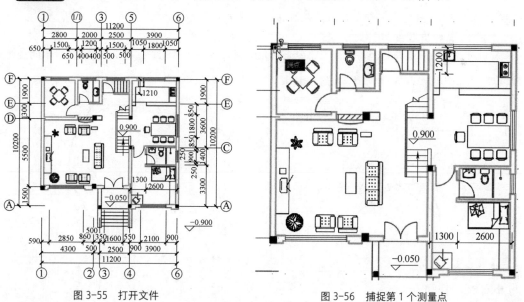

图 3-55 打开文件

图 3-56 捕捉第 1 个测量点

Step03: 向右移动光标，沿着墙体指定右上角第 2 个测量点。向下移动光标，指定墙体第 3 个测量点，如图 3-57 所示。

▶**Step04:** 向左移动光标，沿着墙体指定其他测量点。完成后，按回车键即可得出该区域的面积信息，如图 3-58 所示。

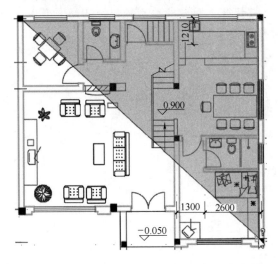

图 3-57 捕捉第 2、3 个测量点

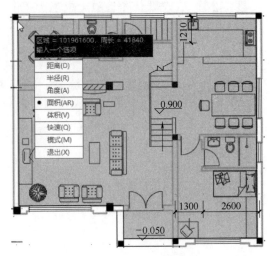

图 3-58 得出测量结果

📋 课后作业

（1）绘制五角星图形

利用极轴追踪功能来绘制五角星图形，效果如图 3-59 所示。

操作提示：

Step01：启动"极轴追踪"命令，并设置增量角为 36°。

Step02：执行"直线"命令，根据追踪辅助虚线绘制边长均为 100mm 的线段。

Step03：执行"修剪"命令，修剪掉五角星内多余的线段。

（2）绘制六角螺母图形

利用对象捕捉、极轴追踪、直线、圆命令，来绘制六角螺母图形，结果如图 3-60 所示的图形。

图 3-59 五角星图形效果

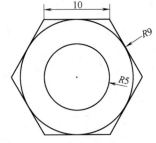

图 3-60 六角螺母图形效果

操作提示：

Step01：启动"极轴追踪"命令，将增量角设为 30°。

Step02：执行"直线"命令，根据追踪辅助虚线绘制边长为 10mm 的六边形。

Step03：执行"圆"命令，捕捉六边形中心点，绘制螺母的螺孔图形。

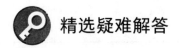 **精选疑难解答**

Q1：如何利用【Tab】键快速捕捉图形的某些特殊点？

A：在捕捉一个物体上的点时，只要将鼠标靠近某个或某些物体，不断地按【Tab】键，这个或这些物体的某些特殊点就会轮换显示出来，单击鼠标左键选择点后即可捕捉点。

Q2：捕捉和对象捕捉的区别？

A："捕捉"是针对栅格的，"对象捕捉"是针对图形对象的。"捕捉"是对栅格点或栅格线交点的捕捉。即使栅格点或栅格线不显示，如果打开捕捉功能同样会起作用。

对象捕捉就是捕捉视图中图形对象的特征点，要使用对象捕捉的前提是当前文件中已经有图形，利用这些图形作为参照物来绘制其他的图形。

Q3：在执行捕捉时，命令行提示"未知命令"，这是什么意思？

A：捕捉不是操作命令，它是一个辅助定位的工具，只有在执行绘图或其他编辑命令，命令行发出提示需要指定到某个点时，才会启动捕捉功能。如果没有执行任何命令，是不会执行任何捕捉操作的。

Q4：如何设置捕捉的灵敏度？

A：打开"选项"对话框，在"绘图"选项卡中选择"靶框大小"滑块，将其向右拖至最大即可。靶框越大，捕捉就越灵敏；靶框越小，捕捉就越迟钝。

Q5：开启所有对象捕捉后，经常会捕捉不到所需的点位置，怎么回事？

A：想要精准定位到图形某个点，在设置对象捕捉时，建议不要全部都开启，选择一些常用的捕捉点，或者只开启某几个捕捉点就够了。如果开启所有捕捉点后，在移动光标时，系统要随时计算哪些是满足条件的点，开启的点越多，系统计算的信息就越多，从而影响到捕捉速度。

Q6：极轴追踪功能中的附加角有什么作用？

A：一般默认的极轴追踪是以水平线和与之相垂直的90°方向为极轴追踪的方向。然而有的运用场合是倾斜一个方向角而大量绘制图形（例如矩形），这就需要在这种偏移角度后，方便用正交功能来绘制图形的工具，这就是附加角的作用。这个附加角就是这里所说的偏移角度，增加这个角度后，可使十字光标倾斜这个角度，并能在这个新方位上进行正常绘图。

第 4 章

基本图形的绘制方法

本章概述

　　任何复杂的图形其实都是由点、直线、圆弧、矩形等几种基本图形元素组成的。熟练掌握基本图形的绘制方法后，面对复杂图形的绘制就能够游刃有余了。本章将着重介绍这些基本图形的绘制方法，其中包括点、线、曲线、矩形以及正多边形等操作命令的使用技巧。

学习目标

- 了解点的绘制。
- 掌握直线图形的绘制方法。
- 掌握曲线图形的绘制方法。
- 掌握矩形及多边形的绘制方法。

扫码观看本章视频

实例预览

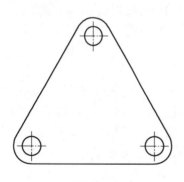

三角垫片

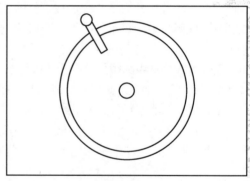

洗手台盆

4.1 绘制点图形

在 AutoCAD 中点主要用于捕捉对象的节点或参照点，利用这些点来绘制其他所需的图形。下面将对点图形的设置方法进行介绍。

4.1.1 设置点样式

点是没有长度和大小的图形对象，默认点为一个小圆点，在屏幕中很难看清。用户可以对点的显示样式进行设置，以便于确认点的位置。通过以下方式可设置点样式。

- 在菜单栏中执行"格式>点样式"命令。
- 在"默认"选项卡的"实用工具"面板中单击"点样式"按钮 。
- 在命令行输入 PTYPE 命令，按回车键。

执行上述任意命令后，都可打开"点样式"对话框，在此可选择点的显示样式以及点的大小，如图 4-1 所示。

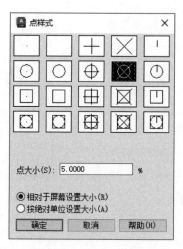

图 4-1 "点样式"对话框

> ◎ **技术要点**
>
> 在设置点大小时，如选择"相对于屏幕设置大小"单选项，则点的显示大小会随着视图窗口的缩放而改变；如选择"按绝对单位设置大小"单选项，则点的大小以实际单位的形式显示。

 动手练习——设置新的点样式

下面将以设置植物花骨朵样式为例，来介绍点样式的具体设置方法。

▶Step01: 打开"植物"素材文件。当前图形可以清楚地看到植物的经络走向，但这些经络上的小点却无法看清，如图 4-2 所示。

▶Step02: 执行"点样式"命令，打开"点样式"对话框，选择一款合适的点样式，并选择"按绝对单位设置大小"单选按钮，如图 4-3 所示。

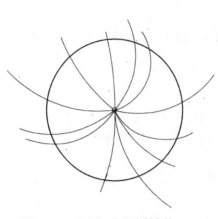

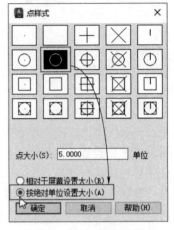

图 4-2　打开素材文件

图 4-3　选择点样式

▶Step03: 将"点大小"设为 20，单击"确定"按钮，如图 4-4 所示。

▶Step04: 此时，图形中的点已发生了变化，如图 4-5 所示。

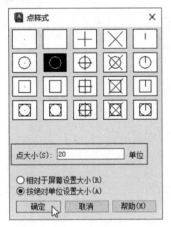

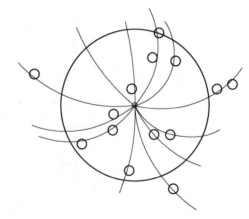

图 4-4　设置点大小

图 4-5　设置后的点样式

4.1.2　创建单点和多点

AutoCAD 中的点包含单点和多点两种类型，"单点"一次只能创建一个点；而"多点"则一次可创建多个点，直到按【Esc】键结束操作为止。通过以下方式可执行"单点（或多点）"命令。

- 在菜单栏中执行"绘图>点>单点（或多点）"命令。
- 在"默认"选项卡的"绘图"面板中，单击"多点"按钮。
- 在命令行输入 POINT 命令，按回车键。

执行"单点（或多点）"命令后，在绘图区中只需指定好点的位置即可。

4.1.3 创建定数等分点

定数等分是指将图形对象按指定的数量进行平均等分，在等分处创建点，以作为绘图参考点。通过以下几种方式执行"定数等分"命令：

· 在菜单栏中执行"绘图>点>定数等分"命令。
· 在"默认"选项卡的"绘图"面板中，单击"定数等分"按钮。
· 在命令行输入 DIV 快捷命令，按回车键即可。

执行"定数等分"命令后，根据命令行提示，先选择所需等分的线段，然后输入等分数值，按回车键即可创建等分点。

命令行提示如下：

命令:_divide
选择要定数等分的对象：　　　　　　　　　　　　　　（选择需等分线段）
输入线段数目或[块(B)]:6　　　　　　　　　　　　　　（输入等分数，按回车键）

命令行中各选项的含义如下：

· 线段数目：指定等分数量。数目范围为 2~32767。
· 块（B）：在等分点插入指定的图块。

动手练习——利用定数等分创建五边形

下面以绘制五边形为例，来介绍定数等分命令的具体操作。

▶Step01： 执行"圆"命令，绘制一个半径为 500mm 的圆，如图 4-6 所示。
▶Step02： 执行"定数等分"命令，先选择圆形，如图 4-7 所示。

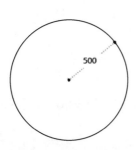

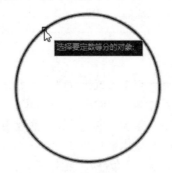

图 4-6　绘制半径为 500mm 的圆　　　　　图 4-7　选择圆形

▶Step03： 根据命令提示输入要等分的数量，这里输入"5"，如图 4-8 所示。

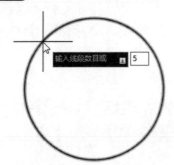

图 4-8　输入等分数量　　　　　　　　　图 4-9　完成等分操作

▶Step04: 按回车键确认，完成等分点的创建，如图 4-9 所示。

▶Step05: 执行"直线"命令，分别捕捉这 5 个等分点，绘制五边形，如图 4-10 所示。

▶Step06: 删除外接圆形，五边形绘制完成，如图 4-11 所示。

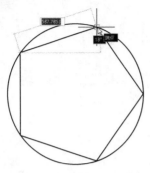

图 4-10　绘制五边形边线

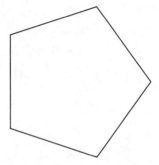

图 4-11　删除圆，完成绘制

4.1.4　创建定距等分点

定距等分是指将图形对象按相等长度进行等分。与定数等分不同的是，定距等分存在不确定性，在被等分的对象不可以被整除的情况下，定距等分后的最后一段要比之前的距离短，如图 4-12 所示。

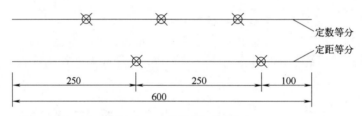

图 4-12　定数等分与定距等分

用户可以通过以下方式执行"定距等分"命令：

• 在菜单栏中执行"绘图>点>定距等分"命令。

• 在"默认"选型卡的"绘图"面板中，单击"定距等分"按钮 ✎。

• 在命令行中输入 MEASURE 命令，按回车键。

执行"定距等分"命令后，根据需要选择所需线段，随后输入等距长度值，按回车键即可。命令行提示如下：

命令:_measure
选择要定距等分的对象:　　　　　　　　　　　　　　　　选择所需等分的图形
指定线段长度或[块(B)]:50　　　　　　　　　　　　　　输入距离值，按回车键

> ⌣ **注意事项**
>
> 　　无论是使用"定数等分"还是"定距等分"命令操作，被等分的线段并非分成独立的几段，而是在相应的位置上创建等分点，以辅助其他图形的绘制。它还是一条完整的线段。

动手练习——绘制柜体平面图形

下面将利用定距等分功能，并结合直线命令来绘制柜体平面图形。

▶Step01：执行"直线"命令，绘制长 2000mm、宽 300mm 的长方形，如图 4-13 所示。

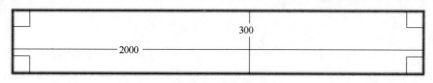

图 4-13　绘制长方形

▶Step02：执行"定距等分"命令，选择长方形上边线，将线段长度值设为 500，如图 4-14 所示。

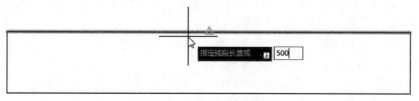

图 4-14　设置等分距离值

▶Step03：按回车键，删除最右侧一个等分点，如图 4-15 所示。

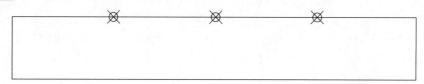

图 4-15　创建等分点

▶Step04：执行"直线"命令，捕捉等分点，绘制等分线段，如图 4-16 所示。

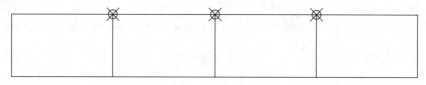

图 4-16　绘制等分线段

▶Step05：删除等分点。继续执行"直线"命令，绘制柜体标识线，并将其线型更改为虚线，颜色为淡灰色，如图 4-17 所示。至此，柜体平面图形绘制完成。

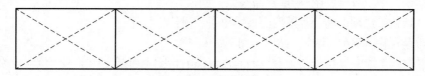

图 4-17　绘制柜体标识线段

4.2 绘制线段图形 ●●●

线段是最基本的图形对象，许多复杂的图形都是由线组成的。根据用途不同，线段可分为直线、射线、构造线等。

4.2.1 直线

直线可以作为一条线段，也可以作为一系列首尾相连的线段。绘制直线的方法非常简单，在绘图区内指定直线的起点和终点即可绘制一条直线。通过以下方式可执行"直线"命令：

- 在菜单栏中执行"绘图>直线"命令。
- 在"默认"选项卡的"绘图"面板中单击"直线"按钮 ╱。
- 在命令行输入 L 快捷命令，按回车键。

执行"直线"命令后，根据命令行中的提示，在绘图区中指定好直线的起点，移动光标，输入线段距离参数，按回车键即可完成直线的绘制，如图 4-18 所示。

命令行提示如下：

命令:_line	
指定第一个点:	指定直线起点
指定下一点或[放弃(U)]:300	输入直线长度，按两次回车，结束绘制

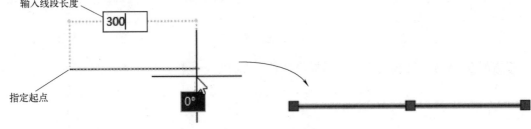

图 4-18　绘制直线段

4.2.2 射线

射线是一端固定，另一端能够无限延伸的直线，通常是用来作绘图辅助线。通过以下方式可执行"射线"命令：

- 在菜单栏中执行"绘图>射线"命令。
- 在"默认"选项卡的"绘图"面板中单击"射线"按钮 ╱。
- 在命令行输入 RAY 命令，然后按回车键。

执行"射线"命令后，先指定射线的起点，然后再指定射线方向上的一点即可绘制射线，如图 4-19 所示。

命令行提示如下：

命令:_ray 指定起点:	指定射线起点
指定通过点:	指定射线方向上的一点

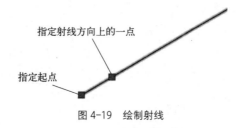

图 4-19 绘制射线

4.2.3 构造线

构造线也可称为参照线，其作用与射线相同，起着辅助绘图的作用。与射线的区别在于：构造线是两端无限延长的直线，没有起点和终点；而射线则是直线的一端无限延长，有起点，无终点。通过以下方式可执行"构造线"命令：

- 在菜单栏中执行"绘图>构造线"命令。
- 在"默认"选项卡的"绘图"面板中单击"构造线"按钮 。
- 在命令行输入 XLINE 命令，然后按回车键。

执行"构造线"命令后，在绘图区中指定好构造线位置，然后指定构造线方向上的一点即可绘制构造线，如图 4-20 所示。

命令:_xline	
指定点或 [水平(H)/垂直(V)/角度(A)/二等分(B)/偏移(O)]:	指定构造线的位置
指定通过点:	指定构造线方向上的一点

指定位置　　　　　　　　　　　　　指定方向上的一点

图 4-20 绘制构造线

4.2.4 多段线

多段线是相连的直线或圆弧等多条线段组合而成的复合图形对象，这些线段构成的图形是一个整体，单击时会选择整个图形，不能分别选择编辑。

（1）绘制多段线

用户可以通过以下方法执行"多段线"命令：

- 在菜单栏中执行"绘图>多段线"命令。
- 在"默认"选项卡的"绘图"面板中单击"多段线"按钮 。
- 在命令行输入 PL 快捷命令，按回车键即可。

执行以上任意命令后，在绘图区中指定好多段线的起点，移动光标，指定多段线下一点的位置或参数，直到最后一点，按回车键即可绘制多段线，如图 4-21 所示。

命令行提示如下：

命令:_pline	
指定起点:	指定多段线起点
当前线宽为 0.0000	
指定下一个点或[圆弧(A)/半宽(H)/长度(L)/放弃(U)/宽度(W)]:	输入多段线长度，或指定下一点

命令行中各选项的含义如下。

圆弧：切换至圆弧模式。

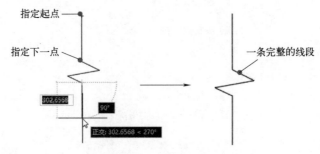

图 4-21　绘制多段线

半宽：设置多段线起始与结束的上下部分宽度值，即宽度的两倍。

长度：绘制出与上一段角度相同的线段。

放弃：退回至上一点。

宽度：设置多段线起始与结束的宽度值。

（2）编辑多段线

如果需要对绘制的多段线进行修改，或是将其他类型的线段转换为多段线，可通过以下方式来操作：

• 在菜单栏中执行"修改>对象>多段线"命令。

• 在"默认"选项卡的"修改"面板中单击"编辑多段线"按钮 。

• 输入 **PED** 快捷命令，按回车键即可。

• 双击所需的多段线。

执行以上任意命令后，根据命令行的提示选择多段线，就会弹出快捷菜单，如图 4-22 所示。在此可根据需要来选择编辑选项。

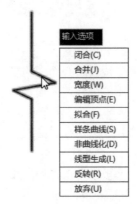

图 4-22　多段线编辑快捷菜单

多段线编辑列表中常用选项说明如下。

闭合：封闭所编辑的多段线，自动以最后一段的绘图模式连接多段线的起点和终点。

合并：将直线、圆弧或多段线连接到指定的非闭合多段线上。

宽度：重新设置编辑的多段线宽度。

拟合：采用双圆弧曲线拟合多段线的拐角。

样条曲线：用样条曲线拟合多段线。

非曲线化： 删除在执行"拟合"或"样条曲线"选项操作时插入的额外顶点，并拉直多段线中所有线段。

 动手练习——绘制楼梯箭头标识

下面就以绘制顶层楼梯下行箭头标识为例，来介绍多段线的使用方法。

▶Step01：打开"顶层楼梯平面"素材文件。执行"多段线"命令，在图形中指定好箭头的起点位置，向右移动光标，输入线段长度值10000，如图4-23所示。

▶Step02：按回车键，向上移动光标，并输入长度值5600，如图4-24所示。

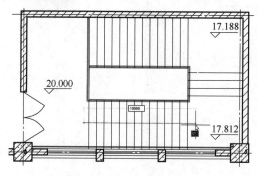

图4-23　指定多段线起点

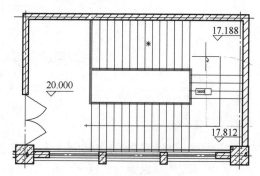

图4-24　移动光标绘制线段

▶Step03：按回车键，继续向左移动光标，并输入长度值6400，如图4-25所示。

▶Step04：按回车键。然后在命令行中输入w，按回车键，如图4-26所示。

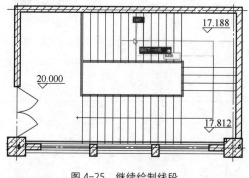

图4-25　继续绘制线段

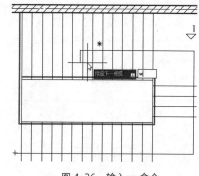

图4-26　输入w命令

▶Step05：设置起点宽度为100，按回车键，再设置端点宽度为0，如图4-27所示。

▶Step06：按回车键，继续向左移动光标，并输入箭头长度值1000，如图4-28所示。

▶Step07：输入完成后，按两次回车键即可完成箭头标识的绘制，如图4-29所示。

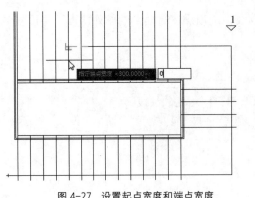

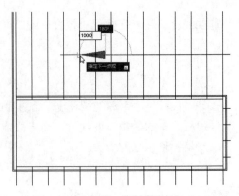

图 4-27　设置起点宽度和端点宽度　　　　　　　　图 4-28　绘制箭头长

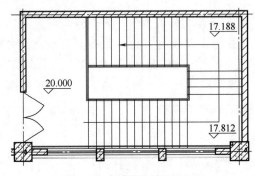

图 4-29　完成箭头标识的绘制

4.2.5　多线

多线是一种由多条（1~16）平行线组成的图形对象，这些平行线段之间的距离是可以设置的。利用多线可以绘制建筑墙体、市政道路、各类管道工程图纸。

（1）设置多线样式

系统默认的多线样式为 STANDARD 样式，由两条平行线组成。用户可以根据需要对其样式进行设置。例如设置平行线之间的距离（偏移值）及平行线颜色和线型等。在菜单栏中执行"格式>多线样式"命令，可打开"多线样式"对话框，如图 4-30 所示。单击"新建"按钮，在"新建多线样式"对话框中进行样式的设置，如图 4-31 所示。

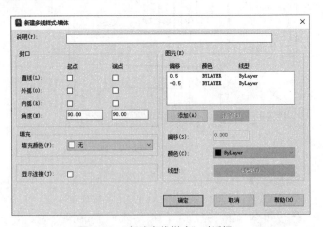

图 4-30　"多线样式"对话框　　　　　　　　　　图 4-31　"新建多线样式"对话框

（2）绘制多线

多线样式设置完成后，用户可通过以下方式调用"多线"命令：

· 在菜单栏中执行"绘图>多线"命令。

· 在命令行输入 MLINE 命令，按回车键。

执行"多线"命令后，根据命令行中的提示，设置好对正方向、比例参数，然后指定多线的起点即可绘制多线，如图4-32所示。

图4-32 绘制多线

命令行提示如下：

命令:_mline
当前设置:对正=上，比例=20.00，样式=STANDARD
指定起点或[对正(J)/比例(S)/样式(ST)]:   指定多线起点

命令行中各选项的含义如下。

对正：设定多线中哪条线段的端点与鼠标光标重合并随之移动，包括上、无、下三个选项。

比例：指定多线宽度相对于定义宽度的比例因子，该比例不影响线型比例。

样式：该选项使用户可以选择多线样式，默认为STANDARD。

（3）编辑多线

多线图形绘制结束后，如果需要对其进行修改，可利用系统自带的多线编辑工具来进行操作。通过以下方式打开多线编辑工具：

· 在菜单栏中执行"修改>对象>多线"命令。

· 在命令行输入 MLEDIT 命令，按回车键。

· 双击多线图形。

执行以上任意命令，可打开"多线编辑工具"对话框，在此选择所需工具即可对多线进行编辑修改操作，如图4-33所示。

图4-33 多线编辑工具

动手练习——绘制室内户型图

下面将以绘制户型图为例，来介绍多线功能的具体使用方法。

▶Step01：打开"轴线图"文件，如图4-34所示。

▶Step02：执行"多线样式"命令，打开"多线样式"对话框，单击"新建"按钮，打开"创建新的多线样式"对话框，新建"墙体"样式名，如图4-35所示。

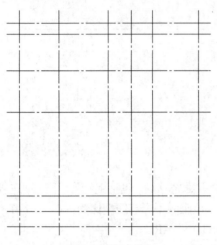

图4-34 打开文件

图4-35 新建"墙体"样式名

▶Step03：单击"继续"按钮，在打开"新建多线样式"对话框中勾选"直线"的"起点"和"端点"复选框，如图4-36所示。

▶Step04：在"图元"列表中先选择默认的"0.5"参数选项，然后在下方"偏移"方框中输入110，此时列表中的0.5会更改为110，如图4-37所示。

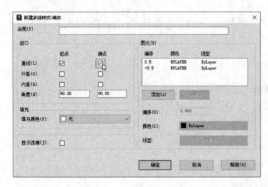

图4-36 设置多线封口

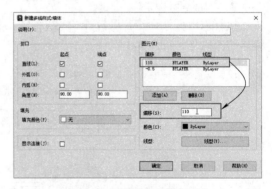

图4-37 设置默认的偏移参数

▶Step05：按照同样的方法，将"图元"列表中"−0.5"参数选项更改为"−110"，单击"确定"按钮返回上一层对话框，如图4-38所示。

▶Step06：单击"置为当前"按钮，将该样式设为当前样式，如图4-39所示。

▶Step07：执行"多线"命令，在命令行中先输入j，将"对正"设为"无"，再输入s，将"比例"设为1；然后捕捉绘图区中的轴线，沿着轴线绘制一段墙体线，如图4-40所示。

▶Step08：继续沿着轴线绘制墙体线，完成后按回车键，结束多线操作，如图4-41所示。

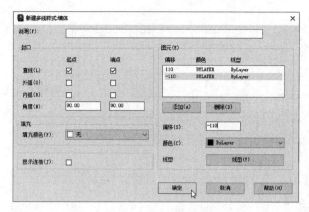

图 4-38　设置其他图元偏移参数　　　　　　　　　图 4-39　设置"置为当前"

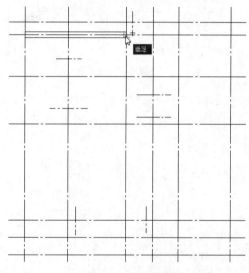

图 4-40　开始绘制墙体

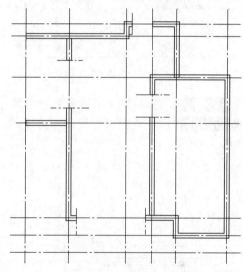

图 4-41　完成墙体线的绘制

命令行提示如下：

命令：_mline	
当前设置：对正 = 上，比例 = 20.00，样式 = 墙体	
指定起点或 [对正(J)/比例(S)/样式(ST)]：j	输入 j，回车
输入对正类型 [上(T)/无(Z)/下(B)] <上>：Z	选择"无"，回车
当前设置：对正 = 无，比例 = 20.00，样式 = 墙体	
指定起点或 [对正(J)/比例(S)/样式(ST)]：s	输入 s，回车
输入多线比例 <20.00>：1	输入比例 1，回车
当前设置：对正 = 无，比例 = 1.00，样式 = 墙体	
指定起点或 [对正(J)/比例(S)/样式(ST)]：	捕捉轴线起点
指定下一点：	捕捉轴线下一个节点
指定下一点或 [放弃(U)]：	

▶Step09：双击多线打开"多线编辑工具"对话框，选择"T 形打开"工具，如图 4-42

所示。

▶Step10: 选择要修剪的两条多线，如图 4-43 所示。

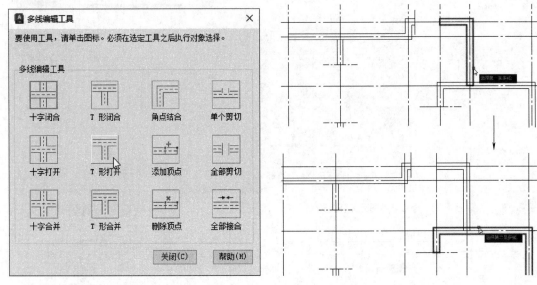

图 4-42　多线编辑工具　　　　　　　　图 4-43　选择两条编辑的多线

▶Step11: 选择后即可完成多线修剪的操作，如图 4-44 所示。

▶Step12: 继续选择其他要修剪的多线，完成户型图的绘制操作。关闭轴线层，其效果如图 4-45 所示。

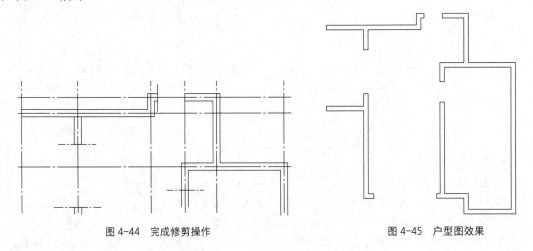

图 4-44　完成修剪操作　　　　　　　　图 4-45　户型图效果

4.3　绘制曲线图形 ●●●

曲线图形是绘图中经常会用到的图形，其中包括圆、圆弧、椭圆、样条曲线、修订云线和螺旋线等。下面将对一些常见曲线图形的绘制方法进行详细介绍。

4.3.1 圆

圆是使用较为频繁的图形，在室内、园林、机械等图纸的绘制中都经常用。通过以下方式可执行"圆"命令：

· 在菜单栏中执行"绘图>圆"命令，在展开的级联菜单中可选择需要的圆的绘制方式。

· 在"默认"选项卡"绘图"面板中单击"圆"按钮⊙下方的小三角符号 ▾ ，在展开的列表中可根据需要选择绘制圆的方式。

· 在命令行输入 C 快捷命令，按回车键即可。

AutoCAD 软件中圆有 6 种绘制方式，默认为"圆心,半径⊙"的方式来绘制。在绘图区中指定好圆心位置，根据命令行的提示输入圆半径值，按回车键即可完成圆的绘制，如图 4-46 所示。

命令行提示如下：

命令:_circle	
指定圆的圆心或[三点(3P)/两点(2P)/切点、切点、半径(T)]:	指定圆心
指定圆的半径或[直径(D)]<500>:	输入半径值，回车

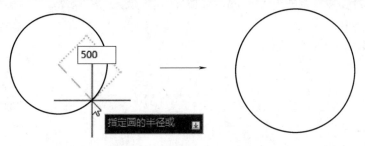

图 4-46　指定圆心、半径绘制圆

除此方式外，用户还可根据需要使用其他 5 种方式来绘制圆。

圆心,直径 ⊘：通过指定圆心位置和直径值进行绘制。

两点 ◯：通过在绘图区随意指定两点作为直径两侧的端点来绘制圆，如图 4-47（a）所示。

三点 ◯：通过在绘图区任意指定圆上的三点即可绘制出一个圆，如图 4-47（b）所示。

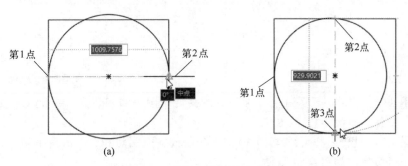

图 4-47　两点绘制圆和三点绘制圆

相切,相切,半径 ⊘：指定图形对象的两个相切点，再输入半径值即可绘制圆，如图 4-48（a）所示。

相切,相切,相切 ◯：指定已有图形对象的三个点作为圆的相切点，即可绘制一个与该图形相切的圆，如图 4-48（b）所示。

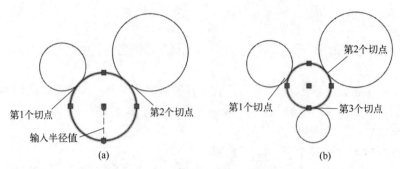

图 4-48 两个切点和半径值绘制圆及指定三个切点绘制圆

 动手练习——绘制手柄图形

下面将利用圆、直线，并结合一些基本的编辑命令来绘制手柄图形。

▶Step01: 执行"圆"命令，绘制半径为 20mm 的圆，如图 4-49 所示。

▶Step02: 按【F11】键开启对象捕捉追踪，执行"圆"命令，将鼠标移动到圆心并沿 X 轴向右移动，输入移动距离为 125mm，如图 4-50 所示。

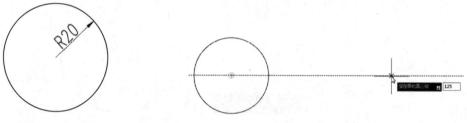

图 4-49 绘制圆　　　　　　　　　　　　　图 4-50 指定第 2 个圆心位置

▶Step03: 按回车键，确认好圆心位置，然后再指定新圆的半径为 10mm，按回车键即可完成第二个圆的绘制，如图 4-51 所示。

▶Step04: 执行"直线"命令，绘制中心线，如图 4-52 所示。

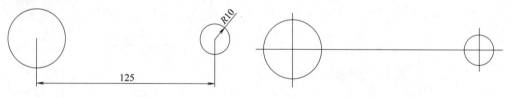

图 4-51 绘制圆 2　　　　　　　　　　　　图 4-52 绘制圆的中心线

▶Step05: 执行"相切,相切,半径"命令，捕捉两个圆上的相切点，并输入半径为 80mm，绘制出一个大圆，如图 4-53 所示。

▶Step06: 再次执行"相切,相切,半径"命令，捕捉左侧圆和大圆的两个切点，绘制半径为 40mm 的相切圆，如图 4-54 所示。

▶Step07: 执行"修剪 🔻"命令，修剪掉多余的线段，如图 4-55 所示。

▶Step08: 执行"直线"命令，捕捉左侧中心线交点，向左移动光标，沿着捕捉虚线移动 20mm，向上绘制 10mm 的垂直线。然后向右绘制直线，与中心线相交，如图 4-56 所示。

▶Step09: 在"默认"选项卡中单击"镜像 ⚠"按钮，启动"镜像"命令。根据命令行中的提示，先选中所需图形，如图 4-47 所示。

▶Step10: 按回车键，指定好镜像线的起点和端点，并选择"否"选项，如图 4-48 所示。

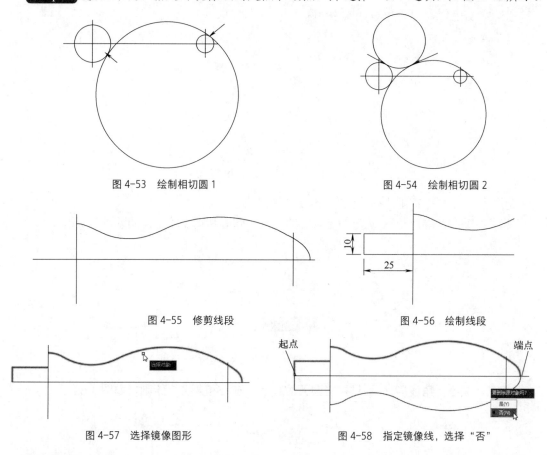

图 4-53　绘制相切圆 1　　　　　　　　　　图 4-54　绘制相切圆 2

图 4-55　修剪线段　　　　　　　　　　　　图 4-56　绘制线段

图 4-57　选择镜像图形　　　　　　图 4-58　指定镜像线，选择"否"

▶Step11: 选择后即可完成图形的镜像操作。至此，手柄图形绘制完成，如图 4-59 所示。

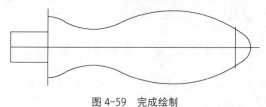

图 4-59　完成绘制

4.3.2　圆弧

圆弧是圆的一部分曲线，用户可以通过以下方式调用"圆弧"命令：

· 在菜单栏中执行"绘图>圆弧"命令，在展开的级联菜单中可选择圆弧的绘制方式。

· 在"默认"选项卡"绘图"面板中单击"圆弧"按钮下方的小三角符号 ，在展开的列表中同样可选择圆弧的绘制方式。

· 在命令行输入 A 快捷命令，按回车键即可。

圆弧有 11 种绘制方式，其中"三点 "为默认的绘制方式。通过在绘图区中指定三个点来创建一条弧线，如图 4-60 所示。

命令行提示如下：

```
命令:_arc
```

指定圆弧的起点或[圆心(C)]:	指定圆弧上的三个点
指定圆弧的第二个点或[圆心(C)/端点(E)]:	
指定圆弧的端点:	

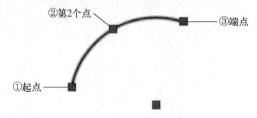

图 4-60　三点绘制圆弧

用户还可以根据需求选择其他方式来绘制圆弧。

起点、圆心、端点 ：通过指定圆弧的起点、圆心和端点绘制，如图 4-61 所示。

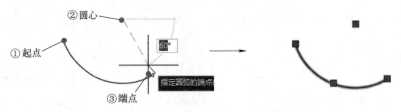

图 4-61　起点、圆心、端点绘制

起点、圆心、角度 ：通过指定圆弧的起点、圆心和角度来绘制，如图 4-62 所示。

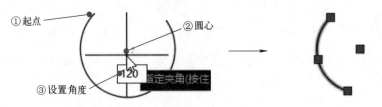

图 4-62　起点、圆心、角度绘制

起点、圆心、长度 ：通过指定圆弧的起点、圆心和弧长来绘制，如图 4-63 所示。该弧长不可以超过起点到圆心距离的两倍。

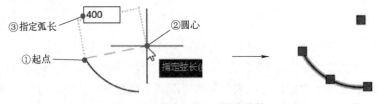

图 4-63　起点、圆心、长度绘制

起点、端点、角度 ：通过指定圆弧的起点、端点和角度来绘制，如图 4-64 所示。

起点、端点、方向 ：通过指定圆弧的起点、端点和方向来绘制，如图 4-65 所示。指定方向后单击鼠标左键即可。

起点、端点、半径 ：通过指定圆弧的起点、端点和半径来绘制，如图 4-66 所示。绘制后圆弧的半径是指定的半径长度。

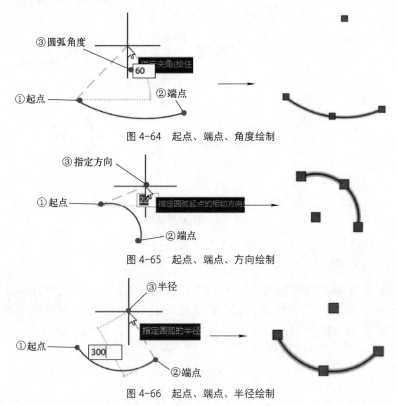

图 4-64　起点、端点、角度绘制

图 4-65　起点、端点、方向绘制

图 4-66　起点、端点、半径绘制

圆心、起点、端点：通过先指定圆心再指定起点和端点绘制，如图 4-67 所示。

图 4-67　圆心、起点、端点绘制

圆心、起点、角度：通过指定圆弧的圆心、起点和角度来绘制，如图 4-68 所示。

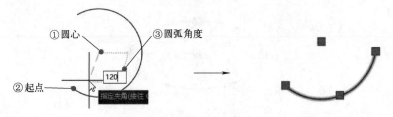

图 4-68　圆心、起点、角度绘制

圆心、起点、长度：通过指定圆弧的圆心、起点和长度来绘制，如图 4-69 所示。

连续：使用该方法绘制的圆弧将与上一个圆弧相切，直接指定圆弧端点即可，如图 4-70 所示。

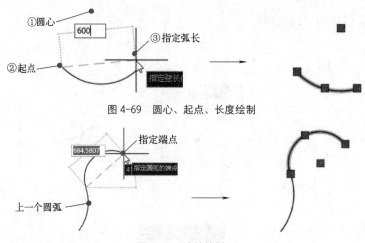

图 4-69 圆心、起点、长度绘制

图 4-70 连续绘制

🌤 **注意事项**

　　圆弧的方向有顺时针和逆时针之分。默认情况下，系统按照逆时针方向绘制圆弧。因此，在绘制圆弧时一定要注意起点和端点的相对位置，否则有可能导致所绘制的圆弧与预期圆弧的方向相反。

4.3.3 椭圆

　　椭圆有长半轴和短半轴之分，长半轴与短半轴的值决定了椭圆曲线的形状，通过以下方式执行"椭圆"命令：

　　•在菜单栏中执行"绘图>椭圆"命令，在展开的级联菜单中选择椭圆的绘制方式。

　　•在"默认"选项卡"绘图"面板中单击"椭圆"按钮右侧的小三角符号 ▼ ，在展开的列表中来选择椭圆的绘制方式。

　　•在命令行输入 ELLIPSE 命令，然后按回车键。

　　AutoCAD 为用户提供了 3 种绘制椭圆的方法，分别为"圆心""轴、端点"和"椭圆弧"，其中"圆心"方式为系统默认的绘制椭圆的方式。该方式是指定一个点作为椭圆曲线的圆心点，然后再分别指定椭圆曲线的长半轴长度和短半轴长度，如图 4-71 所示。

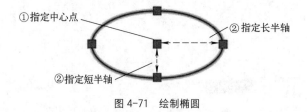

图 4-71 绘制椭圆

命令行提示如下：

命令:_ellipse	
指定椭圆的轴端点或[圆弧(A)/中心点(C)]:_c	
指定椭圆的中心点:	指定中心点

指定轴的端点: 600	向右移动光标，输入长半轴长度 600，回车
指定另一条半轴长度或[旋转(R)]: 300	向上移动光标，输入短半轴长度 300，回车

轴、端点 ⬡：先指定一个点作为椭圆半轴的起点，然后指定第二个点为长半轴（或短半轴）的端点，最后指定第三个点为短半轴（或长半轴）的半径点来绘制，如图 4-72 所示。

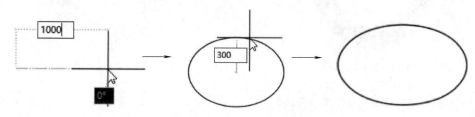

图 4-72　用轴、端点绘制椭圆

椭圆弧 ⬡：创建方法与轴、端点的创建方式相似。使用该方法创建的椭圆可以是完整的椭圆，也可以是其中的一段圆弧，如图 4-73 所示。

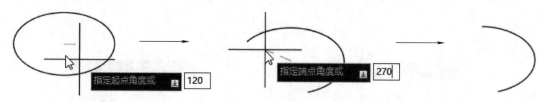

图 4-73　用轴、端点绘制椭圆弧

4.3.4　圆环

圆环分为填充圆环和实体填充圆环两种，也可将其看做带有宽度的闭合多段线。通过以下方式可执行"圆环"命令：

- 在菜单栏中执行"绘图>圆环"命令。
- 在"默认"选项卡的"绘图"面板中单击"圆环"按钮 ◎。
- 在命令行输入 DONUT 命令，然后按回车键。

执行"圆环"命令后，根据命令行的提示，先指定好圆环的内径和外径参数，然后在绘图区中指定好圆环中心位置即可。

命令行提示如下：

命令:_donut	
指定圆环的内径<0.5000>:指定第二点:200	（指定内径）
指定圆环的外径<1.0000>:300	（指定外径）
指定圆环的中心点或<退出>:	（指定中心点）
指定圆环的中心点或<退出>:	

◎ **技术要点**

通过设置变量 FILLMODE 可控制圆环的显示状态。当 FILLMODE 的值为 1 时，圆环显示为实体填充，如图 4-74 所示。当 FILLMODE 的值为 0 时，圆环显示为填充圆环，如图 4-75 所示。

图 4-74 实体填充圆环

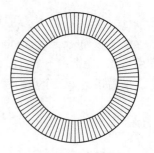

图 4-75 填充圆环

 动手练习——绘制五环图形

下面将用圆环命令来绘制五环图形。

▶Step01: 执行"圆环"命令,根据命令行提示,先将"内径"值设为 80mm,如图 4-76 所示。按回车键,将"外径"值设为 100mm,如图 4-77 所示。

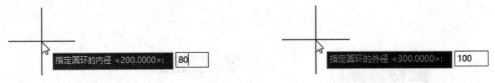

图 4-76 设置内径   图 4-77 设置外径

▶Step02: 按回车键,指定好圆环中心位置,完成一个圆环的绘制,如图 4-78 所示。继续指定并调整好其他四个圆环中心的位置,五环图形绘制完成,如图 4-79 所示。

图 4-78 绘制一个圆环

图 4-79 绘制其他四个圆环

4.3.5 样条曲线

样条曲线是经过或接近一系列给定点的平滑曲线,可以被自由编辑,也可以控制曲线与点的拟合程度。常用来绘制水体,流水线的园路、工艺品的轮廓线或剖面线等。通过以下方式执行"样条曲线"命令:

• 在菜单栏中执行"绘图>样条曲线>拟合点/控制点"命令。

• 在"默认"选项卡的"绘图"面板中单击"样条曲线拟合"按钮 或"样条曲线控制点"按钮 。

• 在命令行输入 SPLINE 命令,按回车键。

执行"样条曲线"命令后,在绘图区中指定好线段的起点,然后依次指定下一点,直到结束,按回车键完成操作。

"样条曲线拟合"命令绘制出的曲线,其控制点位于曲线上,如图 4-80 所示。而"样条曲线控制点"命令绘制出的曲线,其控制点在曲线旁边,如图 4-81 所示。

图 4-80　拟合曲线

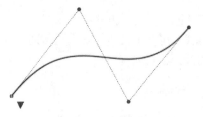

图 4-81　控制点曲线

4.3.6　修订云线

修订云线是一类特殊的线条，其形状类似云朵，主要用于突出显示图样中已修改的部分，其组成参数包括多个控制点、最大弧长和最小弧长。通过以下方式执行"修订云线"命令：

- 在菜单栏中执行"绘图>修订云线"命令。
- 在"默认"选项卡"绘图"面板中单击"修订云线"按钮右侧的小三角符号 ▾ ，在展开的列表中选择绘制修订云线的类型。
- 在命令行输入 REVCLOUD 命令，按回车键即可。

执行"徒手画修订云线"命令，根据命令行的提示，可以设定弧线长度，然后指定云线的起点后，移动鼠标，系统会沿着鼠标移动的路径自动绘制出云线，如图 4-82 所示。

命令行提示如下：

命令：_revcloud
最小弧长：190.0307　　最大弧长：380.0614　　样式：普通　　类型：徒手画
指定第一个点或 [弧长(A)/对象(O)/矩形(R)/多边形(P)/徒手画(F)/样式(S)/修改(M)] <对象>: _F
指定第一个点或 [弧长(A)/对象(O)/矩形(R)/多边形(P)/徒手画(F)/样式(S)/修改(M)] <对象>: a

　　　　　　　　　　　　　　　　　　　　　　　　　输入 a，选择"弧长"选项，回车

指定圆弧的大约长度 <285.046>: 100　　　　　　　输入弧长值 100，回车
指定第一个点或 [弧长(A)/对象(O)/矩形(R)/多边形(P)/徒手画(F)/样式(S)/修改(M)] <对象>:

　　　　　　　　　　　　　　　　　　　　　　　　　　　　指定云线的起点

沿云线路径引导十字光标...
修订云线完成。

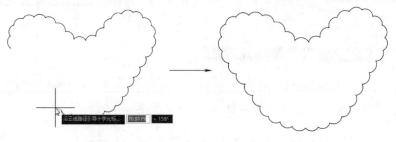

图 4-82　徒手绘制云线

命令行中各选项的含义如下。

弧长：设定修订云线中弧线长度的最大值和最小值，最大弧长不能大于最小弧长的 3 倍。

对象：将闭合对象转换为云状线，还可以调整弧线的方向。

矩形：创建矩形云线。

多边形：创建多边形云线。

徒手画： 以徒手方式绘制云线。

样式： 可指定云线样式为"普通"或"手绘"。

修改： 编辑现有云线。

4.3.7 螺旋线

在二维绘图空间中，螺旋线常被用来创建具有螺旋特征的曲线，其底面半径和顶面半径决定了螺旋线的形状，用户还可以控制螺旋线的圈间距。通过以下方式可调用"螺旋"命令：

- 在菜单栏中执行"绘图>螺旋"命令。
- 在"默认"选项卡"绘图"面板中单击"螺旋"按钮。
- 在命令行输入 HELIX 命令，然后按回车键。

执行"螺旋"命令后，先指定好螺旋线底面中心点，然后设置底面半径值和顶面半径值，再设置螺旋线的高度值，按回车键完成螺旋线的创建。

命令行提示如下：

命令:_Helix	
圈数=3.0000 扭曲=CCW	
指定底面的中心点：	指定螺旋线中点位置
指定底面半径或[直径(D)]<100.0000>:100	设置底面半径
指定顶面半径或[直径(D)]<100.0000>:300	设置顶面半径
指定螺旋高度或[轴端点(A)/圈数(T)/圈高(H)/扭曲(W)]<300.0000>:	设定螺旋线高度值，按回车键

动手练习——绘制螺旋线

下面将介绍螺旋线具体的绘制方法。

▶**Step01:** 执行"螺旋线"命令，根据提示指定螺旋线底面的中心点，如图 4-83 所示。

▶**Step02:** 移动光标，指定底面半径值为 100，如图 4-84 所示。

图 4-83 指定底面中心

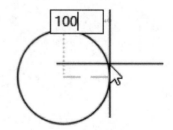

图 4-84 指定底面半径

▶**Step03:** 按回车键，再指定顶面半径值为 300，如图 4-85 所示。

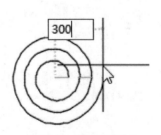

图 4-85 输入顶面半径

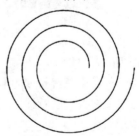

图 4-86 完成绘制

▶Step04: 再按两次回车键，即可完成螺旋线的绘制，如图 4-86 所示。

4.4　绘制矩形及多边形 ●●●·

矩形和多边形都属于闭合图形一类，在绘图过程中也是很常见。下面将对这些闭合图形的绘制方法进行介绍。

4.4.1　矩形

矩形分为普通矩形、倒角矩形和圆角矩形，如图 4-87 所示。在使用该命令时，用户可指定矩形的两个对角点，来确定矩形的大小和位置，当然也可指定矩形的长和宽，来确定矩形。

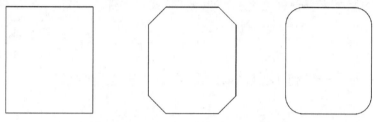

图 4-87　普通矩形、倒角矩形、圆角矩形

通过以下方式可执行"矩形"命令：

- 在菜单栏中执行"绘图>矩形"命令。
- 在"默认"选项卡"绘图"面板中单击"矩形"按钮 ▢。
- 在命令行中输入 REC 快捷命令，按回车键即可。

执行"矩形"命令后，根据命令行提示，指定矩形一个对角点后，输入矩形的长、宽值即可完成绘制，如图 4-88 所示的是 300mm×200mm 的矩形效果。

命令行提示如下：

命令: _rectang	
指定第一个角点或 [倒角(C)/标高(E)/圆角(F)/厚度(T)/宽度(W)]:	指定矩形起点
指定另一个角点或 [面积(A)/尺寸(D)/旋转(R)]: d	输入 d，选择"尺寸"，回车
指定矩形的长度 <10.0000>: 300	输入长度值 300，回车
指定矩形的宽度 <10.0000>: 200	输入宽度值 200，回车
指定另一个角点或 [面积(A)/尺寸(D)/旋转(R)]:	单击，结束绘制

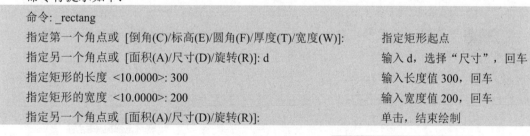

图 4-88　绘制 300mm × 200mm 的矩形

命令行中各选项的含义如下。

倒角： 用于绘制倒角矩形，选择该选项后需要指定矩形的倒角距离。

标高： 用于三维绘图界面，该选项是指高出当前平面的值。

厚度： 用于三维绘图界面，该选项是指矩形的厚度值。

圆角： 用于绘制圆角矩形，选择该选项后需要指定矩形的圆角半径。

宽度： 用于绘制有宽度的矩形，选择该选项后需要为矩形指定线宽。

面积： 该选项提供另一种绘制矩形的方式，即通过确定矩形面积大小的方式来绘制矩形。

尺寸： 该选项通过输入矩形的长宽来确定矩形的大小。

旋转： 选择该选项可以指定绘制矩形的旋转角度。

> **注意事项**
>
> 利用"直线"命令也可绘制出长方形，但与"矩形"命令绘制出的图形有所不同。前者绘制的方形，其线段都是独立存在的；而后者绘制出的方形，则是一个整体闭合线段。

动手练习——绘制 1200mm×900mm 的圆角矩形

下面将介绍圆角矩形的绘制方法。

▶Step01：执行"矩形"命令，先在命令行中输入 f，按回车键，设置圆角值 100，如图 4-89 所示。

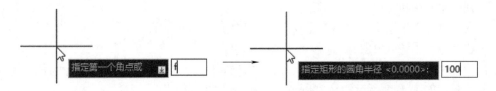

图 4-89　设置圆角值

▶Step02：在绘图区指定好矩形的起点，在命令行中输入 d，设置好矩形的长、宽值，如图 4-90 所示。

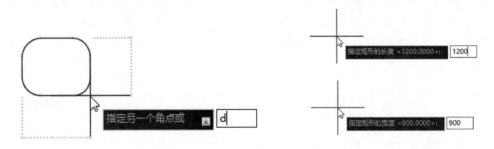

图 4-90　设置圆角矩形长和宽的值

▶Step03：设置好后，单击绘图区任意一点，完成圆角矩形的绘制操作，如图 4-91 所示。

图 4-91 完成绘制

 注意事项

圆角矩形绘制后，需要及时将其圆角值恢复为 0 的状态。否则，下次在绘制其他矩形时，系统会默认以上一次设置的圆角参数来显示矩形。

动手练习——绘制橱柜立面图形

下面将利用直线、定数等分和矩形命令，来绘制橱柜图形。

▶Step01：按【F8】键开启正交功能，执行"矩形"命令，绘制长 2000mm、宽 800mm 的矩形，如图 4-92 所示。

▶Step02：执行"直线"命令，先捕捉矩形左上角点，并沿着捕捉虚线，向下移动 40mm，作为直线的起点，向右绘制一条直线，与右侧边线相交，如图 4-93 所示。

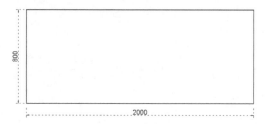

图 4-92 绘制长方形

图 4-93 绘制直线

▶Step03：执行"定数等分"命令，根据动态提示选择要等分的边线，如图 4-94 所示。

▶Step04：选择边线后，再根据提示输入等分线段数目 4，如图 4-95 所示。

图 4-94 选择等分对象

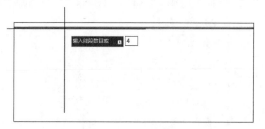

图 4-95 输入线段数目

▶Step05：按回车键后即可完成定数等分操作，可以看到该直线上自动创建了三个等分点，如图 4-96 所示。

▶Step06：执行"直线"命令，捕捉这三个等分点，分别绘制三条等分线，如图 4-97 所示。

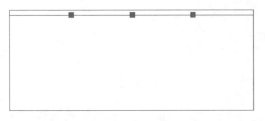

图 4-96　创建等分点　　　　　　　　　　　　　　　　图 4-97　绘制等分线

▶Step07:　继续执行"直线"命令，捕捉等分交点和矩形边框的中点，绘制出柜门装饰斜线，如图 4-98 所示。

▶Step08:　执行"矩形"命令，绘制长 120mm、宽 25mm 的矩形作为柜门拉手，并将其放置在图形合适位置，如图 4-99 所示。至此，橱柜立面图绘制完毕。

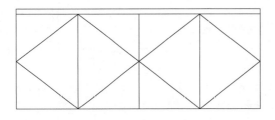

图 4-98　绘制装饰线

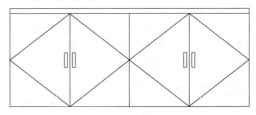

图 4-99　绘制柜门拉手

4.4.2　多边形

多边形是由 3 条或 3 条以上边长相等的闭合线段组合而成，其边数范围值为 3~1024，边数值越高，越接近圆形。通过以下几种方式调用"多边形"命令：

- 在菜单栏中执行"绘图>多边形"命令。
- 在"默认"选项卡的"绘图"面板中单击"多边形"按钮⬠。
- 在命令行输入 POLYGON 命令，按回车键即可。

执行"多边形"命令后，先设定好多边形的边数，然后指定多边形的中心点，选择内接于圆还是外切于圆，最后输入圆半径值，按回车键即可。

命令行提示如下：

命令:POLYGON	
输入侧面数<7>:5	输入多边形边数
指定正多边形的中心点或[边(E)]:	指定多边形中心点
输入选项[内接于圆(I)/外切于圆(C)]<I>:I	选择多边形与圆的关系
指定圆的半径:80	输入圆半径，回车

命令行中各选项的含义如下。

中心点：通过指定正多边形中心点来绘制正多边形。

边：通过指定多边形边的数量来绘制正多边形。

内接于圆/外切于圆：内接于圆指定多边形通过内接圆半径的方式来绘制，外切于圆指定多边形通过外切圆半径的方式来绘制。内接于圆是多边形在一个虚构的圆内，如图 4-100 所示；外接于圆则是多边形在一个虚构的圆外，如图 4-101 所示。

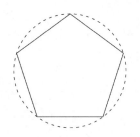

图 4-100 内接于圆的五边形

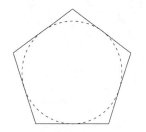

图 4-101 外接于圆的五边形

 动手练习——绘制正八边形

下面将利用多边形命令来绘制正八边形。

▶Step01：执行"多边形"命令，根据命令行提示，输入侧面数 8，如图 4-102 所示。

▶Step02：按回车键确认后指定正多边形的中心点，并选择"内接于圆"选项，如图 4-103 所示。

图 4-102 输入侧面数

图 4-103 选择"内接于圆"

▶Step03：移动光标，输入圆的半径值 100，如图 4-104 所示。

▶Step04：按回车键，即可完成正八边形的绘制，如图 4-105 所示。

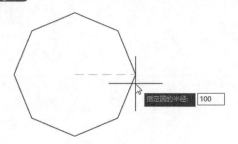

图 4-104 输入半径值

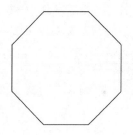

图 4-105 完成绘制

 实战演练 1——绘制三角垫片

下面来介绍三角垫片图形的绘制，主要用到"多边形""圆""直线""圆角"等命令，其中"圆角"命令会在下一章中进行详细介绍。

▶Step01：执行"多边形"命令，先设定多边形的侧面数为 3，如图 4-106 所示。

▶Step02：按回车键，再选择"内接于圆"选项，如图 4-107 所示。

▶Step03：指定多边形中心点，移动光标，输入圆的半径值 30，如图 4-108 所示。

▶Step04：按回车键，完成等边三角形的绘制，如图 4-109 所示。

▶Step05：执行"圆角"命令，并在命令行中输入 r，设置圆角半径为 5，按回车键，可对三角形的三个角进行圆角处理，如图 4-110 所示。

▶Step06：执行"圆"命令，捕捉圆角边的圆心，如图 4-111 所示。

图 4-106　输入侧面数

图 4-107　选择"内接于圆"选项

图 4-108　输入圆的半径值

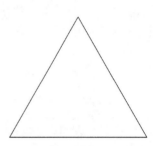

图 4-109　绘制三角形

命令行提示如下：

命令：_fillet
当前设置：模式 = 修剪，半径 = 0.0000
选择第一个对象或 [放弃(U)/多段线(P)/半径(R)/修剪(T)/多个(M)]: r　　　　　　　选择"半径"
指定圆角半径 <0.0000>: 5　　　　　　　　　　　　　　　　　　　　　　　　输入半径值
选择第一个对象或 [放弃(U)/多段线(P)/半径(R)/修剪(T)/多个(M)]:　　　　　　　选择倒角的一条边
选择第二个对象，或按住 Shift 键选择对象以应用角点或 [半径(R)]:　　　　　　　选择倒角的另一条边

图 4-110　圆角操作

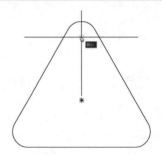

图 4-111　捕捉圆心

▶Step07：单击确认后移动光标，输入半径值 2.5，绘制圆，如图 4-112 所示。

▶Step08：继续执行"圆"命令，绘制另外两个圆，如图 4-113 所示。

▶Step09：执行"直线"命令，绘制长度为 8mm 相互垂直的直线作为圆的中心线，如图 4-114 所示。

▶Step10：设置直线的线型、线型比例及线宽，完成三角垫片图形的绘制，如图 4-115 所示。

图 4-112　绘制圆形

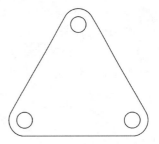

图 4-113　绘制其他圆形

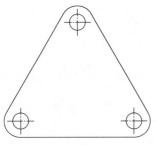

图 4-114　绘制中心线

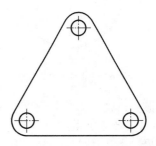

图 4-115　完成绘制

实战演练 2——绘制洗手台盆图形

下面将绘制洗手台盆图形，主要运用到的命令有：矩形、直线、圆、旋转、修剪等。其中旋转和修剪这两个编辑命令，会在下一章进行详细介绍。

▶Step01：执行"矩形"命令，指定好起始点，并在命令行中输入 d，将矩形长度设为 800mm，矩形宽度设为 550mm，单击鼠标，完成洗手台的轮廓绘制，如图 4-116 所示。

▶Step02：执行"直线"命令，捕捉矩形上、下两边线的中点，绘制一条辅助线，如图 4-117 所示。

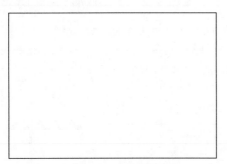

图 4-116　绘制矩形

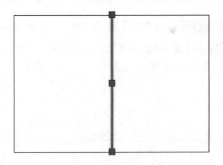

图 4-117　绘制中线

命令行提示如下：

命令: _rectang	
指定第一个角点或 [倒角(C)/标高(E)/圆角(F)/厚度(T)/宽度(W)]:	指定起点
指定另一个角点或 [面积(A)/尺寸(D)/旋转(R)]: d	输入 d，选择"尺寸"
指定矩形的长度 <10.0000>:800	输入长度 800，回车
指定矩形的宽度 <10.0000>:550	输入宽度 550，单击结束
指定另一个角点或 [面积(A)/尺寸(D)/旋转(R)]:	

▶Step03：执行"圆"命令，根据命令行的提示，捕捉辅助线的中点，绘制半径为 225mm 的圆形，如图 4-118 所示。

▶Step04：再次执行"圆"命令，捕捉圆心，分别绘制半径为 200mm 和半径为 25mm 的同心圆，如图 4-119 所示。

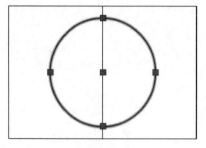

图 4-118　绘制半径为 225mm 的圆

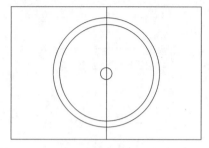

图 4-119　绘制同心圆

▶Step05：执行"矩形"命令，绘制一个长为 25mm，宽为 120mm 的矩形，并将其放置在同心圆上方合适位置，删除中线，如图 4-120 所示。

▶Step06：执行"圆"命令，捕捉刚绘制的矩形上边线的中点为圆心，绘制半径为 20mm 的圆形，如图 4-121 所示。

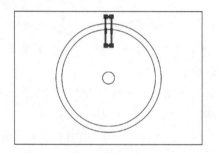

图 4-120　绘制 25mm×120mm 的矩形

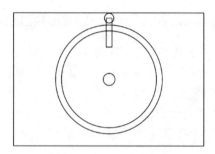

图 4-121　绘制半径为 20mm 的圆形

▶Step07：执行"修剪 ✂"命令，剪去图形多余的边线，如图 4-122 所示。

▶Step08：选择矩形，在"默认"选项卡中执行"旋转 ↻"命令，捕捉小圆的圆心，向右拖拽鼠标，并输入旋转角度为"30"，按回车键，旋转矩形，如图 4-123 所示。

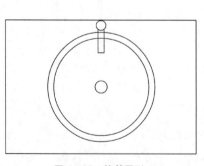

图 4-122　修剪图形

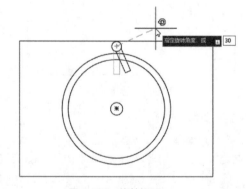

图 4-123　旋转矩形

命令行提示如下：

命令：_rotate

UCS 当前的正角方向：ANGDIR=逆时针　ANGBASE=0

找到 1 个

指定基点：　　　　　　　　　　　　　　　　　　　　捕捉半径为 20mm 圆的圆心

指定旋转角度，或 [复制(C)/参照(R)] <0>：30　　　　输入旋转角度，回车

▶Step09：将旋转后的矩形和小圆形移至图形左侧合适位置，如图 4-124 所示。

▶Step10：执行"修剪"命令，修剪掉矩形中多余的线条，如图 4-125 所示。至此，洗手台盆图形绘制完成。

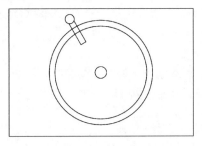

图 4-124　移动图形

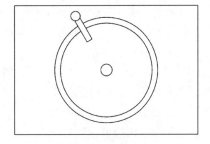

图 4-125　修剪图形

 课后作业

（1）绘制机械图形

本例将利用"直线""圆""圆弧"命令，绘制如图 4-126 所示的机械图形。

操作提示：

Step01：绘制中心线，再捕捉交点绘制同心圆。

Step02：先绘制与两圆相切的弧线，再绘制与三个圆相切的弧线。

（2）绘制圆形座椅图形

本例将利用"圆""圆弧""直线""修剪"等绘图工具，绘制座椅图形，效果如图 4-127 所示。

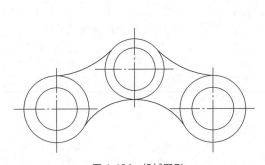

图 4-126　机械图形

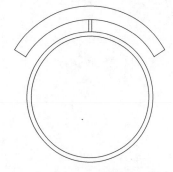

图 4-127　座椅图形

操作提示：

Step01：执行"圆"命令，绘制凳子轮廓。

Step02：执行"圆弧""直线"命令，绘制吧凳扶手。

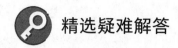 **精选疑难解答**

Q1：想让图形全部都显示在绘图区中，如何操作？

A：在命令行输入命令 ZOOM，按回车键后，再然后根据提示输入命令 A，即可显示全部图形。用户还可以双击鼠标滚轮，扩展空间大小，也可显示全部图形。

Q2：修订云线是做什么用的？

A：修订云线主要用于修订图纸，在审图看图时，可以把有问题的地方用这种线圈起来，便于识别。当然也可以用它来绘制花卉、草坪等区域，这时用户可将云线的粗细调得适当粗些、圆弧半径适当大些，画出来效果比较好。

Q3：构造线有什么用途？

A：构造线主要作用是做辅助线，同时，也可以用作创建其他对象的参照。例如，用户可以利用构造线来定位一个打孔的中心点，为同一对象准备多重视图，或者创建可用于对象捕捉的临时截面等。

Q4：直线和多段线的区别是什么？

A：直线画出来都是单一的个体；而多段线一次性画出来的都是一个整体。用直线不能画出多段线，而用直线画出连续的线段后，是可将其线段合并成多段线的，当然也可将多段线分解成单一的一条直线。

Q5：绘制矩形的方法有几种？

A：一般绘制矩形的方法有两种。第一种是在命令行中输入 D 后，分别输入矩形长和宽的值（正文里介绍的方法）；第二种则是在命令行中输入"@"符号，然后输入长、宽数值即可。使用这种方法时，长、宽值中间需要英文逗号进行分隔。

Q6：倒角矩形怎么绘制？

A：倒角矩形与圆角矩形的绘制方法相同，在执行"矩形"命令后，先在命令行中输入 c，选择"倒角"选项，按回车键，设置两个倒角数值，设置后，再按回车键，指定好矩形的起点，以及矩形的长、宽值即可。

Q7：如何将多条直线转换成一条多段线？

A：很简单，执行"编辑多段线"命令，选择其中一条直线段，按回车键，将其转换成多段线，然后再按回车键，在打开的快捷列表中选择"合并"选项，选择其他要合并的直线段，按回车键即可完成转换。

第 5 章

对图形进行编辑与修改

📖 本章概述

一般情况下，图形在创建过程中需要不断地编辑或修改，才能够作出符合要求的图形。所以，在掌握图形绘制工具的应用后，一些基本的图形编辑工具也需要了解。例如，图形的复制、修剪、缩放、旋转、阵列、镜像等。本章将着重对常用的图形编辑工具进行介绍，以便让读者快速、精准地绘制出更为复杂的图形。

✒ 学习目标

· 掌握图形选择的三种方法。
· 掌握常用图形修改工具的使用。
· 了解图形夹点的设置与编辑。

扫码观看本章视频

📑 实例预览

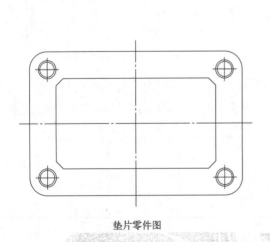

垫片零件图

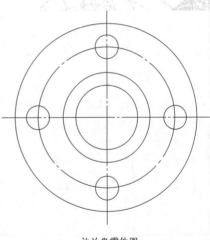

法兰盘零件图

5.1 按需选取图形

选择对象是整个绘图工作的基础。在对图形编辑时，就要先选择要编辑的图形。图形的选取方法有很多种，如逐个选取、批量选取、按图形属性选取等。

5.1.1 逐个选取

当需要选择某个图形对象时，在绘图区中直接单击该对象，此时图形上会出现夹点，则表示该图形已被选中，如图 5-1 所示。当光标移至其他所需图形对象上时，光标右上方会显示"+"图标，此时再次单击其他所需图形，可进行多选操作，如图 5-2 所示。

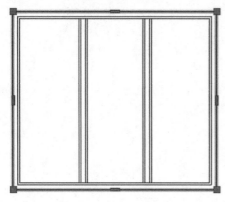 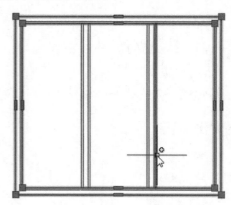

图 5-1　选择一个图形对象　　　　　　　　图 5-2　选择多个图形对象

按住【Shift】键，同时将光标移至被选中图形对象上，光标右上角会显示"-"图标，单击该图形即可取消图形的选择，如图 5-3 所示。误选图形时，可以使用这种方法来取消选择。

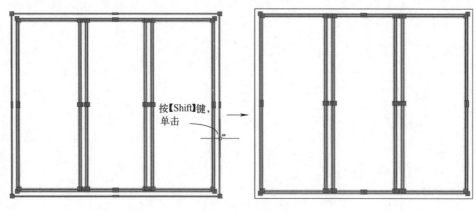

图 5-3　取消图形选择

5.1.2　批量选取

对于复杂图形来说，使用单击选取的方式显然不可取，这时用户可使用框选方式来批量选择。在绘图区中按住鼠标左键，拖动光标创建框选区域，当所选择图形对象已在该区域内，放开鼠标即可完成框选。

框选方法分为两种：从右至左框选和从左至右框选。当从右至左框选时，在图形中所有被框选到的对象以及与框选边界相交的对象都会被选中，如图 5-4 所示。

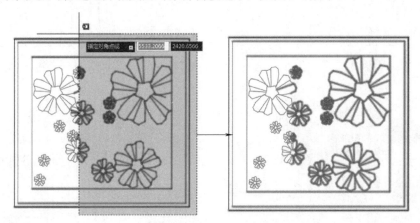

图 5-4　从右至左框选图形

当从左至右框选时，所框选图形全部被选中，但与框选边界相交的图形对象则不被选中，如图 5-5 所示。

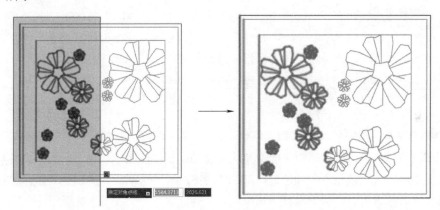

图 5-5　从左至右框选图形

以上是用矩形框选。除此之外，用户还可利用多边形框选方式来选取图形对象。多边线框选又分为圈选和圈交两种模式。在所需图形任意位置指定框选起点，其后在命令行中输入 WP，按回车键，可启动圈选模式。在绘图区中指定其他拾取点，通过不同的拾取点构成任意多边形，如图 5-6 所示。所有在多边形框选区域内的图形将被选中，如图 5-7 所示。

圈交与圈选模式相似，同样也是利用封闭的多边形作为框选区域来选择图形对象。其区别在于，利用圈交模式在选择图形时，所有在多边形框选范围内的图形，以及与多边形相交的图形都会被选中。用户只需在命令行中输入 CP 后按回车键，就可启动圈交模式，指定好要框选的范围即可，如图 5-8 所示。

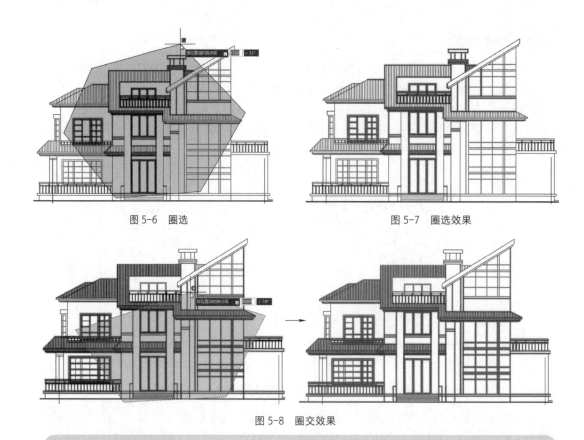

图 5-6　圈选　　　　　　　　　　　　　图 5-7　圈选效果

图 5-8　圈交效果

◎ **技术要点**

　　用户在选择图形过程中，可随时按【Esc】键，终止目标图形对象的选择操作，并放弃已选中的目标。如果没有进行任何编辑操作时，按【Ctrl+A】组合键，则可选择绘图区中的全部图形。

5.1.3　按图形属性选取

　　在图形选取过程中，如果要快速选中某些具有相同属性的图形对象，例如，选取某个图层中的所有图形，或选取某些相同颜色、相同线型的图形等，这就需要使用到"快速选择"功能了。通过以下方式可执行"快速选择"命令。

- 在"默认"选项卡的"实用工具"面板中单击"快速选择"按钮 。
- 在绘图区单击鼠标右键，在打开的快捷菜单中选择"快速选择"选项。

　　执行以上任意命令，可打开"快速选择"对话框，在此进行相关的设置即可。

 动手练习——快速删除地面铺装图形

　　下面将以删除居室地面铺装图形为例，来介绍快速选择工具的使用方法。

▶Step01：打开"居室一层平面"素材文件，如图 5-9 所示。

▶Step02：执行"快速选择"命令，打开"快速选择"对话框，在"特性"列表中选择"图层"选项，如图 5-10（a）所示。

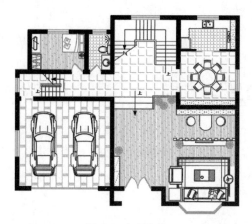

图 5-9　打开文件

(a) 选择"图层"特性

(b) 选择"07地面"

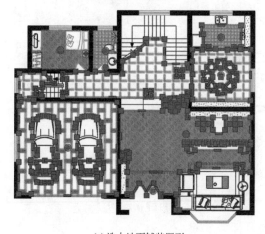

(c) 选中地面铺装图形

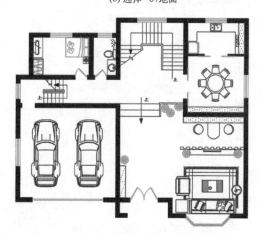

(d) 删除选中的图形

图 5-10　使用快速选择工具删除地面铺装图形

▶Step03: 单击"值"下拉按钮，在其列表中选择"07 地面"选项，单击"确定"按钮，如图 5-10（b）所示。

▶Step04: 此时，平面图中所有地面铺装图形都已被选中，如图 5-10（c）所示。

▶Step05: 按【Delete】键删除选中的图形即可，效果如图 5-10（d）所示。

5.2　改变图形位置与方向

在绘图过程中，经常需要对图形进行移动、旋转、缩放等操作，来调整图形的位置、方向，以便符合设计要求。

5.2.1　移动图形

移动对象是指对象的重定位。在移动时，对象的位置发生改变，但方向和大小不变。通过以下方式来可执行"移动"命令：

- 在菜单栏中执行"修改>移动"命令。
- 在"默认"选项卡的"修改"面板中单击"移动"按钮✥。
- 在命令行输入 M 快捷命令，按回车键即可。

执行"移动"命令后，根据命令行中的提示，先选择所需图形，然后指定好移动的基点，移动光标，指定目标位置即可，如图 5-11 所示。

命令行提示如下：

命令：_move	
选择对象：找到 1 个	选择图形，按回车键
选择对象：	
指定基点或 [位移(D)] <位移>：	指定好移动基点
指定第二个点或 <使用第一个点作为位移>：	指定目标位置

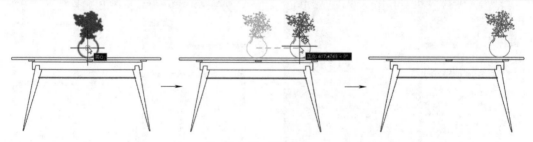

图 5-11　移动图形

在移动图形对象时需确定移动方向和距离，为此系统提供了两种移动方法：

① **相对位移法**：通过设置移动的相对位移量来移动对象。

② **基点法**：首先指定基点，然后通过指定第二点确定位移的距离和方向。

5.2.2　旋转图形

旋转就是将选定的图形围绕一个基点改变其角度，正角度按逆时针方向旋转，负角度按顺时针方向旋转。通过以下方式可执行"旋转"命令：

- 在菜单栏中执行"修改>旋转"命令。
- 在"默认"选项卡的"修改"面板中单击"旋转"按钮↻。

· 在命令行输入 RO 快捷命令，按回车键即可。

执行"旋转"命令，先选中所需图形，然后指定旋转的基点，移动光标，输入旋转角度，按回车键即可，如图 5-12 所示。

命令行提示如下：

命令：_rotate

UCS 当前的正角方向：ANGDIR=逆时针　ANGBASE=0

选择对象：指定对角点：找到 1 个　　　　　　　　　　　　　选择图形，回车

选择对象：

指定基点：　　　　　　　　　　　　　　　　　　　　　　指定旋转中心

指定旋转角度，或 [复制(C)/参照(R)] <0>：　　　　　　　　输入旋转角度，回车

图 5-12　旋转图形

命令行中各选项的含义如下。

复制：旋转对象的同时复制对象。

参照：指定某个方向作为起始参照，然后拾取该方向上两个点来确认要旋转到的位置。

 技术要点

在输入旋转角度的时候可以输入正角度值，也可以输入负角度值。负角度值转换为正角度值的方法是：用 360° 减去负角度值的绝对值。如–40° 转换为正角度，则为320°。

动手练习——旋转复制座椅图形

下面将利用旋转命令，来完善休闲座椅图形。

▶Step01：打开"休闲座椅"素材文件。执行"旋转"命令，选中座椅图形，如图 5-13 所示。

▶Step02：按回车键，捕捉矩形中心点作为旋转基点，如图 5-14 所示。

▶Step03：在命令行中输入 c，选择"复制"选项，如图 5-15 所示。

▶Step04：移动光标，输入旋转角度为"90"，按回车键，完成该座椅的旋转复制操作，如图 5-16 所示。

▶Step05：执行"旋转"命令，选择这两个座椅图形，同样指定矩形中心为旋转基点，按回车键，如图 5-17 所示。

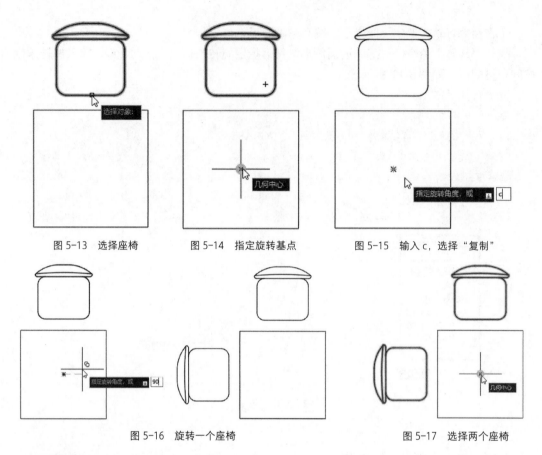

图 5-13　选择座椅　　　　　　图 5-14　指定旋转基点　　　　　　图 5-15　输入 c，选择"复制"

图 5-16　旋转一个座椅　　　　　　　　　　　　图 5-17　选择两个座椅

▶Step06:　在命令行中输入 c，选择"复制"选项，移动光标，输入旋转角度为"180"，按回车键，完成座椅的旋转复制操作，如图 5-18 所示。

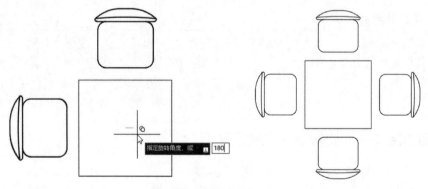

图 5-18　旋转复制座椅图形

5.2.3　缩放图形

使用"缩放"命令可以在 x 轴和 y 轴方向上使用相同的比例值缩放图形。在不改变图形宽高比的前提下来改变图形的显示大小。通过以下方式可执行"缩放"命令：

- 在菜单栏中执行"修改>缩放"命令。
- 在"默认"选项卡的"修改"面板中单击"缩放"按钮□。
- 在命令行输入 SC 快捷命令，按回车键即可。

执行"缩放"命令后，根据命令行中的提示，先选择图形，然后指定好图形的缩放点，输入所需的比例值，按回车键即可，如图 5-19 所示。

命令行提示如下：

命令: _scale	
选择对象: 指定对角点: 找到 1 个	选择图形，回车
选择对象:	
指定基点:	指定缩放点
指定比例因子或 [复制(C)/参照(R)]: 1.5	输入缩放比值，回车

图 5-19　缩放图形

◎ **技术要点**

当缩放比例值大于 1 时，为放大图形；当缩放比例小于 1 时，则为缩小图形。

5.3　批量绘制相同图形 ●●●●

绘制大量相同或相似图形时，就需要使用复制命令来操作。AutoCAD 软件中图形复制的方法大致分为：常规复制、偏移、镜像和阵列这四种。

5.3.1　常规复制图形

使用"复制"命令，可以将任意复杂的图形复制到任意位置，以避免重复绘制的麻烦。用户可通过以下方式执行"复制"命令：

- 在菜单栏中执行"修改>复制"命令。
- 在"默认"选项卡的"修改"面板中单击"复制"按钮 ⚏。
- 在命令行输入 CO 快捷命令，按回车键即可。

执行"复制"命令后，根据命令行的提示，先选择复制的图形，然后指定复制的基点，移动光标，再指定新位置即可，如图 5-20 所示。

命令行提示如下：

命令: _copy	
选择对象: 找到 1 个	选择图形，回车
选择对象:	
当前设置：复制模式 = 多个	

指定基点或 [位移(D)/模式(O)] <位移>:	指定复制的基点位置
指定第二个点或 [阵列(A)] <使用第一个点作为位移>:	移动光标，指定新位置
指定第二个点或 [阵列(A)/退出(E)/放弃(U)] <退出>:	

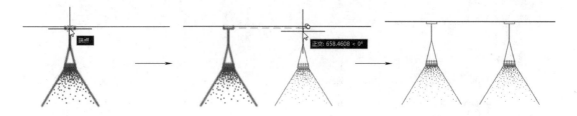

图 5-20 复制图形

技术要点

"复制"命令中的"阵列"选项可以在复制对象的同时阵列图形。选择该选项，指定复制的距离、方向及沿复制方向上的阵列数目，就可以创建出线性阵列。操作时可以设定两个对象之间的距离，也可以设定阵列的总距离值。

5.3.2 偏移图形

使用"偏移"命令可以创建一个与选定对象类似的新对象，并把它放在原对象的内侧或外侧。通过以下方式可执行"偏移"命令：

- 在菜单栏中执行"修改>偏移"命令。
- 在"默认"选项卡的"修改"面板中单击"偏移"按钮 ⊑。
- 在命令行输入 O 快捷命令，按回车键即可。

执行"偏移"命令后，根据命令行中的提示，先设置好偏移距离，然后指定偏移的方向即可。

命令行提示如下：

命令: _offset	
当前设置: 删除源=否 图层=源 OFFSETGAPTYPE=0	
指定偏移距离或 [通过(T)/删除(E)/图层(L)] <通过>: 10	设置偏移距离值，回车
选择要偏移的对象，或 [退出(E)/放弃(U)] <退出>:	选择要偏移的线段
指定要偏移的那一侧上的点，或 [退出(E)/多个(M)/放弃(U)] <退出>:	指定要偏移方向上的一点
选择要偏移的对象，或 [退出(E)/放弃(U)] <退出>:	

技术要点

使用"偏移"命令时，如果偏移对象是直线，则偏移后的直线大小不变，呈平行效果；如果偏移对象是圆、圆弧和矩形，其偏移后的对象将被缩小或放大；如果偏移对象是多段线，偏移时会逐段进行，各段长度将重新调整。

动手练习——绘制罗马帘图形

下面利用"偏移"命令绘制罗马帘图形。

▶Step01：执行"直线"命令，绘制两条1050mm直线和一条660mm直线组成的图形，如图5-21所示。

▶Step02：执行"圆弧"命令，捕捉端点随意绘制一条弧线，如图5-22所示。

▶Step03：执行"偏移"命令，根据提示输入偏移距离为10，如图5-23所示。

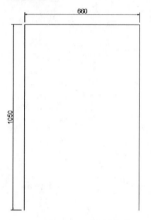

图5-21　绘制直线1

图5-22　绘制圆弧

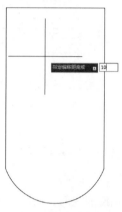

图5-23　输入偏移距离

▶Step04：按回车键后选择要偏移的对象，如图5-24所示。

▶Step05：向图形内部移动光标并单击，即可完成偏移操作。按照同样的方法，将其他边线向内进行偏移。执行"修剪"命令，修剪掉多余的线段，效果如图5-25所示。

▶Step06：执行"直线"命令，捕捉绘制一条直线，如图5-26所示。

图5-24　选择偏移对象

图5-25　偏移效果

图5-26　绘制直线2

▶Step07：执行"偏移"命令，设置偏移距离为35，将直线向上依次进行偏移，如图5-27所示。

▶Step08：执行"定数等分"命令，将内部的弧线等分为6份，如图5-28所示。

▶Step09：执行"直线"命令，捕捉绘制直线，再删除等分点，完成罗马帘的绘制，如图5-29所示。

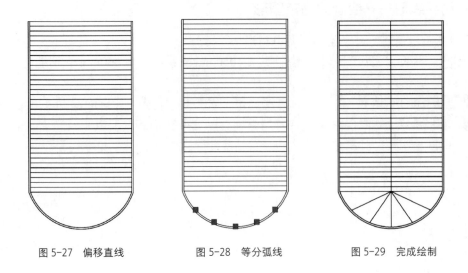

图 5-27 偏移直线　　　　图 5-28 等分弧线　　　　图 5-29 完成绘制

5.3.3 镜像图形

在绘制好图形后，若使用"镜像"命令，会将选定的图形进行对称复制，从而得到一个方向相反的图形。通过以下方式执行"镜像"命令：

- 在菜单栏中执行"修改>镜像"命令。
- 在"默认"选项卡的"修改"面板中单击"镜像"按钮 ◮。
- 在命令行输入 MI 快捷命令，按回车键即可。

执行"镜像"命令后，根据命令行的提示，先选择所需图形，然后指定镜像线的起点和终点，按回车键即可。

命令行提示如下：

命令：_mirror	
选择对象：找到 1 个	选择图形，回车
选择对象：	
指定镜像线的第一点：	指定镜像线上的起点
指定镜像线的第二点：	指定镜像线上的终点
要删除源对象吗？[是(Y)/否(N)] <否>：	回车，保留源对象；选择 N 后，则删除源对象

 动手练习——镜像复制餐椅图形

下面利用"镜像"命令复制餐椅图形，具体操作步骤介绍如下。

▶Step01： 打开"餐椅"素材文件，如图 5-30 所示。

▶Step02： 执行"镜像"命令，先根据提示选择餐椅图形，如图 5-31 所示。

▶Step03： 按回车键，再根据提示指定桌面中心点为镜像线起点，如图 5-32 所示。

▶Step04： 向下移动光标，指定镜像线的端点，如图 5-33 所示。

▶Step05： 单击鼠标后，系统会提示"要删除源对象吗？"，默认为"否"，如图 5-34 所示。

▶Step06： 直接按回车键即可完成镜像复制操作，如图 5-35 所示。

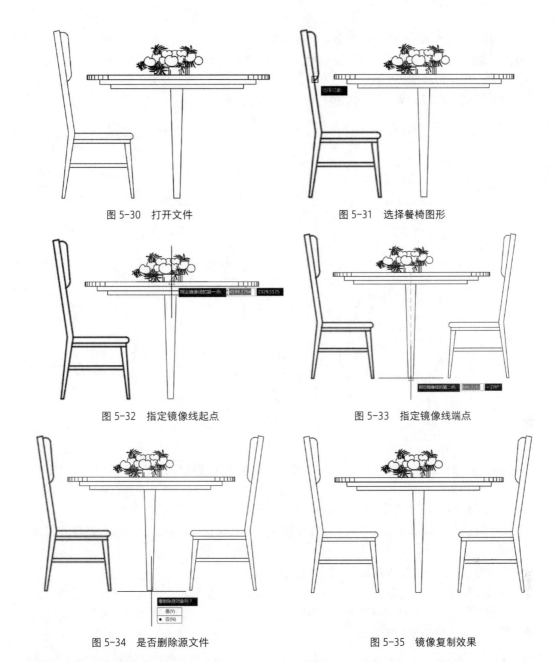

图 5-30　打开文件

图 5-31　选择餐椅图形

图 5-32　指定镜像线起点

图 5-33　指定镜像线端点

图 5-34　是否删除源文件

图 5-35　镜像复制效果

5.3.4　阵列图形

"阵列"命令是一种有规则的复制命令。当需要将图形按照一定的分布规则进行布局时，可使用阵列命令来操作。

（1）矩形阵列

矩形阵列是指将图形对象按照指定的行数和列数呈矩形结构排列复制，使用此命令可以创建均布结构或聚心结构的复制图形。通过以下方式执行"矩形阵列"命令：

• 在菜单栏中执行"修改>阵列>矩形阵列"命令。

• 在"默认"选项卡的"修改"面板单击"阵列"下拉按钮，在打开的列表中选择"矩形阵列"按钮 ▦。

· 在命令行输入 ARRAYRECT 命令，按回车键。

执行"矩形阵列"命令后，在功能区会显示出"阵列创建"面板，如图 5-36（a）所示。在该面板中，用户可根据需要在"列"和"行"面板中对相应的"列数"和"行数"值进行设置。系统默认将图形以 4 列 3 行结构进行布局，如图 5-36（b）所示。

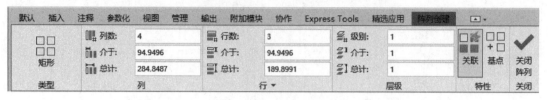

(a) 矩形阵列创建面板

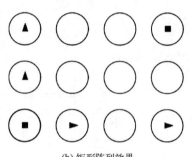

(b) 矩形阵列效果

图 5-36　创建矩形阵列

（2）环形阵列

环形阵列，就是将图形按照指定的中心点进行环绕排列。通过以下方式可执行"环形阵列"操作：

· 在菜单栏中执行"修改>阵列>环形阵列"命令。

· 在"默认"选项卡"修改"面板单击"阵列"下拉按钮，在打开的列表中选择"环形阵列"按钮 ⌗。

· 在命令行输入 ARRAYPOLAR 命令并按回车键。

执行"环形阵列"命令后，先选择所需图形，然后指定好阵列中心点，在功能区会显示环形"阵列创建"面板，如图 5-37 所示。最后，在"项目"面板中设置"项目数"（阵列数）以及"填充"（阵列角度）选项即可。

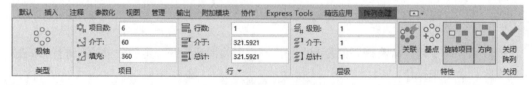

图 5-37　环形阵列创建面板

 动手练习——绘制法兰盘零件图形

下面利用"环形阵列"命令绘制法兰盘图形。

▶Step01：执行"圆"命令，绘制一个半径为 88mm 的圆，如图 5-38 所示。

Step02: 执行"偏移"命令，将圆向内依次偏移 22mm、24mm、12mm，创建同心圆，如图 5-39 所示。

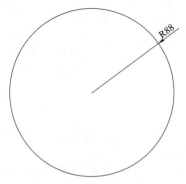

图 5-38 绘制半径为 88mm 的圆

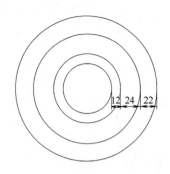

图 5-39 偏移圆形

Step03: 执行"直线"命令，绘制长度为 200mm 的直线。执行"移动"命令，捕捉直线中点，移动至圆心位置，如图 5-40 所示。

Step04: 执行"旋转"命令，选择直线，按回车键后捕捉圆心作为旋转基点，再输入命令 c，如图 5-41 所示。

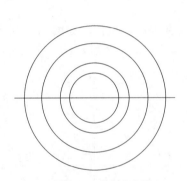

图 5-40 绘制中心线

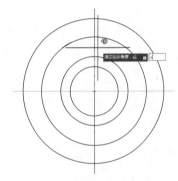

图 5-41 复制旋转中心线

Step05: 按回车键即可完成直线的旋转复制，如图 5-42 所示。

Step06: 执行"圆"命令，捕捉直线与圆的交点绘制半径为 11mm 的圆，如图 5-43 所示。

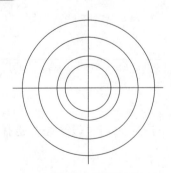

图 5-42 完成旋转复制

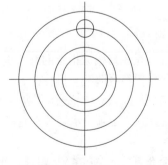

图 5-43 绘制半径为 11mm 的圆

Step07: 执行"环形阵列"命令，根据提示选择圆形，如图 5-44 所示。

Step08: 按回车键后指定同心圆的圆心为阵列中心点，如图 5-45 所示。

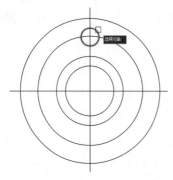

图 5-44 选择半径为 11mm 的圆

图 5-45 指定阵列中心点

▶Step09: 单击鼠标即可打开"阵列创建"选项卡，在"项目"面板中设置项目数为 4，如图 5-46 所示。

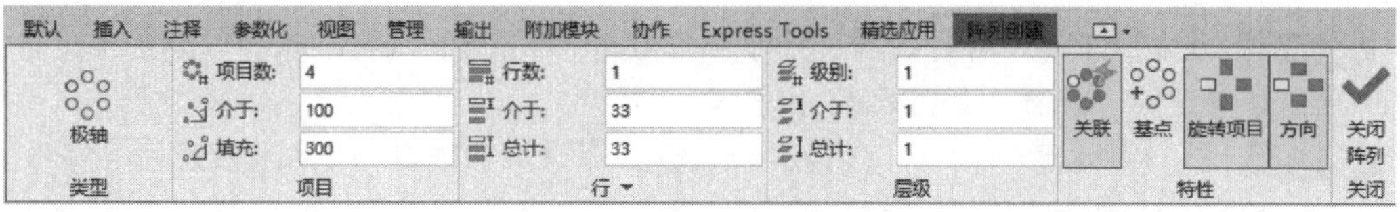

默认	插入	注释	参数化	视图	管理	输出	附加模块	协作	Express Tools	精选应用	阵列创建		
		项目数:	4	行数:	1	级别:	1		关联	基点	旋转项目	方向	关闭阵列
极轴		介于:	100	介于:	33	介于:	1						
		填充:	300	总计:	33	总计:	1						
类型			项目		行 ▾		层级			特性			关闭

图 5-46 设置"项目数"值

▶Step10: 设置后，单击"关闭阵列"按钮，完成环形阵列操作，如图 5-47 所示。
▶Step11: 调整一下中心线的线型，完成绘制操作，如图 5-48 所示。

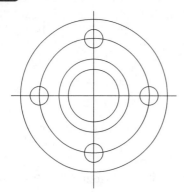

图 5-47 完成环形阵列操作

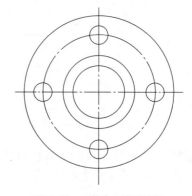

图 5-48 调整中心线的线型

（3）路径阵列

路径阵列是图形根据指定的路径进行阵列，路径可以是曲线、弧线、折线等线段。通过以下方式可执行"路径阵列"操作：

• 在菜单栏中执行"修改>阵列>路径阵列"命令。

• 在"默认"选项卡"修改"面板中单击"阵列"下拉按钮，在打开列表中选择"路径阵列"按钮 ○○○。

• 在命令行输入 APPAYPATH 命令并按回车键。

执行"路径阵列"命令后，先选择所需图形，然后再选择路径图形，在功能区会显示路径"阵列创建"面板，如图 5-49 所示。在"项目"面板中根据需要调整一下"介于"（图形之间的间距）数值即可。

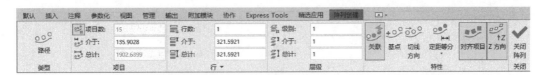

图 5-49　路径阵列创建面板

5.4　对图形造型进行修改

如果需要对图形的轮廓、内部构造进行修改，可使用图形修改工具来操作。其中包括图形的修剪和拉伸、图形的延伸、图形的圆角和倒角、图形的分解、图形的打断和合并等。下面将对这些工具进行详细的介绍。

5.4.1　分解图形

分解对象是将多段线、面域或块对象分解成独立的线段。通过以下方式来执行"分解"命令：

- 在菜单栏中执行"修改>分解"命令。
- 在"默认"选项卡的"修改"面板中单击"分解"按钮 。
- 在命令行输入 X 快捷命令，按回车键即可。

执行"分解"命令后，选择需要分解的图形对象，按回车键即可分解该图形，如图 5-50 所示。

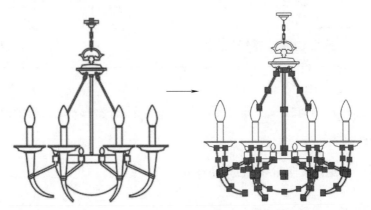

图 5-50　分解图形

5.4.2　修剪图形

利用"修剪"命令可以修剪掉图形中多余的线段。通过以下方式可执行"修剪"命令：

- 在菜单栏中执行"修改>修剪"命令。
- 在"默认"选项卡的"修改"面板中单击"修剪"按钮 。
- 在命令行输入 TR 快捷命令，按回车键即可。

执行"修剪"命令后，选择要剪掉的线段即可，如图 5-51 所示。执行一次命令，可修剪多条线段，直到按【Esc】键退出操作为止。

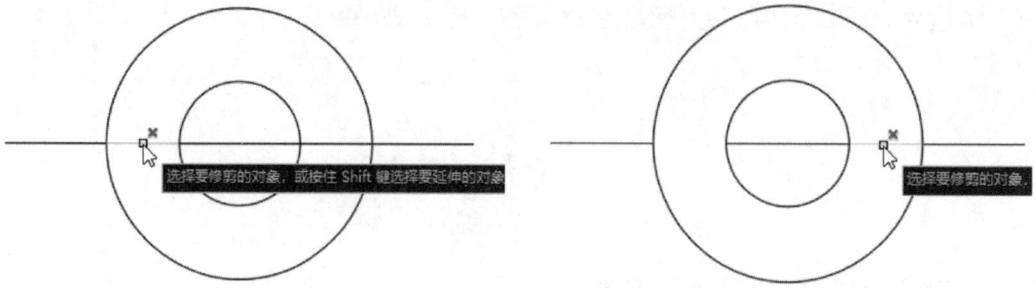

图 5-51　修剪图形

5.4.3 延伸图形

“延伸”命令用于将所需线段延伸至指定的边界上。可延伸的线段类型包含直线、圆弧、椭圆弧、非封闭的二维多段线和三维多段线等。“延伸”命令和“修剪”命令的效果相反，两个命令在使用过程中可以通过按【Shift】键相互转换。

通过以下几种方式调用“延伸”命令：

- 在菜单栏中执行“修改>延伸”命令。
- 在“默认”选项卡的“修改”面板中单击“延伸”按钮。
- 在命令行输入 EX 命令，然后按回车键。

执行“延伸”命令后，选择需要延长的线段即可，如图 5-52 所示，延伸效果如图 5-53 所示。按【Esc】键可取消延伸操作。

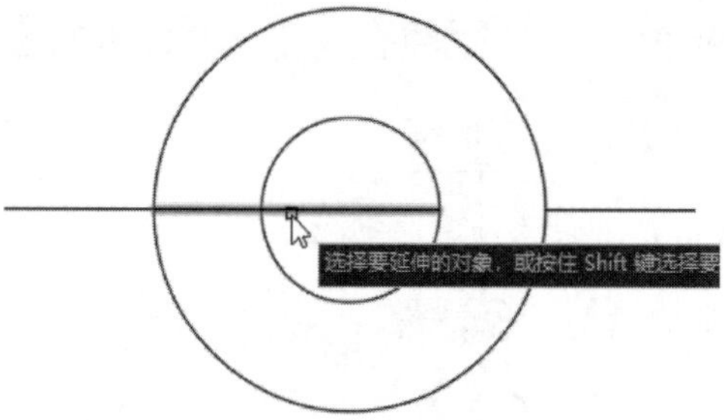

图 5-52　延伸图形

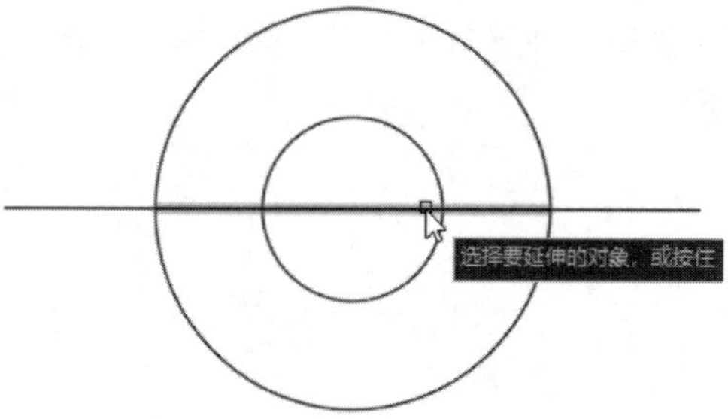

图 5-53　延伸图形效果

5.4.4 拉伸图形

“拉伸”命令是通过拉伸图形局部，使整体图形发生形状上的变化。通过以下方式可执行“拉伸”命令：

- 在菜单栏中执行“修改>拉伸”命令。
- 在“默认”选项卡的“修改”面板中单击“拉伸”按钮。
- 在命令行输入 STRETCH 命令，按回车键。

执行“拉伸”命令后，从右向左框选图形，指定好拉伸的基点，移动光标指定新位置即可。

命令行提示如下：

命令: _stretch
以交叉窗口或交叉多边形选择要拉伸的对象...
选择对象: 指定对角点: 找到 1 个　　　　从右向左框选图形，回车
选择对象:

指定基点或 [位移(D)] <位移>:	指定拉伸的基点
指定第二个点或 <使用第一个点作为位移>:	指定新位置

 注意事项

在进行拉伸操作时，需要使用从右向左框选模式来选择图形，否则只能将图形移动。圆形和图块是不能被拉伸的。

动手练习——拉伸餐桌图形

下面将利用"拉伸"命令，将4人餐桌拉伸成6人餐桌。

▶Step01: 打开"餐桌"素材文件，如图5-54所示。

▶Step02: 执行"拉伸"命令，指定对角点，从右向左框选图形，如图5-55所示。

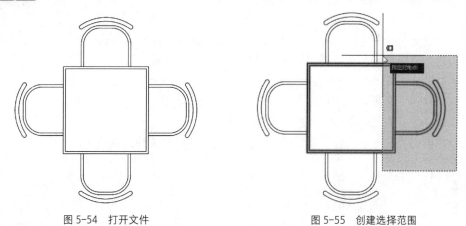

图5-54 打开文件 图5-55 创建选择范围

▶Step03: 选择对象后按回车键，再任意指定一点作为拉伸基点，如图5-56所示。

▶Step04: 移动光标，在动态提示框内输入拉伸距离为800，如图5-57所示。

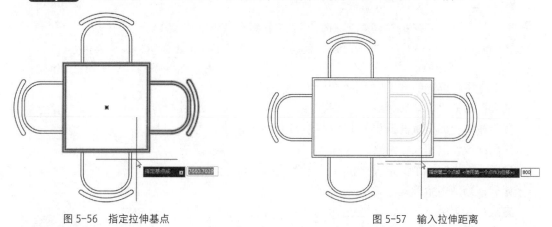

图5-56 指定拉伸基点 图5-57 输入拉伸距离

▶Step05: 按回车键后完成拉伸操作，如图5-58所示。

▶Step06: 执行"镜像"命令，选择餐椅图形并进行镜像复制，如图5-59所示。至此，餐桌拉伸完成。

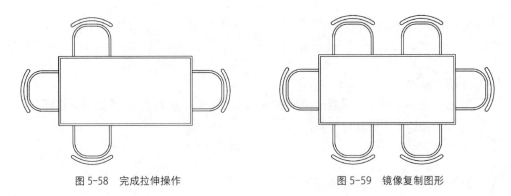

图 5-58　完成拉伸操作　　　　　　　　　　图 5-59　镜像复制图形

5.4.5 图形倒角与圆角

对于两条相邻边界多出的线段，倒角和圆角都可以进行修饰。倒角是对图形相邻的两条边进行修饰，圆角则是根据指定圆弧半径来进行倒角。

（1）倒角

执行"倒角"命令可以将绘制的图形进行倒角，既可以修剪多余的线段，还可以设置图形中两条边的倒角距离和角度。通过以下方法执行"倒角"命令：

- 从菜单栏执行"修改>倒角"命令。
- 在"默认"选项卡的"修改"面板中单击"倒角"按钮 。
- 在命令行输入 CHAMFER 命令，按回车键。

执行"倒角"命令后，先设置好两个倒角参数，然后再选择好两条倒角边即可。

命令行提示如下：

命令: _chamfer

（"修剪"模式）当前倒角距离 1 = 0.0000，距离 2 = 0.0000

选择第一条直线或 [放弃(U)/多段线(P)/距离(D)/角度(A)/修剪(T)/方式(E)/多个(M)]:　 d

　　　　　　　　　　　　　　　　　　　　　　　　　　　输入 d，选择"距离"选项

指定 第一个 倒角距离 <0.0000>: 50　　　　　　　　　　　　设置第一个倒角值

指定 第二个 倒角距离 <10.0000>: 50　　　　　　　　　　　　设置第二个倒角值

选择第一条直线或 [放弃(U)/多段线(P)/距离(D)/角度(A)/修剪(T)/方式(E)/多个(M)]:

选择第二条直线，或按住 Shift 键选择直线以应用角点或 [距离(D)/角度(A)/方法(M)]:

　　　　　　　　　　　　　　　　　　　　　　　　　　　选择两条倒角边，结束操作

命令行中各选项的含义如下。

放弃： 取消"倒角"命令。

多段线： 根据设置的倒角大小对多线段进行倒角。

距离： 设置倒角尺寸距离。

角度： 根据第一个倒角尺寸和角度设置倒角尺寸。

修剪： 修剪多余的线段。

方式： 设置倒角的方法。

多个： 可对多个对象进行倒角。

（2）圆角

圆角是指通过指定的圆弧半径大小，将多边形的边界棱角部分光滑连接起来。圆角是倒角的一部分表现形式。通过以下方法可执行"圆角"命令：

- 在菜单栏中执行"修改>圆角"命令。
- 在"默认"选项卡的"修改"面板中单击"圆角"按钮 。
- 在命令行输入 F 快捷命令,按回车键。

执行"圆角"命令后,同样也是先设置圆角半径,然后再选择两条圆角边即可。

命令行提示如下:

命令: _fillet
当前设置: 模式 = 修剪,半径 = 0.0000
选择第一个对象或 [放弃(U)/多段线(P)/半径(R)/修剪(T)/多个(M)]: r   输入 r,选择"半径"选项
指定圆角半径 <0.0000>: 10   输入半径值,回车
选择第一个对象或 [放弃(U)/多段线(P)/半径(R)/修剪(T)/多个(M)]:
选择第二个对象,或按住 Shift 键选择对象以应用角点或 [半径(R)]: 依次选择两条圆角边,结束

◎ **技术要点**

对于"圆角"命令,系统默认的半径是 0,所以在使用时就需要注意设置圆角半径。如果遇到两条直线不相交,但延长线相交的情况,用户可以利用圆角命令使其相交。

动手练习——绘制垫片零件图形

下面利用"倒角"及"圆角"命令绘制垫片图形。

▶Step01: 执行"矩形"命令,绘制尺寸为 600mm × 400mm 的矩形,如图 5-60 所示。
▶Step02: 执行"偏移"命令,设置偏移尺寸为 75,将矩形向内进行偏移,如图 5-61 所示。

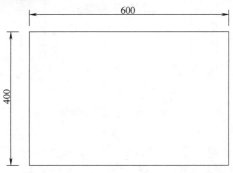

图 5-60 绘制矩形

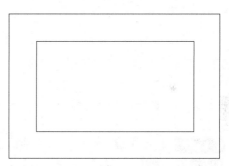

图 5-61 偏移图形

▶Step03: 执行"圆角"命令,在命令行输入命令 r,按回车键,再输入圆角半径 50,如图 5-62 所示。
▶Step04: 再按回车键,依次选择要进行圆角处理的边线,如图 5-63 所示。
▶Step05: 依次对四个角都进行圆角处理,如图 5-64 所示。
▶Step06: 执行"圆"命令,捕捉圆角的圆心分别绘制半径为 25mm 和 21mm 的同心圆,如图 5-65 所示。
▶Step07: 照此方法,捕捉其他圆角的圆心,绘制相同大小的同心圆,如图 5-66 所示。
▶Step08: 执行"倒角"命令,输入命令 d,按回车键后,将第 1 个和第 2 个倒角距离都设为 20,如图 5-67 所示。

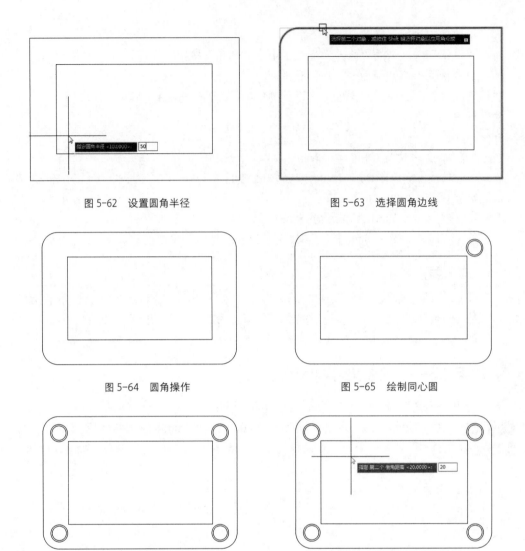

图 5-62　设置圆角半径

图 5-63　选择圆角边线

图 5-64　圆角操作

图 5-65　绘制同心圆

图 5-66　绘制其他同心圆

图 5-67　设置倒角距离

▶Step09:　按回车键，选择内部矩形的四个倒角边，将其进行倒角操作，如图 5-68 所示。

▶Step10:　执行"直线"命令，为图形绘制中线，并调整图形线型，完成绘制操作，如图 5-69 所示。

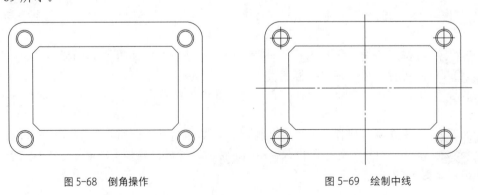

图 5-68　倒角操作

图 5-69　绘制中线

5.4.6 打断图形

使用"打断"命令可将已有的线段分离为两段，被分离的线段为单独的线段，不能是任何组合形体，如图块、编组等。该命令可通过指定两点、选择物体后再指定两点这两种方式断开线条。通过以下方式可执行"打断"命令：

- 在菜单栏中执行"修改>打断"命令。
- 在"默认"选项卡的"修改"面板中单击"打断"按钮 。
- 在命令行输入 BR 命令，按回车键。

执行"打断"命令后，在图形中先指定打断的第 1 点，然后指定第 2 点即可，如图 5-70 所示。

命令行提示如下：

命令：_break	
选择对象：	指定第 1 点
指定第二个打断点 或 [第一点(F)]：	指定第 2 点

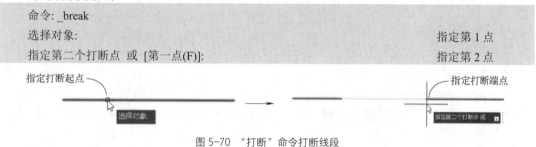

图 5-70 "打断"命令打断线段

"打断于点"命令是会将对象在一点处断开，使之成为两个对象。在"默认"选项卡"修改"面板中单击"打断于点"按钮 ，选择要打断的线段，并指定好打断点位置即可，如图 5-71 所示。

命令行提示如下：

命令：_breakatpoint	
选择对象：	选择所需线段
指定打断点：	指定好打断点的位置

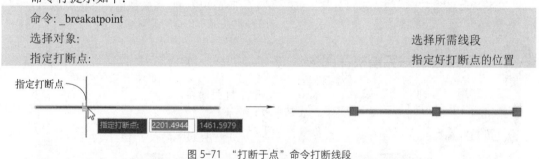

图 5-71 "打断于点"命令打断线段

◎ **技术要点**

打断和打断于点命令的快捷键都是 BR，其区别在于：选中第一个点的时候，会有个提示"第一点（F）"，键入 F 回车，会提示用户指定第一个点，指定后，会提示指定第二个点，这时在第一个点位置再单击一下，就是打断于点的效果了；如果第二个点不同于第一个点，就是打断的效果。

5.4.7 合并图形

合并就是使用多个单独的图形生成一个完整的图形。可以合并的图形包括直线、多段线、圆弧、椭圆弧和样条曲线等。合并图形并不是说任意条件下的图形都可以合并，每一种能够合并的图形都会有条件限制。如果要合并直线，那么待合并的直线必须共线，它们之间可以有间隙。

通过以下方式可调用"合并"命令：

- 在菜单栏中执行"修改>合并"命令。
- 在"默认"选项卡的"修改"面板中单击"合并"按钮。
- 在命令行输入 JOIN 命令，然后按回车键。

执行"合并"命令，框选所有需合并的图形，按回车键即可，如图5-72所示。

命令行提示如下：

命令: _join
选择源对象或要一次合并的多个对象: 找到 1 个　　　　　　　　　　　　（选择所需图形，按回车键）
选择要合并的对象: 找到 1 个，总计 2 个
选择要合并的对象:
2 条直线已合并为 1 条直线

图 5-72　合并线段

> ◎ **技术要点**
>
> 合并两条或多条圆弧时，将从源对象开始沿逆时针方向合并圆弧。合并直线时，所要合并的所有直线必须共线，即位于同一无限长的直线上。合并多个线段时，其对象可以是直线、多段线或圆弧；但各对象之间不能有间隙，而且必须位于同一平面上。

 动手练习——完善拼花图形

下面利用"合并"命令来对底面拼花图形进行调整操作。

▶Step01：打开"拼花图案"文件，如图5-73所示。

▶Step02：执行"合并"命令，根据提示选择左侧第1条线段，如图5-74所示。

图 5-73　打开文件

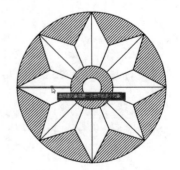

图 5-74　选择第1条线段

▶Step03：再选择右侧第2条线段，如图5-75所示。

▶Step04：按回车键即可完成两条直线的合并操作，如图5-76（a）所示。

▶Step05: 照此操作方法，合并其他线条，如图 5-76（b）所示。

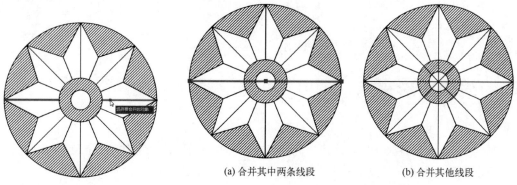

图 5-75　选择第 2 条线段

(a) 合并其中两条线段　　　　(b) 合并其他线段

图 5-76　合并线段

5.4.8　光顺曲线

光顺曲线是指在两条选定的直线或曲线之间的间隙中创建样条曲线。启动该命令后选择端点附近的每个对象，其生成的样条线形状取决于指定的连续性，选定对象的长度保持不变。曲线对象包括直线、圆弧、椭圆弧、螺旋、开放的多段线和开放的样条线。

用户可以通过以下方式执行"光顺曲线"命令：

- 在菜单栏中执行"修改>光顺曲线"命令。
- 在"默认"选项卡的"修改"面板中单击"光顺曲线"按钮 ∿。
- 在命令行输入 BLEND 命令，然后按回车键。

执行"光顺曲线"命令，根据命令行的提示，分别指定所需的两条线段即可，如图 5-77所示。

命令行提示如下：

命令:_BLEND
连续性 = 相切
选择第一个对象或 [连续性(CON)]:　　　　　　　　　　　　　　　　　指定第 1 条线段
选择第二个点:　　　　　　　　　　　　　　　　　　　　　　　　　指定第 2 条线段

图 5-77　光顺曲线

5.4.9　删除图形

在绘制图形时，经常会因为操作的失误删除图形对象，删除图形对象操作是图形编辑操作中最基本的。用户可以通过以下几种方式调用删除命令：

- 执行"修改">"删除"命令。
- 在"默认"选项卡"修改"面板中，单击"删除"按钮 。

- 在"修改"工具栏单击"删除"按钮。
- 在命令行输入 ERASE 命令并按回车键。
- 在键盘上按【DELETE】键。

5.5 编辑图形夹点 ●●●

当选取图形时，图形中会显示出相应的夹点，该夹点默认以蓝色小方框呈现。利用这些图形夹点也能对图形进行编辑，例如拉伸图形、移动图形、旋转图形、缩放图形等。

5.5.1 设置夹点样式

用户可根据需要对夹点的大小、颜色等参数进行设置。打开"选项"对话框，切换至"选择集"选项卡，在此可对夹点的大小、夹点颜色、夹点显示状态等参数进行设置，如图 5-78 所示。

图 5-78 设置夹点样式

关于夹点设置各选项说明如下：

① **夹点尺寸**：用于控制显示夹点的大小。

② **夹点颜色**：单击该按钮，可打开"夹点颜色"对话框，根据需要选择相应的选项，其后选择所需颜色即可。

③ **显示夹点**：勾选该选项，用户在选择对象时显示夹点。

④ **在块中显示夹点**：勾选该选项时，系统将会显示块中每个对象的所有夹点；若取消该选项的勾选，则在被选择的块中显示一个夹点。

⑤ **显示夹点提示**：勾选该选项，则光标悬停在自定义对象的夹点上时，显示夹点的特定提示。

⑥ **选择对象时限制显示的夹点数**：设定夹点显示数，其默认为 100。若被选的对象上，其夹点数大于设定的数值，此时该对象的夹点将不显示。夹点设置范围为1~32767。

5.5.2 编辑夹点

夹点就是图形对象上的控制点,是一种集成的编辑模式。使用夹点功能,可以对图形对象进行各种编辑操作。

选择要编辑的图形对象,此时该对象上会出现若干夹点,单击夹点再单击鼠标右键,即可打开夹点编辑菜单,其中包括拉伸、移动、旋转、缩放、镜像、复制等命令,如图5-79所示。

快捷菜单中各命令说明如下:

① **拉伸**:默认情况下激活夹点后,单击激活点,释放鼠标,即可对夹点进行拉伸。

② **移动**:选择该命令可以将图形对象从当前位置移动到新的位置,也可以进行多次复制。选择要移动的图形对象,进入夹点选择状态,按回车键即可进入移动编辑模式。

③ **旋转**:选择该命令可以将图形对象绕基点进行旋转,还可以进行多次旋转复制。选择要旋转的图形对象,进入夹点选择状态,连续按2次回车键,即可进入旋转编辑模式。

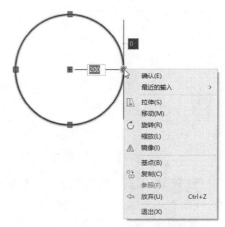

图5-79 夹点编辑菜单

④ **缩放**:选择该命令可以将图形对象相对于基点缩放,同时也可以进行多次复制。选择要缩放的图形对象,选择夹点编辑菜单中的"缩放"命令,连续按3次回车键,即可进入缩放编辑模式。

⑤ **镜像**:选择该命令可以将图形物体基于镜像线进行镜像或镜像复制。选择要镜像的图形对象,指定基点及第二点连线即可进行镜像编辑操作。

⑥ **复制**:选择该命令可以将图形对象基于基点进行复制操作。选择要复制的图形对象,将鼠标指针移动到夹点上,按回车键,即可进入复制编辑模式。

 动手练习——利用夹点旋转图形

下面将使用夹点旋转功能来对指向标识图形进行旋转操作。

▶Step01:打开"指向标识"素材文件。全选图形,单击图形下方夹点,使其夹点变为红色。然后单击鼠标右键,在快捷列表中选择"旋转"选项,如图5-80所示。

▶Step02:移动鼠标,在命令行中输入旋转角度为"-90",如图5-81所示。

▶Step03:输入后按回车键即可完成标识的旋转操作,如图5-82所示。

图5-80 选择夹点"旋转"选项

图5-81 输入旋转角度

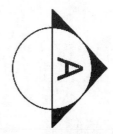

图5-82 完成旋转

实战演练 1——绘制沙发组合图形

下面将绘制沙发组合图形。该图形所需使用的命令有"圆角""镜像""修剪""拉伸"等。

▶Step01: 执行"矩形"命令，绘制 1500mm×760mm 的矩形，如图 5-83 所示。

▶Step02: 执行"多段线"命令，捕捉绘制一个封闭多段线造型，尺寸如图 5-84 所示。

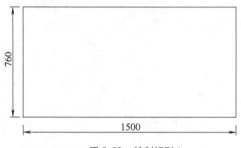

图 5-83 绘制矩形 1

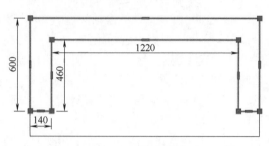

图 5-84 绘制多段线 1

▶Step03: 执行"圆角"命令，设置圆角半径为 50mm，对多段线进行圆角编辑。执行"分解"命令，分解多段线。删除外边线，如图 5-85 所示。

▶Step04: 执行"圆角"命令，将圆角半径设为 95mm，对矩形进行圆角编辑，如图 5-86 所示。

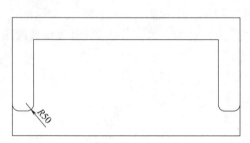

图 5-85 绘制圆角

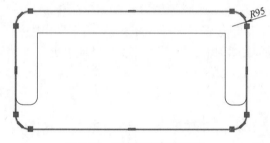

图 5-86 对矩形进行圆角编辑

▶Step05: 执行"矩形"命令，绘制圆角半径为 20mm，长宽尺寸为 610mm×50mm 的圆角矩形，如图 5-87 所示。

▶Step06: 将圆角矩形对齐到图形中，执行"镜像"命令，镜像复制图形，如图 5-88 所示。

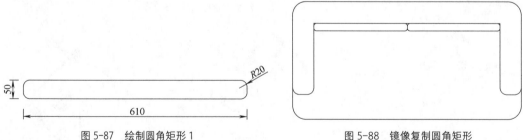

图 5-87 绘制圆角矩形 1

图 5-88 镜像复制圆角矩形

▶Step07: 执行"矩形"命令，绘制圆角尺寸为 50mm，长宽尺寸为 610mm×570mm 的圆角矩形，如图 5-89 所示。

▶Step08: 执行"修剪"命令，修剪中间的边线，如图 5-90 所示。

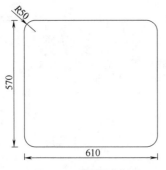

图 5-89 绘制圆角矩形 2

图 5-90 修剪图形 1

▶Step09: 移动图形至沙发图形居中位置，作为坐垫轮廓，如图 5-91 所示。

▶Step10: 执行"修剪"命令，修剪多余的线条，绘制出双人沙发造型，如图 5-92 所示。

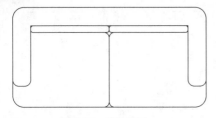

图 5-91 移动图形

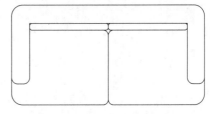

图 5-92 修剪图形 2

▶Step11: 复制双人沙发，并将其旋转 90°，如图 5-93 所示。

▶Step12: 执行"拉伸"命令，选择沙发右侧并拉伸 1410mm 的长度，再删除圆角矩形，如图 5-94 所示。

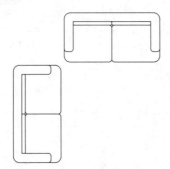

图 5-93 复制并旋转图形

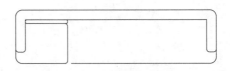

图 5-94 拉伸图形并删除圆角矩形

▶Step13: 执行"镜像"命令，镜像复制圆角图形及坐垫轮廓线，如图 5-95 所示。

▶Step14: 执行"拉伸"命令，拉伸最右侧的圆角矩形，如图 5-96 所示。

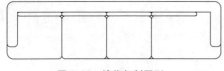

图 5-95 镜像复制图形

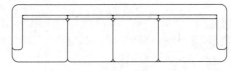

图 5-96 拉伸图形

▶Step15: 执行"修剪"命令，修剪坐垫多余线条以及沙发右侧的边线，如图 5-97 所示。

▶Step16: 执行"多段线"命令，捕捉绘制一条半封闭的多段线，具体尺寸如图 5-98 所示。

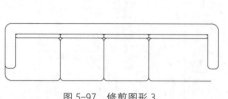

图 5-97 修剪图形 3

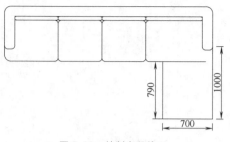

图 5-98 绘制多段线 2

▶Step17: 执行"圆角"命令，分别设置圆角半径为 160mm 和 380mm，对图形进行圆角编辑，如图 5-99 所示。

▶Step18: 执行"圆弧"命令，绘制抱枕图形，如图 5-100 所示。

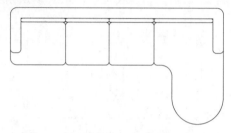

图 5-99 圆角操作 1

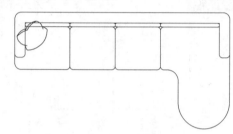

图 5-100 绘制抱枕图形

▶Step19: 依次执行"复制""旋转"命令，复制抱枕图形，将其放置到沙发合适的位置，如图 5-101 所示。

▶Step20: 执行"修剪"命令，如图 5-102 所示。

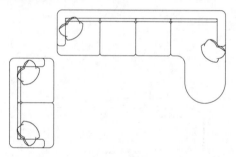

图 5-101 复制并旋转抱枕

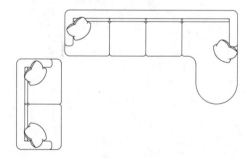

图 5-102 修剪图形 4

▶Step21: 执行"矩形"命令，绘制尺寸为 550mm×550mm 的矩形，如图 5-103 所示。

▶Step22: 执行"圆角"命令，将其半径设为 50mm，对矩形进行圆角编辑，如图 5-104 所示。

▶Step23: 执行"偏移"命令，偏移距离为 20mm，将圆角矩形向内偏移，如图 5-105 所示。

▶Step24: 执行"圆"命令，捕捉几何中心绘制半径分别为 75mm 和 150mm 的同心圆，如图 5-106 所示。

▶Step25: 执行"直线"命令，绘制灯具辅助线。将图形移动到两个沙发的拐角之间，如图 5-107 所示。

▶Step26: 执行"矩形"命令，绘制 3200mm×2100mm 的矩形。执行"偏移"命令，将矩形向内依次偏移 80mm、700mm 的距离，绘制茶几图形，如图 5-108 所示。

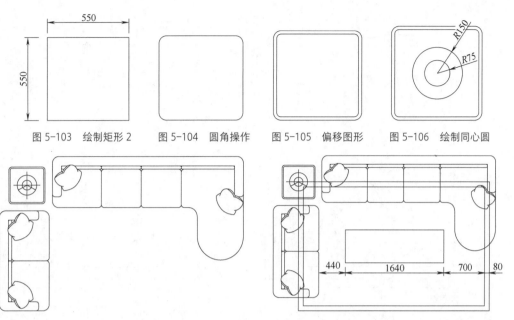

图 5-103　绘制矩形 2　　　图 5-104　圆角操作　　　图 5-105　偏移图形　　　图 5-106　绘制同心圆

图 5-107　绘制灯具辅助线　　　　　　　　图 5-108　绘制矩形并执行"偏移"命令

▶Step27:　执行"拉伸"命令，拉伸茶几图形的尺寸，如图 5-109 所示。

▶Step28:　执行"修剪"命令，修剪被覆盖的图形，至此完成沙发组合图形的绘制，如图 5-110 所示。

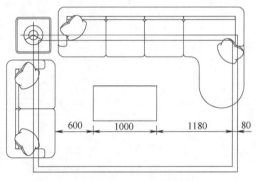

图 5-109　拉伸茶几图形

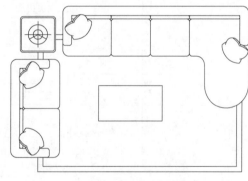

图 5-110　修剪被覆盖的图形

 实战演练 2——绘制法兰盘剖面图

下面通过绘制法兰盘剖面图介绍"修剪"命令的应用，具体操作步骤介绍如下:

▶Step01:　打开"法兰盘"素材文件，如图 5-111 所示。

▶Step02:　执行"直线"命令，从法兰盘平面图中捕捉圆形象限点绘制长 200mm 的直线，再绘制直线封闭图形，如图 5-112 所示。

▶Step03:　继续执行"直线"命令，捕捉平面图中的实线绘制直线，如图 5-113 所示。

▶Step04:　执行"偏移"命令，将右侧的边线向左依次偏移 14mm、10mm、30mm、53mm 的距离，如图 5-114 所示。

▶Step05:　执行"修剪"命令，修剪掉多余的线段，如图 5-115 所示。

▶Step06:　按照上述操作方法，继续修剪图形，绘制出剖面轮廓，如图 5-116 所示。

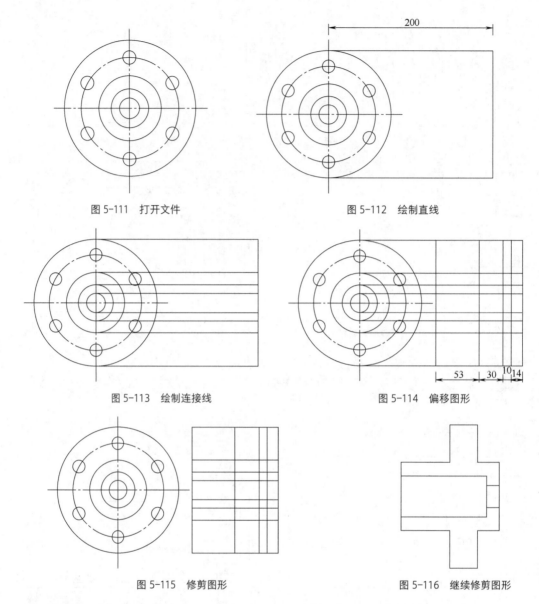

图 5-111　打开文件　　　　　　　　图 5-112　绘制直线

图 5-113　绘制连接线　　　　　　　图 5-114　偏移图形

图 5-115　修剪图形　　　　　　　图 5-116　继续修剪图形

▶Step07: 执行"直线"命令，继续捕捉平面图绘制直线，如图 5-117 所示。

▶Step08: 执行"修剪"命令，修剪多余的图形，如图 5-118 所示。

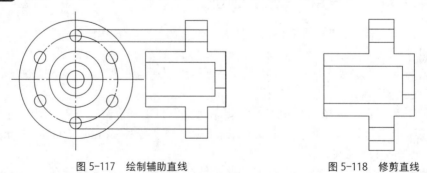

图 5-117　绘制辅助直线　　　　　　图 5-118　修剪直线

▶Step09: 执行"圆角"命令，分别设置圆角半径为 5mm 和 10mm，对图形进行圆角处理，如图 5-119 所示。

▶Step10: 在"默认"选项卡中单击"图案填充"命令，打开"图案填充创建"选项卡，在"图案"面板中选择 ANSI31 为填充图案，在"特性"面板中将"填充图案比例"设为 1.5，选择要填充的剖切位置，将其进行填充，如图 5-120 所示。

▶Step11: 执行"直线"命令，绘制图形的中线，并调整线型，完成法兰盘剖面的绘制，如图 5-121 所示。

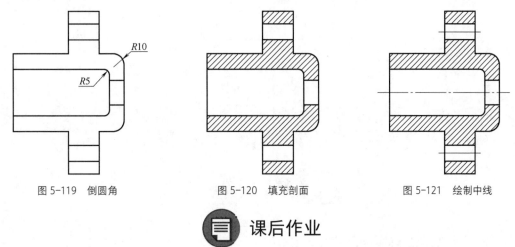

图 5-119 倒圆角　　　　　　图 5-120 填充剖面　　　　　　图 5-121 绘制中线

📄 课后作业

（1）绘制窗户立面图形

本例将利用绘图和编辑工具，绘制出窗户立面图，效果如图 5-122 所示。

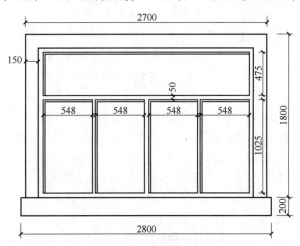

图 5-122 绘制窗户立面图形

操作提示：

Step01: 执行"矩形""分解""偏移""修剪""镜像"等命令，绘制出窗立面。

Step02: 执行"偏移"和"修剪"命令，绘制出窗套和窗台。

（2）绘制机械图形

本例将利用绘图和编辑工具，来绘制如图 5-123 所示的机械图形。

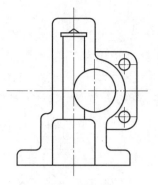

图 5-123　机械图形

操作提示：
Step01：执行"偏移""矩形""直线"等命令绘制出图形轮廓。
Step02：执行"圆角"和"修剪"命令，对图形进行修剪调整。

 精选疑难解答

Q1：两种框选图形的方式，有什么区别？

A：正文中介绍的两种框选方式都是利用拖动鼠标形成的矩形区域选择对象。从左到右框选为窗交模式，选择的图形所有顶点和边界完全在矩形范围内才会被选中。而从右到左框选为交叉模式，图形中任意一个顶点和边界在矩形选框范围内就会被选中。

Q2：镜像图形后，图形中的文字也翻转了，怎么办？

A：在镜像图形时，想要图形中的文字不发生翻转，可通过设置系统变量值来操作。在命令行中输入 MIRRTEXT，按回车键，将其值设为 0 即可。如果变量值为 1 的话，那么文字会进行翻转。

Q3：选择图形时，命令行中的"栏选"是什么意思？

A：栏选与圈选、圈交相似，都是通过不规则的多边形来进行框选的，唯一不同的是：栏选是一个开放的多边形，而圈选和圈交则是一个闭合的多边形。两者操作方法是相同的。

Q4：环形阵列方向默认为逆时针旋转，如何更改其旋转方向呢？

A：要更改环形阵列的方向，可在"环形阵列"面板中进行设置。执行"环形阵列"命令后，在"阵列创建"选项卡的"特性"面板中单击"方向"按钮 ，即可切换到顺时针旋转。

Q5：如何将一个平面图形旋转并与一根斜线平行？

A：测量斜线角度，然后进行旋转图形，但如果斜线的角度并不是一个整数，这种旋转就会有一定的误差。遇到这种情况，用户可以选择平面图形，再执行旋转命令，将目标点和旋转点均设置为斜线上的点，即可将平面图形与斜线平行。

Q6：阵列后的图形是一个整体，如想对其中的一个图形进行修改，怎么做？

A：有两种方法。一种是利用"分解"命令，将阵列后的图形进行分解后再进行单独编辑。另一种是在设置阵列的同时，取消图形之间的关联。在"阵列创建"选项卡的"特性"面板中单击"关联"按钮 ，将其关闭即可。

第6章

创建图形面域与图案填充

本章概述

面域是一个具有边界的平面区域，它是一个面。为了能够很好地表达出图形中指定的面区域，可以为其填充合适的图案或颜色。本章将围绕图形的面域和图案填充功能进行讲解，其中包括面域的创建编辑、图案的填充设置等。

学习目标

- 掌握面域的创建操作。
- 掌握布尔运算的操作。
- 掌握图案填充的创建与编辑操作。

扫码观看本章视频

实例预览

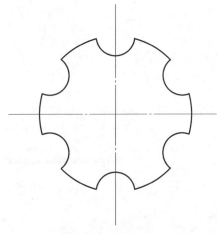

图形的布尔运算

填充拼花图案

6.1 图形面域

面域是使用直线、多段线或样条线段创建的一个闭合二维区域。创建的面域图形与平面二维图形没有区别。从三维角度来看，面域是一个没有高度的平台。

6.1.1 创建面域

面域可以是由圆、椭圆、封闭样条曲线构成的闭合区域，也可以是由圆弧、直线、二维多段线构成的闭合区域。通过以下方式可执行"面域"命令：

- 在菜单栏中执行"绘图>面域"命令。
- 在"默认"选项卡"绘图"面板中单击"面域"按钮 。
- 在命令行输入 REGION 命令，然后按回车键。

执行"面域"命令，根据命令行的提示，选择所有封闭的二维线段，按回车键即可，如图 6-1 所示。

命令行提示如下：

命令:_region
选择对象:找到 1 个
选择对象: 选择封闭的二维线段，回车
已提取 1 个环。
已创建 1 个面域。

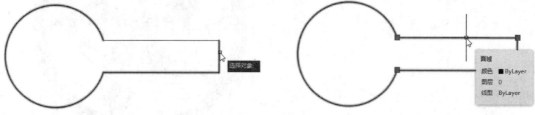

图 6-1　创建面域

> **注意事项**
>
> 在创建面域的时候，选择的对象可以是直线、多段线、圆、圆弧、椭圆、椭圆弧和样条曲线的组合，但所选的线段必须构成一个封闭的区域，否则不能创建出面域。

6.1.2 布尔运算

布尔运算是数学上的一种逻辑运算，包括并集、差集、交集 3 种运算方式，可以对实体和共面的面域进行剪切、添加以及获取交叉部分等操作。

绘制较为复杂的图形时，线条之间的修剪、删除等操作都比较烦琐，此时如果利用面域之

间的布尔运算来绘制图形，将会大大提升绘图效率。

（1）并集运算

执行"修改>实体编辑>并集"命令，根据提示依次选择要合并的主体对象，按回车键即可完成操作，结果对比如图6-2所示。

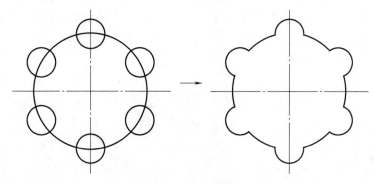

图6-2　并集运算

（2）差集运算

执行"修改>实体编辑>差集"命令，根据提示先选择主体对象，按回车键确认，再选择要减去的参照体对象，按回车键即可完成操作，结果对比如图6-3所示。

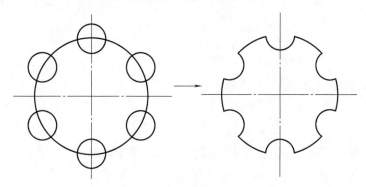

图6-3　差集运算

（3）交集运算

执行"修改>实体编辑>交集"命令，根据提示选择相交的主体对象，按回车键确认即可完成操作，结果对比如图6-4所示。

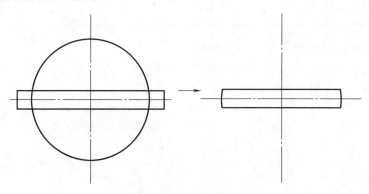

图6-4　交集运算

6.1.3 提取面域数据

面域对象除了具有一般图形对象的属性外，还具有面域对象的属性，其中最重要的属性就是质量特性。

执行"工具>查询>面域/质量特性"命令，根据提示选择要提取数据的面域对象，按回车键确认，系统会弹出"AutoCAD 文本窗口"，窗口中会显示所选面域对象的数据特性，如图6-5所示。

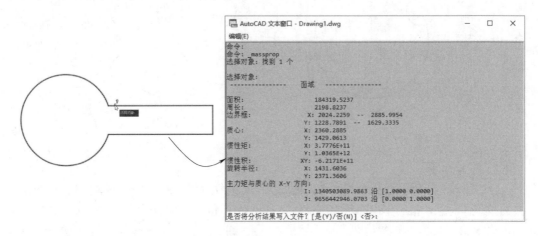

图 6-5　AutoCAD 文本窗口

6.2　图形图案填充

为了区别图形中不同形体的组成部分，增强图形的表现效果，可以使用填充图案功能来对图形进行填充操作。AutoCAD 提供了两种填充方式，分别为图案填充和渐变色填充。

6.2.1 图案填充

图案填充是用各类图形图案对指定的图形进行填充的操作。用户可以使用内置的图案来填充，也可自定义填充的图案。通过以下方式可执行"图案填充"命令：

- 在菜单栏中执行"绘图>图案填充"命令。
- 在"默认"选项卡"绘图"面板中单击"图案填充"按钮。
- 在命令行输入 H 快捷命令，按回车键。

执行"图案填充"命令，系统会打开"图案填充创建"选项卡，如图6-6所示。在此，可根据需要对图案、填充角度、填充比例等参数进行设置。

图 6-6　"图案填充创建"选项卡

动手练习——填充花坛剖面图形

下面将以填充花坛剖面为例，来介绍图案填充的具体操作。

▶Step01：打开"花坛剖面图"素材文件。执行"图案填充"命令，打开"图案填充创建"选项卡，在"图案"选项卡中选择所需图案，这里选择 AR-CONC 图案，如图 6-7 所示。

▶Step02：在绘图区中单击要填充的区域，如图 6-8 所示。

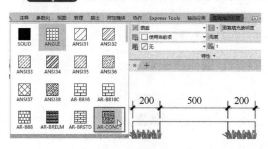

图 6-7　选择图案

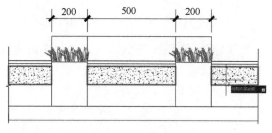

图 6-8　选取填充区域

▶Step03：区域选择完成后，按回车键完成一层填充操作，如图 6-9 所示。

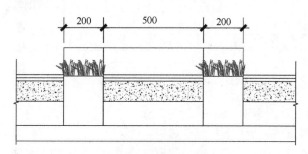

图 6-9　完成填充操作

▶Step04：执行"图案填充"命令，在"图案填充创建"选项卡的"图案"面板中选择 HEX 填充图案。在"特性"面板中将"填充图案比例"设为 20，如图 6-10 所示。

图 6-10　选择图案及设置填充比例

▶Step05：选择花坛第二层的区域进行填充，按回车键完成填充操作，如图 6-11 所示。

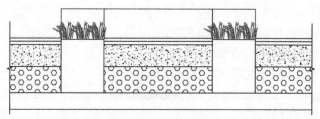

图 6-11　填充花坛第二层

▶Step06:　继续执行"图案填充"命令，将"图案"设为 ANSI31，将"填充图案比例"设为 10。此外，在"特性"面板中设置好"图案填充颜色"，如图 6-12 所示。

图 6-12　设置第三层填充图案及特性参数

▶Step07:　设置后选择剖面第三层区域将其填充。删除图形最下方的一条线段，结果如图 6-13 所示。

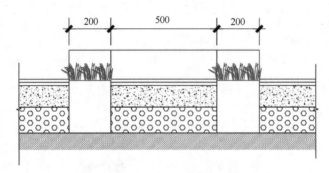

图 6-13　完成剖面填充

"图案填充创建"选项卡中各面板说明如下：

① 边界：该面板主要用于设置填充的边界。

• 拾取点　：通过选择一个或多个对象形成的封闭区域内的点来确定图案填充边界。

• 选择边界对象　：通过选择对象的边界线来执行填充操作。

• 删除边界对象　：当填充区域包含多个封闭图形时，使用该命令可删除填充区域内多余的封闭图形。

• 重新创建边界　：围绕选定的图案填充或填充对象创建多段线或面域，并使其与图案填充对象相关联。

② 图案：该面板包含了多种内置的图案，用户也可根据需要自定义图案。

③ 特性：该面板用于设置填充图案的属性。

• 图案填充类型：可选择填充的类型，其中包括实体、渐变色、图案和用户定义这四种类型。

• 图案填充颜色：设置填充图案的颜色。

• 背景色：设置填充图案背景的颜色。

• 图案填充透明度：设置填充图案的透明度。

• 图案填充角度：设置填充图案的填充角度。

• 填充图案比例：设置填充图案的显示比例。

④ 原点：该面板用于设定图案填充的原点位置。

⑤ 选项：该面板用于设置关联图案填充、设定图案填充的注释性、设置填充特性匹配等参数。

• **关联**：指定图案填充或填充为关联图案填充。关联的图案填充会在用户修改其边界对象时进行更新。

• **注释性**：指定图案填充为注释性。此特性会自动完成缩放注释过程，从而使注释能够在图纸上打印或显示。

• **特性匹配**："使用当前原点"是使用选定图案填充对象（除图案填充原点外）设定图案填充的特性。"使用源图案填充的原点"是使用选定图案填充对象（包括图案填充原点）设定图案填充的特性。

单击"选项"面板右侧小箭头，可打开"图案填充编辑"对话框，在此也可对图案填充的相关选项进行设置，如图6-14所示。

图 6-14 "图案填充编辑"对话框

◎ 技术要点

在进行图案填充时，经常会显示"边界定义错误"提示框，如图6-15所示。这就说明当前所选择的区域不是闭合区域，用户需重新定义填充边界才可。

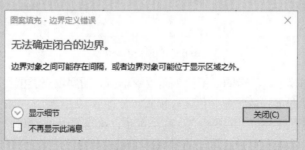

图 6-15 "边界定义错误"提示框

动手练习——修改填充图案的角度

下面利用"图案填充"功能来对地毯填充图案的角度进行更改。

▶Step01: 打开"座椅组合"素材文件，可以看到地毯区域已进行了填充，如图 6-16 所示。

▶Step02: 选中地毯图案，在"图案填充编辑器"选项卡的"特性"面板中将"图案填充角度"设为"30"，按回车键，被选中的填充图案的角度已进行了更改，如图 6-17 所示。

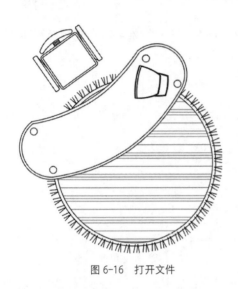

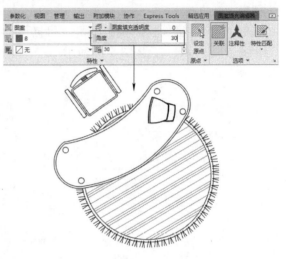

图 6-16　打开文件　　　　　　　　　　　图 6-17　修改填充角度

6.2.2　渐变色填充

在绘图过程中，有时要添加一种或多种色彩才能让图形更加逼真，这就需要用到"渐变色填充"，对封闭区域进行适当的填充，从而实现较好的颜色修饰效果。

用户可通过以下方式执行"渐变色填充"命令：

· 在菜单栏中执行"绘图>渐变色填充"命令。

· 在"默认"选项卡"绘图"面板中单击"渐变色填充"按钮　。

· 在命令行输入 GRADIENT 命令，然后按回车键。

与"图案填充"命令一样，渐变色填充也可以通过"图案填充创建"选项卡进行渐变色设置，如图 6-18 所示。

图 6-18　渐变色填充

在"图案填充创建"选项卡的"特性"面板中单击"图案填充类型"下拉按钮，在列表中选择"渐变色"选项即可切换到渐变色填充模式，如图 6-19 所示。

通过设置"渐变色 1"和"渐变色 2"两个选项，来选择一种或两种渐变颜色，如图 6-20 所示。设置完成后，单击图形中要填充的区域即可完成渐变色的填充操作。

图 6-19　切换渐变色填充模式

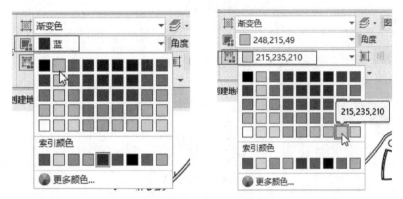

图 6-20　设置两种渐变色

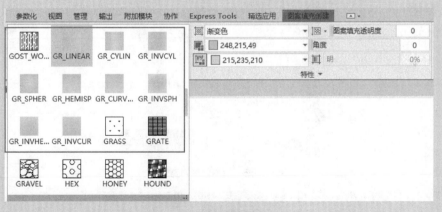

图 6-21　选择渐变色填充方向

动手练习——利用渐变色填充庭院小景

　　下面将以填充庭院小景平面图为例，来介绍渐变色填充的具体用法。

▶Step01：打开"庭院小景"素材文件，如图 6-22 所示。

▶Step02：将平面图中的绿植图块移出，如图 6-23 所示。

图 6-22　打开素材文件 1

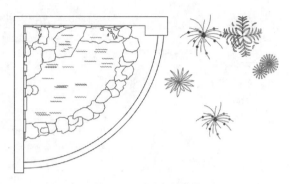

图 6-23　移出绿植图块

▶Step03: 执行"图案填充"命令，在"图案填充创建"选项卡中选择填充图案为 SOLID，填充颜色为 9 号灰色，如图 6-24 所示。

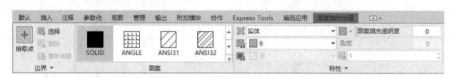

图 6-24　设置填充参数

▶Step04: 设置完毕后在绘图区中拾取墙体和路缘区域进行填充，如图 6-25 所示。

▶Step05: 继续执行"图案填充"命令，切换到渐变色填充类型，设置好两种渐变颜色以及渐变方向，如图 6-26 所示。

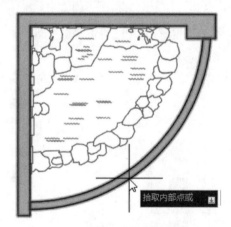

图 6-25　填充墙体和路缘

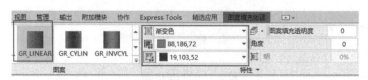

图 6-26　设置两种渐变色及渐变方向

▶Step06: 拾取绿化区域进行填充，按回车键完成填充操作，如图 6-27 所示。

▶Step07: 执行"渐变色"命令，在"图案填充创建"选项卡中设置渐变色颜色，如图 6-28 所示。

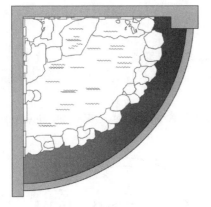
图 6-27 填充绿化区域

图 6-28 设置渐变色

▶Step08: 拾取所有山石区域进行填充，按回车键完成填充操作，如图 6-29 所示。

▶Step09: 执行"渐变色"命令，在"图案填充创建"选项卡中设置渐变色颜色，如图 6-30 所示。

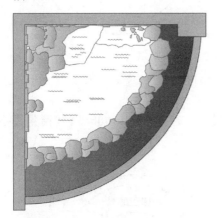
图 6-29 填充山石区域

图 6-30 设置渐变色

▶Step10: 拾取水池区域进行填充，按回车键完成填充操作，如图 6-31 所示。

▶Step11: 将绿植图块移至原位。至此，庭院小景平面图的填充完成，效果如图 6-32 所示。

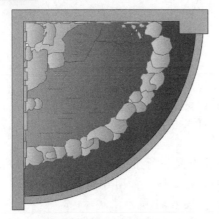
图 6-31 填充水池区域

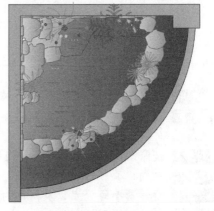
图 6-32 移回绿植图块

实战演练 1——绘制拼花装饰

下面将利用绘图工具来绘制地面拼花图形，并对其进行图案填充，丰富画面效果。

▶**Step01:** 执行"圆"命令，指定圆心位置，再移动光标，根据提示输入圆的半径值200mm，如图6-33所示。

▶**Step02:** 继续执行"圆"命令，捕捉圆心分别再绘制半径为250mm、400mm和450mm的同心圆，如图6-34所示。

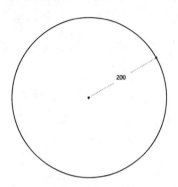

图 6-33　绘制半径为 200mm 的圆

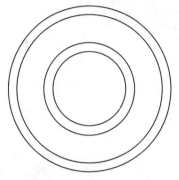

图 6-34　绘制多个同心圆

▶**Step03:** 执行"点样式"命令，打开"点样式"对话框，设置点的样式及大小，选择"按绝对单位设置大小"选项，如图6-35所示。

▶**Step04:** 执行"定数等分"命令，根据命令行提示，选择半径为400mm的圆作为等分对象，如图6-36所示。

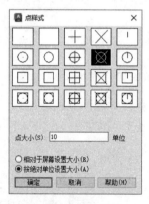

图 6-35　设置点样式

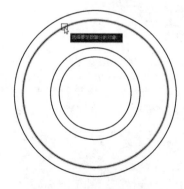

图 6-36　选择等分对象

▶**Step05:** 选择对象后再根据提示输入线段数目，这里输入"5"，如图6-37所示。

▶**Step06:** 按回车键后即可完成定数等分操作，可以看到圆上均匀分布了5个点，如图6-38所示。

▶**Step07:** 按照上面的操作方法，对内部的两个圆分别进行十等分操作，如图6-39所示。

▶**Step08:** 执行"直线"命令，捕捉等分点绘制连接直线，如图6-40所示。

▶**Step09:** 删除所有等分点以及内部的两个圆，如图6-41所示。

▶**Step10:** 执行"图案填充"命令，在"图案填充创建"选项卡中选择图案ANSI31，设置图案颜色为8号灰色，设置比例为"5"，其余参数不变，如图6-42所示。

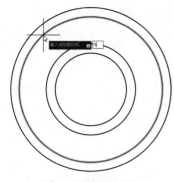

图 6-37　输入线段数目

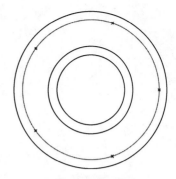

图 6-38　五等分效果

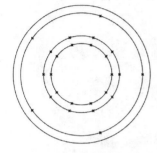

图 6-39　定数等分操作

图 6-40　绘制连接直线

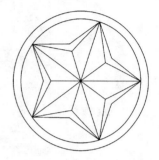

图 6-41　删除等分点及内部圆

图 6-42　设置图案填充参数 1

▶Step11：设置完参数后拾取一块填充区域进行填充，如图 6-43 所示。

▶Step12：执行"图案填充"命令，分别设置填充角度为"72""144""216""288"，再填充四个区域，如图 6-44 所示。

▶Step13：执行"图案填充"命令，将图案设为 SOLID，其他参数保持不变，如图 6-45 所示。

▶Step14：在拼花图案中选择所需填充的区域，按回车键完成填充操作，如图 6-46 所示。

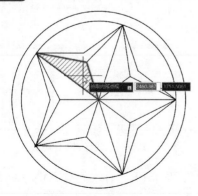

图 6-43　填充图案 1

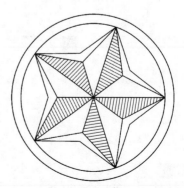

图 6-44　继续填充四个区域

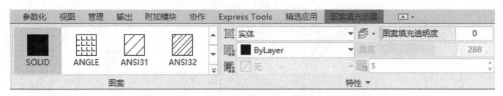

图 6-45　设置图案填充参数 2

▶Step15：执行"图案填充"命令，将"图案"设为 AR-SAND，将填充图案比例设为 0.5，并选择其他填充区域，按回车键完成操作，如图 6-47 所示。

图 6-46　填充图案 2

图 6-47　填充其他图案

实战演练 2——绘制办公室地面铺装图

下面以填充办公室地面区域为例，来介绍如何按照 800mm×800mm 以及 300mm×300mm 的尺寸规格进行填充。

▶Step01：打开"办公室平面"素材文件，如图 6-48 所示。

▶Step02：执行"直线"命令，先将门洞及窗洞进行封口，使之成为两个独立的闭合区域，如图 6-49 所示。

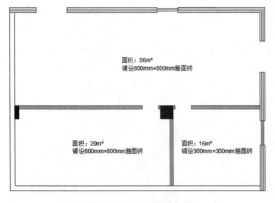

图 6-48　打开素材文件

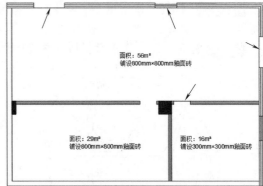

图 6-49　对门洞及窗洞封口

▶Step03：执行"图案填充"命令，将"图案"设为 USER，将填充颜色设为 8 号灰色，将填充比例设为 800，如图 6-50 所示。

▶Step04：选择要填充的地面区域，按回车键完成填充操作，如图 6-51 所示。

图 6-50　设置图案填充参数

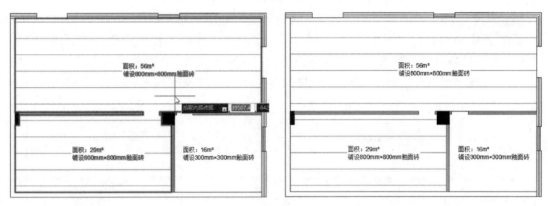

图 6-51　填充地面

▶Step05：再次执行"图案填充"命令，将"图案填充角度"设为"90"，其他参数保持不变，如图 6-52 所示。

图 6-52　设置填充角度

▶Step06：再次选择刚填充的地面区域进行叠加填充，如图 6-53 所示。

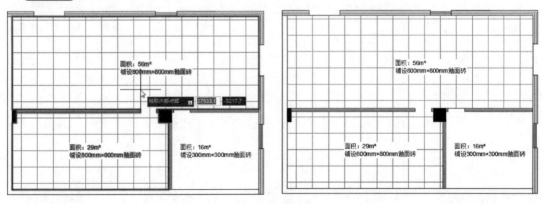

图 6-53　叠加填充

▶Step07：按照同样的操作来设置 300mm×300mm 的填充规格。执行"图案填充"命令，将"图案填充比例"设为 300，其他参数保存不变，如图 6-54 所示。

图 6-54　设置填充比例

▶Step08:　选择地面要填充的区域将其进行填充，如图 6-55 所示。

▶Step09:　继续执行"图案填充"命令，将"图案填充角度"设为"0"，其他参数保持不变，对该地面进行叠加填充，如图 6-56 所示。至此，办公室地面填充完毕。

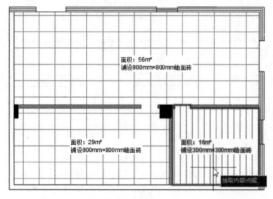

图 6-55　设置 300mm × 300mm 填充参数

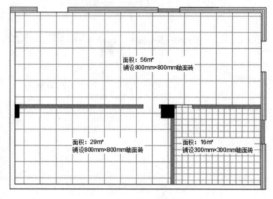

图 6-56　完成填充

　课后作业

（1）绘制机械图形

利用"面域"功能并结合布尔运算绘制如图 6-57 所示的机械图形。

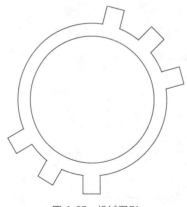

图 6-57　机械图形

> **操作提示：**
>
> Step01:　绘制同心圆，分别创建面域。
>
> Step02:　绘制矩形，并进行旋转复制操作，创建面域。
>
> Step03:　利用"并集"将矩形面域和外圆面域合并，再进行"差集"运算。

（2）填充零件剖面区域

利用图案填充功能填充如图 6-58 所示的零件图剖面区域。

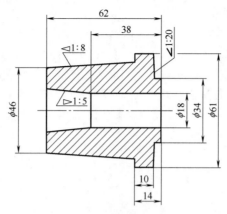

图 6-58　填充零件剖面

操作提示：

Step01：执行"图案填充"命令，设置好填充图案及填充比例。

Step02：选择要填充的剖面区域，按回车键完成填充操作。

🔍 精选疑难解答

Q1：布尔运算执行不了，怎么回事？

A：有两种情况是无法进行布尔运算的。一种是两个对象中有一个不是面域或实体面；另一种则是两个对象不在同一平面上，两者之间没有交集。

Q2：在进行渐变色填充后，图形中的文字被覆盖，怎么办？

A：遇到这种情况，用户只需调整一下渐变色前后的次序即可。选择填充的渐变色，单击鼠标右键，在快捷菜单中选择"绘图次序>后置"选项，可将其调整至文字下方。此外，用户也可以在"图案填充创建"选项卡的"特性"面板中调整"图案填充透明度"参数，让其文字显现出来即可。

Q3：无法创建面域？

A：有时候看着图形是封闭的，但却无法创建面域。原因很简单，图形还是出现了交叉或者未封闭的现象，只是缺口或交叉处很小，不易发觉。如果出现类似的问题，可以放大各个交点，检查是否有缺口或交叉，通过"修剪""延伸"或"圆角"命令来处理。

Q4：面域和线框的区别？

A：面域是一个有面积而无厚度的实体截面，它也可以称作为实体，而线框仅仅是线条的组合，所以面域和单纯的线框还是有区别的，在 CAD 中运算线框和运算面域的方式也有所不同，它比线框更有效地配合实体修改的操作。

另外，比如面域可以直接拉伸旋转成有厚度、有体积的实体，可以直接计算出面积、周长等，给予一定的材质密度比还可以计算单位面积的质量。面域与面域之间也可以直接进行布尔运算，方便复杂图形的统计与修改。

面域的生成方式一般有两种：一种是封闭多段线用矩形命令生成；一种是对现有实体进行剖切截面而得。

Q5：为什么无法填充图案？

A：如果填充的区域不是闭合的图形，就无法进行图案填充。这时，用户只需将未闭合的图形进行闭合处理即可。还有一种情况就是，填充的图案比例过大，其图案就不会显示出来，这种情况只需调整一下填充比例就可以了。如果这两种情况都不是，那么就有可能是软件设置中应用实体填充未被应用。这里需打开"选项"对话框，在"显示"选项板中勾选"应用实体填充"复选框即可。

第 7 章

创建与管理图块

📖 本章概述

面对要绘制大量相同或相似的图形，可以将这些重复绘制的图形创建成块插入至图形中。常见的块包含简单块、属性块和动态块这三种，熟练掌握块的应用可以提高绘图效率。本章将对块的创建与管理操作进行详细介绍，其中包括块的创建与应用、块属性的定义与编辑、外部参照以及设计中心的应用等内容。

✐ 学习目标

- 掌握图块的创建与应用。
- 掌握块属性的定义与编辑。
- 熟悉动态块的创建。
- 熟悉设计中心的应用。
- 熟悉外部参照功能的应用。

扫码观看本章视频

📖 实例预览

插入花瓶块

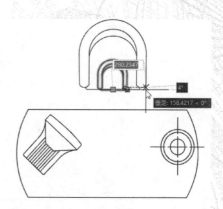

创建缩放动态块

7.1　创建与应用块 •••..

块是将图形中的一个或多个对象组成一个整体，方便用户选择并调用。在图形中修改或更新一个已定义的块时，系统将会自动更新图形中其他相同的块。

7.1.1　创建简单块

块分为内部块和外部块两种。内部块只能在当前图形文件中调用，它是存储在文件内部；而外部块则是以文件的形式保存于电脑中，可以将其调用到其他任意图形文件中。

（1）内部块

通过以下方式可创建内部块：

· 在菜单栏中执行"绘图>块>创建"命令。

· 在"默认"选项卡的"块"面板中单击"创建"按钮 。

· 在"插入"选项卡"块定义"面板中单击"创建块"按钮。

· 在命令行输入 BLOCK 命令，然后按回车键。

执行以上任意一种方法都可以打开"块定义"对话框，单击"选择对象"按钮，在绘图区中选择所需的图形，按回车键，返回到该对话框，设置好图块名称及块基点，单击"确定"按钮即可，如图 7-1 所示。

图 7-1　"块定义"对话框

"块定义"对话框中各选项的含义介绍如下：

① **名称**：用于输入块的名称，最多可使用 255 个字符。

② **基点**：用于指定块的插入基点。系统默认图块的插入基点值为（0,0,0），用户可直接在 X、Y 和 Z 数值框中输入坐标相对应的数值，也可以单击"拾取点 "按钮，切换到绘图区中指定块的基点。

③ **对象**：用于设置组成块的对象。单击"选择对象 "按钮，可到绘图区中选择组成块

的图形对象；也可单击"快速选择"按钮，在"快速选择"对话框中，设置所选择对象的过滤条件。

④ **保留**：勾选该选项，则表示创建块后仍在绘图窗口中保留组成块的各图形对象。

⑤ **转换为块**：勾选该选项，则表示创建块后，将组成块的各图形对象保留，并把它们转换成块。

⑥ **删除**：勾选该选项，则表示创建块后删除绘图窗口中组成块的各图形对象。

⑦ **设置**：用于指定块插入的单位以及插入的链接文档。

⑧ **方式**：设置插入后的块是否允许被分解、是否统一比例缩放等。

⑨ **说明**：用于指定块的文字说明。在该文本框中可输入当前图块说明内容。

⑩ **在块编辑器中打开**：选中该复选框，当创建图块后，进行在块编辑器窗口中设置"参数""参数集"等选项的操作。

动手练习——创建灯具块

下面将以创建灯具块为例，来介绍内部块的创建操作。

▶Step01：打开"居室顶棚图"素材文件。执行"创建块"命令，打开"块定义"对话框，单击"选择对象"按钮，如图 7-2 所示。

▶Step02：在顶棚图中框选吸顶灯图形，如图 7-3 所示。

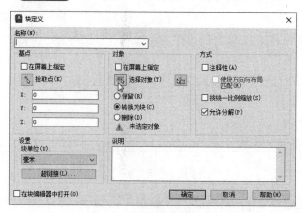

图 7-2　打开"块定义"对话框

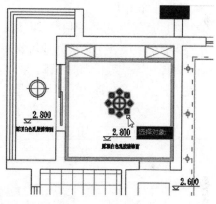

图 7-3　选择吸顶灯图形

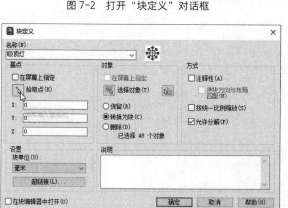

图 7-4　定义块名称

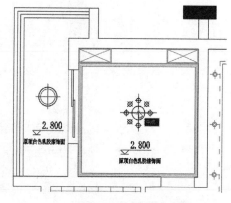

图 7-5　指定块基点

▶Step03：按回车键返回到"块定义"对话框，在"名称"框中对该块进行命名，单击"拾取点"按钮，如图7-4所示。

▶Step04：在绘图区中指定块的基点，如图7-5所示。

▶Step05：返回到"块定义"对话框，单击"确定"按钮，如图7-6所示。此时，被选择的灯具图形已创建成块，如图7-7所示。

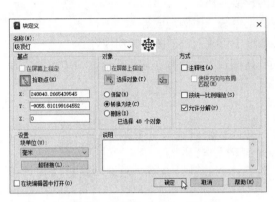

图7-6　单击"确定"按钮

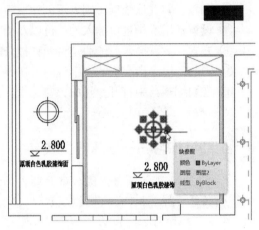

图7-7　完成内部块的创建

（2）外部图块

写块也是创建块的一种，又叫外部图块，是将文件中的块作为单独的对象保存为一个新文件，被保存的新文件可以被其他对象使用。

外部图块不依赖于当前图形，它可以在任意图形中调入并插入。其实就是将这些图形变成一个新的、独立的图形。用户可以通过以下方式创建外部图块：

- 在"插入"选项卡"块定义"面板中单击"写块"按钮。
- 在命令行输入 WBLOCK 命令，然后按回车键。

图7-8　"写块"对话框

执行以上任意一种方法均可以打开"写块"对话框,如图 7-8 所示。与创建块一样,先选择图形对象,并指定好块基点,然后设置好块的保存路径,单击"确定"按钮即可完成外部块的创建。

"写块"对话框中各选项说明如下:

① **块**:如果当前图形中含有内部图块,选中此按钮,可以在右侧的下拉列表框中选择一个内部图块,系统可以将此内部图块保存为外部图块。

② **整个图形**:单击此按钮,可以将当前图形作为一个外部图块进行保存。

③ **对象(O)**:单击此按钮,可在当前图形中任意选择若干个图形,并将选择的图形保存为外部图块。

④ **基点**:用于指定外部图块的插入基点。

⑤ **对象**:用于选择保存为外部图块的图形,并决定图形被保存为外部图块后是否删除图形。

⑥ **目标**:主要用于指定生成外部图块的名称、保存路径和插入单位。

⑦ **插入单位**:用于指定外部图块插入到新图形中时所使用的单位。

 动手练习——存储双人床组合图块

下面利用"写块"将平面图中双人床图形存储为图块。

▶Step01:打开"三居室平面"文件,如图 7-9 所示。

▶Step02:执行"写块"命令,打开"写块"对话框,单击"选择对象"按钮,如图 7-10 所示。

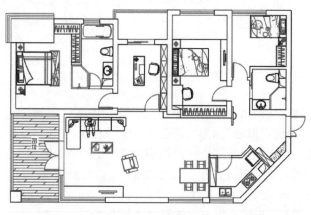

图 7-9　打开素材

图 7-10　"写块"对话框

▶Step03:单击"选择对象"按钮,在绘图区中选择双人床图形,如图 7-11 所示。

▶Step04:按回车键返回"写块"对话框。单击"拾取点"按钮,在绘图区中指定插入基点,如图 7-12 所示。

▶Step05:返回到"写块"对话框,在"目标"选项组单击"文件名和路径"右侧的"浏览"按钮,打开"浏览图形文件"对话框,设置好存储路径及块名称,如图 7-13 所示。

▶Step06:单击"保存"按钮,返回到"写块"对话框,再单击"确定"按钮关闭对话框,即可完成图块的存储操作,如图 7-14 所示。

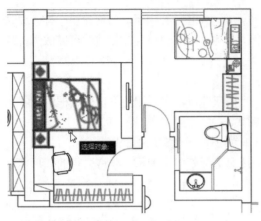

图 7-11 选择图形对象

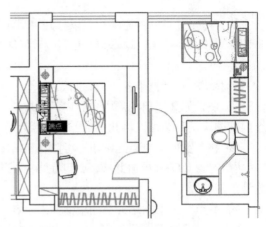

图 7-12 指定块基点

图 7-13 设置存储路径及块名称

图 7-14 完成操作

7.1.2 插入块

图 7-15 "块"选项板

插入块是指将定好的内部或外部图块插入到当前图形中。在插入图块或图形时,必须指定插入点、比例与旋转角度。插入图形为图块时,程序会将指定的插入点当作图块的插入点,但可先打开原来的图形,并重新定义图块,以改变插入点。

用户可以通过以下方式调用插入块命令:

• 在"默认"选项卡的"块"面板中单击"插入"按钮。

• 在"插入"选项卡的"块"面板中单击"插入"按钮。

• 在菜单栏中执行"插入>块选项板"命令。

• 在命令行中输入快捷命令 I,按回车键。

执行以上任意一种操作后,即可打开"块"选项板,通过"当前图形""最近使用的项目""收藏夹"以及"库"

这四个选项卡访问图块，如图 7-15 所示。

下面将对"块"面板中的主要选项卡进行说明。

① **当前图形**：该选项卡将当前图形中的所有块定义显示为图标或列表。

② **最近使用的项目**：该选项卡显示所有最近插入的块。在该选项卡中的图块可以被清除。

③ **收藏夹**：该选项卡主要用于图块的云存储，方便在各个设备之间共享图块。

④ **库**：该选项卡是用于存储在单个图形文件中的块定义集合。用户可以使用 Autodesk 或其他厂商提供的块库或自定义块库。

此外，"块"设置面板的"选项"列表中，用户还可以对图块的比例、图块的位置、图块的复制以及图块的分解进行设置。

① **插入点**：用于设置插入块的位置。

② **比例**：用于设置块的比例。"统一比例"复选框用于确定插入块在 X、Y、Z 这 3 个方向的插入块比例是否相同。若勾选该复选框，就只需要在 X 文本框中输入比例值。

③ **旋转**：用于设置插入图块的旋转度数。

④ **重复放置**：用于可重复指定多个插入点。

⑤ **分解**：用于将插入的图块分解成组成块的各基本对象。

 动手练习——为餐桌立面添加花瓶块

下面将为餐桌立面图添加花瓶装饰块。

▶Step01：打开"餐桌立面"文件，如图 7-16 所示。

▶Step02：在命令行中输入 i 快捷命令，打开"块"设置面板，单击该面板上方 按钮，打开"选择要插入的文件"对话框，选择"花瓶块"文件，单击"打开"按钮，如图 7-17 所示。

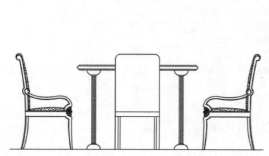

图 7-16　打开素材文件

图 7-17　选择要插入的块文件

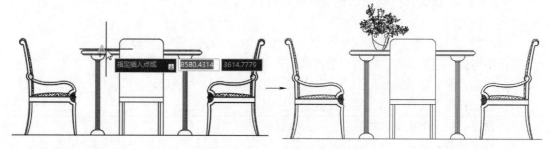

图 7-18　指定插入基点，完成操作

▶Step03: 在绘图区指定好图块的插入点，即可完成花瓶块的插入操作，如图 7-18 所示。

7.2 定义、编辑与管理块属性 ●●●●

属性是与图块相关联的文本。比如说，将尺寸、材料、数量等信息作为属性保存在门图块中，这种文本叫做属性。属性既可以文本形式显现在屏幕上，也可以不可见的方式存储在图形中，与块相关联的属性可从图中提取出来并转换成数据资料的形式。

7.2.1 定义块属性

文字对象等属性包含在块中，若要进行编辑和管理块，就要先创建块的属性，使属性和图形一起定义在块中，才能在后期进行编辑和管理。通过以下方式定义属性：

- 在菜单栏中执行"绘图>块>定义属性"命令。
- 在"默认"选项卡的"块"面板中单击"定义属性"按钮 。
- 在"插入"选项卡"块定义"面板中单击"定义属性"按钮 。
- 在命令行输入 ATTDEF 命令并按回车键。

执行以上任意一种方法均可以打开"属性定义"对话框，如图 7-19 所示。

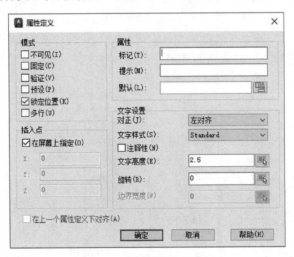

图 7-19 "属性定义"对话框

"属性定义"对话框中各选项的含义介绍如下：

（1）模式

"模式"选项组用于在图形中插入块时，设定与块关联的属性值选项。

① **不可见**：用于确定插入块后是否显示其属性值。

② **固定**：用于设置属性是否为固定值，用固定值时，插入块后，该属性值不再发生变化。

③ **验证**：用于验证所输入的属性值是否正确。

④ **预设**：用于确定是否将属性值直接预置成它的默认值。

⑤ **锁定位置**：锁定块参照中属性的位置，解锁后，属性可以相对于使用夹点编辑的块的

其他部分移动，并且可以调整多行文字属性的大小。

⑥ **多行**：指定属性值可以包含多行文字。选定此选项，可指定属性的边界宽度。

（2）属性

"属性"选项组用于设定属性数据。

① **标记**：标识图形中每次出现的属性。

② **提示**：指定在插入包含该属性定义的块时显示的提示。如果不输入提示，属性标记将用作提示。如果在"模式"选项组选择"固定"模式，"提示"选项将不可用。

③ **默认**：指定默认属性值。单击后面的"插入字段"按钮，显示"字段"对话框，可以插入一个字段作为属性的全部或部分值；选定"多行"模式后，显示"多行编辑器"按钮，单击此按钮将弹出具有"文字格式"工具栏和标尺的在位文字编辑器。

（3）插入点

"插入点"选项组用于指定属性位置。

① **在屏幕上指定**：在绘图区中指定一点作为插入点。

② **X/Y/Z**：在数值框中输入插入点的坐标。

（4）文字设置

"文字设置"选项组用于设定属性文字的对正、样式、高度和旋转角度。

① **对正**：用于设置属性文字相对于参照点的排列方式。

② **文字样式**：指定属性文字的预定义样式。显示当前加载的文字样式。

③ **注释性**：指定属性为注释性。如果块是注释性的，则属性将与块的方向相匹配。

④ **文字高度**：指定属性文字的高度。

⑤ **旋转**：指定属性文字的旋转角度。

⑥ **边界宽度**：换行至下一行前，指定多行文字属性中一行文字的最大长度。此选项不适用于单行文字属性。

（5）在上一个属性定义下对齐

该选项用于将属性标记直接置于之前定义的属性下方。如果之前没有创建属性定义，则此选项不可用。

7.2.2 编辑块属性

定义块属性后，插入块时，如果不需要属性完全一致的块，就需要对块进行编辑操作。通过"增强属性编辑器"对话框可以对图块进行部分编辑。通过以下方式打开"增强属性编辑器"对话框。

· 执行"修改>对象>属性>单个/多个"命令，根据提示选择块。

· 在"默认"选项卡的"块"面板中单击"编辑属性"下拉按钮，从中选择"单个"按钮/"多个"按钮。

· 在"插入"选项卡的"块"面板中单击"编辑属性"下拉按钮，从中选择"单个"按钮/"多个"按钮。

· 在命令行输入 EATTEDIT 命令并按回车键，根据提示选择块。

执行以上任意一种方法即可打开"增强属性编辑器"对话框，如图 7-20 所示。在此可对添加的属性内容、文字样式、块特性进行编辑。"增强属性编辑器"对话框中各选项卡的含义介绍如下：

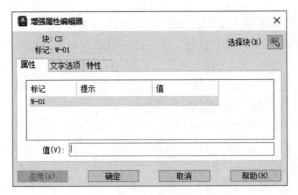

图 7-20　"增强属性编辑器"对话框

① **属性：** 显示块的标识、提示和值。选择属性，对话框下方的值选项框将会出现属性值，可以在该选型框中进行设置。

② **文字选项：** 该选项卡用来修改文字格式。其中包括文字样式、对正、高度、旋转、宽度因子、倾斜角度、反向和倒置等选项，如图 7-21 所示。

③ **特性：** 在其中可以设置图层、线型、颜色、线宽和打印样式等选项，如图 7-22 所示。

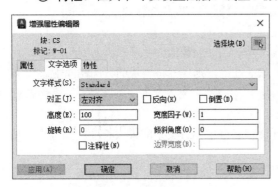

图 7-21　"文字选项"选项板

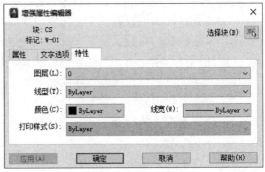

图 7-22　"特性"选项板

 ### 动手练习——创建带属性的窗图块

下面将为建筑一层户型图添加属性窗图块。

▶Step01: 打开"一层户型图"素材文件。执行"矩形"命令，绘制 1200mm×210mm 的矩形，并将其分解，如图 7-23 所示。

▶Step02: 执行"定数等分"命令，将矩形左侧边线等分成 3 份，然后捕捉等分点绘制等分线，如图 7-24 所示。

图 7-23　绘制矩形　　　　　　　　　　图 7-24　等分矩形

▶Step03: 执行"定义属性"命令，打开"属性定义"对话框，将"标记"和"默认"均设为"W12"，将"文字高度"设为 100，如图 7-25 所示。

▶Step04: 设置好后单击"确定"按钮，在绘图区中指定好标记插入点，如图 7-26 所示。

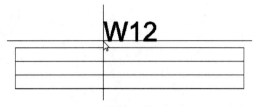

图 7-25　定义属性

图 7-26　指定属性插入点

▶Step05:　执行"创建块"命令，打开"块定义"对话框，单击"选择对象"按钮，选择创建的窗图形及文字标记，按回车键，返回对话框，为该图块进行命名，单击"确定"按钮，如图 7-27 所示。

▶Step06:　在打开的"编辑属性"对话框中，将标记设为 W12-01，单击"确定"按钮，如图 7-28 所示。

图 7-27　创建块

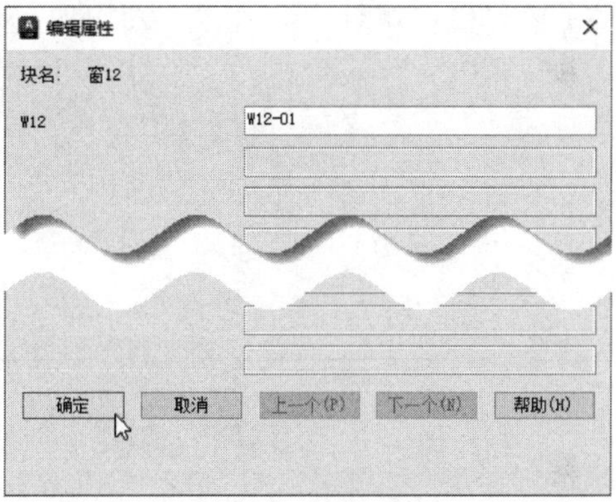

图 7-28　设置属性标记

▶Step07:　此时创建的图块标记将会发生相应的变化。将该图块放置在墙体所需位置，如图 7-29 所示。

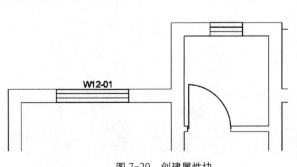

图 7-29　创建属性块

图 7-30　编辑属性内容

▶Step08： 复制该属性图块至其他窗洞，双击其属性文字，在打开的"增强属性编辑器"对话框的"值"选项中，更改其属性内容，单击"确定"按钮，如图7-30所示。

▶Step09： 设置完成后，复制后的属性窗图块的标记内容也发生了相应的变化，如图7-31所示。按照同样的操作，完成其他属性窗图块的添加操作。

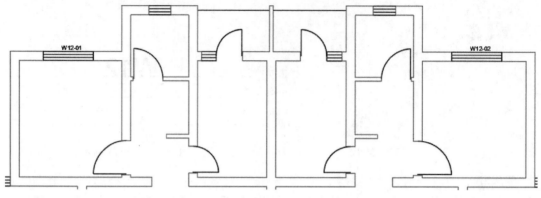

图 7-31 复制属性块，并修改块属性

7.2.3 块属性管理器

在"插入"选项卡"块定义"面板中单击"管理属性"按钮，即可打开"块属性管理器"对话框，如图7-32所示，从中即可编辑定义好的属性图块。

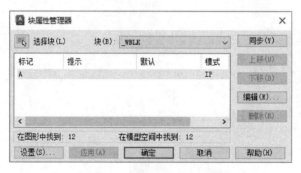

图 7-32 "块属性管理器"对话框

下面将对"块属性管理器"对话框中各选项的含义进行介绍。

图 7-33 "编辑属性"对话框

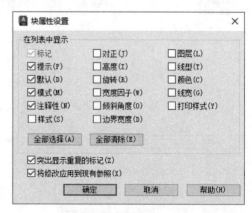

图 7-34 "块属性设置"对话框

① **块**：列出当前图形中定义属性后的图块。

② **属性列表**：显示当前选择图块的属性特性。

③ **同步**：更新具有当前定义的属性特性的选定块的全部实例。

④ **上移和下移**：在提示序列的早期阶段移动选定的属性标签。

⑤ **编辑**：单击"编辑"按钮，可以打开"编辑属性"对话框。在该对话框中可以修改定义图块的属性，如图 7-33 所示。

⑥ **删除**：从块定义中删除选定的属性。

⑦ **设置**：单击"设置"按钮，可以打开"块属性设置"对话框，如图 7-34 所示。从中可以设置属性信息的列出方式。

7.3　了解及创建动态块 •◦•••

在使用块时，经常会遇到图块的某个外观有些区别、而大部分结构形状相同的情况。AutoCAD 提供了强大的动态块功能，可以把大量具有相同特性的块，表现为一个块，在块中增加了长度、角度等不同的参数以及缩放、旋转等动作。在使用动态块时，仅需要调整一些参数就可以得到一个新的块，具有很好的灵活性和智能性。

7.3.1　了解动态块

动态块就是"会动"的块，用户可根据需要对块的整体或局部进行动态调整。"动态"会使块既拥有像普通块一样可以整体操作的优势，还能拥有块所没有的局部调整功能。

动态块中不同类型的自定义夹点含义如表 7-1 所示。

表 7-1　自定义夹点含义

参数	图例	支持的动作	说明
点	■	移动、拉伸	在图形中定义一个 X 和 Y 位置。在编辑器中，其外观类似于坐标标注
线性	▲	移动、缩放、拉伸、阵列	可显示出两个固定点之间的距离，约束夹点沿预设角度的移动。在编辑器中，其外观类似于对齐标注
极轴	■	移动、缩放、拉伸、阵列、极轴拉伸	可显示出两个固定点之间的距离并显示角度值，可以使用夹点和"特性"选项板来共同更改距离值和角度值。在块编辑器中，其外观类似于对齐标注
XY	■	移动、缩放、拉伸、阵列	可显示出距参数基点的 X 距离和 Y 距离。在块编辑器中，显示为一对标注（水平标注和垂直标注）
旋转	●	旋转	可定义角度。在块编辑器中显示为一个圆
对齐	▷	无	可定义 X 和 Y 位置以及一个角度。对齐参数总是应用于整个块，并且无须与任何动作相关联。允许块参照自动围绕一个点旋转，以便与图形中的另一个对象对齐。在编辑器中，其外观类似于对齐线
翻转	◀	翻转	翻转对象。在块编辑器中显示为一条投影线，可以围绕这条投影线翻转对象。将显示一个值，该值会显示出块参照是否已被翻转
可见性	▽	无	可控制对象在块中的可见性。该参数总是应用于整个块，并且无须与任何动作相关联。在图形中单击夹点可以显示块参照中所有可见性状态的列表。在块编辑器中显示为带有关联夹点的文字
查寻	▽	查寻	定义一个可以指定或设置为计算用户定义的列表或表中值的自定义特性。该参数可以与单个查寻夹点相关联。在块参照中单击该夹点可以显示可用值的列表。在编辑器中显示为带有关联夹点的文字

参数	图例	支持的动作	说明
基点	■	无	在动态块参照中，相对于该块中的几何图形定义一个基点，无法与任何动作相关联，但可以归属于某个动作的选择集。在块编辑器中显示为带有十字光标的圆

◎ **技术要点**

　　某些动态块被定义为只能将块中的几何图形编辑为在块定义中指定的特定大小，使用夹点编辑参照时，标记将显示在该块参照的有效值位置。

7.3.2　创建动态块

　　在动态块中，除了几何图形外，通常还会包含一个或多个参数和动作，以便于在绘图过程中更方便地应用图块。

　　双击所需的块，会打开"编辑块定义"对话框，如图 7-35（a）所示。选择要定义的块选项后单击"确定"按钮，即可进入块编辑界面，系统会自动打开"块编写选项板"设置面板，如图 7-35（b）所示，在此可为当前块添加相应的动作。

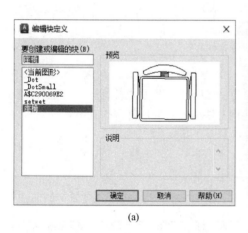

(a)

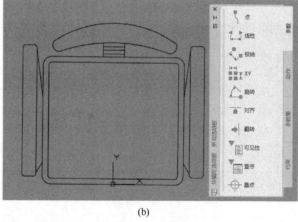

(b)

图 7-35　打开"编辑块定义"对话框和打开"块编写选项板"设置面板

　　"块编写选项板"包含"参数""动作""参数集"和"约束"这 4 个选项卡：

　　（1）"参数"选项卡

　　用于指定图形在块参照中的位置、距离和角度。将参数添加到动态块中时，该参数将定义块的一个或多个自定义特性。它包含点、线性、极轴、XY、旋转、对齐、翻转、可见性、查寻、基点这 10 个参数，如图 7-36（a）所示。

　　（2）"动作"选项卡

　　添加参数后，在"动作"选项卡添加相关动作，才可以完成整个操作。该选项卡是由移动、缩放、拉伸、极轴拉伸、旋转、翻转、阵列、查寻、块特性表这 9 个动作组成，如图 7-36（b）所示。

　　（3）"参数集"选项卡

　　用于向动态块中添加一个参数和至少一个动作的工具。将参数集添加到动态块中时，动作将自动与参数相关联。该选项卡由 20 个参数集组成，如图 7-37 所示。

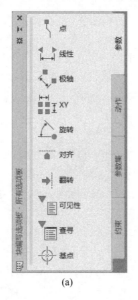

(a)   (b)

图 7-36 "参数"选项卡和"动作"选项卡

（4）"约束"选项卡

用于将几何约束和约束参数应用于对象的工具。将几何约束应用于一对对象时，选择对象的顺序以及选择每个对象的点可能影响对象相对于彼此的放置方式。该选项卡是由 12 个几何约束工具和 6 个约束参数工具组成，如图 7-38 所示。

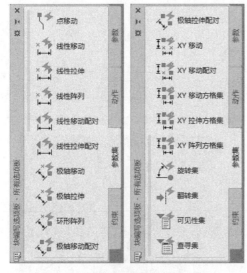

图 7-37 "参数集"选项卡

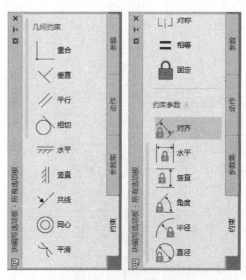

图 7-38 "约束"选项卡

动手练习——为座椅块添加缩放动作

下面将为座椅图块添加缩放动作。

▶Step01：打开"座椅"素材文件，如图 7-39 所示。

▶Step02：双击椅子图块，打开"编辑块定义"对话框，系统会自动选择要编辑的图块，单击"确定"按钮，如图 7-40 所示。

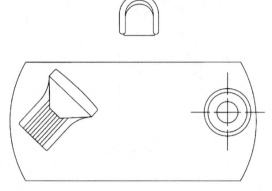

图 7-39　打开素材

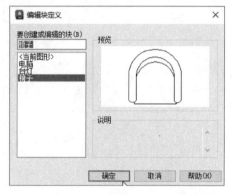

图 7-40　"编辑块定义"对话框

▶Step03：打开"块编辑器"选项卡，块进入编辑状态，并打开"块编写选项板"，如图 7-41 所示。

▶Step04：在"块编写选项板"的"参数"选项卡中单击"极轴"按钮 ，根据命令行提示，创建极轴参数，如图 7-42 所示。命令行提示如下：

命令：_bedit 正在重生成模型。	
命令：_BParameter 极轴	
指定基点或 [名称(N)/标签(L)/链(C)/说明(D)/选项板(P)/值集(V)]:	指定基点
指定端点：	指定端点
指定标签位置：	指定标签位置

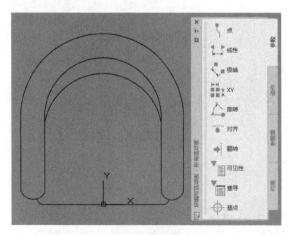

图 7-41　图块编辑状态

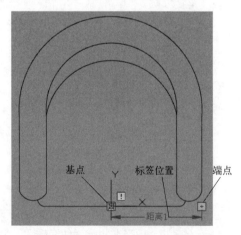

图 7-42　添加极轴参数

▶Step05: 切换到"动作"面板，从中单击"缩放"按钮 ，根据命令行提示先选择极轴参数，然后再选择要缩放的图形对象，如图 7-43 所示。命令行提示如下：

命令: _BActionTool 缩放
选择参数: 指定极轴参数
指定动作的选择集
选择对象: 指定对角点: 找到 12 个
选择对象: 选择椅子图形

▶Step06: 按回车键后完成操作，可以看到在极轴标注旁增加了一个"缩放"动作小图标，如图 7-44 所示。

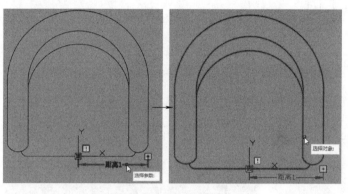

图 7-43 选择极轴和椅子图形

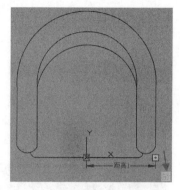

图 7-44 完成缩放动作

▶Step07: 在"块编辑器"选项卡中单击"关闭块编辑器"按钮，此时会弹出是否保存参数更改的提示，单击"将更改保存到椅子"选项，如图 7-45 所示。

▶Step08: 返回到绘图区，选择椅子块，可看到右侧多了一个浅蓝色的夹点，单击该夹点并拖动鼠标，即可控制图块的自由缩放，也可以直接输入缩放比例，如图 7-46 所示。

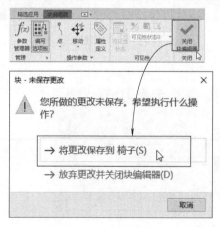

图 7-45 保存更改

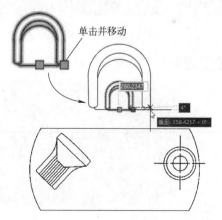

图 7-46 缩放图块

 动手练习——为入户门块添加旋转动作

下面为入户门块添加旋转动作。

▶Step01: 打开"入户门"素材文件，如图7-47所示。

▶Step02: 双击门图块，打开"编辑块定义"对话框，单击"确定"按钮，如图7-48所示。

图7-47 打开素材

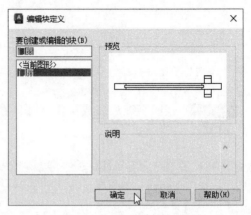

图7-48 "编辑块定义"对话框

▶Step03: 单击"确定"按钮进入块编辑模式，在"块编写选项板"的"参数"选项卡中单击"旋转"按钮，在图形中单击指定旋转基点。移动光标指定旋转半径，如图7-49所示。

▶Step04: 确定半径后不要移动光标，保持旋转角度0°，如图7-50所示。

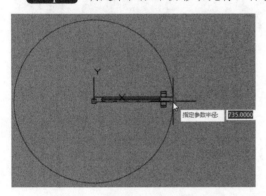

图7-49 指定旋转基点及旋转半径

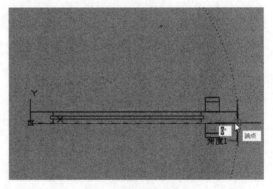

图7-50 指定旋转角度

▶Step05: 单击鼠标后即可完成旋转参数的创建，如图7-51所示。

图7-51 创建旋转参数

▶Step06: 在"动作"面板中单击"旋转 🔄"按钮，根据命令行提示，先选择旋转参数，然后选择门图形，如图7-52所示。

▶Step07: 按回车键即可完成旋转动作的创建，如图7-53所示。

图 7-52 选择旋转参数和门图形

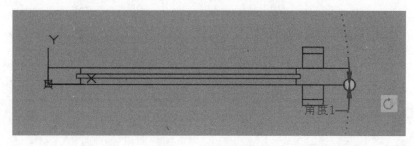

图 7-53 创建旋转动作

▶Step08：在"块编辑器"选项卡中单击"关闭块编辑器"按钮，在弹出的"未保存更改"提示框中选择"将更改保存到"选项，即可完成动态块的创建。选择门动态块，可以看到门扇右下角上多出圆形夹点，如图 7-54 所示。

▶Step09：单击夹点并移动光标，门块即会随着光标的移动进行旋转（也可输入旋转角度，按回车键），如图 7-55 所示。

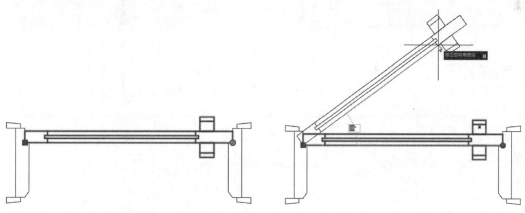

图 7-54 选择门动态块   图 7-55 选择夹点并移动

 动手练习——为沙发块添加翻转动作

下面将为立面沙发图块添加翻转动作。

▶Step01：打开"休闲沙发"素材文件，如图 7-56 所示。

▶Step02：双击沙发块，打开"编辑块定义"对话框，单击"确定"按钮，如图 7-57 所示。

▶Step03：进入块编辑状态。在"块编写选项板"的"参数"选项卡中单击"翻转按钮➡"，根据命令行中的提示，指定翻转线的基点和端点，以及标签位置，单击即可创建翻转参数，如图 7-58 所示。

▶Step04：切换到"动作"选项卡，单击"翻转 △"按钮，根据命令行的提示选择翻转参数，以及沙发图形，按回车键，完成翻转动作的创建，如图 7-59 所示。

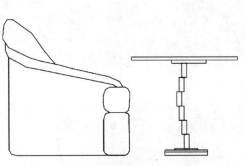

图 7-56　打开素材

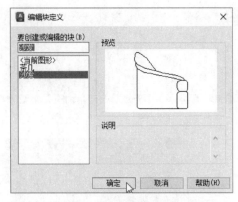

图 7-57　"编辑块定义"对话框

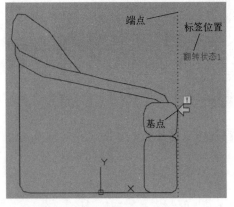

图 7-58　添加翻转参数

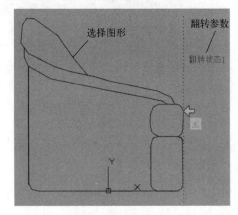

图 7-59　添加翻转动作

▶Step05：在"块编辑器"选项卡中单击"关闭块编辑器"按钮退出编辑状态。在弹出的"未保存更改"提示框中选择"将更改保存到"选项，返回绘图区，复制沙发块到茶几另一侧，如图 7-60 所示。

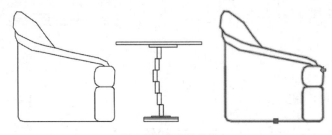

图 7-60　复制沙发块

图 7-61　翻转沙发块

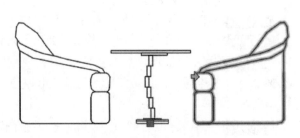

图 7-62　调整右侧沙发块位置

▶Step06：选择复杂的沙发块，单击右侧翻转夹点即可翻转沙发块，如图 7-61 所示。

▶Step07：调整好右侧沙发块位置，完成操作，如图 7-62 所示。

7.4 应用设计中心 ●●●●

AutoCAD 设计中心提供了一个直观高效的工具，它同 Windows 资源管理器相似。利用设计中心，不仅可以浏览、查找、预览和管理 AutoCAD 图形、图块、外部参照及光栅图形等不同的资源文件，还可以通过简单的拖放操作，将位于本计算机、局域网或 Internet 上的图块、图层、外部参照等内容插入到当前图形文件中。

7.4.1 "设计中心"选项板

通过以下方式可打开设计中心选项板：

- 在菜单栏中执行"工具>选项板>设计中心"命令。
- 在"视图"选项板的"选项板"面板中单击"设计中心"按钮 。
- 在命令行输入 ADCENTER 命令，然后按回车键。
- 按【Ctrl+2】组合键。

执行以上任意一种方法即可打开"DESIGNCENTER（设计中心）"选项板，如图 7-63 所示。

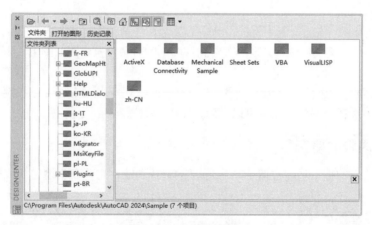

图 7-63　设计中心选项板

从选项板中可以看出设计中心是由工具栏和选项卡组成的。工具栏主要包括加载、上一页、下一页、上一级、搜索、收藏夹、主页、树状图切换、预览、说明、视图和内容窗口等工具；选项卡包括文件夹、打开的图形和历史记录。

在"设计中心"面板的工具栏中，控制了树状图和内容区中信息的浏览和显示。需要注意的是，当设计中心的选项卡不同时，其略有不同，下面将分别进行简要说明。

① **加载**：单击"加载"按钮将弹出"加载"对话框，通过对话框选择预加载的文件。

② **上一页**：单击"上一页"按钮可以返回到前一步操作。如果没有上一步操作，则该按钮呈未激活的灰色状态，表示该按钮无效。

③ **下一页**：单击"下一页"按钮可以返回到设计中心中的下一步操作。如果没有下一步操作，则该按钮呈未激活的灰色状态，表示该按钮无效。

④ **上一级**：单击该按钮将会在内容窗口或树状视图中显示上一级内容、内容类型、内容源、文件夹、驱动器等内容。

⑤ **搜索**：单击该按钮提供类似于 Windows 的查找功能，使用该功能可以查找内容源、内容类型及内容等。

⑥ **收藏夹**：通过单击该按钮，用户可以找到常用文件的快捷方式图标。

⑦ **主页**：单击"主页"按钮将使设计中心返回到默认文件夹。安装时设计中心的默认文件夹被设置为"…\Sample\DesignCenter"。用户可以在树状结构中选中一个对象，右击该对象后，在弹出的快捷菜单中选择"设置为主页"命令，即可更改默认文件夹。

⑧ **树状图切换**：单击"树状图切换"按钮可以显示或者隐藏树状图。如果绘图区域需要更多的空间，用户可以隐藏树状图。树状图隐藏后可以使用内容区域浏览器加载图形文件。在树状图中使用"历史记录"选项卡时，"树状图切换"按钮不可用。

⑨ **预览**：用于实现预览窗格打开或关闭的切换。如果选定项目没有保存的预览图像，则预览区域为空。

⑩ **视图**：确定控制板所显示内容的不同格式，用户可以从视图列表中选择一种视图。

在"设计中心"面板中，根据不同用途可分为文件夹、打开的图形和历史记录 3 个选项卡。下面将分别对其用途进行说明。

① **文件夹**：该选项卡用于显示导航图标的层次结构。选择层次结构中的某一对象，在内容窗口、预览窗口和说明窗口中将会显示该对象的内容信息。利用该选项卡还可以向当前文档中插入各种内容。

② **打开的图形**：该选项卡用于在设计中心显示在当前绘图区中打开的所有图形，其中包括最小化图形。选中某文件选项，则可查看到该图形的有关设置，例如图层、线型、文字样式、块、标注样式等。

③ **历史记录**：该选项卡显示用户最近浏览的图形。显示历史记录后在文件上右击，在弹出的快捷菜单中选择"浏览"命令可以显示该文件的信息。

7.4.2 图形内容的搜索

"设计中心"的搜索功能类似于 Windows 的查找功能，它可在本地磁盘或局域网中的网

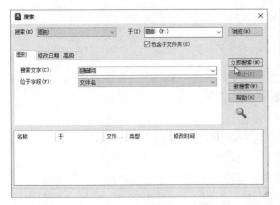

图 7-64　搜索文件

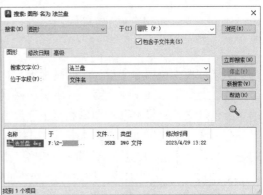

图 7-65　搜索结果

络驱动器上按指定搜索条件在图形中查找图形、块和非图形对象。

在"设计中心"选项板，单击"搜索"按钮，在"搜索"对话框中单击"搜索"下拉按钮，并选择搜索类型，其后指定好搜索路径，并根据需要设定搜索条件，单击"立即搜索"按钮即可，如图 7-64 所示。搜索结果会在下方结果列表中显示出来，如图 7-65 所示。

右击所需结果文件，在打开的快捷菜单中可根据需要来选择打开的方式，如图 7-66 所示。

下面将对"搜索"对话框中选项卡进行说明。

① **图形**：用于显示与"搜索"列表中指定的内容类型相对应的搜索字段。其中"搜索文字"用来指定要在指定字段中搜索的字符串。使用"*"或"？"通配符可扩大搜索范围；而"位于字段"用来指定要搜索的特性字段。

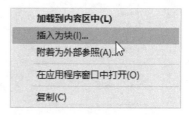

图 7-66　文件打开方式

② **修改日期**：用于查找在一段特定时间内创建或修改的内容。其中"所有文件"用来查找满足其他选项卡上指定条件的所有文件，不考虑创建或修改日期；"找出所有已创建的或已修改的文件"用于查找在特定时间范围内创建或修改的文件，如图 7-67 所示。

③ **高级**：用于查找图形中的内容。其中，"包含"用于指定要在图形中搜索的文字类型；"包含文字"用于指定搜索的文字；"大小"用于指定文件大小的最小值或最大值，如图 7-68 所示。

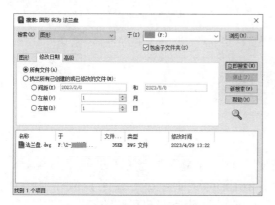

图 7-67　用"修改日期"搜索

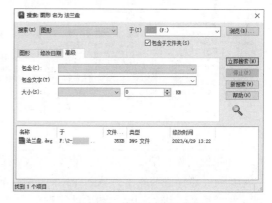

图 7-68　使用"高级"搜索

7.4.3　插入图形内容

使用设计中心可方便地在当前图形中插入块，引用光栅图像，在图形之间复制图层、线型、文字样式和标注样式等各种内容。

（1）插入块

使用设计中心执行图块的插入时，首先选中所要插入的块，然后按住鼠标左键，并将其拖至绘图区后释放鼠标即可。最后调整图形的缩放比例以及位置。

用户也可在"设计中心"面板中右击所需插入的图块，在快捷列表中选择"插入为块"选项，其后在"插入"对话框中根据需要确定插入点、比例等数值，单击"确定"按钮即可，如图 7-69 所示。

（2）引用光栅图像

在"设计中心"面板左侧树状图中指定图像的位置，其后在右侧内容区域中右击所需图像，在快捷菜单中选择"附着图像"选项。在打开的对话框中根据需要设置缩放比例等选项,单击"确定"按钮,在绘图区中指定好插入点即可,如图7-70所示。

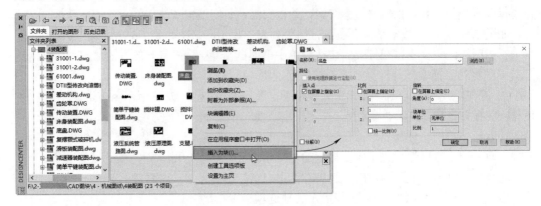

图7-69 从"设计中心"面板中插入块

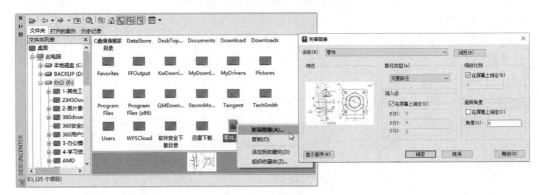

图7-70 引用光栅图像

（3）复制图层

如果使用设计中心进行图层的复制时,只需使用设计中心将预先定义好的图层拖放至新文件中即可。这样既节省了大量的作图时间,又能保证图形标准的要求,也保证了图形间的一致性。按照同样的操作还可将图形的线型、尺寸样式、布局等属性进行复制操作。

 动手练习——利用设计中心复制图层

下面将以复制居室平面图图层为例,来介绍图层复制的具体操作。

图7-71 选择"公寓平面"素材文件

图7-72 双击"图层"文件

▶Step01: 新建图形文件，执行"设计中心"命令打开该选项板，通过左侧树状图找到"公寓平面"素材文件，如图 7-71 所示。

▶Step02: 双击该文件，并双击"图层"选项，如图 7-72 所示。

▶Step03: 进入该文件的图层列表，全选图层文件，将其直接拖至新图形文件中即可，如图 7-73 所示。

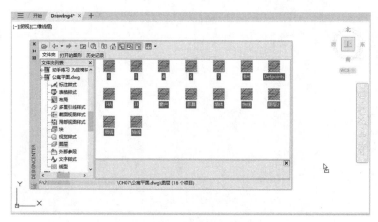

图 7-73　复制文件图层

7.5　使用外部参照

外部参照与块有相似的地方，但也有一定的区别。一旦在图形中插入块，该块就永久性地成为当前图形的一部分；而使用外部参照的方式插入图形，该图形的信息并不直接成为当前图形的一部分，只是记录参照的关系，如参照图形文件的路径等信息。另外，对当前图形的操作不会改变外部参照文件的内容。当打开具有外部参照的图形时，系统会自动把外部参照图形文件调入内存并在当前图形中显示出来。

在图形数据文件中，有用来记录块、图层、线型及文字样式等内容的表，表中的项目称为命名目标。那些位于外部参照文件中的组成项，则称为外部参照文件的依赖符。

7.5.1　附着外部参照

将其他文件的图形作为参照图形附着到当前图形中，这样可以通过在图形中参照其他用户的图形来协调各用户之间的工作，查看图形之间是否相匹配。

外部参照的类型共分为 2 种，分别为"附着型"和"覆盖型"。

·附着型：在图形中附着附加型的外部参照时，若其中嵌套有其他外部参照，则将嵌套的外部参照包含在内。

·覆盖型：在图形中附着覆盖型外部参照时，任何嵌套在其中的覆盖型外部参照都将被忽略，而且本身也不能显示。

通过以下几种方法附着外部参照：

·在菜单栏中执行"插入>外部参照"命令。

- 在"插入"选项卡"参照"面板中单击"附着"按钮 。
- 在"绘图"工具栏中单击"创建块"按钮。
- 在命令行输入 ATTACH 命令，然后按回车键。

执行以上方法即可打开"选择参照文件"对话框，选择需要的图形文件，单击"打开"按钮，即可打开"附着外部参照"对话框，如图 7-74 所示。

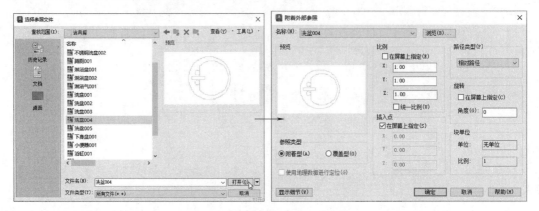

图 7-74 "附着外部参照"对话框

"附着外部参照"对话框中各选项说明如下：

① **预览**：该显示区域用于显示当前图块。

② **参照类型**：用于指定外部参照是"附着型"还是"覆盖型"，默认设置为"附着型"。

③ **比例**：用于指定所选外部参照的比例因子。

④ **插入点**：用于指定所选外部参照的插入点。

⑤ **路径类型**：用于指定外部参照的路径类型，包括完整路径、相对路径或无路径。若将外部参照指定为"相对路径"，须先保存当前文件。

⑥ **旋转**：用于为外部参照引用指定旋转角度。

⑦ **块单位**：用于显示图块的尺寸单位。

⑧ **显示细节**：单击该按钮，可显示"位置"和"保存路径"两个选项。"位置"用于显示附着的外部参照的保存位置；"保存路径"用于显示定位外部参照的保存路径，该路径可以是绝对路径（完整路径）、相对路径或无路径。

> ◎ **技术要点**
>
> 在编辑外部参照的时候，外部参照文件必须处于关闭状态，如果外部参照处于打开状态，程序会提示图形上已存在文件锁。保存编辑外部参照后的文件，外部参照也会随着一起更新。

7.5.2 绑定外部参照

在对包含外部参照图块的图形进行保存时，有两种保存方式：一种是将外部参照图块与当前图形一起保存；而另一种则是将外部参照图块绑定至当前图形。如果选择第一种方式的话，其要求是参照图块与图形始终保持在一起，对参照图块的任何修改持续反映在当前图形中。为了防止修改参照图块时更新归档图形，通常都是将外部参照图块绑定到当前图形。

绑定外部参照图块到图形上后，外部参照将成为图形中固有的一部分，而不再是外部参照文件了。

选择外部参照图形，执行"修改>对象>外部参照"命令，在打开的级联菜单中选择"绑定"选项，即可打开"外部参照绑定"对话框，选择所需的外部参照块，单击"确定"按钮即可，如图 7-75 所示。

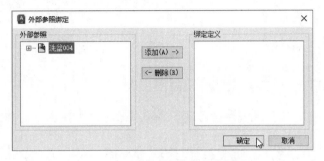

图 7-75 "外部参照绑定"对话框

7.5.3 编辑外部参照

块和外部参照都被视为参照，用户可以使用在位参照编辑来修改当前图形中的外部参照，也可以重定义当前图形中的块定义。通过以下方式打开"参照编辑"对话框：

- 在菜单栏中执行"工具>外部参照和块在位编辑>在位编辑参照"命令。
- 在"插入"选项卡"参照"面板下拉三角按钮 参照 ▼，单击"编辑参照"按钮 。
- 在命令行输入 REFEDIT 命令，然后按回车键。
- 双击需要编辑的外部参照图形。

执行以上方法后，选择参照图形，按回车键，即可打开"参照编辑"对话框，再单击"确定"按钮可进入参照编辑状态，如图 7-76 所示。此时，系统只突出显示被选的参照图形，并可进行自由编辑，而其他图形均被锁定，如图 7-77 所示。

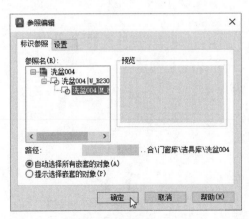

图 7-76 "参照编辑"对话框

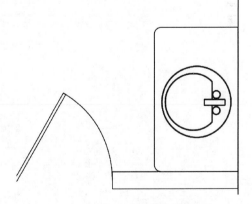

图 7-77 只能编辑被选参照图形

编辑完成后，在"插入"选项卡的"编辑参照"面板中单击"保存修改"按钮，如图 7-78 所示。在打开的提示对话框中单击"确定"按钮即可，如图 7-79 所示。

图 7-78　保存修改

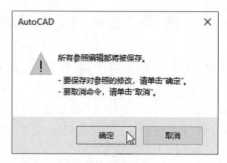

图 7-79　确认保存

 实战演练 1——为零件图添加粗糙度符号

绘制机械零件图时常要对零件表面进行表面技术要求标注，下面来介绍带属性的表面粗糙度符号的创建步骤。

Step01：新建文件。勾选"启用极轴追踪"复选框，设置增量角为 60°，单击"确定"按钮，如图 7-80 所示。

Step02：执行"直线"命令，捕捉极轴绘制如图 7-81 所示的图形。

图 7-80　设置极轴角度

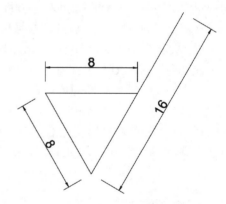

图 7-81　绘制粗糙度符号

图 7-82　定义属性内容

图 7-83　添加属性

▶Step03: 执行"定义属性"命令，打开"属性定义"对话框，输入"标记"为 3.2，"提示"为"粗糙度"，设置"文字高度"为 3，单击"确定"按钮，如图 7-82 所示。

▶Step04: 在绘图区中指定属性位置，如图 7-83 所示。

▶Step05: 执行"写块"命令，打开"写块"对话框，如图 7-84 所示。

▶Step06: 单击"选择对象"按钮，在绘图区中选择图形对象，如图 7-85 所示。

▶Step07: 按回车键后返回"写块"对话框，单击"拾取点"按钮，在绘图区中指定插入基点，如图 7-86 所示。

图 7-84 "写块"对话框

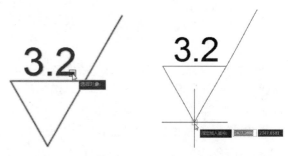

图 7-85 选择粗糙度符号　　图 7-86 指定插入基点

▶Step08: 返回"写块"对话框。单击"浏览"按钮，打开"浏览图形文件"对话框，指定图块存储路径及文件名，如图 7-87 所示。

▶Step09: 单击"保存"按钮返回"写块"对话框，再单击"确定"按钮完成图块的储存，如图 7-88 所示。

图 7-87 设置保存路径及文件名

图 7-88 保存粗糙度图块

▶Step10: 打开"零件剖面图"素材文件，如图 7-89 所示。

▶Step11: 在命令行中输入 i 快捷命令，打开"块"面板，单击上方 按钮，在打开的"选择要插入的文件"对话框中，选择创建好的粗糙度属性图块，如图 7-90 所示。

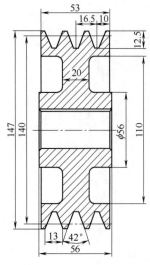

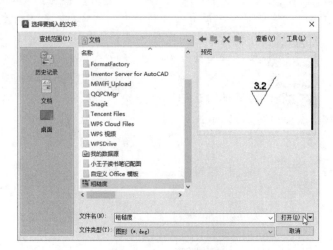

图 7-89　打开素材文件　　　　　　　　　　　图 7-90　插入粗糙度属性图块

▶Step12：单击"打开"按钮，在绘图区中指定插入点，如图 7-91 所示。

▶Step13：单击鼠标后系统会弹出"编辑属性"对话框，在"粗糙度"输入框中输入 3.2，如图 7-92 所示。

▶Step14：复制粗糙度属性图块，分别放置到合适的位置，如图 7-93 所示。

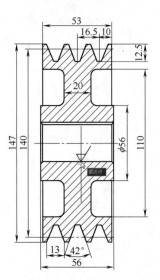

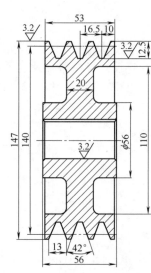

图 7-91　指定属性块插入点　　　　图 7-92　输入粗糙度参数　　　　图 7-93　复制粗糙度属性图块

▶Step15：双击图纸左上角的粗糙度属性块，打开"增强属性编辑器"对话框，在"值"输入框中输入新的数值 25，如图 7-94 所示。

▶Step16：单击"确定"按钮关闭对话框即可修改图块属性。同样地，修改另外一个图块的属性，如图 7-95 所示。

▶Step17：复制并旋转粗糙度属性图块至其他位置，如图 7-96 所示。

▶Step18：修改该图块属性，完成操作，如图 7-97 所示。

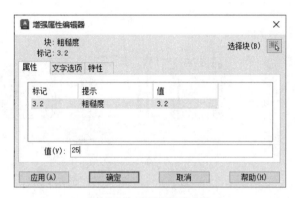

图 7-94 修改粗糙度参数

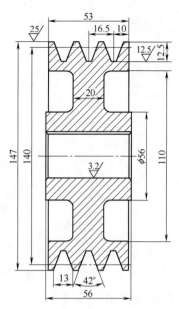

图 7-95 修改效果

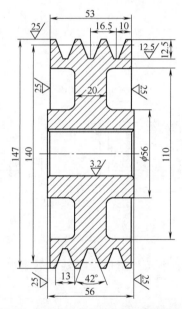

图 7-96 复制并旋转粗糙度属性块至其他位置

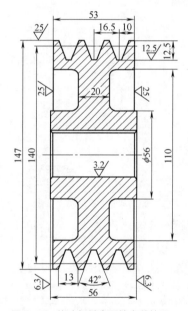

图 7-97 修改粗糙度图块参数效果

 实战演练 2——绘制茶几动态块

下面将利用动态块功能，来调整休闲桌椅块造型。

▶Step01: 打开"休闲桌椅组合"素材文件，如图 7-98 所示。

图 7-98 打开素材文件

▶**Step02:** 执行"创建块"命令，打开"块定义"对话框，单击"选择对象"按钮，如图 7-99 所示。

▶**Step03:** 在绘图区中选择方形茶几图形，如图 7-100 所示。

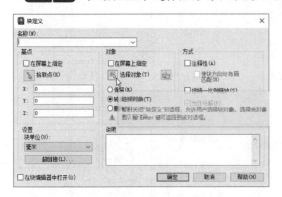
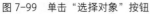

图 7-99　单击"选择对象"按钮

图 7-100　选择方形茶几图形

▶**Step04:** 按回车键返回"块定义"对话框，单击"拾取点"按钮，如图 7-101 所示。

▶**Step05:** 在绘图区中指定茶几的插入基点，如图 7-102 所示。

图 7-101　单击"拾取点"按钮

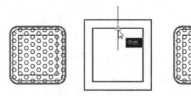

图 7-102　指定插入基点

▶**Step06:** 返回"块定义"对话框，输入块名称，单击"确定"按钮，完成茶几块的创建，如图 7-103 所示。

▶**Step07:** 执行"块编辑器"命令，打开"编辑块定义"对话框，从块列表中选择茶几图块，如图 7-104 所示。

图 7-103　输入块名称

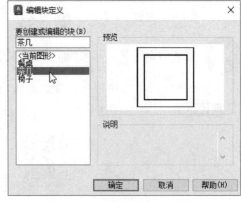

图 7-104　"编辑块定义"对话框

▶Step08: 单击"确定"按钮，即可进入块编辑状态，如图 7-105 所示。

▶Step09: 切换至"参数"选项卡，单击"线性"按钮，捕捉茶几上方中点，并向上移动光标，输入 1000，如图 7-106 所示。

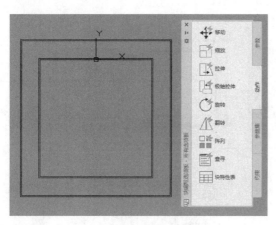

图 7-105 编辑状态

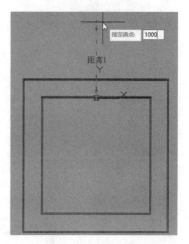

图 7-106 添加线性参数

▶Step10: 按回车键，并指定好标签位置，完成线性参数的添加操作，如图 7-107 所示。

▶Step11: 切换到"动作"选项卡，单击"拉伸"按钮，选择线性参数，如图 7-108 所示。

▶Step12: 指定好拉伸的节点，如图 7-109 所示。指定拉伸框架范围，如图 7-110 所示。

▶Step13: 从右往左框选要拉伸的区域，如图 7-111 所示。

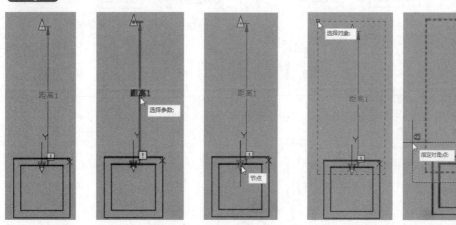

图 7-107 添加参数　图 7-108 选择参数　图 7-109 指定拉伸节点　图 7-110 拉伸框架　图 7-111 选择图形

▶Step14: 按回车键，完成拉伸动作的添加，如图 7-112 所示。

▶Step15: 单击"关闭块编辑器"，在打开的提示框中选择"保存更改"选项，返回到绘图区，选中茶几图形，可看到图形上会显示拉伸夹点，如图 7-113 所示。

▶Step16: 选中拉伸夹点，并将其向上移动，拉伸到合适位置后，单击鼠标即可完成茶几的拉伸操作，如图 7-114 所示。

▶Step17: 执行"复制"命令复制座椅，完成休闲座椅组合图的调整操作，如图 7-115 所示。

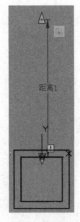

图 7-112　创建拉伸动作

图 7-113　显示拉伸夹点

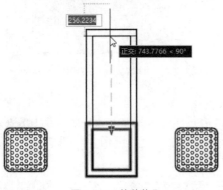

图 7-114　拉伸茶几

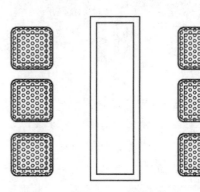

图 7-115　复制座椅

课后作业

（1）创建机械零件图块

本例将利用创建块命令，将如图 7-116 所示的零件图形创建成块。

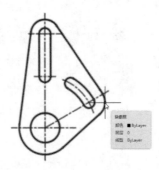

图 7-116　创建机械零件图块

操作提示：

Step01: 打开"块定义"对话框，单击"选择对象"按钮，选择零件图形。

Step02: 单击"拾取点"按钮，定义图块插入点。

（2）完善卧室立面图

利用"插入"命令，将床、灯具等家具图块插入至立面图中，如图 7-117 所示。

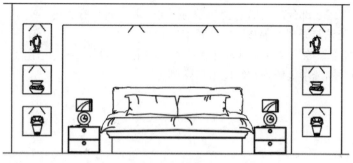

图 7-117　图块插入效果

操作提示：

Step01：在命令行中输入 i 快捷命令，打开"块"设置面板。

Step02：单击 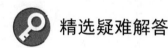 按钮，插入相关家具图块即可。

精选疑难解答

Q1：插入的块无法编辑？

A：将图形定义为图块，可以重复插入，并通过块编辑和参照编辑功能统一修改，可以减少重复操作，提高操作效率。多数人习惯双击调用参照编辑功能来编辑图块，但参照编辑并不是所有图块都能编辑，主要包括下面几种：

· 图块调整过比例，且 X/Y/Z 轴向比例不一致（块编辑可以编辑此类图块）。

· 有一些专业软件或插件生成的匿名块（块名前面带*号的）。

· 多重插入块。如果这类块不是匿名块，可以在属性框中将行列数都改回 1，变成普通块，就可以编辑了。

如果块的数据有错误，也可能导致无法编辑。如果上面三种情况都不存在，块也无法编辑，双击时出现错误提示，可以尝试用修复或核查的功能来修复错误数据。

Q2：外部参照可以完全删除吗？怎么删除？

A：可以。要清除图形中的外部参照，就需将其进行分解，在此使用"拆离"选项，则可删除外部参照和所有关联信息。执行"参照"命令，打开"外部参照"面板，右击所需删除的文件参照，在打开的快捷菜单中，选择"拆离"选项即可。

Q3：属性块中的文字不显示，怎么办？

A：如果发现块中的属性文字没有显示，首先要检查一下变量的设置。如果 ATTMODE 变量为 0 时，图形中的所有属性都不显示，在命令行输入 ATTMODE 后，将参数设置为 1 就可以显示文字了。

Q4：为什么在插入块时，块离插入点很远？

A：在创建图块时必须要设置插入点，否则在插入图块时不容易准确定位。定义图块的默认插入点坐标为（0，0，0），如果图形离原点很远，插入图形后，插入点就会离图形很远，有时甚至会到视图外。用户在定义块时，需要指定一下"拾取点"来设置块的插入点。

Q5：当外部图块插入后，该图块是否与当前图形一同进行保存？

A：图块随图形文件保存与它是否是内部或外部图块无关系，外部图块插入到图形中后，该图块是当前文件的一部分，所以它会与当前图形一起进行保存。

Q6：为什么无法打开"外部参照"选项卡？

A：执行"外部参照"命令即可打开选项卡。如果打不开，可能是用户设置了自动隐藏，所以"外部参照"的选项板依附在绘图窗口两侧。

第 8 章

对图形进行快速标注

本章概述

　　对图形进行尺寸标注可以快速地了解图形大小与位置关系，它是设计过程中的一个重要环节，是工程施工的重要依据。所以掌握各类尺寸标注的方法很有必要。AutoCAD 包含了多种尺寸标注功能，包含线性标注、弧长标注、坐标标注、公差标注等。本章将对这些常用的标注功能进行详细的介绍。

扫码观看本章视频

学习目标

- 了解标注的组成要素。
- 掌握标注的样式创建与管理。
- 掌握常用尺寸标注的应用。
- 掌握公差标注的添加操作。
- 掌握尺寸标注的编辑。
- 掌握多重引线的应用。

实例预览

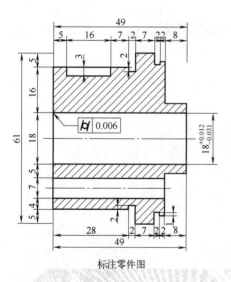

标注零件图

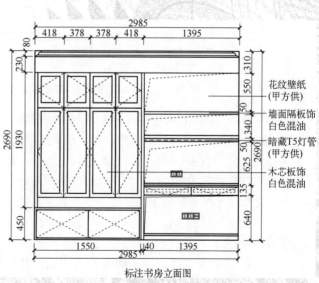

标注书房立面图

8.1 创建标注样式 •••

尺寸标注对传达有关设计元素的尺寸和材料等信息有着非常重要的作用。所以，图中的尺寸标注要规范，不能有歧义。用户在创建尺寸标注前，需要对其样式进行设置，以保证尺寸数据能够正常地显示出来。

8.1.1 了解标注的规则与结构

在进行尺寸标注时应遵循以下规则：
· 图形的真实大小应以图样上所标注的尺寸数值为依据，与图形的大小及绘图的准确度无关。
· 图样中的尺寸以 mm 为单位时，不需要标注计量单位的代号或名称。如采用其他单位，则必须注明相应计量单位的代号或名称，如 m、cm 等。
· 图样中所标注的尺寸为该图样所表示的物体最终完工尺寸，否则应另加说明。
· 一般物体的每一个尺寸只标注一次，并清晰地标注在所需结构点上。
一个完整的尺寸标注是由标注文字、尺寸线、尺寸界线、箭头符号等部分组成，如图 8-1 所示。

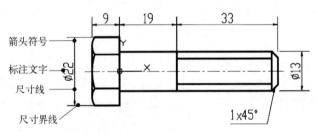

图 8-1 尺寸标注组成

下面将具体介绍尺寸标注中基本要素的作用与含义：
① **标注文字**：显示标注所属的数值。用来反映图形的尺寸，数值前会相应地标注符号。
· 线性尺寸的数字一般应注写在尺寸线的上方，也允许注写在尺寸线的中断处。
· 水平注写时字头向上，垂直注写时字头向左。
· 尺寸数字不可被任何图线穿过，当不可避免时可把图线断开。
· 数字要采用标准字体，全图字高应保持一致。
② **尺寸线**：显示标注的范围，一般情况下与图形平行。在标注圆弧和角度时是圆弧线。
· 尺寸线用细实线绘制，不能用其他图线代替，也不得与其他图线重合，或画在其延长线上。
· 标注线性尺寸时，尺寸线必须与所标注的线段平行。
· 尺寸线的终端符号应全图一致。
③ **尺寸界线**：也称为投影线。一般情况下与尺寸线垂直，特殊情况可将其倾斜。

- 尺寸界线用细实线绘制，并应从图形的轮廓线、轴线或对称中心线处引出。
- 也可以利用轮廓线、轴线或对称中心线做尺寸界线。
- 尺寸界线应与尺寸线垂直，当尺寸界线过于靠近轮廓线时，允许倾斜画出。

④ **箭头符号**：用于显示标注的起点和终点，箭头的表现方法有很多种，可以是斜线、块和其他用户自定义符号。

8.1.2 设置与管理标注样式

通过"标注样式管理器"对话框可控制标注的格式和外观，建立执行的绘图标准，并有利于对标注格式及用途进行修改，如图 8-2 所示。

用户可以通过以下方式打开"标注样式管理器"对话框：

- 在菜单栏中执行"格式>标注样式"命令。
- 在"默认"选项卡"注释"面板中单击"标注样式"按钮 。
- 在"注释"选项卡"标注"面板中单击右下角的箭头 。
- 在"标注"工具栏单击"标注样式"按钮。
- 在命令行输入 DIMSTYLE 命令，按回车键。

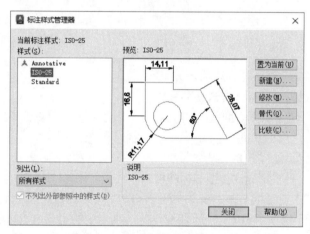

图 8-2 "标注样式管理器"对话框

"标注样式管理器"对话框中各选项的含义介绍如下。

① **样式**：显示文件中所有的标注样式。亮显当前的样式。

② **列出**：设置样式中是显示所有的样式，还是显示正在使用的样式。

③ **置为当前**：单击该按钮，被选择的标注样式则会置为当前。

④ **新建**：新建标注样式，单击该按钮，设置文件名后单击"继续"按钮，则可进行编辑标注操作。

⑤ **修改**：修改已经存在的标注样式。单击该按钮，打开"修改标注样式"对话框，在该对话框中可对标注进行更改。

⑥ **替代**：单击该按钮，打开"替代当前样式"对话框，可设定标注样式的临时替代值，替代将作为未保存的更改结果显示在"样式"列表中的标注样式下。

⑦ **比较**：单击该按钮，将打开"比较标注样式"对话框，从中可以比较两个标注样式或列出一个标注样式的所有特性。

（1）新建标注样式

系统默认的尺寸标注样式是 ISO-25，它是基于美国标准设定的。因此，在创建新的尺寸标注样式时，需根据制图需求来自定义标注参数。在"标注样式管理器"对话框中单击"新建"按钮，会打开"创建新标注样式"对话框，如图 8-3 所示。设置好新样式名称，单击"继续"按钮，打开"新建标注样式"对话框，在此可设置好各种标注元素的样式，如图 8-4 所示。

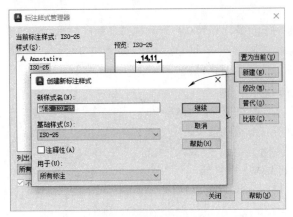

图 8-3　新建标注样式名

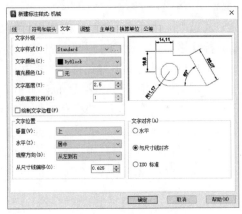

图 8-4　设置各标注元素样式

"创建新标注样式"对话框各选项含义如下。

① **新样式名**：设置新建标注样式的名称。

② **基础样式**：设置新建标注的基础样式。对于新建样式，只更改那些与基础特性不同的特性。

③ **注释性**：设置标注样式是否是注释性。

④ **用于**：设置一种特定标注类型的标注样式。

"新建标注样式"对话框是由"线""符号和箭头""文字""调整""主单位""换算单位"和"公差"7 个选项卡组成。下面将对这些选项卡中的主要设置选项进行介绍。

①"线"选项卡　该选项卡用于设置尺寸线和尺寸界线等一系列参数，如图 8-5 所示。

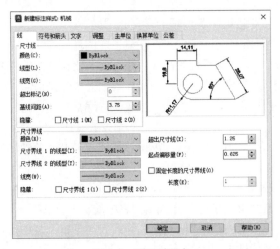

图 8-5　"线"选项卡

·尺寸线：用于设置尺寸线的颜色、线型、线宽、超出标记和基线间距等主要参数。其中，**"超出标记"** 是指当尺寸线的箭头采用倾斜、建筑标记、小点、积分或无标记等样式时，使用该文本框可以设置尺寸线超出尺寸界线的长度。而**"基线间距"** 是指设置基线标注的尺寸线之间的距离，即平行排列的尺寸线间距。国标规定此值应取 7~10mm。

·尺寸界线：用于设置尺寸界线的颜色、线型、线宽、超出尺寸线、起点偏移量等主要参数。其中，"超出尺寸线"用于设置尺寸界线超过尺寸线的距离，一般设置为 2~3mm；"起点偏移量"用于设置图形中定义标注的点到尺寸界线的偏移距离，一般不小于 2mm。

②**"符号和箭头"选项卡**　该选项卡用于设置箭头、圆心标记、折线标注、弧长符号、半径折弯标注、线性折弯标注等一系列参数，如图 8-6 所示。

·箭头：用于控制尺寸线和引线箭头的类型及尺寸大小等。当改变第一个箭头的类型时，第二个箭头将自动与第一个箭头类型相匹配。

·圆心标记：用于控制直径标注和半径的圆心及中心线的外观。用户可以通过选中或取消选择"无""标记"和"直线"单选按钮，设置圆（或圆弧）和圆心标记类型，在"大小"数值框中设置圆心标记的大小。

·折断标注：用于控制折断标注的大小。

·弧长符号：用于控制弧长标注中圆弧符号和显示。

·半径折弯标注：用于控制折弯（Z 字形）半径标注的显示。

·线性折弯标注：用于设置折弯文字的高度大小。

③**"文字"选项卡**　该选项卡用于设置文字的外观、文字位置和文字的对齐方式，如图 8-7 所示。

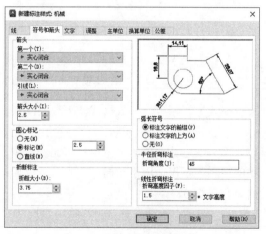
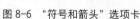

图 8-6　"符号和箭头"选项卡

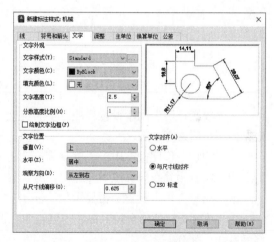

图 8-7　"文字"选项卡

·文字外观：用于设置标注文字的格式。如设置文字样式、文字颜色、填充颜色、文字高度、分数高度比例以及文字边框的添加。其中"分数高度比例"选项用于设置标注文本中的分数相对于其他标注文本的比例，只有在"主单位"选项卡中选择"分数"作为"单位格式"时，此选项才可用。

·文字位置：用于设置文字在尺寸线中的位置。"垂直"选项用于控制标注文字相对尺寸线的垂直位置。"水平"选项用于设置标注文字相对于尺寸线和尺寸界线在水平方向的位置。"观察方向"选项用于设置标注文字显示方向。而"从尺寸线偏移"用于设置当前文字间距，即当尺寸线断开以容纳标注文字时标注文字周围的距离。

· 文字对齐：用于设置标注文本与尺寸线的对齐方式。"水平"选项设置标注文字水平放置。"与尺寸线对齐"选项设置标注文字方向与尺寸线方向一致。"ISO标准"选项则设置标注文字按 ISO 标准放置。

④"调整"选项卡 该选项卡用于设置箭头、文字、引线和尺寸线的放置方式，如图8-8所示。

· "调整选项"用于设置文字、箭头和尺寸界线之间的位置关系。

· "文字位置"用于设置文字在尺寸线的方位，以及是否带引线。

· "标注特征比例"用于设置标注样式的显示比例，不会改变标注的测量值。

· "优化"用于设置手动放置文字位置，以及尺寸界线与尺寸线间的关系。

⑤"主单位"选项卡 该选项卡用于设置标注单位的显示精度和格式，并可以设置标注的前缀和后缀，如图8-9所示。

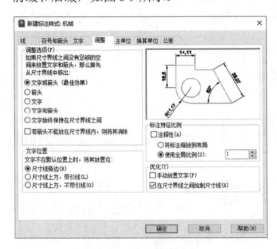

图 8-8 "调整"选项卡　　　　　　　图 8-9 "主单位"选项卡

· "线性标注"用于设置标注文字的类型（单位格式）、精度、分数格式，小数分隔符，数据前缀和后缀等参数。

· "测量单位比例"用于设置测量尺寸的缩放比例。实际标注值为测量值与该比例的积。若选中"仅应用到布局标注"复选框，可设置该比例关系是否仅适用于布局。

· "消零"用于设置是否显示尺寸标注中的前导和后续0。

· "角度标注"用于设置标注角度时的单位。其中"消零"选项设置是否消除角度尺寸的前导0和后续0。

⑥"换算单位"选项卡 该选项卡用于设置标注测量值中换算单位的显示并设定其格式和精度，如图8-10所示。

· "显示换算单位"：勾选该选项时，可替换单位的尺寸值也同时显示在尺寸文本上。

· "换算单位"用于设置替换单位的格式、精度、主单位与替换单位的转换因子（换算单位倍数）、替换单位舍入精度，以及替换单位文本的前缀和后缀。

· "消零"用于在距离小于一个单位时以辅单位为单位计算标注距离。

· "位置"用于设置替换单位尺寸标注的位置。

⑦"公差"选项卡 该选项卡用于设置指定标注文字中公差的显示及格式，如图 8-11

所示。

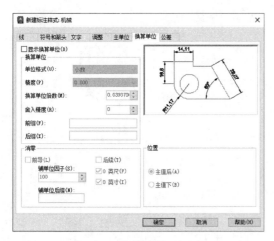

图 8-10 "换算单位"选项卡   图 8-11 "公差"选项卡

- "公差格式"用于设置公差标注的方式。
- "公差对齐"用于在堆叠时，控制上偏差值和下偏差值的对齐方式。
- "消零"用于控制是否禁止输出前导 0 和后续 0，以及 0 英尺和 0 英寸部分。
- "换算单位公差"用于对形位公差标注的替换单位进行设置。

 动手练习——为图纸创建标注样式

下面将以创建国标尺寸样式为例，来介绍尺寸标注样式创建的具体操作。

▶Step01：新建图形文件。执行"标注样式"命令，打开"标注样式管理器"对话框，单击"新建"按钮，打开"创建新标注样式"对话框，对新建标注样式进行命名，如图 8-12 所示。

▶Step02：单击"继续"按钮，打开"新建标注样式"对话框，切换到"文字"选项卡，单击"文字样式"右侧编辑按钮■，打开"文字样式"对话框，将"字体名"设为"gbeitc.shx"选项，单击"应用"按钮，如图 8-13 所示。

图 8-12　新建样式名

图 8-13　设置文字样式

▶Step03：单击"应用"和"关闭"按钮，关闭"文字样式"对话框。将"文字高度"设为 3.5，将"从尺寸线偏移"参数设为 3.5，如图 8-14 所示。

▶Step04: 切换到"符号和箭头"选项卡,将"箭头大小"设为 2,如图 8-15 所示。

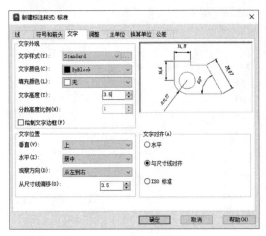

图 8-14 设置文字参数

图 8-15 设置箭头大小

▶Step05: 切换到"线"选项卡,将"基线间距"设为 7,将"超出尺寸线"设为 2,将"起点偏移量"设为 0,如图 8-16 所示。

▶Step06: 切换到"主单位"选项卡,将"小数分隔符"设为"."(句点)选项,其他为默认,如图 8-17 所示。

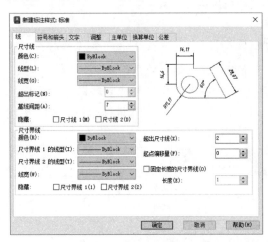

图 8-16 设置尺寸线及尺寸界线

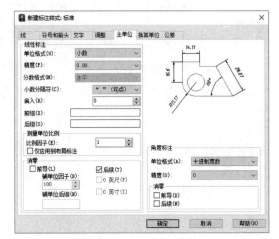

图 8-17 设置主单位

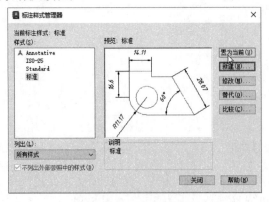

图 8-18 置为当前样式

▶**Step07:** 单击"确定"按钮，返回到"标注样式管理器"对话框，单击"置为当前"按钮即可将创建的样式设为当前标注样式，如图 8-18 所示。

（2）修改标注样式

如果需要修改新建的标注样式，可在"标注样式管理器"对话框中单击"修改"按钮，在打开的"修改标注样式"对话框中进行修改即可，如图 8-19 所示。该对话框中的参数设置方法与"新建标注样式"对话框相同，用户可参照前面所介绍的内容进行修改。

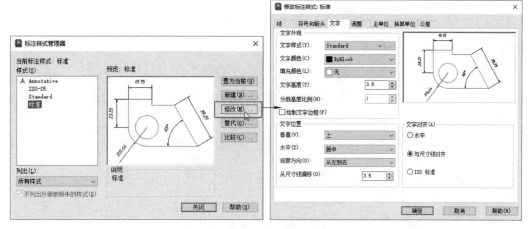

图 8-19　修改标注样式

（3）删除标注样式

当不需要某个标注样式时，可将其删除。在"标注样式管理器"对话框的"样式"列表中，右击所需删除的样式，在快捷菜单中选择"删除"选项，在打开的提示框中单击"是"按钮即可，如图 8-20 所示。

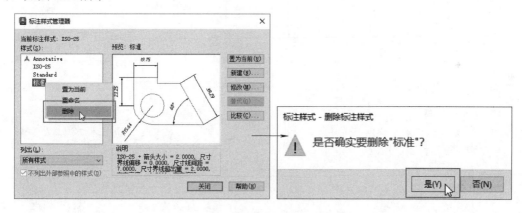

图 8-20　删除标注样式

注意事项

系统默认的标注样式以及当前所使用的标注样式是无法删除的。

8.2　常用的标注类型 ●●●

AutoCAD 提供了十余种尺寸标注类型，例如，线性、直径/半径、角度、坐标点等。这些标注类型足以满足用户日常绘图需求了。

8.2.1　标注直线

线性标注用于标注水平或垂直方向上的尺寸。在进行标注操作时，通过指定两点来确定尺寸界线，也可以直接选择需要标注的对象，一旦确定所选对象，系统会自动进行标注操作。用户可通过以下方式执行"线性"标注命令：

- 在菜单栏中执行"标注>线性"命令。
- 在"默认"选项卡的"注释"面板中单击"线性"按钮 ⊢┤。
- 在"注释"选型卡的"标注"面板中单击"线性"按钮 ⊢┤。
- 在"标注"工具栏中单击"线性"按钮。
- 在命令行输入 DIMLINEAR 命令，按回车键。

执行"线性"命令后，根据命令行的提示，指定好线段的两个测量点，并指定好尺寸线的位置即可完成线性标注，如图 8-21 所示。

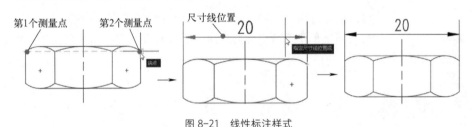

图 8-21　线性标注样式

命令行提示如下：

命令：_dimlinear	
指定第一个尺寸界线原点或 <选择对象>：	捕捉第一测量点
指定第二条尺寸界线原点：	捕捉第二测量点
指定尺寸线位置或	
[多行文字(M)/文字(T)/角度(A)/水平(H)/垂直(V)/旋转(R)]：	指定好尺寸线位置
标注文字 =20	

◎ 技术要点

在进行线性标注时，特别是对于比较难确定测量点的情况，在选择标注对象的点时，可以在"草图设置"对话框中选择一种精确的约束方式来约束点，然后在绘图窗口中选择点来限制对象的选择。用户也可以滚动鼠标中键来调整图形的大小，以便于选择对象的捕捉点。

8.2.2 标注斜线

对齐标注又称为平行标注，是指尺寸线始终与标注对象保持平行。若是圆弧，则平行尺寸标注的尺寸线与圆弧两个端点对应的线保持平行。

用户可以通过以下方法执行"对齐"标注的命令。

- 在菜单栏中执行"标注>对齐"命令。
- 在"默认"选项卡的"注释"面板中单击"对齐"按钮✎。
- 在"注释"选项卡的"标注"面板中单击"已对齐"按钮✎。
- 在"标注"工具栏中单击"对齐"按钮。
- 在命令行输入 DIMALIGNED 命令，按回车键。

执行"对齐"命令后，按照命令行的提示，指定好斜线段的两个测量点，以及尺寸线位置即可完成对齐标注。

命令行提示如下：

命令: _dimaligned	
指定第一个尺寸界线原点或 <选择对象>:	捕捉第1个测量点
指定第二条尺寸界线原点:	捕捉第2个测量点
指定尺寸线位置或 [多行文字(M)/文字(T)/角度(A)]:	指定好尺寸线位置
标注文字 = 35	

> 🌤 **注意事项**
>
> 线性标注和对齐标注都用于标注图形的长度。前者主要用于标注水平和垂直方向的直线长度；而后者主要用于标注倾斜方向上直线的长度。

 动手练习——标注螺母俯视图尺寸

下面将以标注六角螺母零件图为例，来介绍对齐标注的具体操作。

▶Step01: 打开"六角螺母"素材文件。执行"已对齐"命令，根据提示，捕捉第一个尺寸界线原点，如图 8-22 所示。

▶Step02: 继续移动光标捕捉第二个尺寸界线原点，如图 8-23 所示。

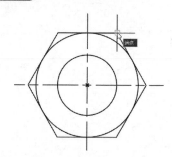

图 8-22 捕捉第一个点

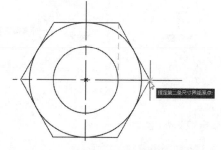

图 8-23 捕捉第二个点

▶Step03: 指定好尺寸线的位置，如图 8-24 所示。

▶Step04: 单击即可完成线性标注的创建，如图 8-25 所示。

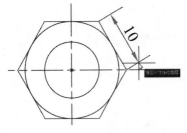

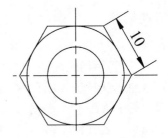

图 8-24　指定尺寸线位置　　　　　　　　　　　图 8-25　完成对齐标注

8.2.3　标注角度

使用"角度"标注可准确测量出两条线段之间的夹角。测量对象包括直线、圆、圆弧和点四种，如图 8-26 所示。

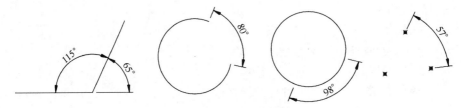

图 8-26　四种角度标注效果

通过以下方式执行"角度"标注命令：

· 从菜单栏执行"标注>角度"命令。
· 在"默认"选项卡"注释"面板中单击"角度"按钮△。
· 在"注释"选项卡"标注"面板中单击"角度"按钮△。
· 在"标注"工具栏中单击"角度"按钮。
· 在命令行输入 DIMANGULAR 命令，按回车键。

执行"角度"命令后，根据命令行提示，选中夹角的两条测量线段，指定好尺寸标注位置即可完成，如图 8-27 所示。

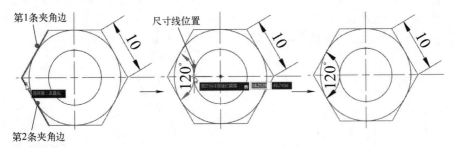

图 8-27　角度标注

命令行提示如下：

命令: _dimangular	
选择圆弧、圆、直线或 <指定顶点>:	选择夹角第 1 条测量线段
选择第二条直线:	选择夹角第 2 条测量线段
指定标注弧线位置或 [多行文字(M)/文字(T)/角度(A)/象限点(Q)]:	指定好尺寸线位置
标注文字 = 120	

8.2.4 半径和直径标注

"半径"和"直径"标注命令用于标注圆或圆弧的半径或直径。通过以下方式可执行"半径"或"直径"标注命令：

- 在菜单栏中执行"标注>半径或直径"命令。
- 在"默认"选项卡的"注释"面板中单击"半径"按钮或"直径"按钮。
- 在"注释"选项卡"标注"面板中单击"半径"按钮或"直径"按钮。
- 在"标注"工具栏中单击"半径"选项或"直径"选项。
- 在命令行输入 DIMRADIUS（半径）或输入 DIMDIAMETER（直径）命令，按回车键。

执行"角度"命令后，根据命令行提示，选中夹角的两条测量线段，指定好尺寸标注位置即可完成。如图 8-28 所示的是半径标注，图 8-29 所示的是半径与直径标注。

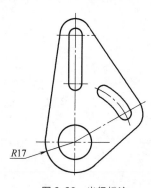
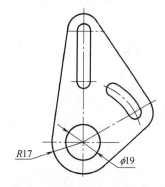

图 8-28　半径标注　　　　　图 8-29　半径与直径标注

8.2.5 标注弧长

使用"弧长"标注命令可测量圆弧或多段线圆弧线段上的距离，标注圆弧或半圆的尺寸。通过以下方式可执行"弧长"标注命令：

- 在菜单栏中执行"标注>弧长"命令。
- 在"默认"选项卡的"注释"面板中单击"弧长"按钮。
- 在"注释"选项卡"标注"面板中单击"弧长"按钮。
- 在"标注"工具栏中单击"弧长"选项。

• 在命令行输入 DIMARC 命令，按回车键。

执行"弧长"命令后，选择圆弧，再根据命令行指示指定尺寸线的位置，即可完成弧长标注，如图 8-30 所示。

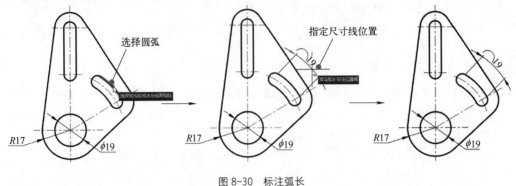

图 8-30 标注弧长

命令行提示如下：

命令: _dimarc
选择弧线段或多段线圆弧段: 选择要测量的弧线段
指定弧长标注位置或 [多行文字(M)/文字(T)/角度(A)/部分(P)/引线(L)]:   指定好尺寸线位置
标注文字 = 19

 动手练习——标注垫片零件图

下面将以标注垫片零件尺寸为例，来介绍半径、直径和弧线的标注操作。

▶Step01: 打开"垫片零件"素材文件。执行"半径"命令，选择零件左侧半圆弧线，为其标注半径尺寸，如图 8-31 所示。

▶Step02: 执行"直径"命令，选择左侧小轴孔轮廓线，标注直径尺寸，如图 8-32 所示。

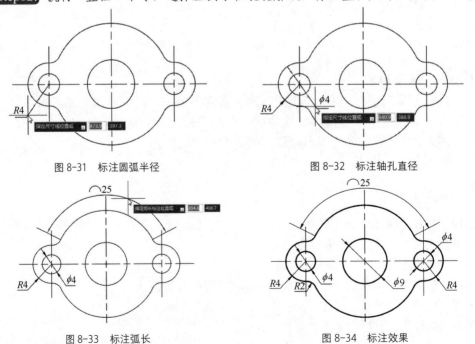

图 8-31 标注圆弧半径

图 8-32 标注轴孔直径

图 8-33 标注弧长

图 8-34 标注效果

▶Step03: 执行"弧长"命令，为垫片上方大圆弧进行标注，如图 8-33 所示。

▶Step04: 执行"直径"和"半径"命令，标注垫片的其他图形。启动"显示线宽"命令，显示零件轮廓线宽，如图 8-34 所示。

8.2.6 标记圆心

"圆心标记"命令主要是用于标注圆弧或圆的圆心。该命令可以让用户快速捕捉到圆弧或圆的圆心点。通过以下方式可执行"圆心标记"命令：

- 在菜单栏中执行"标注>圆心标记"命令。
- 在"注释"选项卡的"中心线"面板中单击"圆心标记"按钮⊕。
- 在"标注"工具栏中选择"圆心标记"选项⊕。
- 在命令行输入 DIMCENTER 命令，按回车键。

执行"圆心标记"命令，根据提示选择圆或圆弧即可。如图 8-35 所示为添加的菜单栏命令圆心标记效果；如图 8-36 所示为利用"中心线"面板中的"圆心标记"按钮创建出的圆心标记效果。

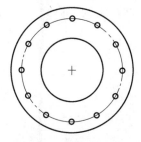

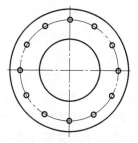

图 8-35　菜单栏命令效果　　　　图 8-36　选项卡命令效果

◎ **技术要点**

在使用"圆心标记"命令时，十字标记的尺寸可在"修改标注样式"对话框中进行更改，用户可设置圆心标记为无、标记或直线，还可以设置圆心标记的线段长度和直线长度。

8.2.7 标注坐标

坐标标注用于测量从原点（称为基准）到要素（例如部件上的一个孔）的水平或垂直距离。这些标注通过保持特征与基准点之间的精确偏移量，来避免误差增大。用户可以通过以下方式执行"坐标"标注命令。

- 在菜单栏中执行"标注>坐标"命令。
- 在"默认"选项卡"注释"面板中单击"坐标"按钮。
- 在"注释"选项卡"标注"面板中单击"坐标"按钮。
- 在"标注"工具栏单击"坐标"按钮。
- 在命令行输入 DIMORDINATE 命令，按回车键。

执行"坐标"命令后，指定好所需的测量点，并分别调整好 X 轴和 Y 轴方向的引线位置即可，如图 8-37 所示。

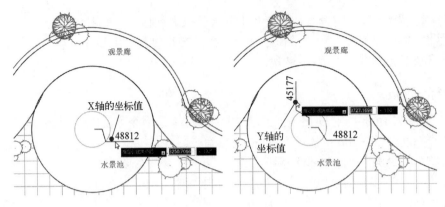

图 8-37　标注坐标

8.2.8　折弯标注

折弯标注也称为缩放半径标注，用于测量选定对象的半径，并显示前面带有一个半径符号的标注文字，其原理与半径标注是一样的，但是需要指定一个位置来代替圆或圆弧的圆心。如果圆弧半径很大，直接使用半径标注的话尺寸线会很长，这样就显得很不美观，使用折弯标注可以在任意合适的位置指定尺寸线的原点。

用户可以通过以下方式调用"折弯"标注命令。

- 在菜单栏中执行"标注>折弯"命令。
- 在"默认"选项卡"注释"面板中单击"折弯"按钮 。
- 在"注释"选项卡"标注"面板中单击"已折弯"按钮 。
- 在"标注"工具栏选择"折弯"选项。
- 在命令行输入 DIMJOGGED 命令，按回车键。

执行"折弯"命令后，先指定要标注的圆或圆弧，然后根据命令行的提示，指定替代的圆心位置、指定尺寸线位置和折弯位置即可，如图 8-38 所示。

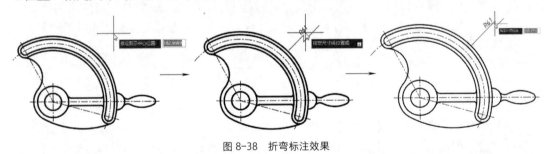

图 8-38　折弯标注效果

命令行提示如下：

命令: _dimjogged	
选择圆弧或圆:	指定圆或圆弧
指定图示中心位置:	指定替代的圆心位置
标注文字 ＝360	
指定尺寸线位置或 [多行文字(M)/文字(T)/角度(A)]:	指定尺寸线位置
指定折弯位置:	指定折弯位置

折弯标注还有一种类型为"折弯线性"标注，用于表示不显示实际测量值的标注值。一般情况下，折弯线性标注显示的值大于标注的实际测量值。在菜单栏中执行"标注>折弯线性"命令后，选择要添加的线性尺寸线，然后指定好尺寸线中的折弯位置即可，如图 8-39 所示。

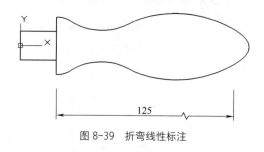

图 8-39　折弯线性标注

8.2.9　连续标注

连续标注是一系列首尾相连的标注形式。相邻的两个尺寸线共用一条尺寸界线，如图 8-40 所示。标注对象包括线性标注、角度标注以及坐标标注。

用户可以通过以下方式调用"连续"标注的命令：

- 在菜单栏中执行"标注>连续"命令。
- 在"注释"选项卡"标注"面板中单击"连续"按钮 ᚻ。
- 在"标注"工具栏中单击"连续"按钮。
- 在命令行输入 DIMCONTINUE 命令，按回车键。

执行"连续"标注命令后，指定好已有尺寸的尺寸界线，然后依次捕捉其他测量点，并指定尺寸线的位置即可完成连续标注。

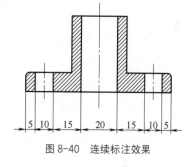

图 8-40　连续标注效果

 动手练习——标注螺钉零件图尺寸

下面将以标注螺钉零件尺寸为例，来介绍连续标注命令的具体操作。

▶Step01：打开"螺钉"素材文件。执行"线性"命令，标注第 1 条尺寸，如图 8-41 所示。

▶Step02：执行"连续"命令，向右移动鼠标，捕捉该方向第 2 个测量点，如图 8-42 所示。

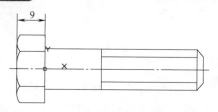

图 8-41　标注第 1 条尺寸

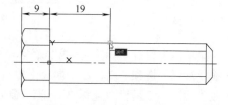

图 8-42　捕捉第 2 个测量点

▶Step03：继续捕捉该方向其他测量点，直到结束，如图 8-43（a）所示。按【Esc】键结束连续标注，标注效果如图 8-43（b）所示。

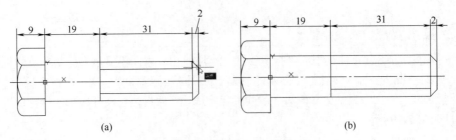

图 8-43　捕捉其他测量点及标注效果

▶Step04:　执行"线性"标注命令，标注螺钉两侧直线尺寸，如图 8-44（a）所示。

▶Step05:　执行"角度"标注命令，标注螺钉倒角尺寸。启动"显示线宽"命令，显示零件的线宽，如图 8-44（b）所示。

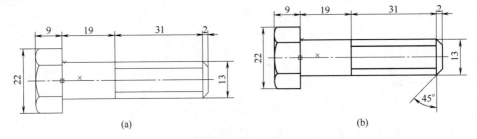

图 8-44　标注螺钉两侧直线尺寸及螺钉倒角尺寸

8.2.10　基线标注

基线标注又称为平行尺寸标注，用于多个尺寸标注使用同一条尺寸线作为尺寸界线的情况。在标注时，系统将自动在已有尺寸的尺寸线标注的起点进行标注，如图 8-45 所示。通过以下方式可执行"基线"标注命令：

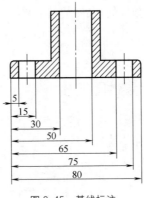

图 8-45　基线标注

• 在菜单栏中执行"标注>基线"命令。
• 在"注释"选项卡"标注"面板中单击"基线"按钮⊢。
• 在"标注"工具栏中选择"基线"选项。
• 在命令行输入 DIMBASELINE 命令，按回车键。

执行"基线标注"命令后，先指定已有尺寸线一端尺寸界线，再指定第 2 个测量点，即可在已有尺寸的下方创建尺寸。

注意事项

在使用"基线"标注对象之前，必须在已经进行了线性或角度标注的基础之上进行，否则无法进行基线标注。

动手练习——为水景剖面图添加尺寸标注

下面将利用"线性"和"基线"标注命令来为水景剖面添加标注。

▶Step01：打开"水景剖面"素材文件。执行"标注样式"命令，打开"标注样式管理器"对话框，单击"修改"按钮，在打开的"修改标注样式"对话框的"线"选项卡中将"基线间距"设为300，如图8-46所示。

▶Step02：单击"确定"返回上一层对话框，单击"置为当前"按钮，将该样式设为当前使用样式。执行"线性"标注命令，标注第1条尺寸，如图8-47所示。

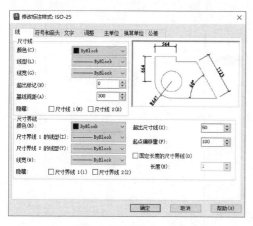

图8-46　设置基线间距

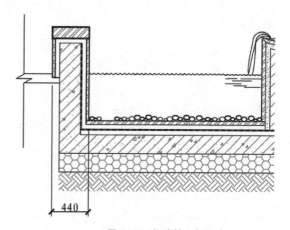

图8-47　标注第1条尺寸

▶Step03：执行"基线"标注命令，向右移动光标，捕捉第2个测量点，如图8-48所示。

▶Step04：按照此方法，继续捕捉第3个测量点，按【Esc】键完成标注，如图8-49所示。

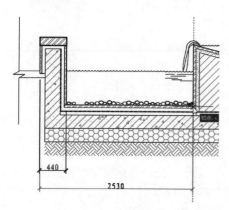

图8-48　捕捉第2个测量点

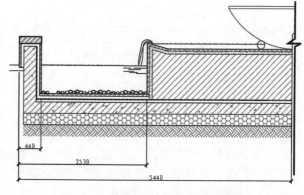

图8-49　捕捉第3个测量点，结束标注

8.2.11 快速标注

快速标注用于快速创建标注。它可创建基线标注、连续标注、半径标注、直径标注、坐标标注等，但不能进行圆心标记和标注公差。通过以下方式执行"快速标注"命令。

- 在菜单栏中执行"标注>快速标注"命令。
- 在"注释"选项卡"标注"面板中单击"快速"按钮。
- 在命令行输入 QDIM 命令，按回车键。

执行"快速"命令后，根据命令行中的提示，选中所需标注的线段，按回车键，指定好尺寸线的位置即可标注该线段，如图 8-50 所示。

命令行提示如下：

命令: _qdim

选择要标注的几何图形: 指定对角点: 找到 1 个

选择要标注的几何图形: 选择测量线段，回车

指定尺寸线位置或 [连续(C)/并列(S)/基线(B)/坐标(O)/半径(R)/直径(D)/基准点(P)/编辑(E)/设置(T)] <基线>:   指定尺寸线位置

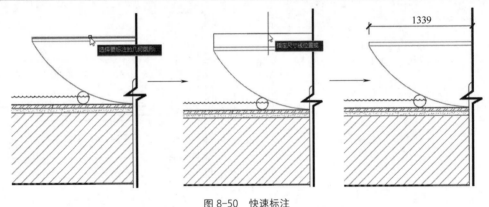

图 8-50　快速标注

8.2.12 快速引线

快速引线用于创建一端带有箭头一端带有文字注释的引线尺寸。其中，引线可以是直线段，也可以是平滑的样条曲线。在命令行中输入 QLEADER 命令，按回车键，即可激活快速引线命令。

命令行提示如下：

命令: QLEADER

指定第一个引线点或 [设置(S)] <设置>:   指定引线起点

指定下一点: 指定引线端点

指定下一点: 指定基线的端点

指定文字宽度 <0>:   设置文字宽度

输入注释文字的第一行 <多行文字(M)>:   回车，输入注释内容

选择命令行中的"设置"选项后，打开"引线设置"对话框，在该对话框中可以修改和设置引线点数、注释类型以及注释文字的附着位置等，如图 8-51 所示。

- "注释"选项卡用于设置引线文字的注释类型及其相关的一些选项功能。
- "引线和箭头"选项卡用于设置引线的类型、点数、箭头以及引线段的角度约束等参数。

图 8-51 "引线设置"对话框

• "附着"选项卡用于设置引线和多行文字之间的附着位置，只有在"注释"选项卡内选择了"多行文字"单选按钮时，此选项卡才可以使用。

 动手练习——标注螺钉零件倒角尺寸

下面将以标注螺钉倒角尺寸为例，来介绍快速引线的具体操作。

▶Step01：打开"螺钉尺寸"素材文件。在命令行中输入 QL 快捷命令，按回车键，输入 s，回车，打开"引线设置"对话框。切换到"附着"选项卡，勾选"最后一行加下划线"复选框，如图 8-52（a）所示。

▶Step02：单击"确定"按钮。指定好引线的起点，如图 8-52（b）所示。

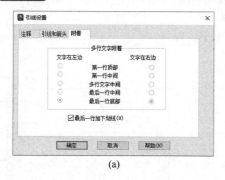

(a)

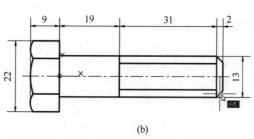

(b)

图 8-52 设置引线样式及指定引线起点

▶Step03：指定好引线的端点和基线的端点，如图 8-53 所示。

▶Step04：指定文字宽度，这里默认为 0，按两次回车键，输入标注内容，如图 8-54 所示。

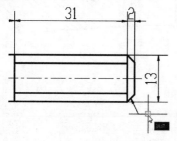

图 8-53 指定引线端点和基线端点

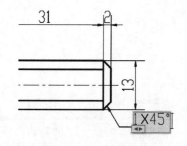

图 8-54 输入注释内容

▶Step05: 内容输入完成后，单击空白处即可完成操作，如图 8-55 所示。

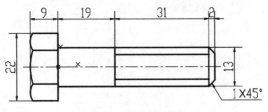

图 8-55 完成注释操作

8.3 添加公差标注 ●●●●

绘制机械图样时，不可避免要标注公差值。公差值包含两种：一种是尺寸公差，另一种是形位公差。下面将对这两种公差的标注设置进行介绍。

8.3.1 尺寸公差

尺寸公差是指零件在制造过程中出现的一些不可避免的误差。在基本尺寸相同的情况下，尺寸公差愈小，则尺寸精度愈高。尺寸公差是采用"标注替代"的方法来标注。在"标注样式管理器"对话框中单击"替代"按钮，在"替代当前样式"对话框的"公差"选项卡中设置尺寸公差，即可为图形添加尺寸公差标注。由于替代样式只能使用一次，因此不会影响其他的尺寸标注。

（1）利用替代样式

在"替代当前样式"对话框的"公差"选项板中，设置公差方式为"极限偏差"，再设置相关参数，如图 8-56 所示。

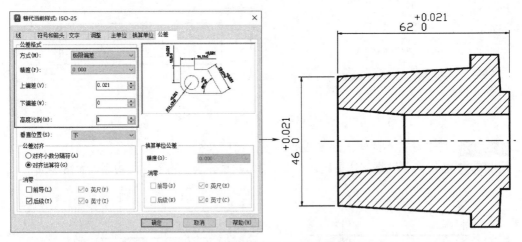

图 8-56 用"替代"样式添加尺寸公差

◎ 技术要点

若图纸内有多个尺寸公差，各不相同，则需要创建多个尺寸标注样式，每个样式设置不同的尺寸公差。

（2）使用"特性"选项板

通过编辑尺寸标注的特性也可以修改尺寸公差。选择尺寸标注，单击鼠标右键，在弹出的快捷菜单中单击"特性"命令，打开"特性"面板，在"公差"卷展栏中即可设置公差相关参数，如图8-57所示。

图8-57　用特性面板添加尺寸公差

8.3.2　形位公差

形位公差用于控制机械零件的实际尺寸（如位置、形状、方向和定位尺寸等）与零件理想尺寸之间的允许差值。形位公差的大小直接关系零件的使用性能，在机械图形中有非常重要的作用。用户可以通过以下方式打开"形位公差"对话框：

- 在菜单栏中执行"标注>公差"命令。
- 在"注释"选项卡"标注"面板中单击"公差"按钮 。
- 在"标注"工具栏中选择"公差"选项。
- 在命令行输入 TOLERANCE 命令，按回车键。

执行"公差"命令，可打开"形位公差"对话框，根据需要设置好特征符号及公差值即可添加形位公差，如图8-58所示。

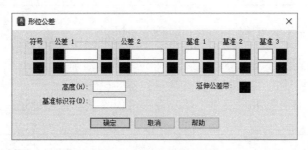

图8-58　"形位公差"对话框

"形位公差"对话框中各选项的含义介绍如下：

① **符号**：单击符号下方的■符号，会弹出"特征符号"对话框，在其中可设置特征符号，如图8-59所示。

② **公差1和公差2**：单击该列表框的■符号，将插入一个直径符号，单击后面的黑正方形符号，将弹出"附加符号"对话框，在其中可以设置附加符号，如图8-60所示。

图8-59　"特征符号"对话框

图8-60　"附加符号"对话框

③ **基准1、基准2、基准3**：在该列表框可以设置基准参照值。

④ **高度**：设置投影特征控制框中的投影公差零值。投影公差带控制固定垂直部分延伸区的高度变化，并以位置公差控制公差精度。

⑤ **基准标识符**：设置由参照字母组成的基准标识符。

⑥ **延伸公差带**：单击该选项后的■符号，将插入延伸公差带符号。

下面介绍各种公差符号的含义，如表 8-1 所示。

表 8-1　公差符号及其含义

符号	含义	符号	含义
⊕	位置	▱	平面度
◎	同心（同轴）度	○	圆度
≐	对称度	—	直线度
//	平行度	⌓	面轮廓度
⊥	垂直度	⌒	线轮廓度
∠	倾斜度	↗	圆跳动
⌀	柱面性	↗↗	全跳动
φ	直径	Ⓛ	最小包容条件（LMC）
Ⓜ	最大包容条件（MMC）	Ⓢ	不考虑特征尺寸（RFS）

 动手练习——为零件剖面图添加公差标注

下面将以机械剖面图为例，来介绍公差标注的具体添加操作。

▶**Step01**：打开"零件剖面图"素材文件，如图 8-61 所示。

▶**Step02**：执行"线性"和"连续"标注命令，创建基本尺寸标注，如图 8-62 所示。

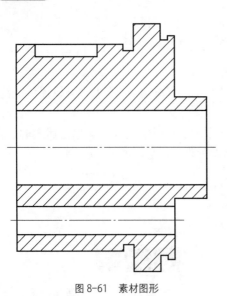

图 8-61　素材图形

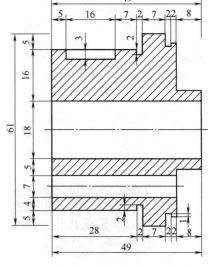

图 8-62　创建基本尺寸标注

▶**Step03**：执行"标注样式"命令，打开"标注样式管理器"对话框，单击"替代"按钮，打开"替代当前样式"对话框，切换到"公差"选项卡，选择"极限偏差"方式，设置精度为 0.000，上下偏差值分别为 0.012 和 0.031，如图 8-63 所示。

▶Step04：单击"确定"按钮，关闭对话框，执行"线性"命令即可创建尺寸公差标注，如图 8-64 所示。

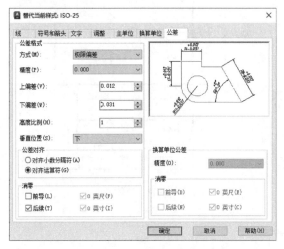

图 8-63　设置公差样式

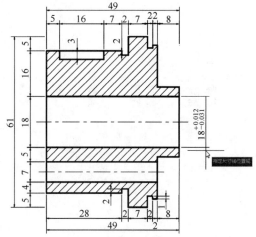

图 8-64　创建尺寸公差标注

▶Step05：在命令行中输入 QL 命令，按回车键后在绘图区指定第一个引线点，移动光标引出引线轮廓，如图 8-65 所示。

▶Step06：单击即可打开"形位公差"对话框。单击第一个"符号"按钮，打开"特征符号"面板，选择"柱面性"符号，如图 8-66 所示。

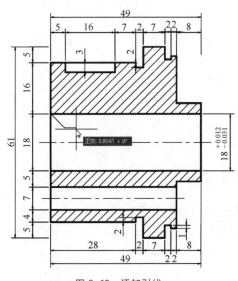

图 8-65　添加引线

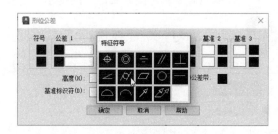

图 8-66　设置公差符号

▶Step07：单击后返回"形位公差"对话框，在"公差 1"输入框中输入 0.006，如图 8-67 所示。

▶Step08：输入后，单击"确定"按钮即可完成形位公差的添加操作，如图 8-68 所示。

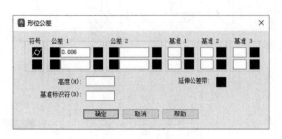

图 8-67 输入公差值

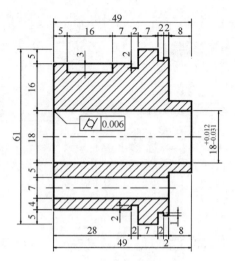

图 8-68 添加形位公差

8.4 编辑尺寸标注

尺寸标注完成后，很可能需要对尺寸内容进行一些必要的编辑，例如添加一些特殊的符号或文本内容等。下面将介绍标注编辑的具体操作方法。

8.4.1 编辑标注文本

使用编辑标注命令可以修改尺寸文本，或者强制尺寸界线旋转一定的角度。双击所需标注的文本，随即进入编辑状态，在此可添加或输入文本内容即可。

此外，用户还可通过以下两种方式来编辑标注的文本。

· 在菜单栏中执行"修改>对象>文字>编辑"命令。

· 在命令行输入 TEXTEDIT 命令，按回车键。

执行以上命令后，根据命令行的提示，选择要编辑的标注文本即可编辑。

 动手练习——在线性标注中添加直径符号

下面将以修改螺钉尺寸标注为例，来介绍标注编辑的具体操作。

▶Step01: 打开"修改标注"素材文件，如图 8-69 所示。

▶Step02: 双击零件左侧 22 的标注文本，进入编辑状态，如图 8-70 所示。

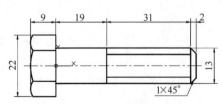

图 8-69 打开素材文件

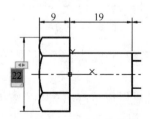

图 8-70 双击标注文本

▶Step03: 在英文状态下输入%%c 字符代码，可显示 ϕ 符号，如图 8-71 所示。

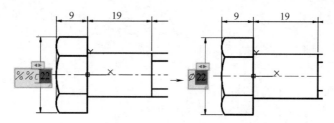

图 8-71　输入直径符号代码

▶Step04: 输入完成后，单击空白处可完成符号的添加操作，如图 8-72 所示。

▶Step05: 按照同样的方法，为零件右侧 13 标注文本添加直径符号，结果如图 8-73 所示。

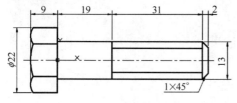

图 8-72　完成编辑

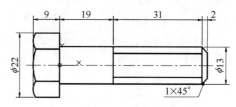

图 8-73　编辑其他标注

8.4.2　编辑标注文本位置

除了可以编辑文本内容之外，还可以调整标注文本的位置。选择标注的文本，将光标移动至文本夹点上，在打开的快捷菜单中选择"仅移动文字"选项，如图 8-74 所示。被选中的文本即可随光标进行移动，如图 8-75 所示。

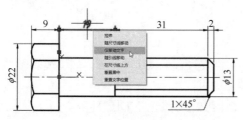

图 8-74　选择"仅移动文字"

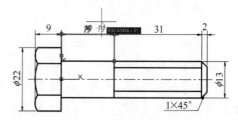

图 8-75　文本随光标所移动

此外，在命令行中输入 DIMTEDIT 命令，按回车键，根据命令行的提示也可进行标注文本位置的调整，如图 8-76 所示的是文本右对齐效果，如图 8-77 所示的是文本左对齐效果，如图 8-78 所示的是文本以 30° 旋转效果。

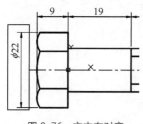

图 8-76　文本右对齐

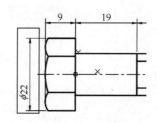

图 8-77　文本左对齐

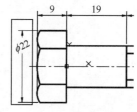

图 8-78　文本旋转 30°

命令行提示如下：

命令: dimtedit
选择标注: 选择标注文本
为标注文字指定新位置或 [左对齐(L)/右对齐(R)/居中(C)/默认(H)/角度(A)]:R   选择新位置

命令行中位置选项含义说明如下。
- 左对齐（L）：沿尺寸线左对正标注文字。
- 右对齐（R）：沿尺寸线右对正标注文字。
- 居中（C）：将标注文字放在尺寸线的中间。
- 默认（H）：将标注文字移回默认位置。
- 角度（A）：修改标注文字的角度。文字的圆心并没有改变。

> **◎ 技术要点**
>
> 如果当前使用的标注样式进行了修改，用户可在"标注"面板中单击"更新"按钮 ⧉，然后选择所需修改的尺寸标注，按回车键即可更新样式。

8.5　多重引线 •••

利用多重引线可以绘制一条引线来标注对象，在引线的末端可以输入文字或添加块等。此外还可以设置引线的形式、控制箭头的外观和注释文字的对齐方式等。该工具常用于标注孔、倒角和创建装配图的零件编号等。

8.5.1　多重引线样式

无论利用多重引线标注何种注释尺寸，首先都需要设置多重引线样式，如引线的形式、箭头的外观和注释文字的大小等，这样才能更好地完成引线标注。

多重引线样式需在"多重引线样式管理器"对话框中进行设置，如图 8-79 所示。通过以下方式打开"多重引线样式管理器"对话框：

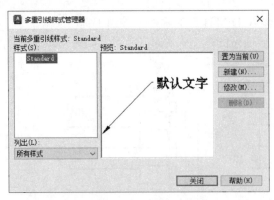

图 8-79　"多重引线样式管理器"对话框

- 在菜单栏中执行"格式>多重引线样式"命令。

- 在"默认"选项卡"注释"面板中单击"多重引线样式"按钮 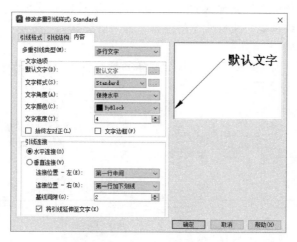 。
- 在"注释"选项卡"引线"面板中单击右下角的箭头 ▼ 。
- 在命令行输入 MLEADERSTYLE 命令，按回车键即可。

"多重引线样式管理器"对话框中各选项的具体含义介绍如下。

- 样式：显示已有的引线样式。
- 列出：设置样式列表框内显示的是所有引线样式还是正在使用的引线样式。
- 置为当前：选择样式名，单击"置为当前"按钮，即可将引线样式置为当前。
- 新建：新建引线样式。单击该按钮，可打开"创建新多重引线样式"对话框，输入样式名，单击"继续"按钮，打开"修改多重引线样式"对话框。
- 修改：修改当前引线的样式，单击该按钮后，可打开"修改多重引线样式"对话框，并进行相关修改操作。
- 删除：选择样式名，单击"删除"按钮，即可删除该引线样式。
- 关闭：关闭"多重引线样式管理器"对话框。

"修改多重引线样式"对话框是由"引线格式""引线结构"和"内容"三个选项卡组成，如图 8-80 所示。

图 8-80 "修改多重引线样式"对话框

下面将对这三个选项卡进行简单说明。

① 引线格式：在该选项卡中可以设置引线和箭头的外观效果，指定引线的类型（直线、样条曲线、无）、颜色、线型、线的宽度等。

② 引线结构：该选项卡用于控制多重引线的约束，包括引线中最大点数、两点的角度、自动包含基线、基线间距，并通过比例控制多重引线的缩放。

③ 内容：该选项卡主要用于设置多重引线文字的内容，包括引线文字类型、文字样式及引线连接方式等。

> **注意事项**
>
> 如果多重引线样式设置为注释性，则无论文字样式或其他标注样式是否设为注释性，其关联的文字或其他注释都将为注释性。

8.5.2 添加/删除多重引线

如果创建的引线还未达到要求，用户需要对其进行编辑操作。除了在"多重引线"选项板中编辑多重引线，还可以利用菜单命令或者"注释"选项卡"引线"面板中的按钮进行编辑操作。用户可以通过以下方式调用编辑多重引线命令：

- 执行"修改>对象>多重引线"命令的子菜单命令。
- 在"注释"选项卡"引线"面板中，单击相应的按钮。

编辑多重引线的命令包括添加引线、删除引线、对齐和合并四个选项。

① 添加引线 ：在一条引线的基础上添加另一条引线，且标注是同一个。

② 删除引线 ：将选定的引线删除。

③ 对齐 ：将选定的引线对象对齐并按一定间距排列。

④ 合并 ：将包含块的选定多重引线组织到行或列中，并使用单引线显示结果。

动手练习——为平键图添加引线注释

下面将利用多重引线命令为平键装配图添加注释内容。

▶Step01：打开"平键图"素材文件，打开"多重引线样式管理器"对话框，单击"修改"按钮，打开"修改多重引线样式"对话框，在"引线格式"选项卡中将"箭头"的"大小"设为 2，如图 8-81 所示。

▶Step02：切换到"内容"选项卡，将"文字高度"设为 3，如图 8-82 所示。返回到上一层对话框，将其置为当前样式。

图 8-81　修改箭头大小　　　　图 8-82　修改文字高度

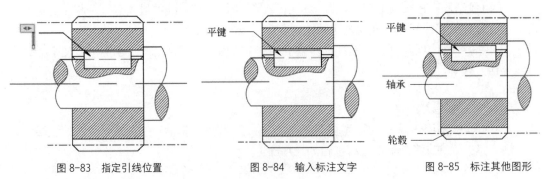

图 8-83　指定引线位置　　　图 8-84　输入标注文字　　　图 8-85　标注其他图形

▶Step03: 执行"多重引线✐"命令，根据命令行提示，指定引线箭头的起点和引线基线的位置，如图 8-83 所示。

▶Step04: 输入可编辑文本框中引线内容，输入完成后鼠标单击空白处，即可完成引线的添加操作，如图 8-84 所示。

▶Step05: 按照同样的操作方法，完成其他引线的绘制操作，如图 8-85 所示。

 实战演练 1——对储物柜进行尺寸标注

下面将利用各类标注方法来对储物柜立面图进行尺寸标注。

▶Step01: 打开"储物柜立面"素材文件，如图 8-86 所示。

▶Step02: 执行"标注样式"命令，打开"标注样式管理器"对话框，如图 8-87 所示。

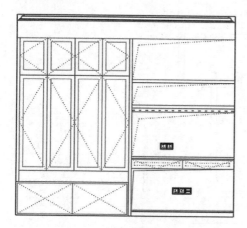

图 8-86 打开素材文件

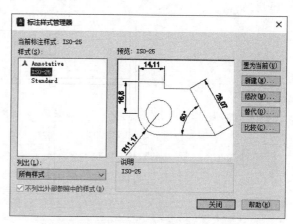

图 8-87 打开"标注样式管理器"对话框

▶Step03: 单击"新建"按钮，打开"创建新标注样式"对话框，输入新样式名"室内立面"，如图 8-88 所示。

▶Step04: 单击"继续"按钮打开"新建标注样式"对话框，在"主单位"选项卡中设置线性标注精度为 0，如图 8-89 所示。

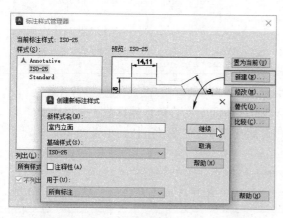

图 8-88 输入新样式名

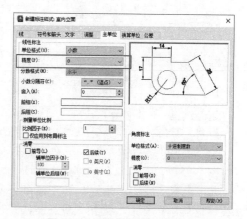

图 8-89 设置"主单位"选项卡

▶Step05: 切换至"调整"选项卡，选择"文字始终保持在尺寸界线之间"选项，如图

8-90 所示。

▶Step06: 切换至"文字"选项卡，设置"文字高度"为 50，将"从尺寸线偏移"设为 10，如图 8-91 所示。

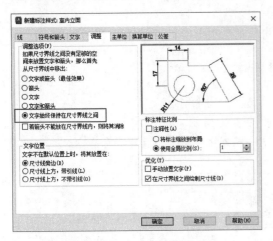

图 8-90　设置"调整"选项卡

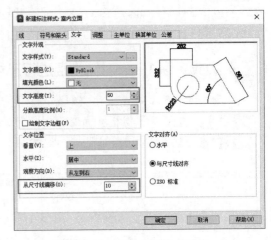

图 8-91　设置"文字"选项卡

▶Step07: 切换至"符号和箭头"选项卡，设置箭头类型为"建筑标记"，引线箭头为 "点"，箭头大小为 25，如图 8-92 所示。

▶Step08: 切换至"线"选项卡，设置尺寸界线超出尺寸线 25，起点偏移量为 25，勾选 "固定长度的尺寸界线"复选框，将其"长度"设为 100，如图 8-93 所示。

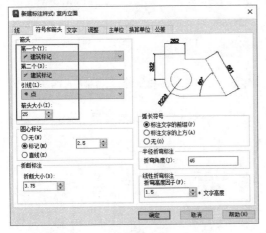

图 8-92　设置"符号和箭头"选项卡

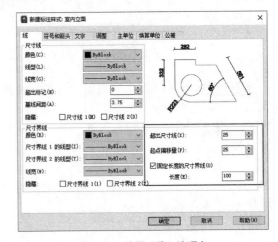

图 8-93　设置"线"选项卡

▶Step09: 设置完毕后单击"确定"按钮，返回到"标注样式管理器"对话框，单击"置 为当前"按钮，将该样式设置为当前样式，再单击"关闭"按钮即可，如图 8-94 所示。

▶Step10: 执行"线性"命令，捕捉储物柜立面石膏线图形的两个测量点，创建标注，如图 8-95 所示。

▶Step11: 执行"连续"标注命令，向下移动光标，并捕捉该方向上其他测量点，完成 第一道尺寸线标注，如图 8-96 所示。

▶Step12: 再次执行"线性"命令，标注该方向第二道尺寸线，如图 8-97 所示。

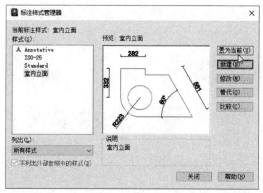

图 8-94　样式置为当前

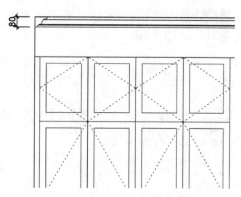

图 8-95　标注石膏线图形

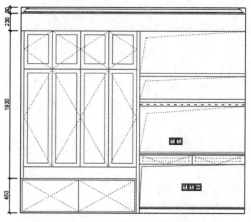

图 8-96　标注第一道尺寸线

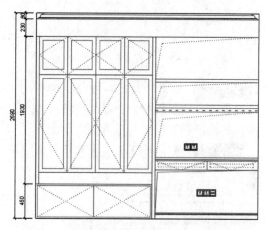

图 8-97　标注第二道尺寸线

▶Step13：执行"线性"和"连续"命令，标注储物柜右侧两道尺寸线，如图 8-98 所示。

▶Step14：按照此方法，标注储物柜横向上、下两侧尺寸线，如图 8-99 所示。

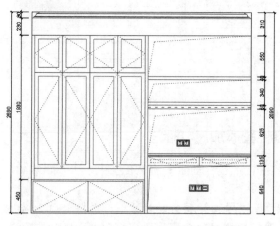

图 8-98　标注储物柜右侧尺寸线

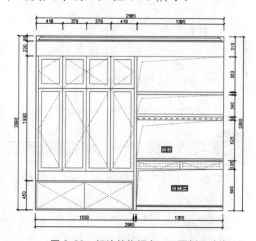

图 8-99　标注储物柜上、下两侧尺寸线

▶Step15：执行"多重引线样式"命令，打开"多重引线样式管理器"对话框，单击"修改"按钮，打开"修改多重引线样式"对话框，切换到"内容"选项卡，将"文字高度"设为 60，如图 8-100 所示。

▶Step16: 切换到"引线格式"选项卡,将"箭头"的"符号"设为"点",将其大小设为 40,如图 8-101 所示。

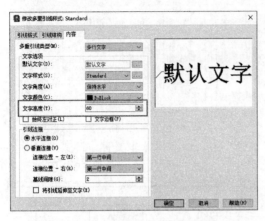

图 8-100　设置多重引线文字高度　　　　　图 8-101　设置多重引线箭头大小

▶Step17: 单击"确定"按钮,返回到上一层对话框,单击"置为当前"按钮,将该样式设置为当前使用样式。执行"多重引线"命令,指定好箭头的起点和引线的基点位置,输入材料注释内容,如图 8-102 所示。

▶Step18: 单击空白处,完成注释内容的添加。按照同样的方法,添加其他材料的文字注释,如图 8-103 所示。

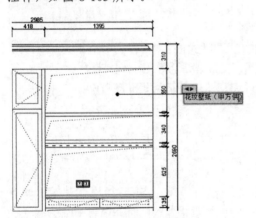

图 8-102　添加引线,输入内容

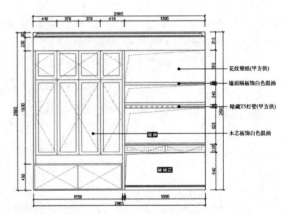

图 8-103　添加其他材料注释

💻 实战演练 2——为带座轴承板零件图添加尺寸标注

下面将为轴承板零件图添加尺寸标注。其中所用到的标注命令有直径、半径、编辑标注等。

▶Step01: 执行"标注样式"命令,打开"标注样式管理器"对话框,保持 ISO-25 样式为选择状态,单击"修改"按钮,打开"修改标注样式"对话框,切换到"文字"选项卡,如图 8-104 所示。

▶Step02: 单击"文字样式"的 ⋯ 按钮,打开"文字样式"对话框,将字体名设为 gbeitc.shx,其他保持默认,单击"置为当前"按钮,关闭对话框,如图 8-105 所示。

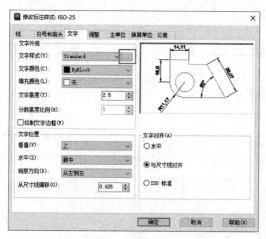

图 8-104　修改标注样式

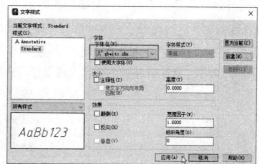

图 8-105　设置文字样式

▶Step03：将"文字高度"设为 6，将"从尺寸线偏移"设为 2，如图 8-106 所示。
▶Step04：切换到"主单位"选项卡，将其"精度"设为 0，如图 8-107 所示。

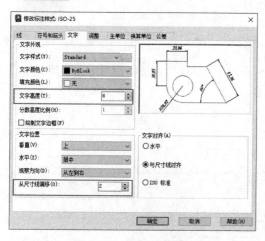

图 8-106　修改文字高度

图 8-107　修改单位精度

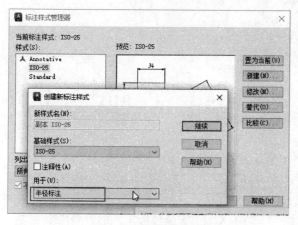

图 8-108　创建新标注样式

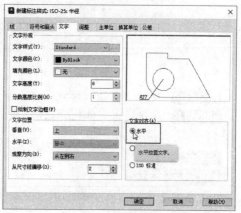

图 8-109　修改文字对齐方式 1

▶Step05: 单击"确定"按钮，返回上一层对话框，单击"新建"按钮，打开"创建新标注样式"对话框，将"用于"设为"半径标注"，单击"继续"按钮，如图 8-108 所示。

▶Step06: 切换到"文字"选项卡，设置文字对齐方式为"水平"，如图 8-109 所示。

▶Step07: 单击"确定"按钮，返回上一层对话框。选中"ISO-25"样式，再次单击"新建"按钮，新建一个用于"直径标注"的样式，如图 8-110 所示。

▶Step08: 在打开的"新建标注样式"对话框中，同样将"文字对齐"方式设为"水平"，如图 8-111 所示。

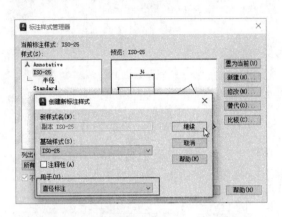

图 8-110 创建直径标注样式　　　　　　　图 8-111 修改文字对齐方式 2

▶Step09: 单击"确定"按钮，返回上一层对话框，同样选择"ISO-25"样式，单击"置为当前"按钮，将其设为当前使用样式，如图 8-112 所示。

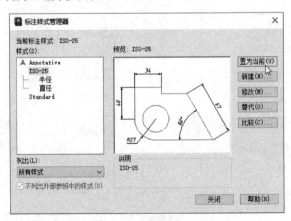

图 8-112 设置当前使用样式

▶Step10: 执行"线性"标注命令，为剖面图创建线性标注，如图 8-113 所示。

▶Step11: 双击尺寸为 40 的标注文本，进入编辑状态，在英文状态下输入%%c，为其添加 φ 符号，如图 8-114 所示。

▶Step12: 双击尺寸为 56 的标注文本，对其文字内容进行修改，如图 8-115 所示。

▶Step13: 保持文本编辑状态，选择"+0.046/–0"文字内容，单击鼠标右键，在快捷菜单中选择"堆叠"选项，如图 8-116 所示。

▶Step14: 被选中的文字会显示出堆叠效果，如图 8-117 所示。

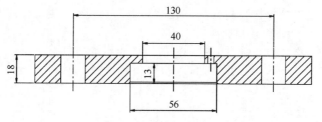

图 8-113　创建线性标注

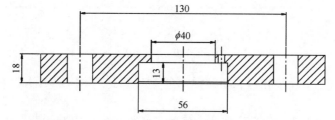

图 8-114　修改标注文本 1

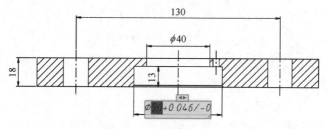

图 8-115　修改标注文本 2

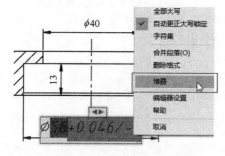

图 8-116　选择"堆叠"选项

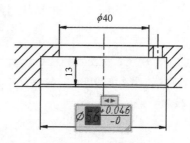

图 8-117　堆叠文字

▶Step15：单击堆叠文本，并单击 ⚡ 按钮，在打开的菜单中选择"堆叠特性"选项，如图 8-118 所示。

图 8-118　选择"堆叠特性"选项

图 8-119　设置公差样式

▶Step16: 打开"堆叠特性"对话框，在"外观"选项组中将"样式"设为"公差"，"位置"设为"中"，如图8-119所示。

▶Step17: 单击"确定"按钮，关闭对话框，完成公差的添加操作，如图8-120所示。

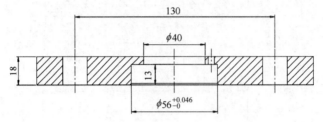

图8-120　添加公差

▶Step18: 执行"半径"和"直径"标注命令，为零件的俯视图添加半径和直径标注，如图8-121所示。

▶Step19: 双击所需修改的标注文本，修改其文本内容，修改结果如图8-122所示。

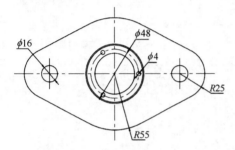

图8-121　添加俯视图尺寸标注

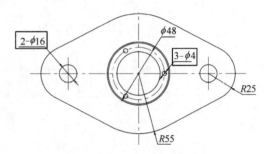

图8-122　修改标注文本3

课后作业

（1）为底座正视图添加尺寸标注

将标注的颜色设为灰色，将标注文本高度设为3，将精度设为0，其他为默认，标注结果如图8-123所示。

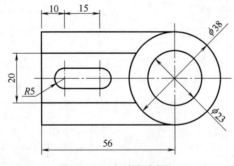

图8-123　标注底座图形

操作提示：

Step01: 执行"标注样式"命令，根据要求设置好标注样式。

Step02: 利用各种标注命令，添加尺寸标注。

（2）为玄关立面图添加材料注释

本实例将利用"多重引线"命令，为玄关立面添加文字注释，效果如图 8-124 所示。

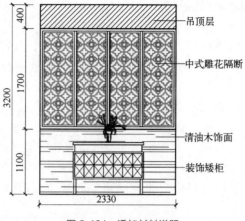

图 8-124　添加材料说明

 精选疑难解答

Q1：修改了标注样式后标注没有变化，怎么回事？

A：原因很简单，这些标注的参数被单独修改过，就不会再受到标注样式的控制了。

Q2：替代样式如何清除？

A：在"标注样式管理器"对话框中将替代样式设置为当前样式，关闭对话框后，保存一下文件即可。

Q3：为什么要创建标注样式模板？

A：在进行标注时，为了统一标注样式和显示状态，用户需要新建一个图层为标注图层，然后设置该图层的颜色、线型和线宽等，图层设置完成后，再继续设置标注样式，为了避免重复进行设置，可以将设置好的图层和标注样式保存为模板文件，在下次新建文件的时候可以直接调用该模板文件。

Q4：如何修改尺寸标注的关联性？

A：改为关联:选择需要修改的尺寸标注，执行 DIMREASSOCIATE 命令即可。改为不关联:选择需要修改的尺寸标注，执行 DIMDISASSOCIATE 命令即可。

Q5：为什么标注中总是出现两位小数点？

A：如果标注为 100mm，但实际在图形当中标出的是 100.00。这样的情况，可以将"dimzin"系统变量设定为 8，此时尺寸标注中的默认值不会带几个尾零，用户可直接输入此命令进行修改。

Q6：标注要和图形之间有一段距离，怎么设置？

A：设置尺寸界线的起点偏移量就可以使标注与图产生距离。执行"标注样式"命令，打开"标注样式管理器"对话框，选择你需要修改的标注样式，并在"预览"选项框右侧单击"修改"按钮，在"线"选项卡中设置起点偏移量，并单击"确定"按钮即可。

Q7：更新尺寸标注功能如何使用？

A：复制其他图纸后，系统会自动以当前尺寸样式来显示。如果想要快速改变标注样式的话，只需使用更新功能即可。打开"标注样式管理器"对话框，设置好所需的标注样式，并将其设为当前样式。在"注释"选项卡的"标注"选项组中单击"更新"按钮，然后选择所有尺寸标注，按回车键便可更新操作。

第9章

添加与编辑文字和表格

本章概述

在制图过程中，通常要使用一些文字或表格内容来对设计的图样进行说明。例如，建筑施工材料的注释、特殊零件加工工艺和技术要求等，所以说文字和表格也是图纸设计的必要元素之一。本章将对一些常用的文字、表格的创建方法进行介绍，其中包括单行文字与多行文字的创建、字段的使用、表格的创建与编辑等命令的用法。

学习目标

- 掌握文字样式的创建与管理。
- 掌握单行文字与多行文字的应用。
- 掌握字段的插入与更新操作。
- 掌握表格的创建与编辑。

扫码观看本章视频

实例预览

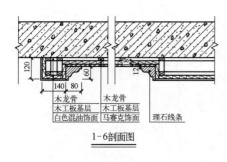

120
140 80
木龙骨
木工板基层
白色混油饰面
木龙骨
木工板基层
马赛克饰面
理石线条

1-6剖面图

创建图示

序号	名称	规格	数量	备注
1	1#2#主变带温控，强迫风冷带IP40外壳	SCB10-1250kVA,/10kV/0.4/0.23kV D.Yn11额定短时共频耐受电压50kV 高压分接范围±2×2.5% 阻抗电压6%	2台	
2	高压柜AH0.1-AH07		7台	详见高压系统图
3	低压配电柜	GCS型	15台	详见高压系统图
4	高压电缆进线	YJV22-1kV[3CHENG5120平方]	2根	长度由电业局指定位置定
5	高压柜至变压器高压电缆	YJV22-1000V[3CHENG595平方]2根	40m	
6	母线槽变压器至低压柜AA07柜		11.2m	具体加工尺寸待柜安装后定

调用外部表格

9.1 设置文字样式

与尺寸标注类似，文字在输入前，也需要对它的样式进行一番设置才可。例如设置文字的高度、文字的字体等。下面将对文字样式的设置方法进行详细介绍。

9.1.1 创建文字样式

设置文字样式，可以使文字标注看上去更加美观和统一。默认情况下，系统自动创建两个名为 Annotative 和 Standard 的文字样式，其中 Standard 被作为默认文字样式，如图 9-1 所示。用户可以通过以下方式打开"文字样式"对话框。

- 从菜单栏执行"格式>文字样式"命令。
- 在"默认"选项卡"注释"面板中，单击下拉菜单按钮，在弹出的列表中单击"文字注释"按钮 **A**。
- 在"注释"选项卡"文字"面板中单击右下角箭头 **↘**。
- 在命令行输入 STYLE 命令，按回车键即可。

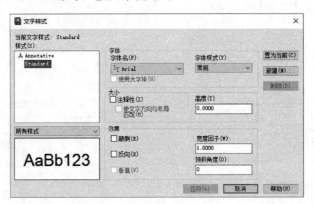

图 9-1 "文字样式"对话框

"文字样式"对话框中各选项的含义说明如下：

① **样式**：显示已有的文字样式。单击"所有样式"列表框右侧的三角符号，在弹出的列表中可以设置"样式"列表框是显示所有样式还是显示正在使用的样式。

② **字体**：包含"字体名"和"字体样式"选项。"字体名"用于设置文字注释的字体。"字体样式"用于设置字体格式，例如斜体、粗体或者常规字体。

③ **大小**：包含"注释性""使文字方向与布局匹配"和"高度"三个选项，其中注释性用于指定文字为注释性，高度用于设置字体的高度。

AaBb123	ＡaBb123	AaBb123	AaBb123
(a) 常规	(b) 颠倒	(c) 反向	(d) 倾斜

图 9-2 4 种文字效果

④ **效果**：修改字体的效果，如颠倒、反向、宽度因子、倾斜角度等，如图 9-2 所示给出了 4 种字体效果。

在"文字样式"对话框中单击"新建"按钮，在"新建文字样式"对话框中输入样式名称，单击"确定"按钮即可，如图 9-3 所示。

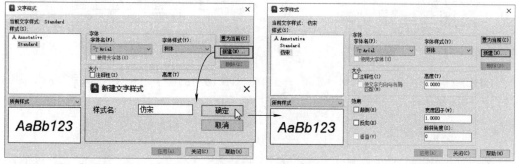

图 9-3　新建文字样式

9.1.2 管理文字样式

文字样式设置好后，用户可以对其样式进行管理，例如样式重命名和删除多余样式等。

在"文字样式"对话框的"样式"列表中选择所需重命名的样式，单击鼠标右键，选择"重命名"选项，即可将其重命名，如图 9-4 所示。

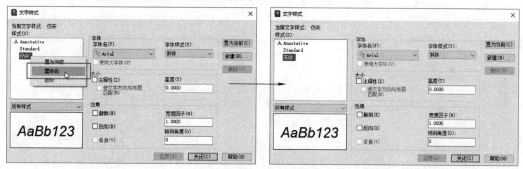

图 9-4　样式重命名

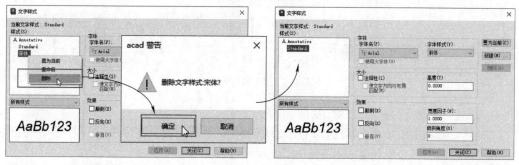

图 9-5　删除文字样式

此外，在"样式"列表中右击所需删除的样式，选择"删除"选项，可删除其样式，如图 9-5 所示。

> **注意事项**
>
> 如果要删除的样式为当前样式，则"删除"选项为灰色不可用状态。这时用户取消当前使用状态后即可删除。此外，默认的文字样式也无法删除。

9.2 添加与编辑文字

AutoCAD 的文字包含单行和多行两种类型。对于简短的文字，可使用单行文字来添加。而对于一整段文字内容，那么使用多行文字是比较方便的。

9.2.1 创建单行文字

使用"单行文字"命令创建文本时，每行文字都是一个独立的对象。用户可通过以下方式来执行"单行文字"命令。

- 在菜单栏中执行"绘图>文字>单行文字"命令。
- 在"默认"选项卡"注释"面板中单击"文字"下拉按钮，选择"单行文字"选项A。
- 在"注释"选项卡"文字"面板中单击"多行文字"下拉按钮，选择"单行文字"选项A。
- 在命令行输入 TEXT 命令，按回车键即可。

执行"单行文字"命令，根据命令行提示，先指定文字的位置，然后设置文字的高度值及旋转角度，按回车键即可进入文字编辑状态，输入文字内容即可，如图 9-6 所示。

命令行提示如下：

```
命令: _text
当前文字样式: "仿宋"  文字高度: 2.5000  注释性: 否  对正: 左
指定文字的起点 或 [对正(J)/样式(S)]:                     指定文字位置，回车
指定高度 <2.5000>: 100                                 输入文字高度值，回车
指定文字的旋转角度 <0>: 0                               默认，回车
```

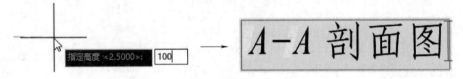

图 9-6　输入单行文字

由命令行可知单行文字的设置由对正和样式组成。

"对正"选项主要是对文本的排列方式和排列方向进行设置。在命令行中输入 j，按回车键，命令行会显示出一系列文本对齐方式。

命令行提示如下：

命令: _text

当前文字样式：“仿宋”　文字高度：100.0000　注释性：否　对正：左

指定文字的起点　或 [对正(J)/样式(S)]: j

输入选项 [左(L)/居中(C)/右(R)/对齐(A)/中间(M)/布满(F)/左上(TL)/中上(TC)/右上(TR)/左中(ML)/正中(MC)/右中(MR)/左下(BL)/中下(BC)/右下(BR)]: c

指定文字的中心点：

指定高度 <100.0000>:

指定文字的旋转角度 <0>: *取消*

下面将对主要的对齐方式进行说明。

• 居中（C）：确定标注文本基线的中点，选择该选项后，输入后的文本均匀地分布在该中点的两侧。

• 对齐（A）：指定基线的第一端点和第二端点，通过指定的距离，输入的文字只保留在该区域。输入文字的数量取决于文字的大小。

• 中间（M）：文字在基线的水平点和指定高度的垂直中点上对齐，中间对齐的文字不保持在基线上。“中间”选项和“正中”选项不同，“中间”选项使用的中点是所有文字包括下行文字在内的中点，而“正中”选项使用大写字母高度的中点。

• 布满（F）：指定文字按照由两点定义的方向和一个高度值布满整个区域，输入的文字越多，文字之间的距离就越小。

“样式” 用于选择设置的文字样式。启动“单行文字”命令后，在命令行中输入 s，按回车键，输入所需的样式名称，再次按回车键即可切换新的文字样式。

命令行提示如下：

命令: _text

当前文字样式：“Standard”　文字高度：100.0000　注释性：否　对正：居中

指定文字基线的第一个端点　或 [对正(J)/样式(S)]: s　　　　　　选择“样式”选项，回车

输入样式名或 [?] <Standard>: 仿宋　　　　　　　　　　　输入样式名，回车

 动手练习——为户型空间添加说明文字

下面将利用“单行文字”命令为室内每个空间区域添加说明文字。

▶Step01: 打开“一居室户型”素材文件，如图 9-7 所示。

▶Step02: 执行“文字样式”命令，打开“文字样式”对话框，单击“新建”按钮，创建“注释”样式名，如图 9-8 所示。

▶Step03: 单击“确定”按钮。将“字体名”设为“仿宋_GB2312”，如图 9-9 所示。

▶Step04: 单击“置为当前”按钮，将其设为当前使用样式。执行“单行文字”命令，在绘图区中指定好文字的起点，如图 9-10 所示。

▶Step05: 将文字高度设为 300，如图 9-11 所示。

▶Step06: 按两次回车键，进入文字编辑状态。输入说明文字，如图 9-12 所示。

▶Step07: 输入后，单击其他区域，可继续创建第 2 个说明文字，如图 9-13 所示。

▶Step08: 按照同样的方法，指定其他空间区域，输入说明文字，如图 9-14 所示。

▶Step09: 所有文字输入完成后，按【Esc】键即可完成操作，结果如图 9-15 所示。

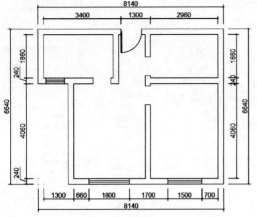

图 9-7　打开素材文件

图 9-8　新建"文字样式"名

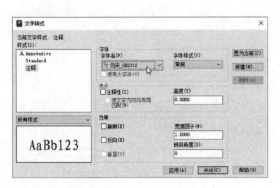

图 9-9　设置字体

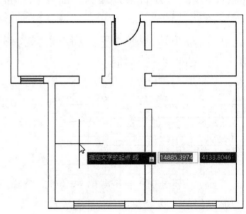

图 9-10　指定文字起点

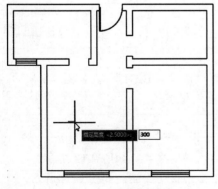

图 9-11　设置文字高度

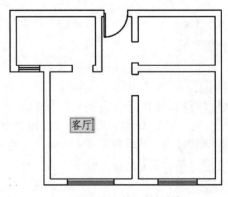

图 9-12　输入文字内容

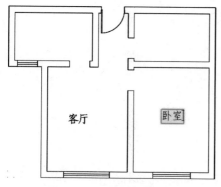

图 9-13 创建第 2 个说明文字

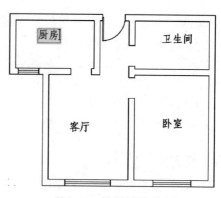

图 9-14 创建其他说明文字

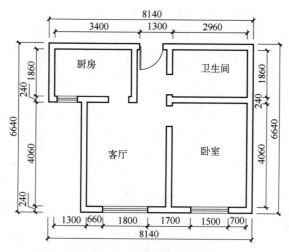

图 9-15 完成所有说明文字的添加

9.2.2 编辑单行文字

如果需要对单行文字进行修改，可双击所需文字，进入文字编辑状态，在此修改文字内容即可。此外用户还可在命令行中输入 TEXTEDIT 命令，按回车键，根据命令行的提示，选择要编辑的单行文字进行修改操作。

命令行提示如下：

命令：TEXTEDIT

当前设置：编辑模式 ＝ Single

选择注释对象或 [模式(M)]:　　　　　　选择所需文字

使用以上方法只能对单行文字的内容进行修改。如果想要调整文字的大小、对正方式等参数，则需利用"特性"面板来操作。

右击所需文字，在快捷菜单中选择"特性"选项，打开"特性"面板，在"文字"选项组中可对文字的"内容""对正""高度""旋转"等参数进行设置，如图 9-16 所示。

"特性"面板中各选项说明如下：

图 9-16 "特性"选项板

① **常规**：设置文本的颜色和图层。

② **三维效果**：设置三维材质。

③ **文字**：设置文字的内容、样式、注释性、对正、高度、旋转、宽度因子和倾斜（角度）等。

④ **几何图形**：设置文本的坐标位置。

⑤ **其他**：设置文本的显示效果。

9.2.3 创建多行文字

多行文字又称段落文本，它是由两行以上的文本组成，并且各行文字都是作为一个整体来处理。多行文字可根据输入框的大小和文字数量自动换行。在输入一段文字后，按回车键可以切换到下一行。通过以下方式可执行"多行文字"命令：

- 在菜单栏中执行"绘图>文字>多行文字"命令。
- 在"默认"选项卡"文字注释"面板中单击"多行文字"按钮 **A**。
- 在"注释"选项卡"文字"面板中单击"多行文字"按钮 **A**。
- 在命令行输入 MTEXT 命令，按回车键即可。

执行"多行文本"命令后，在绘图区中框选出文字范围，即可输入多行文字，输入完成后单击功能区中的"关闭文字编辑器"按钮，即可创建多行文本，如图 9-17 所示。

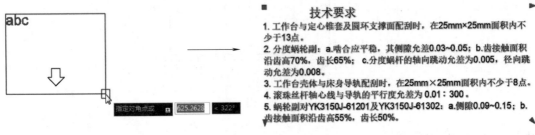

图 9-17　创建多行文字

9.2.4 编辑多行文字

如果需要修改多行文字内容，可双击该内容，此时系统会打开"文字编辑器"选项卡，同时，被选中的文字也会进行编辑状态，如图 9-18 所示。

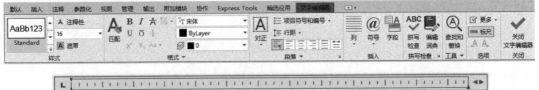

图 9-18　编辑多行文字

用户可在编辑方框中先选择所需的文本内容，然后在"文字编辑器"选项卡中选择相关设置选项进行操作即可。

"文字编辑器"选项卡中各选项组功能说明如下：

① **样式**：用于设置文字的样式以及文字的高度。其中"遮罩 "功能用于为文本添加底纹颜色。

② **格式**：用于设置文字格式。其中包括设置文字字体、文字加粗、文字倾斜、文字下划线、文字颜色、文字图层、复制文字格式等。

③ **段落**：用于设置段落格式。其中包括设置段落对齐方式、段落行距、添加项目符号及编号等。

④ **插入**：用于插入特殊符号、字段以及段落的分栏操作。

⑤ **拼写检查**：用于对段落文本进行审核校对。

⑥ **工具**：用于查找和替换段落中指定的文本。

⑦ **选项**：用于设置编辑器的显示与隐藏、文本框编辑框标尺的显示位置等。

动手练习——添加"技术要求"文本内容

下面将为差动机构装配图添加"技术要求"说明文本。

▶**Step01**：打开"差动机构装配图"素材文件。执行"多行文字"命令，在图纸右侧指定文本编辑框的对角点，创建该编辑框，如图 9-19 所示。

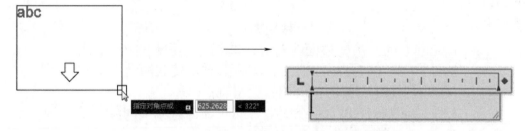

图 9-19　创建文本编辑框

▶**Step02**：在文本编辑框中输入技术要求的文本内容，如图 9-20 所示。

▶**Step03**：全选文字，在"文字编辑器"选项卡的"样式"选项组中，选择"Style1"字体样式，更换当前文本样式，如图 9-21 所示。

图 9-20　输入文本内容

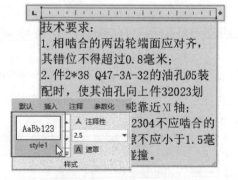

图 9-21　调整文字样式

▶**Step04**：通过拖拽编辑框上方的标尺滑块，调整文本显示宽度。选中段落中的"*"符号，将其更改为“×”，如图 9-22 所示。

技术要求：
1. 相啮合的两齿轮端面应对齐，其错位不得超过0.8毫米；
2. 件2■38 Q47-3A-32的油孔Ø5装配时，使其油孔向上件
32023划线时应使挂轮板能靠近XI轴；
3. 件32302与件32304不应啮合的相邻齿其端面间隙不应
小于1.5毫米，以保证不相碰撞。
技术要求：
1. 相啮合的两齿轮端面应对齐，其错位不得超过0.8毫米；
2. 件2×38 Q47-3A-32的油孔Ø5装配时，使其油孔向上
件32023划线时应使挂轮板能靠近XI轴；
3. 件32302与件32304不应啮合的相邻齿其端面间隙不应
小于1.5毫米，以保证不相碰撞。

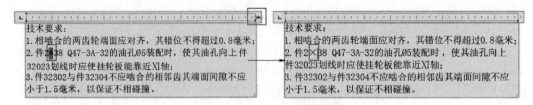

图 9-22　调整文本宽度和修改文字

Step05: 选中标题“技术要求”，在“文字编辑器”选项卡的“格式”选项组中单击“加粗”按钮，将文本加粗显示。在“段落”选项组中单击“居中”按钮，将标题居中对齐，如图 9-23 所示。

默认
插入
注释
参数化
视图
管理
输出
附加模块
协作
Express Tools
精选应用
文字编辑器
AaBb123
style1
注释性
2.5
遮罩
样式
匹配
宋体
ByLayer
0
格式
对正
项目符号和编号
行距
段落

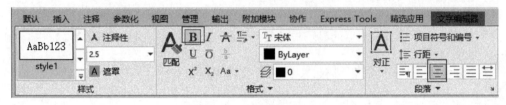

图 9-23　设置标题格式

Step06: 设置完成后，单击空白处即可退出编辑状态，完成文本的添加操作，结果如图 9-24 所示。

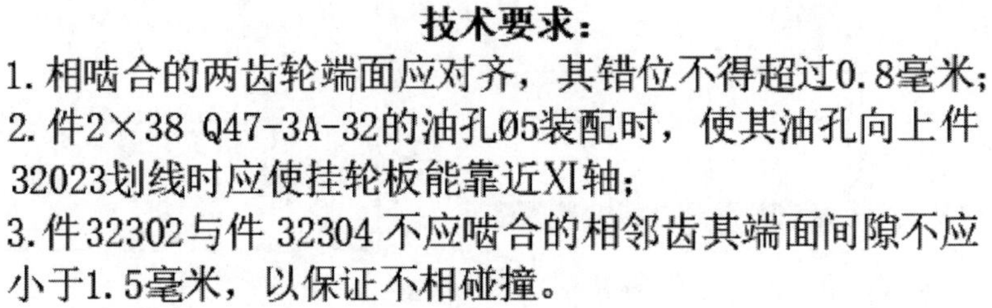

技术要求：
1. 相啮合的两齿轮端面应对齐，其错位不得超过0.8毫米；
2. 件2×38 Q47-3A-32的油孔Ø5装配时，使其油孔向上件
32023划线时应使挂轮板能靠近XI轴；
3. 件32302与件32304不应啮合的相邻齿其端面间隙不应
小于1.5毫米，以保证不相碰撞。

图 9-24　完成操作

9.2.5 输入特殊字符

在绘制工程图纸时，经常需要添加一些特殊的符号或字符，例如，度数符号“°”、公差符号“±”、直径符号“ϕ”、上划线、下划线和钢筋符号“A、B、C 和 D”等，像这些常用的符号，用户可以通过以下方法来操作。

（1）在单行文本中输入

单行文字输入时，用户可通过控制码来实现特殊字符的输入。控制码由两个百分号和一个字母（或一组数字）组成。常见字符代码如表 9-1 所示。

表 9-1　常见字符代码表

代码	功能	代码	功能
%%o	上划线（成对出现）	%%c	直径（ϕ）
%%u	下划线（成对出现）	%%%	百分号（%）
%%d	度数（°）	\U+2220	角度∠
%%p	正负公差（±）	\U+2248	几乎等于≈

代码	功能	代码	功能
\U+2260	不相等≠	\U+00B2	上标2
\U+0394	差值△	\U+2082	下标2

（2）在多行文本中输入

如果是多行文本，除了可使用输入字符代码插入外，还可通过"文字编辑器"选项卡中的"符号"功能来插入。在"文字编辑器"选项卡的"插入"选项组中单击"符号"下拉按钮，在其列表中选择"其他"选项，打开"字符映射表"对话框，选择所需的符号后，单击"选择"和"复制"按钮，将符号粘贴至文本中即可，如图9-25所示。

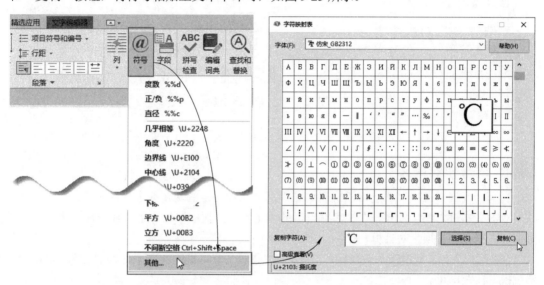

图9-25 利用"符号"插入

> ◎ **技术要点**
>
> 如果要输入钢筋符号A、B、C或D，那么在输入前，需要收集字体"SJQY"，并将其添加到C:\Windows\Fonts中。重新启动软件，激活多行文字的"文字格式"对话框。在不改变该多行文字"样式"的前提下，仅单击"文字"栏选择字体"SJQY"，再分别输入大写字母A、B、C或D，即可得到相应的钢筋符号A、B、C或D。用户也可以先输入大写字母A、B、C或D，再选中相应字母后修改其"文字"为字体"SJQY"。

9.2.6 合并文字

用户在打开外来图纸时，经常会遇到段落文本是以单行文字来显示的，甚至还有以单个字符来显示，在这种情况下，调整文字内容会比较麻烦。这时，用户可使用合并文字功能，将多个单行文字或单个字符合并成一个多行文本段落，然后再统一修改编辑，就方便多了。通过以下方式可执行"合并文字"命令：

- 在"插入"选项卡"输入"面板中单击"合并文字"按钮 。
- 在命令行输入TXT2MTXT命令，按回车键即可。

执行"合并文字"命令后，根据命令行的提示，选择要合并的所有文字，按回车键即可，如图 9-26 所示。

命令行提示如下：

命令：_txt2mtxt

选择要合并的文字对象...

选择对象或 [设置(SE)]：指定对角点：找到 11 个

选择对象或 [设置(SE)]：　　　　　　　　　　　　　　　　　选择要合并的文字内容，回车

11 个文字对象已删除，1 个多行文字对象已添加。

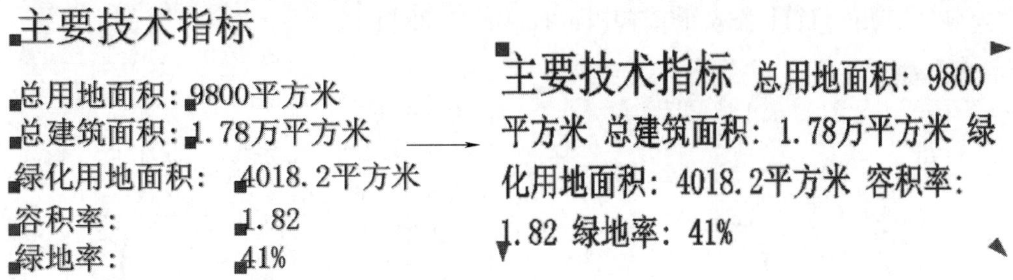

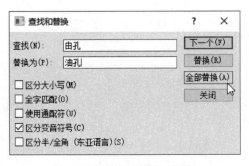

图 9-26　合并成多行文字

9.2.7　查找和替换文字

利用"查找和替换"功能可以快速地在段落中找到指定的文字并进行替换操作。

双击文本进入编辑模式，在文字编辑器的"工具"面板中单击"查找和替换"按钮，即可打开"查找和替换"对话框，如图 9-27 所示。

在"查找"文本框中输入要查找的文字，在"替换"文本框中输入要替换的文字，单击"全部替换"按钮即可。

图 9-27　"查找和替换"对话框

9.3　使用字段

字段也是文字，等价于可以自动更新的智能文字，就是可能会在图形中修改的数据的更新文字。设计人员在工程图中如果需要引用这些文字或数据，可以采用字段的方式引用，这样当字段所代表的文字或数据发生变化时，字段会自动更新，就不需要手动修改。

9.3.1 插入字段

通过"字段"对话框，可将字段插入到任意种类的文字（公差除外）中，其中包括表单元、属性和属性定义中的文字，如图9-28所示。通过以下方法打开"字段"对话框：

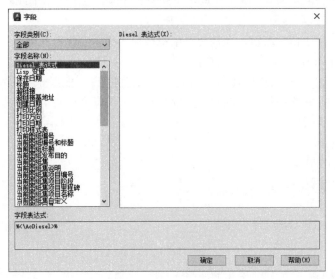

图 9-28 "字段"对话框

- 在菜单栏中执行"插入>字段"命令。
- 在"插入"选项卡的"数据"面板中单击"字段"按钮 。
- 在命令行中输入FIELD命令，按回车键即可。
- 在文字输入框中单击鼠标右键，在弹出的快捷菜单中选择"插入字段"命令。
- 在"文字编辑器"选项卡的"插入"面板单击"字段"按钮。

- 在"字段"对话框中单击"字段类别"下拉按钮，在其列表中选择字段的类别，其中包括打印、对象、其他、全部、日期和时间、图纸集、文档和已链接这8个类别选项，如图9-29所示。选择其中任意选项，会打开与之相对应的样例列表，可对其进行设置，如图9-30所示。

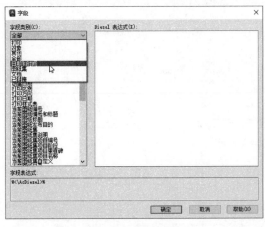

图 9-29 字段类别

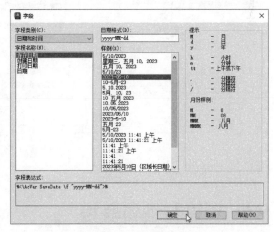

图 9-30 选择字段格式

字段所使用的文字样式与其插入到的文字对象所使用的样式相同。默认情况下，字段将使用浅灰色进行显示。

9.3.2 更新字段

字段更新时将会显示最新的值。在此可单独更新字段，也可在一个或多个选定文字对象中更新所有字段。通过以下方式进行更新字段的操作：

·选择文本，单击鼠标右键，在快捷菜单中选择"更新字段"命令。

·在命令行输入 UPD 命令，然后按回车键。

·在命令行中输入 FIELDEVAL 命令，然后按回车键确认，根据提示输入合适的位码即可。该位码是常用标注控制符中任意值的和。如仅在打开、保存文件时更新字段，可输入数值 3。

常用标注控制符说明如下：

·0 值：不更新。

·1 值：打开时更新。

·2 值：保存时更新。

·4 值：打印时更新。

·8 值：使用 ETRANSMIT 时更新。

·16 值：重生成时更新。

> ◎ **技术要点**
>
> 在"选项"对话框"用户系统配置"选项卡的"字段"选项组中，单击"字段更新设置"按钮，可以打开"字段更新设置"对话框，如图 9-31 所示。在该对话框中可以控制字段的更新方式。

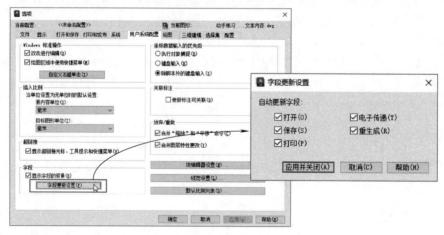

图 9-31　字段更新设置

9.4　创建与编辑表格 ●●●

表格是在行和列中包含数据的对象，在工程图中会大量使用到表格，例如标题栏和明细表都属于表格的应用。工作任务不同，用户对表格的具体要求也会不同。下面将对表格的一系列常规操作进行介绍。

9.4.1 设置表格样式

在创建表格前要设置表格样式，方便之后调用。在"表格样式"对话框中可以选择设置表格样式的方式，用户可通过以下方式打开"表格样式"对话框：

- 在菜单栏中执行"格式>表格样式"命令。
- 在"默认"选项卡的"注释"面板中单击"表格样式"按钮 ▦。
- 在"注释"选项卡的"表格"面板中单击右下角的"表格样式"箭头 ◢。
- 在命令行输入 TABLESTYLE 命令，按回车键即可。

执行"格式>表格样式"命令，打开"表格样式"对话框，单击"新建"按钮，在弹出的对话框中输入样式名称，如图 9-32 所示。单击"继续"按钮即可打开"新建表格样式"对话框，如图 9-33 所示。

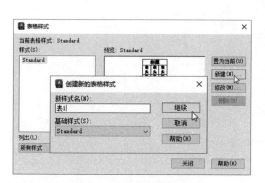

图 9-32　新建表格样式名

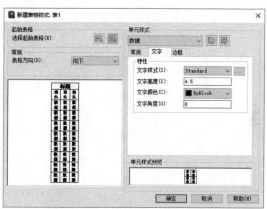

图 9-33　"新建表格样式"对话框

表格样式是由"数据""标题"和"表头"3 组样式组成。而每组样式又由"常规""文字"和"边框"3 个选项卡组成。用户可在"新建表格样式"对话框的"单元样式"选项组中对这些选项参数进行设置。

常规：该选项卡可设置表格的填充颜色、对齐方式、格式、类型和页边距等特性。

① 填充颜色：设置表格的背景填充颜色。

② 对齐：设置表格文字的对齐方式。

③ 格式：设置表格中的数据格式。单击右侧的 ⋯ 按钮，可打开"表格单元格式"对话框，在此可设置表格的数据格式，如图 9-34 所示。

④ 类型：设置是数据类型还是标签类型。

⑤ 页边距：设置表格内容距边线的水平和垂直距离。

文字：该选项卡可设置文字的样式、高度、颜色、角度等。

图 9-34　设置数据格式

边框：该选项卡可设置表格边框的线宽、线型、颜色等选项。此外，还可设置有无边框，或是否是双线。

9.4.2 创建表格

表格样式设置完毕后，即可制作表格内容。用户可通过以下方式来创建表格。

- 在菜单栏中执行"绘图>表格"命令。
- 在"默认"选项卡的"注释"面板中单击"表格"按钮 ⊞。
- 在"注释"选项卡"表格"面板中单击"表格"按钮 ⊞。
- 在命令行输入 TABLE 命令，按回车键即可。

执行"表格"命令后，打开"插入表格"对话框，如图 9-35 所示。从中设置好表格"列"和"行"的参数，单击"确定"按钮，然后在绘图区指定好插入点即可创建表格。

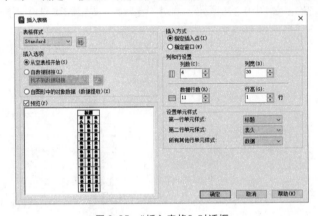

图 9-35 "插入表格"对话框

"插入表格"对话框的各选项说明如下：

① 表格样式：该选项可选择设置的表格样式。单击下拉按钮右侧"表格样式"对话框启动器按钮 ⊞，可创建新的表格样式。

② 从空表格开始：用于创建可以手动填充数据的空表格。

③ 自数据链接：用于从外部电子表格中的数据创建表格。单击右侧按钮，可在"选择数据链接"对话框中进行数据链接设置。

④ 自图形中的对象数据：用于启动"数据提取"向导。

⑤ 预览：用于显示当前表格样式。

⑥ 指定插入点：用于指定表格左上角的位置。可使用定点设置，也可在命令行中输入坐标值。如果表格样式将表格的方向设为由下而上读取，则插入点位于表格左下角。

⑦ 指定窗口：用于指定表格的大小和位置。该选项同样可使用定点设置，也可在命令行中输入坐标值。选定此项时，行数、列数、列宽和行高取决于窗口的大小以及列和行设置。

⑧ 列数：指定表格的列数。

⑨ 列宽：用于指定表格列宽值。

⑩ 数据行数：用于指定表格的行数。

⑪ 行高：用于指定表格行高值。

⑫ 第一行单元样式：用于指定表格中第一行的单元样式。默认为标题单元样式。

⑬ 第二行单元样式：用于指定表格中第二行的单元样式。默认为表头单元样式。

⑭ 所有其他行单元样式：用于指定表格中所有其他行的单元样式。默认为数据单元样式。

 动手练习——调用外部电子表格数据

下面介绍如何将现有 Excel 文档插入到图形文件。

▶Step01：执行"表格"命令，打开"插入表格"对话框，在"插入选项"选项组中选择"自数据链接"选项，如图 9-36 所示。

▶Step02：单击右侧"数据链接管理器"启动按钮，打开"选择数据链接"对话框，如图 9-37 所示。

图 9-36　选择"自数据链接"

图 9-37　"选择数据链接"对话框

▶Step03：在该对话框中单击"创建新的 Excel 数据链接"选项，打开"输入数据链接名称"对话框，从中输入"电气材料表"，再单击"确定"按钮，如图 9-38 所示。

▶Step04：系统会自动打开"新建 Excel 数据链接"对话框，如图 9-39 所示。

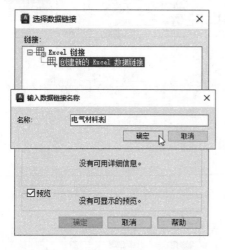

图 9-38　输入数据链接名称

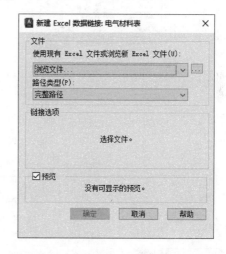

图 9-39　"新建 Excel 数据链接"对话框

▶Step05：单击"浏览文件"按钮，打开"另存为"对话框，选择需要链接的 Excel 文档，单击"打开"按钮，如图 9-40 所示。

▶Step06：返回到"新建 Excel 数据链接"对话框，可以看到表格的预览效果，如图 9-41 所示。

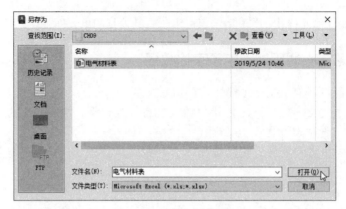

图 9-40 选择电子表格文档

▶Step07: 单击"确定"按钮，返回"选择数据链接"对话框，如图 9-42 所示。

图 9-41 表格预览效果

图 9-42 返回"选择数据链接"对话框

图 9-43 返回"插入表格"对话框

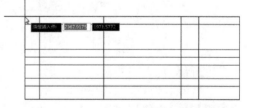

图 9-44 指定插入点

▶Step08：单击"确定"按钮，返回到"插入数据"对话框，如图 9-43 所示。

▶Step09： 单击"确定"按钮，返回绘图区。在绘图区中指定一点作为表格的插入点，如图 9-44 所示。

▶Step10： 单击即可完成外部表格的创建。框选单元格内部，将鼠标放置到单元格上，可以看到单元格已被锁定，且可以看到链接表格的来源、更新类型等，如图 9-45 所示。

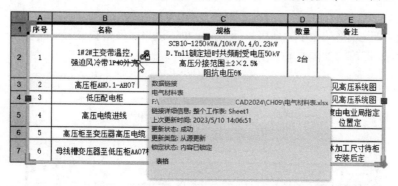

图 9-45　选择单元格

⊚ **技术要点**

如果需要修改插入的表格内容，可在"表格单元"选项卡的"单元格式"选项组中单击打开"单元锁定"列表，从中选择"解锁"选项，如图 9-46 所示，可解锁当前表格内容。解锁后即可对其进行自由编辑。

图 9-46　解锁表格

9.4.3　编辑表格

如果需要对表格的结构进行调整，可选中所需单元格，在"表格单元"选项卡中执行相关命令即可，如图 9-47 所示。

图 9-47　"表格单元"选项卡

该选项卡中各选项组说明如下：

- 行：可插入或删除行。
- 列：可插入或删除列。

- **合并**：可将多个单元格合并成一个单元格，也可将已合并的单元格进行取消合并操作。
- **单元样式**：可设置表格文字的对齐方式、单元格的颜色以及表格的边框样式等。
- **单元格式**：可确定是否将选择的单元格进行锁定操作，也可以设置单元格的数据类型。
- **插入**：可插入图块、字段以及公式等特殊符号。
- **数据**：可设置表格数据，如将 Excel 电子表格中的数据与当前表格中的数据进行链接操作。

如果想要调整表格的大小、列宽和行高，可单击表格，表格会显示出编辑夹点，拖动这些夹点到合适位置即可，如图 9-48 所示。

图 9-48　表格的编辑夹点

实战演练 1——制作工程用料预算表

下面来制作一张建筑工程预算表。主要用到的命令有"表格样式""插入表格""编辑表格"等。

▶Step01: 执行"文字样式"命令，打开"文字样式"对话框。单击"新建"按钮，打开"新建文字样式"对话框，输入样式名"标题"，如图 9-49 所示。

▶Step02: 单击"确定"按钮，设置该样式的字体名为"黑体"，单击"应用"按钮，如图 9-50 所示。

图 9-49　打开"文字样式"对话框

图 9-50　设置"黑体"

▶Step03: 再次新建"数据"样式，将其字体设为"宋体"，单击"应用"和"关闭"按钮，如图 9-51 所示。

▶Step04: 执行"表格样式"命令，打开"表格样式"对话框，单击"修改"按钮打开"修改表格样式"对话框，切换到"标题"单元样式的"文字"选项卡，设置文字样式为

"标题"，文字高度为 12，如图 9-52 所示。

图 9-51　新建"数据"文字样式

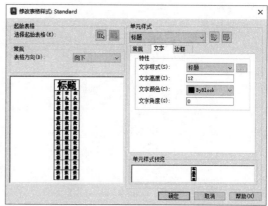

图 9-52　设置表格标题样式

▶Step05：切换到"常规"选项卡，设置水平和垂直的页边距均为 8，如图 9-53 所示。

▶Step06：选择"表头"单元样式，在"文字"选项卡中设置文字样式为"标题"，文字高度为 10，如图 9-54 所示。

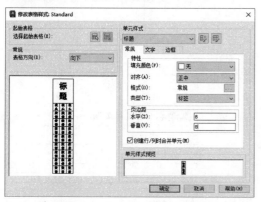

图 9-53　设置"标题"常规特性

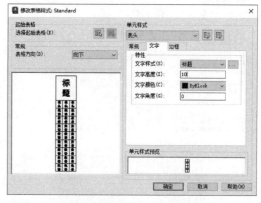

图 9-54　设置"表头"文字

▶Step07：切换至"常规"选项卡，设置页边距均为 5，如图 9-55 所示。

▶Step08：选择"数据"单元样式，在"文字"选项卡中设置文字样式为"数据"，设置文字高度为 10，如图 9-56 所示。

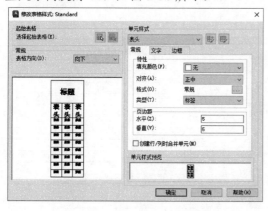

图 9-55　设置"表头"常规特性

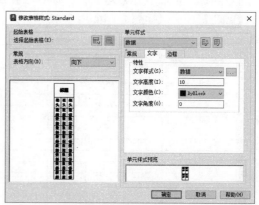

图 9-56　设置"数据"文字

▶Step09: 切换到"常规"选项卡，将对齐方式设为"正中"，页边距均设为 5，如图 9-57 所示。

▶Step10: 单击"确定"按钮返回"表格样式"对话框，单击"关闭"按钮关闭对话框即可完成设置，如图 9-58 所示。

图 9-57 设置"数据"常规特性

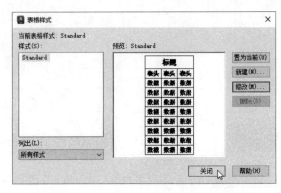

图 9-58 返回"表格样式"并关闭对话框

▶Step11: 执行"表格"命令，打开"插入表格"对话框，设置数据行数、列数、行高、列宽等参数，如图 9-59 所示。

▶Step12: 单击"确定"按钮，在绘图区中指定表格插入点，如图 9-60 所示。

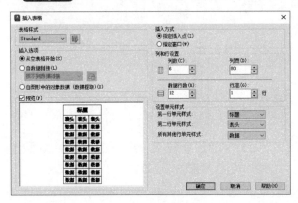

图 9-59 "插入表格"对话框

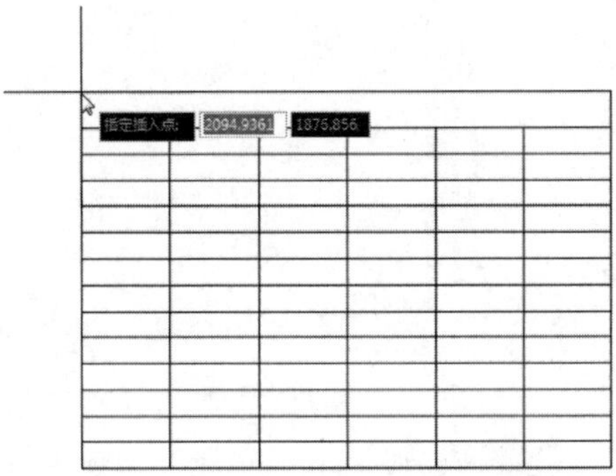

图 9-60 指定插入点

▶Step13: 单击即可创建表格，标题栏会自动进入编辑状态，如图 9-61 所示。

▶Step14: 输入标题名，如图 9-62 所示。

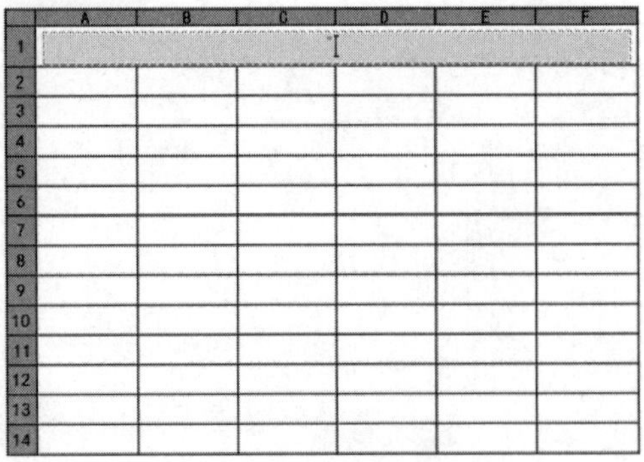

图 9-61 创建表格

图 9-62 输入标题

▶Step15: 按回车键进入"表头"编辑状态，输入表头内容，如图9-63所示。

▶Step16: 在单元格A3～A6中分别输入1、2、3、4，选择这四个单元格，将鼠标指针放在右下角的菱形夹点上，如图9-64所示。

图9-63 输入表头

图9-64 输入序号

▶Step17: 单击并向下拖动鼠标至单元格A14的右下角，即可完成序号的自动填充，如图9-65所示。

▶Step18: 输入其他数据内容，如图9-66所示。

图9-65 自动填充序号

序号	材料名称	单位	数量	单价	总价
			建筑工程用材预算表		
1	泵送混凝土		236	345	
2	螺纹钢筋Ⅱ级	t	175	3650	
3	螺纹钢筋Ⅲ级	t	126	3990	
4	光圆钢筋	t	22	4500	
5	聚苯颗粒		35	20	
6	自流平环氧树脂	t	16	75	
7	轻钢龙骨（70×40×0.63）	m	454	25	
8	铝合金龙骨（不上人）		152	198	
9	铝合金龙骨（上人）		30	255	
10	陶瓷地砖（400×400）		355	80	
11	陶瓷地砖（600×600）		186	95	
12	乙级防火门		69	320	

图9-66 输入表格内容

▶Step19: 在单元格C3中输入m，如图9-67所示。

▶Step20: 在"文字编辑器"选项卡中单击"符号"下拉按钮，选择"立方\U+00B3"选项，创建出立方米的符号，如图9-68所示。

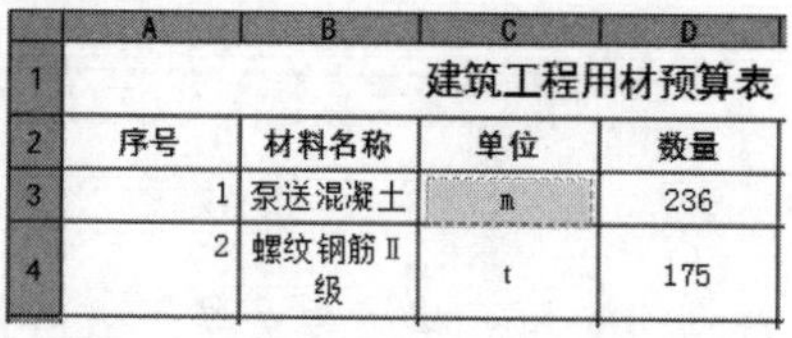

图9-67 在C3中输入m

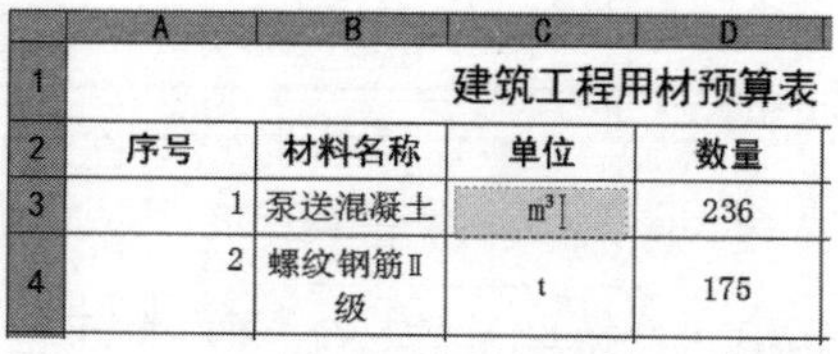

图9-68 创建立方米符号

▶Step21: 照此方法复制并输入其他单位，如图9-69所示。

▶Step22: 选择单元格F3，在"表格单元"选项卡中单击"公式"按钮，选择"方程式"

选项。

▶Step23: 此时该单元格会自动输入等号"=",输入公式"D3*E3",按回车键后得出总价数额,且下一行会自进入编辑状态,如图9-70所示。

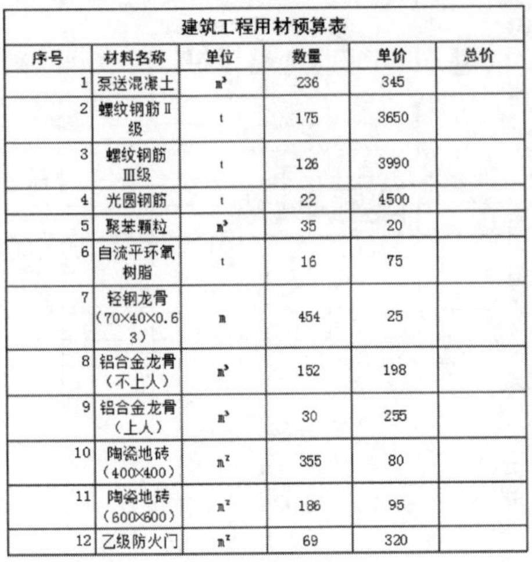

图 9-69　输入其他数据单位

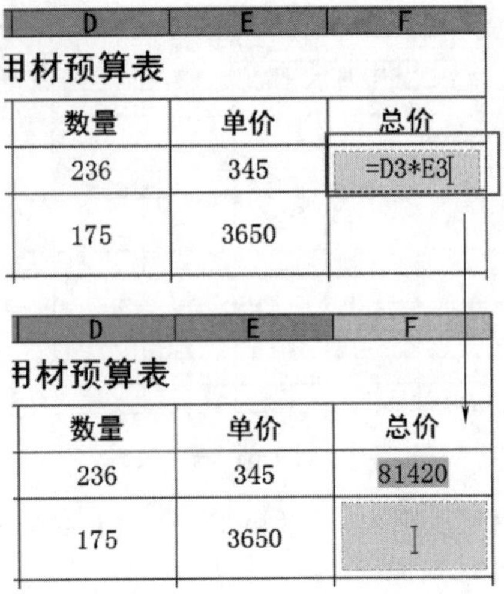

图 9-70　公式计算

▶Step24: 按【Esc】键取消编辑状态,选择单元格F3,将鼠标放置到单元格右下角的夹点上,单击并向下拖动,利用自动填充功能计算出所有的总价,如图9-71所示。

▶Step25: 选择单元格A3~A14,在"表格单元"选项卡中设置对齐方式为"正中",如图9-72所示。

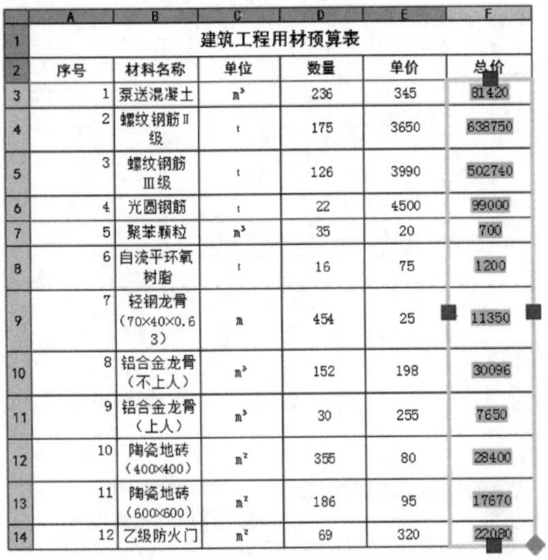

图 9-71　自动填充总价

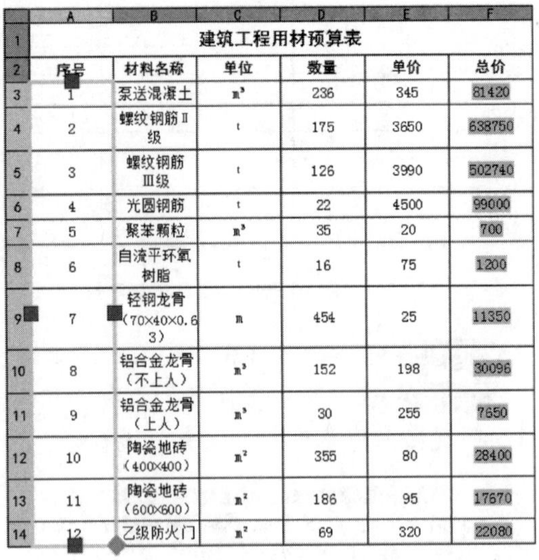

图 9-72　正中对齐

▶Step26: 选择单元格B9,调整单元格宽度,则B列所有单元格宽度会统一被调整,如图9-73所示。

▶Step27: 选择所有单元格,单击鼠标右键,在弹出的快捷菜单中选择"行>均匀调整行大小"选项,调整表格。

▶Step28: 单击表格，将光标放置在底部的夹点上，向上移动该夹点，调整表格整体高度，调整结果如图 9-74 所示。

建筑工程用材预算表					
序号	材料名称	单位	数量	单价	总价
1	泵送混凝土	m³	236	345	81420
2	螺纹钢筋Ⅱ级	t	175	3650	638750
3	螺纹钢筋Ⅲ级	t	126	3990	502740
4	光圆钢筋	t	22	4500	99000
5	聚苯颗粒	m³	35	20	700
6	自流平环氧树脂	t	16	75	1200
7	轻钢龙骨（70×40×0.63）	m	454	25	11350
8	铝合金龙骨（不上人）	m²	152	198	30096
9	铝合金龙骨（上人）	m²	30	255	7650
10	陶瓷地砖（400×400）	m²	355	80	28400
11	陶瓷地砖（600×600）	m²	186	95	17670
12	乙级防火门	m²	69	320	22080

图 9-73　调整表格列宽　　　　　　　　图 9-74　均匀调整行

实战演练 2——为室内大样图添加图示内容

下面将为吊顶大样图添加图示，其中所运用到的命令有：多段线和单行文字命令。

▶Step01: 打开"吊顶大样图"素材文件，如图 9-75 所示。

▶Step02: 执行"多段线"命令，绘制两条线宽为 6mm 的多段线，长度适中即可，如图 9-76 所示。

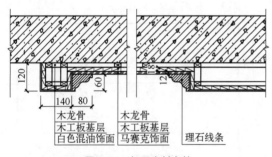

图 9-75　打开素材文件

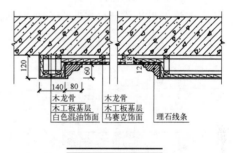

图 9-76　绘制多段线

▶Step03: 执行"分解"命令，选中第 2 条多段线，将其进行分解，如图 9-77 所示。

▶Step04: 执行"单行文字"命令，在多段线上方指定好文字的起点，将文字高度设为 35，旋转角度为 0，进入文本编辑状态，如图 9-78 所示。

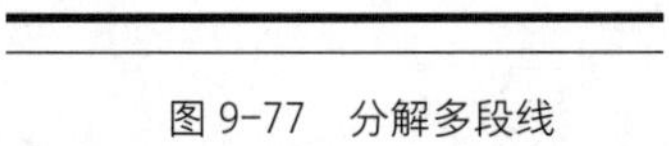

图 9-77　分解多段线

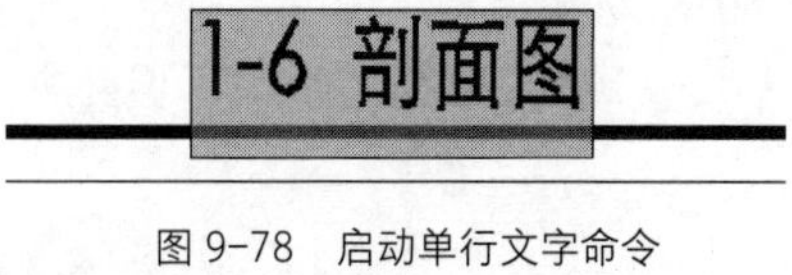

1-6 剖面图

图 9-78　启动单行文字命令

▶Step05: 输入好图示内容，单击空白处，按【Esc】键退出编辑状态，完成图示的输入。根据图示内容，调整好多段线的长度即可，如图 9-79 所示。

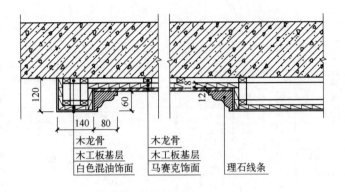

120 140 80 60

木龙骨
木工板基层
白色混油饰面

木龙骨
木工板基层
马赛克饰面

理石线条

1-6剖面图

图 9-79　完成图示的添加

 课后作业

（1）制作图例表

本例将利用"表格"命令创建插座图例表，效果如图 9-80 所示。

操作提示：

Step01：执行"表格"命令，插入 7 行 2 列的表格。

Step02：输入图例表格内容，并调整文字的大小与对齐方式。

Step03：插入插座图块至相应的单元格中。

（2）创建图纸封面

本例将利用"单行文字"命令创建施工图纸的封面，如图 9-81 所示。

插座图例	
(H)	网线插座
(TV)	电视插座
(T)	电话插座
 ⏚	单相二三线插座(防水盖)
 ⏛	单相二三线插座
 ⏛	空调插座

图 9-80　插座图例表

××市××区道路设计项目

施工图设计

××省市政道路建设工程有限公司

图 9-81　创建图纸封面内容

操作提示：

Step01：执行"单行文字"命令，输入图纸封面内容。

Step02：利用"特性"面板，调整文字的大小。

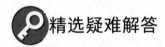 精选疑难解答

Q1：如何控制文字显示？

A：通过在命令行输入系统变量 QTEXT 可以控制文字的显示。在命令行输入命令并按回

车键，根据提示输入 ON 后再按回车键，执行"视图" > "重生成"命令可隐藏文字。再次输入 QTEXT 命令，根据提示输入 OFF 并按回车键，被隐藏的文字将被显示。

Q2：文字竖排显示，怎么改成横排显示？

A：文字类型有两种：竖排文字带有@，而横排文字是不带@。如果输入的文字是竖排显示的话，那么只需选中该文本，在字体列表中选择不带有@的字体就可以了。

Q3：可以批量修改同一文字样式的大小吗？

A：可以。执行"快速选择"命令，打开"快速选择"对话框，在"特性"列表中选择"样式"，单击"确定"按钮即可选中同一样式的文字。保持选择状态，再按【Ctrl+1】快捷键打开文字的"特性"面板，在其中设置文字高度，即可一次性更改文字样式。

Q4：在创建表格时，设置的行数为 4，可创建的行数则为 6，怎么回事？

A：在对话框中设置的行数是除标题栏和表头之外的行数，而系统默认会在数据行上方自动添加标题栏和表头两行内容，所以实际创建后的行数会比设置的行数多两行。

Q5：如何在表格中插入图块？

A：在表格中，选中要插入的单元格，执行"表格单元>插入>块"命令，在"在表格单元中插入块"对话框中单击"浏览"按钮，并在"选择图形文件"对话框中，选择要插入的图块选项，单击"打开"按钮，在返回的对话框中单击"确定"按钮，即可插入图块。

Q6：在表格中，能否对表格数据进行计算操作？

A：在表格中，用户同样可对数据进行计算。选中结果单元格，执行"表格单元>插入>公式"命令，在下拉列表中选择所需运算类型，根据命令行中的提示信息，框选表格数据，此时在结果单元格中，可显示公式内容，再按回车键，即可完成计算操作。

第 10 章

设置三维建模环境

本章概述

随着软件版本的更新换代，AutoCAD 的三维技术已逐渐成熟。虽说无法与专业的建模软件相媲美，但它所提供的三维技术是可以满足人们简单建模的要求。本章将带领读者先熟悉一下 AutoCAD 软件的三维建模环境，其中包括工作空间的切换、三维坐标的设置、三维视觉样式的设置等，以便为学习后面的三维建模操作奠定基础。

学习目标

- 掌握三维建模基本要素的设置。
- 掌握三维视觉样式的调整操作。
- 了解三维模型的观察方法。

扫码观看本章视频

实例预览

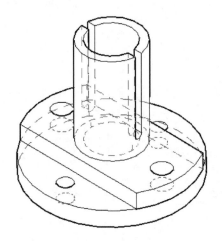

设置模型视觉样式

创建相机视图

10.1　三维建模基本要素

创建三维模型最基本的要素有 3 个，分别为三维建模空间、三维坐标以及三维视图。在创建实体模型时需使用到三维坐标功能，而在查看模型各角度造型是否完善时，则需使用到三维视图功能。

10.1.1　三维建模空间

要在 AutoCAD 中创建三维模型，就必须要在三维建模工作空间中创建。该工作空间包含了许多与三维相关的功能选项，利用这些功能才可创建各种实体模型，如图 10-1 所示的是"三维建模"空间的功能区部分。

图 10-1　"三维建模"空间功能区

用户通过以下方式切换至"三维建模"工作空间。

- 在菜单栏中执行"工具>工作空间>三维建模"命令。
- 在快速启动工具栏单击"草图与注释"下拉按钮 $\boxed{\text{草图与注释} \quad \blacktriangledown}$ ，在弹出的列表中选择"三维建模"选项。
- 在状态栏中单击"切换工作空间"按钮 $\boxed{\text{⚙} \; \blacktriangledown}$ ，在打开的列表中选择"三维建模"选项。
- 在命令行输入 WSCURRENT 命令，按回车键即可。

10.1.2　三维坐标

在三维建模空间中，允许建立自己的坐标系（即用户坐标系），用户坐标系的原点可以放在任意位置上，坐标系也可以倾斜任意角度。大多数二维绘图命令只在 XY 或 XY 平行的面内有效，在绘制三维图形时，经常要建立和改变用户坐标系来绘制不同基面上的平面图形。

（1）右手法则

三维坐标系 Z 轴的正方向是根据右手法则定义的。右手法则也决定三维空间中任一坐标轴的正旋转方向。要标注 X、Y 和 Z 轴的正轴方向，就将右手背对着屏幕，拇指指向 X 轴的正方向，食指指向 Y 轴的正方向，中指所指向的方向即是 Z 轴的正方向，如图 10-2 所示。要确定轴的正旋转方向，用右手大拇指指向轴的正方向，弯曲其他手指，那么其他手指指示的方向即轴的正旋转方向，如图 10-3 所示。

（2）三维坐标系种类

与平面坐标系统相比，三维世界坐标系多了一个 Z 轴。增加的数轴 Z 给坐标系统多规定了一个自由度，并和原来的 X 和 Y 一起构成了三维坐标系统，简称三维坐标系。三维坐标种

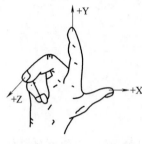

图 10-2 右手法则

图 10-3 轴旋转方向

类包含以下三种:

① **三维笛卡尔坐标系** 笛卡尔坐标系是由相互垂直的 X 轴、Y 轴和 Z 轴三个坐标轴组成的。它是利用这三个相互垂直的轴来确定三维空间的点,图中每个位置都可由相对于原点的坐标点来表示。

三维笛卡尔坐标使用 X、Y 和 Z 三个坐标值来精确指定对象位置。输入三维笛卡尔坐标值类似于输入二维坐标值,除了指定 X 和 Y 值外,还需指定 Z 值。

使用笛卡尔坐标时,可以输入基于原点的绝对坐标值,也可以输入基于上一输入点的相对坐标值。如果要输入相对坐标,需要使用符号@作为前缀,如输入(@1,0,0)表示在 X 轴正方向上距离上一点一个单位的点。

② **柱坐标与球坐标** 柱坐标与二维极坐标类似,但增加了从所要确定的点到 XY 平面的距离值,即指定坐标到 XY 平面的 Z 轴距离。

使用球坐标表示三维空间中的点时,空间中点的三维坐标值用 d<a<b 的方式来进行表示,需要指定三个参数:点到原点的距离(d)、点在 XY 平面上的投影与 X 轴的夹角(a)、点与 XY 平面的夹角(b)。

③ **世界坐标系与用户坐标系** 除了上述坐标系外,还有一种坐标分类:一个是被称为世界坐标系的固定坐标系;一个是用户根据绘图需要自己建立的可移动坐标系,叫做用户坐标系(UCS)。在系统初始设置中,这两个坐标系在新图形中是重合的,系统一般只显示用户坐标系。

(3)设置用户坐标系

用户坐标系相对比较灵活,它可根据绘图需求,来改变坐标的原点和方向。在创建模型时,也经常需要调整用户坐标来辅助绘图。在命令行中输入 UCS 后,按回车键,根据命令提示,先在绘图区指定好坐标原点,然后分别指定 X 轴和 Y 轴方向上的一点即可。如图 10-4 所示的是在三种不同方向的坐标中创建的圆柱体。

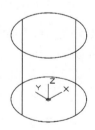 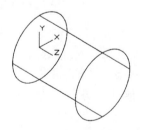 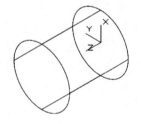

图 10-4 三种不同坐标方向

命令行提示如下:

命令: UCS

当前 UCS 名称: *俯视*

指定 UCS 的原点或 [面(F)/命名(NA)/对象(OB)/上一个(P)/视图(V)/世界(W)/X/Y/Z/Z 轴(ZA)] <世界>:　　　　　　　　　　　　　　　　　　　　　　　　　　　　　　指定坐标原点

指定 X 轴上的点或 <接受>:　<正交 开>　　　　　　　　　　　　指定 X 轴方向

指定 XY 平面上的点或 <接受>:　　　　　　　　　　　　　　　　　指定 Y 轴方向

从图 10-4 中可以看出，不同方向的坐标，其绘制的圆柱体方向也大不相同。在调整了用户坐标后，如果想恢复到默认坐标方向，可在命令行中输入 UCS，并连续按两次回车键即可恢复。

10.1.3　三维视图

三维建模空间为用户提供了 10 种视图类型，包括俯视、仰视、前视、后视、左视、右视 6 个正交视图和西南、西北、东南、东北 4 个等轴测视图。用户可通过以下方法来换三维视图。

- 在菜单栏中执行"视图>三维视图"命令中的子命令。
- 在"常用"选项卡的"视图"面板中单击"未保存的视图"下拉按钮，从中选择相应的视图选项。
- 在"可视化"选项卡的"命名视图"面板中单击"三维导航"下拉按钮，从中选择相应的视图选项。
- 在绘图窗口左上角单击"视图控件"图标，在打开的列表中选择相应的视图选项。

下面将对几种常用的视图进行简单说明。

① 俯视图▦：该视角是从上往下查看模型，常以二维形式显示。

② 仰视▦：该视角是从下往上查看模型，与俯视图视角相反，常以二维形式显示。

③ 左视▤：该视角是从左往右查看模型，常以二维形式显示。

④ 右视▥：该视角是从右往左查看模型，常以二维形式显示。

⑤ 前视▧：该视角是从前往后查看模型，常以二维形式显示。

⑥ 后视▨：该视角是从后往前查看模型，常以二维形式显示。

⑦ 西南等轴测◈：该视角从西南方向以等轴测方式查看模型，如图 10-5 所示。

⑧ 东南等轴测◈：该视角从东南方向以等轴测方式查看模型，如图 10-6 所示。

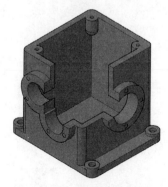

图 10-5　西南等轴测视图

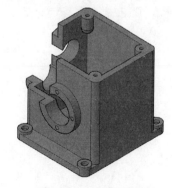

图 10-6　东南等轴测视图

⑨ 东北等轴测◈：该视角从东北方向以等轴测方式查看模型，如图 10-7 所示。

⑩ 西北等轴测◈：该视角从西北方向以等轴测方式查看模型，如图 10-8 所示。

图 10-7　东北等轴测视图

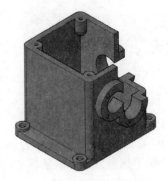

图 10-8　西北等轴测视图

 动手练习——自定义用户坐标

利用定义用户坐标轴来绘制圆柱体，并与椎体进行组合。

▶Step01：打开"圆锥体"素材文件。先在命令行中输入 UCS，按回车键。移动光标并捕捉圆锥底面圆心，如图 10-9 所示。

▶Step02：向右上方移动光标，指定 X 轴方向，如图 10-10 所示。

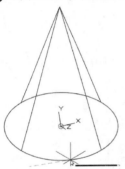

图 10-9　捕捉底面圆心点

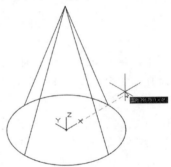

图 10-10　指定 X 轴方向

▶Step03：向上移动光标，指定 Y 轴方向，如图 10-11 所示。

▶Step04：在"常用"选项卡中单击"圆柱体"命令，捕捉圆锥底面圆心，创建底面半径为 50mm 的圆形，如图 10-12 所示。

▶Step05：向 Z 轴方向移动光标，将圆柱体的高设为 350mm，按回车键完成圆柱体的创建操作，如图 10-13 所示。

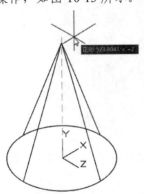

图 10-11　指定 Y 轴方向

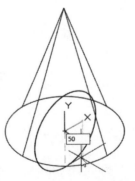

图 10-12　指定圆柱体底面圆心

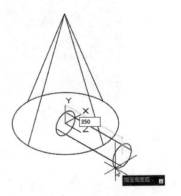

图 10-13　指定圆柱体高

▶Step06: 切换到左视图。选择圆柱体，并将其移动至圆锥体合适位置，如图 10-14 所示。

▶Step07: 切换到西南等轴测视图，并将视觉样式设为概念，可查看效果，如图 10-15 所示。

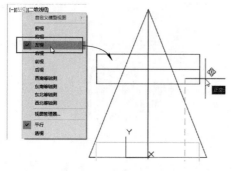

图 10-14　设置为左视图

图 10-15　设置概念视图

10.2　三维视觉样式

视觉样式是用来控制视口中边和着色显示的一组设置，通过更改视觉样式的特性来控制视口中的显示，而不是使用命令或设置系统变量。用户可利用以下方式设置视觉样式：

- 在菜单栏中执行"视图>视觉样式"命令，在展开的级联菜单中可以选择需要的视觉样式。
- 在绘图区左上角单击打开"视图控件"下拉列表。
- 在"常用"选项卡的"视图"面板单击"视觉样式"下拉列表。
- 在"可视化"选项卡的"视觉样式"面板中打开"视觉样式"下拉列表。

10.2.1　视觉样式种类

AutoCAD 提供了二维线框、概念、隐藏、真实、着色、带边缘着色、灰度、勾画、线框以及 X 射线共 10 种视觉样式。

二维线框： 默认的视觉样式，通过使用直线和曲线表示边界的方式显示对象。在该模式中，光栅和 OLE 对象、线型及线宽均为可见，如图 10-16 所示。

线框： 该样式也叫三维线框，通过使用直线和曲线表示边界的方式显示对象。在该模式中，光栅和 OLE 对象、线型及线宽均不可见，如图 10-17 所示。

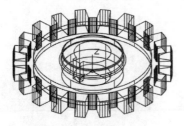

图 10-16　二维线框样式

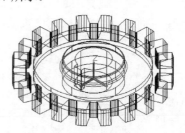

图 10-17　线框样式

隐藏： 使用线框表示法显示对象，而隐藏表示背面的线，方便绘制和修改图形，如图 10-18 所示。

真实： 显示模型的着色和材质效果，并添加平滑的颜色过渡效果，如图 10-19 所示。

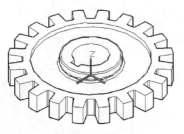

图 10-18　隐藏样式　　　　　　　　　　　　　　　图 10-19　真实样式

概念： 显示模型着色后的效果，该模式使模型的边进行平滑处理，如图 10-20 所示。

着色： 模型进行平滑着色的效果，如图 10-21 所示。

图 10-20　概念样式　　　　　　　　　　　　　　　图 10-21　着色样式

带边缘着色： 在对图形进行着平滑着色的基础上显示边的效果，如图 10-22 所示。

灰度： 将图形更改为灰度显示模型，更改的图形将显示为灰色，如图 10-23 所示。

图 10-22　带边缘着色样式　　　　　　　　　　　　图 10-23　灰度样式

勾画： 通过使用直线和曲线表示边界的方式显示对象，看上去像是勾画出的效果，如图 10-24 所示。

X 射线： 将面更改为部分透明，如图 10-25 所示。

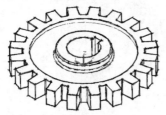
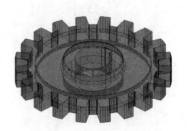

图 10-24　勾画样式　　　　　　　　　　　　　　　图 10-25　X 射线样式

10.2.2 视觉样式管理器

除了使用系统提供的 10 种视觉样式外，还可以通过更改面和边的设置并使用阴影和背景来自定义视觉样式。这些都可在"视觉样式管理器"选项板中进行设置。

打开"视觉样式管理器"选项板的方法包括以下几种：

- 在菜单栏中执行"视图>视觉样式>视觉样式管理器"命令。
- 在"常用"选项卡的"视图"面板单击"视觉样式"下拉按钮，在打开的列表中选择"视觉样式管理器"选项。
- 在"可视化"选项卡的"视觉样式"面板中单击"视觉样式"下拉按钮，在打开的列表中选择"视觉样式管理器"选项。
- 在"可视化"选项卡的"视觉样式"面板右下角单击"视觉样式管理器"快捷按钮。
- 在"视图"选项卡的"选项板"面板中单击"视觉样式"下拉按钮。
- 在命令行输入 VISUALSTYLES 命令，然后按回车键。

> ◎ **技术要点**
>
> 在着色视觉样式中来回移动模型时，跟随视点的两个平行光源将会照亮面。该默认光源被设计为照亮模型中的所有面，以便从视觉上可以辨别这些面。

视觉样式管理器将显示图形中可用的视觉样式图例，选定的视觉样式会以黄色边框表示，其参数设置显示在图例下面的面板中，如图 10-26、图 10-27 所示分别为二维线框视觉样式和概念视觉样式的设置面板。

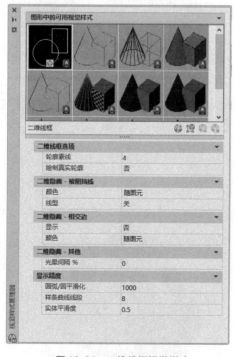

图 10-26　二维线框视觉样式

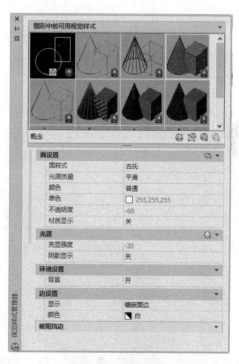

图 10-27　概念视觉样式

二维线框视觉样式的设置参数由"二维线框选项""二维隐藏-被阻挡线""二维隐藏-相

交边""二维隐藏-其他""显示精度"五个卷展栏组成。各个卷展栏功能介绍如下：

① **二维线框选项**用于控制三维元素在二维图形中的显示。

② **二维隐藏-被阻挡线**用于控制在二维线框中使用 HIDE 时被阻挡线的显示。

③ **二维隐藏-相交边**用于控制在二维线框中使用 HIDE 时相交边的显示。

④ **二维隐藏-其他**用于设置光晕间隔百分比。

⑤ **显示精度**用于设置二维和三维中圆弧的平滑化和实体平滑度。

三维视觉样式的参数设置主要包括面设置、环境设置、边设置三种。下面将对这些参数选项进行简单说明。

（1）面样式

用于定义面上的着色情况，真实面样式用于生成真实的效果。古氏面样式通过缓和加亮区域与阴影区域之间的对比，可以更好地显示细节。加亮区域使用暖色调，而阴影区域则使用冷色调。

将面样式设置为"无"时，不进行着色。如果在"边设置"卷展栏下将"边模式"设置为"镶嵌面边"或"素线"，则将仅显示边，如图 10-28 所示的是边设置为"镶嵌面边"效果；如图 10-29 所示的是边设置为"素线"效果。

图 10-28　边模式：镶嵌面边　　　　　　　　图 10-29　边模式：素线

（2）光源质量

镶嵌面边光源会为每个面计算一种颜色，对象将显示得更加平滑，平滑光源通过将多边形各面顶点之间的颜色计算为渐变色，可以使多边形各面之间的边变得平滑，从而使对象具有平滑的外观。

（3）亮显强度

对象上的亮显强度会影响到反光度的感觉。更小、更强烈的亮显会使对象看上去更亮，如图 10-30、图 10-31 所示的是不同亮显值的效果。

图 10-30　亮显为 30　　　　　　　　　　　图 10-31　亮显为 100

（4）不透明度

不透明度特性用于控制对象显示的透明程度，如图 10-32、图 10-33 所示的是不同透明度值显示的效果。

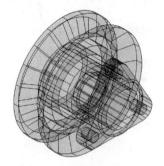 

图 10-32　不透明度为 10　　　　　　　　　图 10-33　不透明度为 80

（5）面颜色模式

面颜色模式是用于显示面的颜色，单色将以同样的颜色和着色显示所有的面，染色使用相同颜色通过更改颜色的色调值和饱和度来着色所有的面，如图 10-34、图 10-35 所示为普通模式和单色显示模式。

图 10-34　面颜色模式：普通　　　　　　　　图 10-35　面颜色模式：单色-蓝色

（6）环境设置

用户可以使用颜色、渐变色填充、图像或阳光与天光作为任何三维视觉样式中视图的背景，即使不是着色对象。要使用背景，首先要创建一个带有背景的命名视图，然后将命名视图设置为当前视图。当前视觉样式中的"背景"设置为"开"时，将显示背景。

（7）阴影显示

视图中的着色对象可以显示阴影。地面阴影是对象投射到地面上的阴影。已映射的对象阴影或全阴影是对象投射到其他对象上的阴影。视图中的光源必须来自用户创建的光源，或者来自阳光。阴影重叠的地方，显示为较深的颜色。

 动手练习——改变模型视觉样式

下面将传动轴套模型的二维线框样式更改为隐藏视觉样式。

▶Step01：打开"传动轴套"素材文件，当前模型的视觉样式为二维线框样式，如图 10-36 所示。

▶Step02：在"常用"选项卡"视觉样式"列表中选择"隐藏"样式，如图 10-37 所示。

▶Step03: 选择后即可应用该视觉样式，如图 10-38 所示。

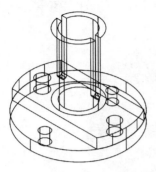

图 10-36　二维线框样式

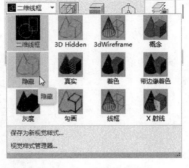

图 10-37　选择隐藏样式

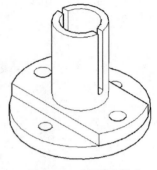

图 10-38　应用隐藏样式

▶Step04: 打开"视觉样式管理器"选项面板，将"被阻挡边"的"显示"模式设为"是"，将其"颜色"设为灰色，如图 10-39 所示。

▶Step05: 设置完成后，模型视觉样式将发生相应的变化，如图 10-40 所示。

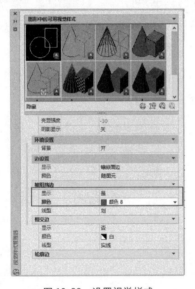

图 10-39　设置视觉样式

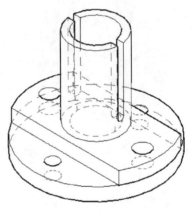

图 10-40　查看效果

10.3　观察三维模型

在绘制三维模型时，除了通过系统预设的三维视图来观察模型外，还可以结合其他不同的观察工具进行观察，以保证绘图的准确性。

10.3.1　三维模型类型

AutoCAD 主要以线框、表面和实体这三种类型来展示模型的。每种类型都有各自的创建和编辑方法，以及不同的显示效果，如图 10-41、图 10-42、图 10-43 所示为三种模型显示效果。

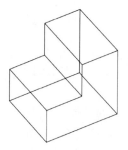

图 10-41　线框模型　　　　　图 10-42　表面模型　　　　　图 10-43　实体模型

（1）线框类型

线框是一种轮廓模型，它是三维对象的轮廓描述，主要描述对象的三维直线和曲线轮廓，没有面和体的特征。

该类型可以通过在三维空间绘制点、线、曲线的方式得到线框模型。要注意的是，线框模型虽然具有三维的显示效果，但实际上由线构成，没有面和体的特征，既不能对其进行面积、体积、重心、转动质量和惯性矩形等计算，也不能进行着色、渲染等操作。

（2）表面类型

表面是由零厚度的表面拼接组合成的三维模型效果，只有表面而没有内部填充。在AutoCAD 中分为曲面模型和网格模型两种。

曲面模型是连续曲率的单一表面，而网格模型是用许多多边形网格来拟合曲面。表面模型适合构造不规则的曲面模型，如模具、发动机叶片、汽车等复杂零件的表面。对于网格模型，多边形越密，曲面的光滑程度就越高。此外，由于表面模型更具有面的特征，因此可以对它进行计算面积、隐藏、着色、渲染等操作。

（3）实体类型

实体是三种模型中最高级的一种，包括线、面和体的全部信息，是三维绘制中使用最多的一种方法。

实体具有实物的全部特征，具有体积、重心等特性，可以对它进行隐藏、剖切、装配干涉检查等操作，还可以对具有基本形状的实体进行并、交、差等布尔运算，以构造复杂的实体模型。

10.3.2　设置三维视点

视点是指用户观察图形的方向。建立三维视图，离不开观察视点的调整。通过不同的视点，可以观察立体模型的不同侧面和效果。例如，绘制三维球体时，如果使用平面坐标系即 Z 轴垂直于屏幕，此时仅能看到该球体在 XY 平面上的投影；如果调整视点至东南等轴测视图，看到的是三维球体。

（1）利用对话框设置视点

有时，为了以最佳角度来观察物体，则需调整视点的观察角度。用户可以通过"视点预设"对话框来进行设置，如图 10-44 所示。通过以下方法可打开"视点预设"对话框：

· 在菜单栏中执行"视图>三维视图>视点预设"命令。

· 在命令行输入 DDVPOINT 命令，按回车键。

"视点预设"对话框中的各选项说明如下：

① **绝对于 WCS**：表示相对于世界坐标系设置查看方向。

② **相对于 UCS**：表示相对于当前 UCS 设置查看方向。

③ **自 X 轴**：显示中间左侧设置的角度。直接键入时，相应在上方通过指针显示设定结果。

④ 自 XY 平面：显示中间右侧设置的角度。直接键入时，相应在上方通过指针显示设定结果。

⑤ 设置为平面视图：单击该按钮，可以返回到 AutoCAD 初始视点，即俯视图状态。

单击"设置为平面视图"按钮，可将坐标系设置为平面视图。默认情况下，观察角度是绝对于 WCS 坐标系的；选择"相对于 UCS"单选项，可以相对于 UCS 坐标系定义角度。

（2）利用罗盘确定视点

用户也可以通过罗盘来确定视点，使用该方法设置视点是相对于世界坐标系而言的。执行"视图>三维视图>视点"命令，即可为当前视口设置视点，如图 10-45 所示。

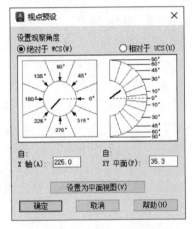

图 10-44 "视点预设"对话框

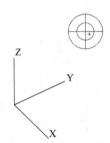

图 10-45 罗盘控制视点

三轴架的 3 个轴分别代表 X 轴、Y 轴和 Z 轴的正方向。当光标在坐标球范围内移动时，三维坐标系通过绕 Z 轴旋转可调整 X 轴和 Y 轴的方向。坐标球中心及两个同心圆可定义视点和目标点连线与 X、Y、Z 平面的角度。

10.3.3 动态观察

在 AutoCAD 中可动态观察模型，可使用光标来实时地控制和改变视图，以得到不同的观察效果。动态观察既可以查看整个图形，也可以查看模型的任意对象。动态观察的优点在于可以观察到实体旋转中的连续形态，而不仅仅是某几个三维视图中的效果。通过以下方式调用动态观察器：

· 在菜单栏中执行"视图>动态观察"命令的子命令。

· 在命令行输入 3DORBIT 命令，按回车键。

动态观察分为受约束的动态观察、自由动态观察和连续动态观察 3 种模式。下面具体介绍各模式的含义：

① **受约束的动态观察**：当选择该模式时，在绘图区单击鼠标左键，并拖动鼠标，模型会根据鼠标的方向旋转，如图 10-46 所示。

② **自由动态观察**：当选择该模式时，模型外会显示一个旋转的圆形标志。用户可以在图形中单击并拖动鼠标查看模型角度，也可以单击旋转标志上的小圆形图标，如图 10-47 所示。

③ **连续动态观察：** 当选择该模式时，在绘图区单击鼠标左键，释放鼠标左键再移动旋转标志，模型就会进行自动旋转，光标移动的速度越快，其旋转速度就会越快。旋转完成后，在任意位置单击鼠标左键就会暂停旋转。

图 10-46 受约束的动态观察效果

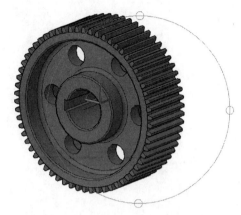
图 10-47 自由动态观察效果

三种观察模式中，均可单击鼠标右键，弹出如图 10-48 所示的快捷菜单。其中"启用动态观察自动目标"选项用于控制是否以观察对象为旋转中心，若不选择此选项则改变观察方向；默认情况和一般使用时应开启此选项。

> **技术要点**
>
> 启用动态观察后，若当前视图的投影方式为平面投影，则将自动切换为透视投影。
> 完成动态观察后，按【ESC】键可以退出动态观察，当前的视图保持不变。

10.3.4 相机视图

相机视图是视图的一种，它将视图的观察者作为一个对象显示在图形中，并可以修改相机的各种参数以调整视图参数。相机作为图形中固定的对象，用户可以精确地控制相机的各项参数，从而控制相机的视图。

（1）创建相机

若用户需要在某个角度观察图形，则可在该点创建一架相机，创建完成后，可在图形中打开或关闭相机，并使用夹点来编辑相机的位置、目标或焦距。通过以下几种方式创建相机：

·在菜单栏中执行"视图>创建相机"命令。

·在"可视化"选项卡的"相机"面板中单击"创建相机"按钮 。

图 10-48 动态观察鼠标右键菜单

·在命令行输入 CAMERA 命令并按回车键。

执行"创建相机"命令后，在绘图区中指定好相机的位置和目标位置，按回车键即可创建相机，如图 10-49 所示。

（2）编辑相机参数

选择已创建的相机，并打开"特性"选项板，可以在选项板中看到相机的参数，如图 10-50

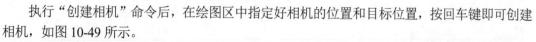

所示。在"特性"选项板中修改参数或直接使用夹点编辑，是相机编辑的两种手段。

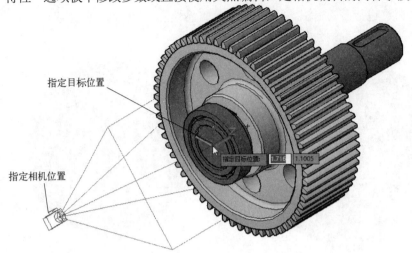

图 10-49 创建相机

该选项板中部分参数含义介绍如下：

① **相机坐标**：观察点的位置，使用坐标点给出，或者拖动相机上的夹点改变位置。

② **目标坐标**：目标点的位置，使用坐标点给出，或者拖动目标矩形中心的夹点改变位置。

③ **焦距**：由观察点和目标点位置共同决定。

④ **视野**：相机视图中显示范围的大小，拖动镜头目标位置的矩形框四边中点上的箭头夹点可以修改。

⑤ **摆动角度**：相机视图相对于水平线旋转的角度。

⑥ **剪裁**：指定剪裁平面的位置，在相机预览中，将隐藏相机与前向剪裁平面之间以及后向剪裁平面与目标之间的所有对象，以便观察实体内部结构。

选择相机，系统会自动弹出"相机预览"对话框，其中实时显示相机视图的预览效果，可作为调整相机时的参考，如图 10-51 所示。

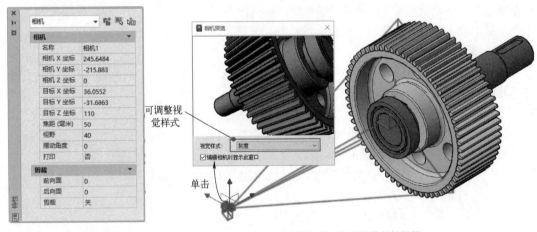

图 10-50 相机特性　　　　　　　　图 10-51 实时预览相机视图

10.3.5 漫游和飞行

使用动态观察主要是站在观察者的角度旋转图形对象，使用漫游与飞行则相当于改变观察者的位置以改变视图。在这两种观察模式下，通过观察者位置的改变来改变视图，因此形象地称为"漫游"和"飞行"。漫游模式下穿越模型时，观察者被约束在 XY 平面上；飞行模式下，观察点将不受 XY 平面的约束，可以在模型中任何位置穿越。用户可通过以下方式进行漫游和飞行：

• 在菜单栏中执行"视图>漫游和飞行"命令，在子菜单中选择"漫游"或"飞行"命令。

• 在"漫游和飞行"工具栏中单击"漫游"或"飞行"按钮。

• 在命令行中输入 3DWALK 或 3DFLY 命令，按回车键。

漫游和飞行模式必须在透视图下才可进入漫游或飞行观察模式。系统将会弹出"定位器"选项板，如图 10-52 所示。

"飞行"功能的操作与"漫游"相同，区别仅在于查看模型的角度不一样而已。对于用户来说，手动调整位置指示器位置、目标指示器位置、位置 Z 坐标以及目标 Z 坐标是使用漫游和飞行的4 个要点。

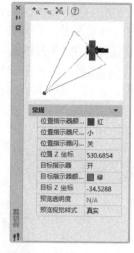

图 10-52 "定位器"选项板

 实战演练——创建机械模具运动预览视频

下面将以大齿轮组件模具为例，利用相机视图来观察该模型，并生成预览视频。

▶Step01： 打开"大齿轮组件模具"素材文件，如图 10-53 所示。

▶Step02： 执行"创建相机"命令，指定目标位置和相机位置，如图 10-54 所示。

图 10-53 打开素材

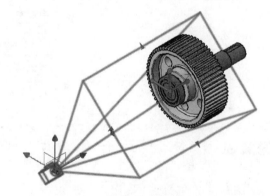

图 10-54 创建相机

图 10-55 相机预览效果

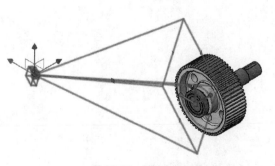

图 10-56 调整相机视点

▶Step03: 创建相机后，选择相机，系统会自动打开"相机预览"窗口，可以看到此时的相机角度有一定偏差，并不能很好地观察目标模型，如图 10-55 所示。

▶Step04: 根据相机中的预览视图，调整一下相机及目标点位置，如图 10-56 所示。

▶Step05: 此时在"相机预览"窗口可以看到调整相机后的预览效果，将"相机预览"窗口中的"视觉样式"设为"概念"，如图 10-57 所示。

▶Step06: 切换到俯视图，执行"圆"命令，分别绘制半径为 600mm 和 200mm 的圆，如图 10-58 所示。

图 10-57　调整相机后的预览效果

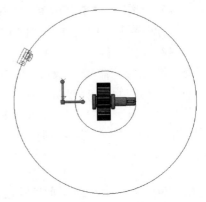

图 10-58　绘制圆

▶Step07: 切换到前视图，调整大小圆在 Z 轴上的位置，如图 10-59 所示。

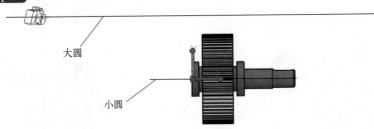

图 10-59　调整大小圆的位置

▶Step08: 切换到西南等轴测视图。执行"视图>运动路径动画"命令，打开"运动路径动画"对话框，在"相机"选项组中将"相机链接至"设为"路径"，如图 10-60 所示。

▶Step09: 单击右侧的"选择"按钮，在绘图区中选择大圆作为路径，如图 10-61 所示。

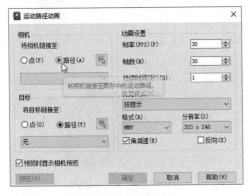

图 10-60　选择"路径"

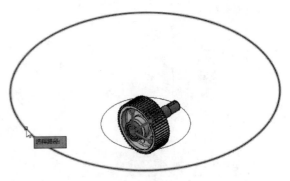

图 10-61　选择大圆

▶**Step10:** 返回"运动路径动画"对话框，会弹出"路径名称"对话框，直接单击"确定"按钮即可，如图 10-62 所示。

▶**Step11:** 同样，在"运动路径动画"对话框的"目标"选项组中保持将目标链接至"路径"，单击右侧的"选择"按钮，选择小圆，如图 10-63 所示。

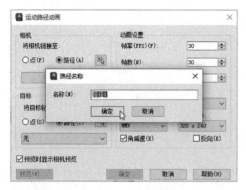

图 10-62　相机路径名称

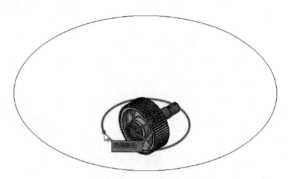

图 10-63　选择小圆

▶**Step12:** 返回"运动路径动画"对话框，会弹出"路径名称"对话框，直接单击"确定"按钮即可，如图 10-64 所示。

▶**Step13:** 在"运动路径动画"对话框的"动画设置"选项组中设置持续时间、视觉样式及分辨率等，如图 10-65 所示。

图 10-64　目标路径名称

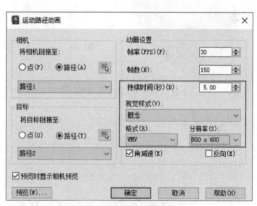

图 10-65　设置动画参数

图 10-66　指定存储路径及文件名

图 10-67　视频效果

▶Step14: 单击"确定"按钮，打开"另存为"对话框，指定动画存储路径及文件名，如图 10-66 所示。

▶Step15: 单击"确定"按钮即可创建视频，从视频存储位置打开视频，可以看到相机观察效果，如图 10-67 所示。

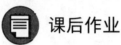 课后作业

（1）更改用户坐标

将默认的用户坐标更改为如图 10-68 所示的坐标方向。

操作提示：

Step01: 在命令行中输入 UCS，按回车键。

Step02: 分别指定好 X 轴和 Y 轴的方向即可。

（2）更改三维视图及视觉样式

改变如图 10-69 所示的机械模型的三维视图及视觉样式，将默认的西南等轴测视图更改为东南等轴测视图，将默认的二维线框样式更改为灰度样式。

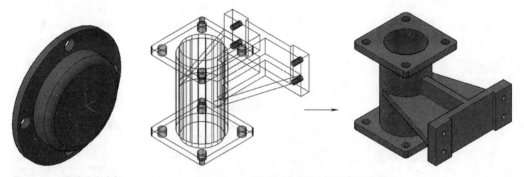

图 10-68　更改用户坐标　　　　　　　图 10-69　更改视图及视觉样式

操作提示：

Step01: 单击"视图控件"按钮，选择"东南等轴测"视图；

Step02: 单击"视觉样式控件"按钮，选择"灰度"样式。

 精选疑难解答

Q1："三维基础"空间与"三维建模"空间有什么区别？

A：三维基础空间与三维建模空间相比，后者在前者的基础上添加了多种建模方式，应用面更广泛。在进行三维建模时，通常会选择在"三维建模"空间中操作。

Q2：在三维建模空间中可以使用二维绘图工具吗？

A：基本上二维绘图工具是可以在三维空间中使用，例如直线、圆、多段线、矩形、射线等，但必须是在 X、Y 平面内才可以。而只有镜像、阵列、旋转这三个命令在两个空间有着不同的使用方法。

Q3：可以为三维模型添加尺寸标注吗？

A：在 AutoCAD 中没有三维标注的功能，尺寸标注都是基于二维的图形平面标注的。因

此，要把三维的标注转换到二维平面上，简化标注。这样就要用到用户坐标系，只要把坐标系转换到需要标注的平面就可以。

Q4：三维模型在显示时，如何将轮廓边缘不显示？

A：系统默认的三维视觉样式是带有线型显示的，看起来像是轮廓线，如果想将其关闭，在视觉样式中将模型样式设置为"真实"，模型边缘将显示线型。其具体操作方法如下：

- 在绘图区左上方单击"视觉样式控件"，在下拉菜单中选择"视觉样式管理器"。
- 在"视觉样式管理器"中选择"真实"。
- 在"轮廓边"卷栏中设置显示模式为"否"，三维模型将隐藏线轮廓。

Q5：如何调整用户坐标？

A：用户在菜单栏中单击"工具>新建 UCS"命令，在其级联菜单中，根据需要选择相应的坐标即可。

当然也可手动设置。在命令行中输入 ucs，在绘图区域中指定好坐标原点，其后指定好 X 与 Y 轴的方向即可完成坐标设置。

Q6：如何恢复到默认的用户坐标呢？

A：对用户坐标进行了调整，如果想要恢复之前默认的坐标，在命令行中输入 ucs 后，按两次回车键即可。

第11章

创建三维基本模型

本章概述

与二维图形相似，一些复杂的三维模型都是由各种基础模型组合而成的。所以想要创建出标准的三维实体模型，就必须要掌握基础模型的创建操作。例如，长方体、圆柱体、球体、圆环体等。本章将重点介绍三维基本体的创建方法以及如何在二维图形的基础上创建出三维实体的操作。

学习目标

- 掌握三维基本体的创建。
- 掌握二维图形生成三维实体的方法。
- 了解三维网格的创建与生成操作。

扫码观看本章视频

实例预览

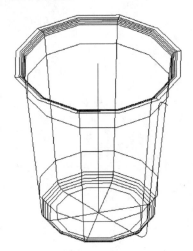

创建垃圾桶模型

创建蚊香模型

11.1　创建三维线条 •••

点、线是三维建模的基础。两点可以定义空间的任一直线，两条线则可定义空间的曲面。本节将介绍三维多段线以及三维螺旋线的创建操作。

11.1.1　三维多段线

绘制三维多段线的方法与绘制二维多段线类似，用户可通过以下方式执行"三维多段线"命令：

- 在菜单栏中执行"绘图>三维多段线"命令。
- 在"常用"选项卡"绘图"面板中单击"三维多段线"按钮 。
- 在命令行输入 3DPOLY 命令，按回车键即可。

执行"三维多段线"命令后，指定好多段线的起点，然后依次指定下一点，直到终点，按回车键即可，如图 11-1 所示。

命令行提示如下：

命令: _3dpoly
指定多段线的起点:　　　　　　　　　　　　　　　　　　　指定多段线的起点
指定直线的端点或 [放弃(U)]:　　　　　　　　　　　　　依次指定下一点，回车

图 11-1　创建三维多段线

11.1.2　三维螺旋线

在三维建模空间中，螺旋线可以绘制出具有半径、圈数、高度以及扭曲的三维螺旋线效果。通过以下方式可执行"三维螺旋线"命令：

- 在菜单栏中执行"绘图>螺旋"命令。
- 在"常用"选项卡"绘图"面板中单击"螺旋"按钮 。
- 在"建模"工具栏中单击"螺旋"按钮。
- 在命令行输入 HELIX 命令，然后按回车键。

执行"三维螺旋线"命令后，先指定底面圆心点，设置好底面半径和顶面半径值。然后设

置螺旋线的高度值即可，如图 11-2 所示。

命令行提示如下：

命令: _Helix	
圈数 = 3.0000　　　扭曲=CCW	
指定底面的中心点：	指定底面圆心
指定底面半径或 [直径(D)] <1.0000>:30	设定底面半径参数，回车
指定顶面半径或 [直径(D)] <30.0000>:100	设定顶面半径参数，回车
指定螺旋高度或 [轴端点(A)/圈数(T)/圈高(H)/扭曲(W)] <1.0000>:200	设定高度参数，回车

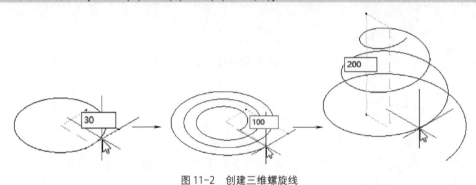

图 11-2　创建三维螺旋线

11.2　三维基本实体

三维基本体包含长方体、圆柱体、圆锥体、球体、棱锥体、楔体、圆环体、多段体等。下面将对这些常用基本体的创建方法进行介绍。

11.2.1　创建长方体

长方体在三维建模中应用很广泛，创建长方体时底面矩形应与 XY 面平行。通过以下方式可执行"长方体"命令：

- 在菜单栏中执行"绘图>建模>长方体"命令。
- 在"常用"选项卡"建模"面板中单击"长方体"按钮▣。
- 在"实体"选项卡"图元"面板中单击"长方体"按钮▣。
- 在命令行输入 BOX 命令，按回车键即可。

执行"长方体"命令后，根据命令行提示，指定好底面矩形的位置及大小，然后指定好矩形的高度即可创建长方体。如图 11-3 所示的长 600mm、宽 300mm、高 500mm 的长方体效果。

命令行提示如下：

命令:_box	
指定第一个角点或 [中心(C)]：	指定底面矩形一个角点的位置
指定其他角点或 [立方体(C)/长度(L)]:1	选择"长度"，回车
指定长度： <正交 开> 600	指定底面长方形的长度值，回车
指定宽度: 300	指定底面长方形的宽度值，回车

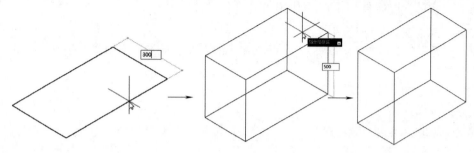

图 11-3　创建长方体

 动手练习——创建边长为 600mm 的立方体

如果要按照指定尺寸来绘制立方体，例如，创建一个边长为 600mm 的立方体，可通过以下方法来操作。

▶Step01：执行"长方体"命令，根据提示指定底面长方形起点，如图 11-4 所示。

▶Step02：在命令行输入命令 c，选择"立方体"选项，如图 11-5 所示。

图 11-4　指定底面长方形起点

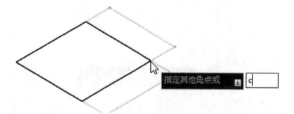

图 11-5　输入 c，选择"立方体"

▶Step03：按回车键，根据提示指定边长值为 600mm，如图 11-6 所示。

▶Step04：按回车键即可创建边长为 600mm 的立方体，如图 11-7 所示。

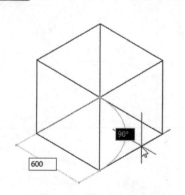

图 11-6　指定立方体边长值

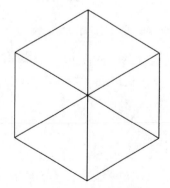

图 11-7　完成创建

11.2.2　创建圆柱体

圆柱体是以圆或椭圆为横截面形状，通过拉伸横截面形状，创建出来的三维基本模型。用户可以通过以下方式执行"圆柱体"命令：

· 从菜单栏执行"绘图>建模>圆柱体"命令。

- 在"常用"选项卡"建模"面板中单击"圆柱体"按钮 。
- 在"实体"选项卡"图元"面板中单击"圆柱体"按钮 。
- 在命令行输入 CYLINDER 命令，按回车键即可。

执行"圆柱体"命令后，根据命令行提示，指定好底面圆心点以及底面半径值，然后指定好其高度即可。

命令行提示如下：

```
命令: _cylinder
指定底面的中心点或 [三点(3P)/两点(2P)/切点、切点、半径(T)/椭圆(E)]：    指定底面圆心位置
指定底面半径或 [直径(D)]：                                        指定底面半径值，回车
指定高度或 [两点(2P)/轴端点(A)]：                                 指定高度值，回车
```

 动手练习——按照指定尺寸创建圆柱体

下面将创建底面半径为 400mm，高为 300mm 的圆柱体，其具体操作如下。

▶Step01： 执行"圆柱体"命令，根据提示指定圆柱体底面的中心点，如图 11-8 所示。

▶Step02： 移动光标，根据提示输入半径值 400，如图 11-9 所示。

图 11-8 指定底面中心

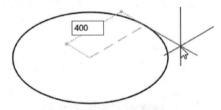

图 11-9 指定底面半径

▶Step03： 按回车键，向上移动光标，再根据提示输入高度值 300，如图 11-10 所示。

▶Step04： 再按回车键后完成圆柱体的创建，如图 11-11 所示。

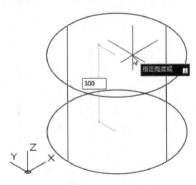

图 11-10 指定圆柱体高度

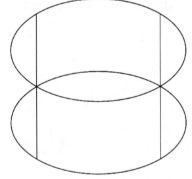

图 11-11 完成创建

11.2.3 创建圆锥体

圆锥体是以圆或椭圆为底，垂直向上对称地变细直至一点。利用"圆锥体"命令可以创建出实心圆锥体或圆台体的三维模型。用户可以通过以下方式执行"圆锥体"命令：

- 在菜单栏中执行"绘图>建模>圆锥体"命令。
- 在"常用"选项卡"建模"面板中单击"圆锥体"按钮 。

- 在"实体"选项卡"图元"面板中单击"圆锥体"按钮△。
- 在命令行输入 CONE 命令，按回车键即可。

执行"圆锥体"命令后，根据命令行提示，指定好底面圆心点以及底面半径值，然后指定好其高度即可。

命令行提示如下：

命令：_cone	
指定底面的中心点或 [三点(3P)/两点(2P)/切点、切点、半径(T)/椭圆(E)]:	指定底面圆心位置
指定底面半径或 [直径(D)]:	指定底面半径值，回车
指定高度或 [两点(2P)/轴端点(A)/顶面半径(T)]:	指定高度值，回车

 动手练习——按照指定尺寸创建圆锥体

下面将创建底面半径为 300mm，高为 600mm 的圆锥体，具体操作如下：

▶Step01： 执行"圆锥体"命令，根据提示指定圆锥体底面的中心点，如图 11-12 所示。

▶Step02： 移动光标，再根据提示输入底面半径值 300，如图 11-13 所示。

图 11-12　指定底面中心点

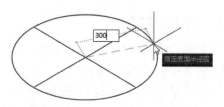

图 11-13　指定底面半径值

▶Step03： 按回车键，向上移动光标，根据提示输入高度 600，如图 11-14 所示。

▶Step04： 按回车键即可完成圆锥体的创建，如图 11-15 所示。

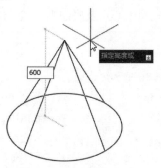

图 11-14　指定圆锥体高度

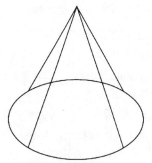

图 11-15　完成创建

11.2.4　创建球体

球体是通过半径或直径以及球心来定义的，通过以下方式可执行"球体"命令：

- 在菜单栏中执行"绘图>建模>球体"命令。
- 在"常用"选项卡"建模"面板中单击"球体"按钮◯。
- 在"实体"选项卡"图元"面板中单击"球体"按钮◯。
- 在命令行输入 SPHERE 命令，按回车键即可。

执行"球体"命令后，根据命令行提示，指定好球体中心点和球体半径值，按回车键即可完成绘制，如图 11-16 所示。

命令行提示如下：

命令: _sphere	
指定中心点或 [三点(3P)/两点(2P)/切点、切点、半径(T)]:	指定中心点
指定半径或 [直径(D)] <200.0000>:	设置好半径值，回车

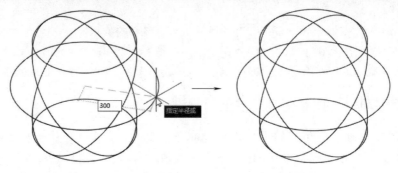

图 11-16　球体

11.2.5　创建棱锥体

棱椎体的底面为多边形，由底面多边形拉伸出的图形为三角形，它们的顶点为共同点。通过以下方式可执行"棱椎体"命令。

- 在菜单栏中执行"绘图>建模>棱椎体"命令。
- 在"常用"选项卡"建模"面板中单击"棱椎体"按钮 ◁。
- 在"实体"选项卡"图元"面板中单击"多段体"的下拉菜单按钮，在弹出的列表中单击"棱椎体"按钮 ◁。
- 在命令行输入 PYRAMID 命令，按回车键即可。

执行"棱锥体"命令后，根据命令行提示，指定好底面中心点及底面半径值，然后指定好其高度值，按回车键即可。

命令行提示如下：

命令: _pyramid	
4 个侧面　外切	
指定底面的中心点或 [边(E)/侧面(S)]:	指定底面中心位置
指定底面半径或 [内接(I)]: 200	输入底面半径值，回车
指定高度或 [两点(2P)/轴端点(A)/顶面半径(T)]: 300	输入高度值，回车

 动手练习——创建三棱锥体

下面将绘制棱锥体，具体操作如下。

▶Step01：执行"棱锥体"命令，在命令行中输入 s，选择"侧面"选项，如图 11-17 所示。

▶Step02：指定侧面数为 3，按回车键，如图 11-18 所示。

▶Step03：指定底面中心点，并设置好底面半径值为 150mm，如图 11-19 所示。

▶Step04：按回车键，向上移动光标，根据提示输入高度值 600，如图 11-20 所示。

▶Step05：按回车键完成三棱锥体的创建，如图 11-21 所示。

图 11-17 选择"侧面"选项

图 11-18 设置侧面数为 3

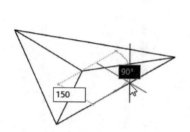

图 11-19 设置底面半径为 150mm

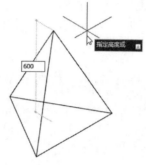

图 11-20 指定高度 600

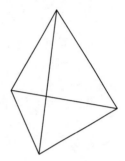

图 11-21 完成三棱锥体的创建

11.2.6 创建楔体

楔体是一个三角形的实体模型,其绘制方法与长方体相似。通过以下方式可执行"楔体"命令:

- 在菜单栏中执行"绘图>建模>楔体"命令。
- 在"常用"选项卡"建模"面板中单击"楔体"按钮。
- 在"实体"选项卡"图元"面板中单击"楔体"按钮。
- 在命令行输入 WEDGE 命令,按回车键即可

执行"楔体"命令后,根据命令行提示,指定好底面矩形大小,然后指定好其高度值,按回车键即可,如图 11-22 所示。

命令行提示如下:

命令: _wedge	
指定第一个角点或 [中心(C)]:	指定底面矩形起点
指定其他角点或 [立方体(C)/长度(L)]: @400,700	指定矩形的长、宽值(其中: @为绝对坐标值,用逗号分隔长、宽值)
指定高度或 [两点(2P)] <216.7622>:200	输入高度值,回车

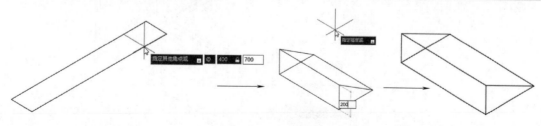

图 11-22 创建楔体

11.2.7 创建圆环体

圆环体由两个半径值定义：一是圆环的半径，二是从圆环体中心到圆管中心的距离。大多数情况下，圆环体可以作为三维模型中的装饰材料，应用非常广泛。通过以下方式可执行"圆环体"命令：

- 在菜单栏中执行"绘图>建模>圆环体"命令。
- 在"常用"选项卡"建模"面板中单击"圆环体"按钮◎。
- 在"实体"选项卡"图元"面板中单击"圆环体"按钮◎。
- 在命令行输入 TORUS 命令，然后按回车键即可。

执行"圆环体"命令后，根据命令行提示，指定好圆环体中心点及内环半径值，然后指定圆管半径值，按回车键即可，如图 11-23 所示。

命令行提示如下：

命令: _torus	
指定中心点或 [三点(3P)/两点(2P)/切点、切点、半径(T)]:	指定圆环体中心点
指定半径或 [直径(D)] <200.0000>:120	输入内环半径值
指定圆管半径或 [两点(2P)/直径(D)] <100.0000>: 20	输入圆管半径值

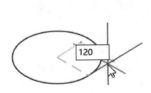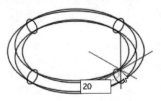

图 11-23　创建圆环体

11.2.8 创建多段体

绘制多段体与绘制多段线的方法相同。多段体通常用来创建三维墙体。通过以下方式执行"多段体"命令：

- 在菜单栏中执行"绘图>建模>多段体"命令。
- 在"常用"选项卡"建模"面板中单击"多段体"按钮▱。
- 在"实体"选项卡"图元"面板中单击"多段体"按钮▱。
- 在命令行输入 POLYSOLID 命令，然后按回车键。

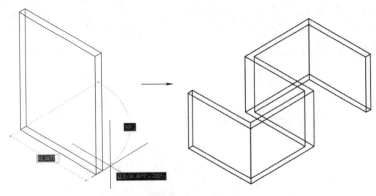

图 11-24　绘制多段体

执行"绘图>建模>多段体"命令，根据命令行提示，设置多段体高度、宽度以及对正方式，其后指定多段体起点，即可开始绘制，如图 11-24 所示。

命令行提示如下：

命令: _Polysolid 高度 = 80.0000, 宽度 = 5.0000, 对正 = 居中
指定起点或 [对象(O)/高度(H)/宽度(W)/对正(J)] <对象>:　　　　　指定起点
指定下一个点或 [圆弧(A)/放弃(U)]:　　　　　　　依次指定下一点，直到终点，回车
指定下一个点或 [圆弧(A)/放弃(U)]:

命令行中主要选项说明如下：

① **对象**：指定要转换为实体的对象。该对象可以是直线、圆弧、二维多段线以及圆等。

② **高度**：指定多段体高度值。

③ **宽度**：指定多段体的宽度。

④ **对正**：使用命令定义轮廓时，可将多段体的宽度和高度设置为左对正、右对正或居中。对正方式由轮廓第一条线段的起始方向决定。

⑤ **圆弧**：将弧线添加到实体中。圆弧的默认起始方向与上次绘制的线段相切。

 动手练习——根据二维户型图创建三维墙体模型

下面就以创建办公室三维墙体模型为例，来介绍多段体创建的具体操作。

▶**Step01**：打开"办公室平面"素材文件。将其视图设为西南等轴测视图，如图 11-25 所示。

▶**Step02**：执行"多段体"命令，根据命令行提示，输入 h，选择"高度"选项，设置墙体高度为 2800mm，按回车键，如图 11-26 所示。

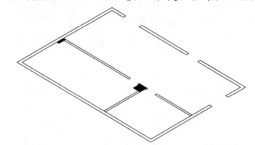

图 11-25　设置西南等轴测视图

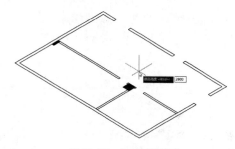

图 11-26　设置墙体高度

▶**Step03**：在命令行输入 w，选择"宽度"选项，设置墙体宽度为 240mm，按回车键，如图 11-27 所示。

▶**Step04**：在命令行输入 j，选择"对正"选项，将"对正"设为"右对正"，按回车键，如图 11-28 所示。

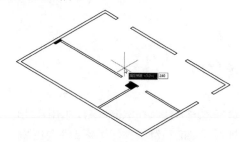

图 11-27　设置墙体宽度

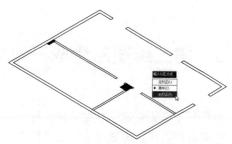

图 11-28　设置墙体对正方式

▶Step05: 设置完成后，捕捉二维墙体线的起点，如图 11-29 所示。

▶Step06: 沿着墙体线捕捉下一个点，直到结束，按回车键，完成这一段三维墙体的绘制，如图 11-30 所示。

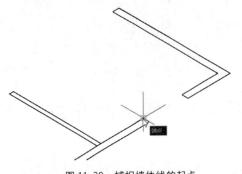

图 11-29　捕捉墙体线的起点

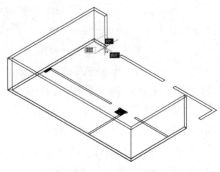

图 11-30　绘制三维墙体

▶Step07: 按照同样的方法，完成其他宽度为 240mm 的墙体的绘制，如图 11-31 所示。

▶Step08: 再次执行"多段体"命令，其墙体高度不变，将墙体宽度设为 155mm，并捕捉内墙线的起点，绘制内墙体，如图 11-32 所示。至此，办公室三维墙体创建完成。

命令行提示如下：

命令: _Polysolid 高度 = 2800.0, 宽度 = 240.0, 对正 = 右对齐	
指定起点或 [对象(O)/高度(H)/宽度(W)/对正(J)] <对象>: w	选择"宽度"选项，回车
指定宽度 <240.0>: 155	设置宽度值，回车
高度 = 2800.0, 宽度 = 155.0, 对正 = 右对齐	
指定起点或 [对象(O)/高度(H)/宽度(W)/对正(J)] <对象>:	指定内墙线起点
指定下一个点或 [圆弧(A)/放弃(U)]:	沿墙体捕捉下一点，回车完成绘制

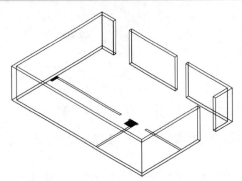

图 11-31　绘制其他宽度为 240mm 的墙体

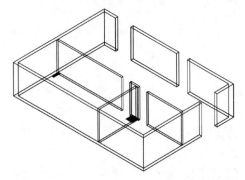

图 11-32　绘制宽度为 155mm 的内墙体

11.3　由二维图形生成三维实体 ●●●●

利用基本体来创建三维实体是一种方法，也是最基本的方法。在 AutoCAD 中用户还可以利用创建好的二维图形通过不同的路径将其生成各种不规则的三维实体，其灵活性会更高，从而更符合绘制需求。

11.3.1 实体拉伸

"拉伸"命令可将绘制的二维图形沿着指定的高度或路径进行拉伸，从而将其转换成三维实体模型。可以用作路径的对象包括直线、圆、圆弧、椭圆、椭圆弧、多段线、样条曲线及面域等。通过以下方式可执行"拉伸"命令：

- 在菜单栏中执行"绘图>建模>拉伸"命令。
- 在"常用"选项卡"建模"面板中单击"拉伸"按钮 。
- 在"实体"选项卡"实体"面板中单击"拉伸"按钮。
- 在命令行输入 EXTRUDE 命令，然后按回车键。

执行"拉伸"命令后，根据命令行提示，先指定要拉伸的图形，然后指定拉伸高度，按回车键即可。

命令行提示如下：

命令: _extrude
当前线框密度: ISOLINES=4，闭合轮廓创建模式 = 实体
选择要拉伸的对象或 [模式(MO)]: _MO 闭合轮廓创建模式 [实体(SO)/曲面(SU)] <实体>: _SO
选择要拉伸的对象或 [模式(MO)]: 找到 1 个　　　　　　　　　　　　　选择要拉伸的图形，回车
选择要拉伸的对象或 [模式(MO)]:
指定拉伸的高度或 [方向(D)/路径(P)/倾斜角(T)/表达式(E)] <100.0000>: 300 输入拉伸高度，回车

命令行各选项说明如下：

① **拉伸高度**：输入拉伸高度值。在此如果输入负数值，其拉伸对象将沿着 Z 轴负方向拉伸；如果输入正数值，其拉伸对象将沿着 Z 轴正方向拉伸。如果所有对象处于同一平面上，则将沿该平面的法线方向拉伸。

② **方向**：通过指定的两点确定拉伸的长度和方向。

③ **路径**：选择基于指定曲线对象的拉伸路径。拉伸的路径可以是开放的，也可以是封闭的。

④ **倾斜角**：如果为倾斜角指定一个点而不是输入值，则必须拾取第二个点。用于拉伸的倾斜角是两个指定点间的距离。

> **注意事项**
>
> 若在拉伸时倾斜角或拉伸高度较大，将导致拉伸对象或拉伸对象的一部分在到达拉伸高度之前就已经聚集到一点，此时则无法拉伸对象。

动手练习——指定高度拉伸实体

下面将通过拉伸命令，将二维 U 形拉伸成 U 形实体模型，具体操作如下：

▶Step01: 打开"U 形图形"素材文件，如图 11-33 所示。
▶Step02: 执行"拉伸"命令，根据命令行提示选择要拉伸的 U 形，如图 11-34 所示。
▶Step03: 按回车键，向上移动光标，输入拉伸高度 100，如图 11-35 所示。
▶Step04: 按回车键即可生成三维 U 形体，如图 11-36 所示。

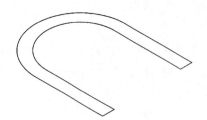

图 11-33 打开素材图形

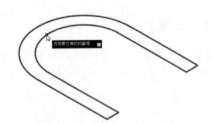

图 11-34 选择 U 形图形

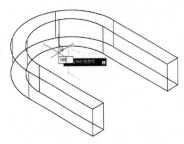

图 11-35 输入拉伸高度

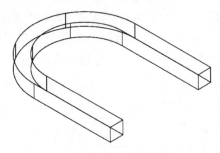

图 11-36 完成拉伸

 动手练习——通过路径拉伸实体

下面将通过选择路径拉伸的方式，将 U 形图形拉伸成不规则实体。

▶Step01: 打开"U 形拉伸图形"文件，如图 11-37 所示。

▶Step02: 执行"拉伸"命令，根据提示选择 U 形，如图 11-38 所示。

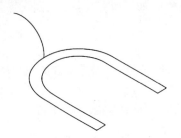

图 11-37 打开素材文件

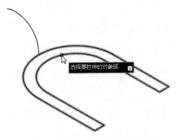

图 11-38 选择拉伸对象

▶Step03: 按回车键，在命令行中输入命令 p，选择"路径"选项，如图 11-39 所示。

▶Step04: 再按回车键，根据提示选择弧线，如图 11-40 所示。

▶Step05: 单击路径后即可完成实体的拉伸，效果如图 11-41 所示。

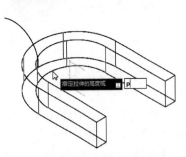

图 11-39 选择"路径"选项

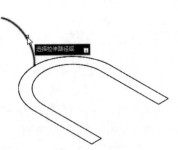

图 11-40 选择弧线

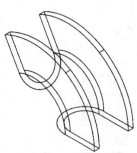

图 11-41 拉伸效果

11.3.2 实体放样

使用放样命令，可以通过对包含两个或两个以上横截面轮廓的一组曲线进行放样（绘制实体或曲面）来绘制三维实体或曲面。通过以下方式可执行"放样"命令：

- 在菜单栏中执行"绘图>建模>放样"命令。
- 在"常用"选项卡"建模"面板中单击"放样"按钮 。
- 在"实体"选项卡"实体"面板中单击"放样"按钮 。
- 在命令行输入LOFT命令，按回车键。

执行"放样"命令后，根据命令行提示，选择所有横截面图形，按回车键即可，如图11-42所示。

命令行提示如下：

命令: _loft
当前线框密度: ISOLINES=4，闭合轮廓创建模式 = 实体
按放样次序选择横截面或 [点(PO)/合并多条边(J)/模式(MO)]: _MO 闭合轮廓创建模式 [实体(SO)/曲面(SU)] <实体>: _SO
按放样次序选择横截面或 [点(PO)/合并多条边(J)/模式(MO)]: 找到 1 个   依次选择所有横截面
按放样次序选择横截面或 [点(PO)/合并多条边(J)/模式(MO)]: 找到 1 个，总计 2 个
按放样次序选择横截面或 [点(PO)/合并多条边(J)/模式(MO)]:选中了 2 个横截面
输入选项 [导向(G)/路径(P)/仅横截面(C)/设置(S)] <仅横截面>:

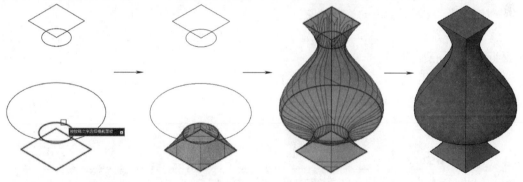

图11-42 实体放样效果

命令行中主要设置选项说明：

① 导向：指定控制放样实体或曲面形状的导向曲线。导向曲线可以是直线或曲线，可通过将其他线框信息添加至对象来进一步定义实体或曲面的形状。在与每个横截面相交，并始于第一个横截面，止于最后一个横截面的情况下，导向线才能正常工作。

② 路径：指定放样实体或曲面的单一路径，路径必须与横截面的所有平面相交。

③ 仅横截面：选择该选项，则可在"放样设置"对话框中，控制放样曲线在其横截面处的轮廓。

11.3.3 实体旋转

实体旋转是用于将闭合曲线绕一条旋转轴旋转，从而生成回转三维实体，该命令可以旋转闭合多段线、多边形、圆、椭圆、闭合样条曲线和面域，但不可以旋转包含在块中的对象，以

及具有相交或自交的线段，且一次只能旋转一个图形对象。通过以下方式可执行"旋转"命令：

- 在菜单栏中执行"绘图>建模>旋转"命令。
- 在"常用"选项卡"建模"面板中单击"旋转"按钮。
- 在"实体"选项卡"实体"面板中单击"旋转"按钮。
- 在命令行输入 REVOLVE 命令，按回车键。

执行"旋转"命令后，根据命令行提示，选择所需横截面图形，然后指定好旋转轴的起点和端点，输入旋转角度值，按回车键即可。

命令行提示如下：

```
命令: _revolve
当前线框密度: ISOLINES=4，闭合轮廓创建模式 = 实体
选择要旋转的对象或 [模式(MO)]: _MO 闭合轮廓创建模式 [实体(SO)/曲面(SU)] <实体>: _SO
选择要旋转的对象或 [模式(MO)]: 找到 1 个                  选择所需横截面图形，回车
选择要旋转的对象或 [模式(MO)]:
指定轴起点或根据以下选项之一定义轴 [对象(O)/X/Y/Z] <对象>:   指定旋转轴的起点和端点
指定轴端点:
指定旋转角度或 [起点角度(ST)/反转(R)/表达式(EX)] <360>: 270   输入旋转角度，回车
```

命令行中主要选项说明如下：

① 轴起点：指定旋转轴的两个端点。其旋转角度为正角时，将按逆时针方向旋转对象；角度为负值时，按顺时针方向旋转对象。

② 对象：选择现有对象，此对象定义了旋转选定对象时所绕的轴。轴的正方向从该对象的最近端点指向最远端点。

③ X 轴：使用当前 UCS 的正向 X 轴作为正方向。

④ Y 轴：使用当前 UCS 的正向 Y 轴作为正方向。

⑤ Z 轴：使用当前 UCS 的正向 Z 轴作为正方向。

◎ 技术要点

用于旋转的二维图形可以是多边形、圆、椭圆、封闭多段线、封闭样条曲线、圆环以及封闭区域，并且每次只能旋转一个对象。但三维图形、包含在块中的对象、有交叉或自干涉的多段线不能被旋转。

动手练习——利用旋转实体创建盘座模型

下面利用旋转实体来创建盘座模型，具体操作如下。

Step01: 打开"盘座横截面"素材文件。切换到西南等轴测视图，如图 11-43 所示。

Step02: 执行"旋转"命令，选择要旋转的对象。这里选择盘座横截面，如图 11-44 所示。

Step03: 按回车键，根据提示捕捉直线的起点和端点作为旋转轴，11-45 所示。

Step04: 指定旋转轴后，再根据提示输入旋转角度"360"，如图 11-46 所示。

Step05: 按回车键即可生成盘座实体模型，如图 11-47 所示。

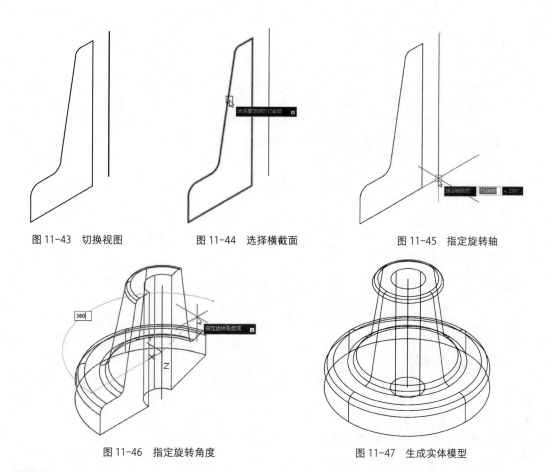

图 11-43　切换视图　　　　　图 11-44　选择横截面　　　　　图 11-45　指定旋转轴

图 11-46　指定旋转角度　　　　　　　　　图 11-47　生成实体模型

11.3.4　实体扫掠

扫掠是指将需要扫掠的轮廓按指定路径进行拉伸，从而生成三维实体或曲面。扫掠图形性质取决于路径是封闭的还是开放的。若路径处于开放，则扫掠的图形是曲面；若是封闭路径，则扫掠的图形为实体。通过以下方式可执行"扫掠"命令：

- 在菜单栏中执行"绘图>建模>扫掠"命令。
- 在"常用"选项卡"建模"面板中单击"扫掠"按钮🗂。
- 在"实体"选项卡"实体"面板中单击"扫掠"按钮🗂。
- 在命令行输入 SWEEP 命令，按回车键。

执行"扫掠"命令后，根据命令行提示，选择所需横截面图形，然后指定好路径即可，如

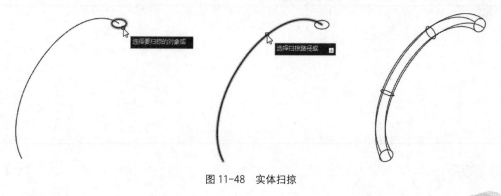

图 11-48　实体扫掠

图 11-48 所示。

命令行提示如下：

命令：_sweep
当前线框密度：ISOLINES=4，闭合轮廓创建模式 = 实体
选择要扫掠的对象或 [模式(MO)]：_MO 闭合轮廓创建模式 [实体(SO)/曲面(SU)] <实体>：_SO
选择要扫掠的对象或 [模式(MO)]：找到 1 个
选择要扫掠的对象或 [模式(MO)]：　　　　　　　　　　　　　　　　　选择所需横截面
选择扫掠路径或 [对齐(A)/基点(B)/比例(S)/扭曲(T)]：　　　　　　　　选择路径线段

命令行中主要选项说明如下：

① 对齐：指定是否对齐轮廓以使其作为扫掠路径切向的法线。

② 基点：指定要扫掠对象的基点，如果该点不在选定对象所在的平面上，则该点将被投影到该平面上。

③ 比例：指定比例因子以进行扫掠操作，从扫掠路径开始到结束，比例因子将统一应用到扫掠的对象上。

④ 扭曲：设置正被扫掠的对象的扭曲角度。扭曲角度指定沿扫掠路径全部长度的旋转量。

> ☺ **注意事项**
>
> 在进行扫掠操作时，可以扫掠多个对象，但这些对象都必须位于同一个平面中。

动手练习——创建蚊香模型

下面将利用扫掠命令来创建蚊香模型。

▶Step01：新建文件。将视图设为西南等轴测视图。执行"螺旋"命令，根据命令行提示，绘制底面半径为 10mm，顶面半径为 100mm，高为 1mm 的平面螺旋线，如图 11-49 所示。

命令行提示如下：

命令：_Helix
圈数 = 3.0000　　　扭曲=CCW
指定底面的中心点：　　　　　　　　　　　　　　　　　指定任意一点
指定底面半径或 [直径(D)] <1.0000>：10　　　　　　　设置底面半径为 10，回车
指定顶面半径或 [直径(D)] <10.0000>：100　　　　　　设置顶面半径为 100，回车
指定螺旋高度或 [轴端点(A)/圈数(T)/圈高(H)/扭曲(W)] <1.0000>：1　　高度值为 1，回车

▶Step02：在命令行中输入 ucs，指定 X 轴和 Y 轴的方向，如图 11-50 所示。

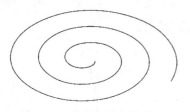

图 11-49　创建螺旋线

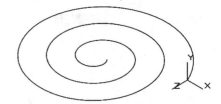

图 11-50　设置用户坐标

▶Step03：执行"矩形"命令，捕捉用户坐标原点，绘制一个长为 15mm，宽为 5mm 的

矩形，如图 11-51（a）所示。

▶Step04：在命令行中再次输入 ucs，按两次回车键，恢复默认坐标。执行"圆角"命令，将圆角半径设为 2mm，将矩形四个角进行圆角处理，如图 11-51（b）所示。

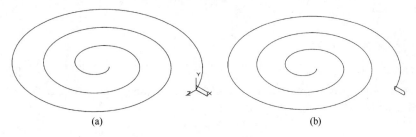

(a)   (b)

图 11-51   绘制矩形及矩形倒圆角

▶Step05：执行"扫掠"命令，先选择圆角矩形，按回车键，如图 11-52（a）所示。
▶Step06：再选择螺旋线。选择完成后，蚊香实体生成完毕，其概念样式如图 11-52（b）所示。

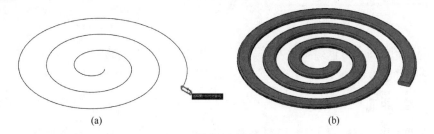

(a)   (b)

图 11-52   选择圆角矩形及扫掠效果

11.3.5   按住并拖动

按住并拖动也是拉伸实体的一种方式。它通过拉伸指定二维面域或实体面进行创建操作。通过以下方法可执行"按住并拖动"命令：

· 在"常用"选项卡"建模"面板中单击"按住并拖动"按钮。
· 在"实体"选项卡"实体"面板中单击"按住并拖动"按钮。
· 在"建模"工具栏中单击"按住并拖动"按钮。
· 在命令行输入 PRESSPULL 命令，按回车键。

执行"按住并拖动"命令后，选中所需的面域或实体面，移动光标，确定拉伸方向，并输入拉伸距离即可完成操作，如图 11-53 所示。

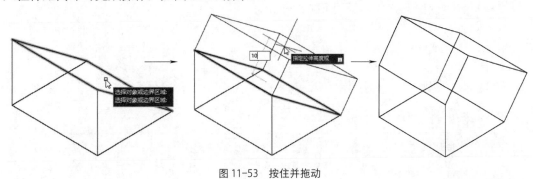

图 11-53   按住并拖动

命令行提示如下：

命令: _presspull

选择对象或边界区域：　　　　　　　　　　　　　　　选择需要拉伸的面域

指定拉伸高度或 [多个(M)]:10　　　　　　　　　　　指定拉伸方向，并输入拉伸高度

已创建 1 个拉伸

> **注意事项**
>
> 　　该命令与拉伸操作相似。但"拉伸"命令只能限制在二维图形上操作，而"按住/拖动"命令无论是在二维图形还是在三维图形上都可进行拉伸。需要注意的是，"按住/拖动"命令操作对象是一个封闭的面域。

11.4　由二维图形生成网格曲面

通过创建网格对象可以绘制更为复杂的三维模型，包括旋转曲面、平移曲面、直纹曲面和边界曲面对象。

11.4.1　旋转曲面

旋转曲面是由一条轮廓线绕一条轴线旋转而成的。因此，在使用旋转曲面命令之前，必须准备一个旋转曲面的轴和绘制旋转曲面的轮廓线。轮廓线可以闭合也可以不闭合。旋转曲面可以用形体截面的外轮廓线围绕某一指定的轴旋转一定角度，从而生成网格曲面。用户可以通过以下方式执行该命令：

- 在菜单栏中执行"绘图>建模>网格>旋转网格"命令。
- 在"网格"选项卡"图元"面板中单击"旋转曲面"按钮 🔗。
- 在命令行输入 REVSURF 命令，按回车键。

执行"旋转网格"命令后，根据命令行中的提示，先选择横截面，然后再指定旋转轴，输入旋转角度即可。

命令行提示如下：

命令: REVSURF

当前线框密度: SURFTAB1=6　SURFTAB2=6

选择要旋转的对象：　　　　　　　　　　　　　　　选择要旋转的横截面，回车

选择定义旋转轴的对象：　　　　　　　　　　　　　指定旋转轴起点和端点

指定起点角度 <0>:　　　　　　　　　　　　　　　默认值，回车

指定夹角 (+=逆时针，−=顺时针) <360>:　　　　　　输入旋转角度，回车

> **◎ 技术要点**
>
> 　　在选择旋转对象时，一次只能选择一个对象，不能多个拾取，如果旋转迹线是由多条曲线连接而成，那么必须首先将其转换为一条多段线。旋转方向的分段数由系统变量 SURFTAB1 确定，旋转轴方向的分段数由系统变量 SURFTAB2 确定。

动手练习——利用旋转曲面创建垃圾桶

下面将以创建垃圾桶模型为例，来介绍旋转曲面的具体操作。

▶Step01： 新建图形，将视图设为左视图。执行"直线"和"多段线"命令，创建垃圾桶横截面轮廓线，如图 11-54 所示。

▶Step02： 执行"圆角"命令，将横截面进行倒圆角，底部圆角半径为 3mm，顶部圆角半径为 1.5mm，如图 11-55 所示。

▶Step03： 将视图设为西南等轴测视图。在命令行中输入 ucs 后，按两次回车键，将用户坐标设为默认，如图 11-56 所示。

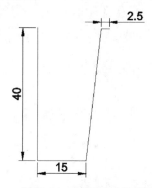

图 11-54 创建横截面轮廓线

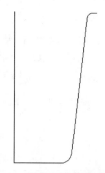

图 11-55 横截面轮廓线倒圆角

图 11-56 切换西南等轴测视图

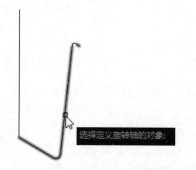

图 11-57 选择横截面轮廓线段

图 11-58 选择旋转轴

图 11-59 生成垃圾桶

图 11-60 平滑垃圾桶

图 11-61 平滑处理效果

▶Step04: 执行"旋转网格"命令，先选择横截面轮廓线，如图 11-57 所示。

▶Step05: 再选择旋转轴，如图 11-58 所示。

▶Step06: 按两次回车键，完成旋转拉伸操作，如图 11-59 所示。

▶Step07: 在"网格"选项卡中单击"提高平滑度"按钮，选择生成的垃圾桶，如图 11-60 所示。

▶Step08: 按回车键即可将垃圾桶进行平滑操作，结果如图 11-61 所示。

11.4.2 平移曲面

平移曲面是由一条轮廓线和一条平行方向线构成的，因此在使用平移曲面命令之前，必须准备一条平移曲面的平移方向线和一条绘制平移曲面的轮廓线。平移曲面可以将一个对象沿指定的矢量方向进行拉伸，从而得到三维表面模型。通过以下方式执行该命令：

- 在菜单栏中执行"绘图>建模>网格>平移网格"命令。
- 在"网格"选项卡"图元"面板中单击"平移曲面"按钮。
- 在命令行输入 TABSURF 命令，按回车键。

执行"平移曲面"命令后，根据命令行的提示，先选择所需的轮廓曲线，然后再选择方向线即可。

命令行提示如下：

命令: _tabsurf
当前线框密度: SURFTAB1=6
选择用作轮廓曲线的对象: 选择所需线段
选择用作方向矢量的对象: 选择方向矢量对象

> **注意事项**
>
> 平移曲面时，被拉伸的轮廓曲线可以是直线、圆弧、圆和多段线，但指定拉伸方向的线型必须是直线和未闭合的多段线，若拉伸向量线选取的是多段线，则拉伸方向为两端点间的连线，拉伸的长度是所选直线或多段线两端点之间的长度。需要注意的是，拉伸向量线与被拉伸的对象不能位于同一平面上，否则无法进行拉伸。

动手练习——利用平移曲面创建窗帘

下面将以创建窗帘模型为例，来介绍平移曲面的具体操作。

▶Step01: 新建文件。将视图切换至俯视图。执行"多段线"命令，绘制两条曲线，曲线尺寸适度即可，作为窗帘横截面轮廓线，如图 11-62 所示。

图 11-62 绘制两条曲线

▶Step02: 切换到西南等轴测视图，执行"直线"命令，沿 Z 轴绘制两条长度为 2800mm 的直线，如图 11-63 所示。

▶Step03: 执行"平移网格"命令，先选择横截面轮廓线，如图 11-64 所示。

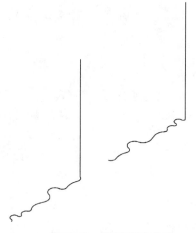

图 11-63　创建平移方向线

图 11-64　选择横截面轮廓线

▶Step04:　再选择方向线，创建好一幅窗帘模型，如图 11-65 所示。

▶Step05:　按照同样的方法，创建另一幅窗帘模型，如图 11-66 所示。

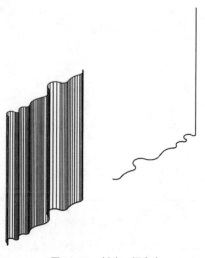

图 11-65　创建一幅窗帘

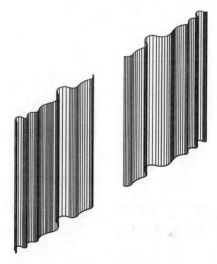

图 11-66　创建另一幅窗帘

11.4.3　直纹曲面

直纹曲面是由两条边构成的，因此在使用直纹曲面命令之前，必须准备两条边。这两条边可以是闭合的也可以是不闭合的；可以在一个平面内，也可以不在一个平面内。选取两条边的端点不同，得到的直纹曲面也不同。通过以下方式可执行该命令：

- 在菜单栏中执行"绘图>建模>网格>直纹网格"命令。
- 在"网格"选项卡"图元"面板中单击"直纹曲面"按钮 。
- 在命令行输入 RULESURF 命令，按回车键。

执行"直纹曲面"命令后，根据命令行提示，选择两条曲线，按回车键即可，用户可根据命令行中的提示进行操作。命令行提示如下：

命令:_rulesurf

当前线框密度:SURFTAB1=6

| 选择第一条定义曲线: | （选择两条定义曲线，按回车键） |
| 选择第二条定义曲线: | |

 动手练习——利用长方体创建直纹曲面

　　下面将借助长方体内的两条圆弧线来创建直纹曲面。

▶Step01: 打开"直纹曲面"素材文件，如图 11-67 所示。

▶Step02: 执行"直纹网格"命令，根据提示选择长方体内顶面弧线，如图 11-68 所示。

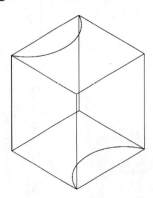

图 11-67　打开素材文件

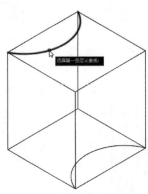

图 11-68　选择顶面弧线

▶Step03: 选择长方体内底面弧线，如图 11-69 所示。

▶Step04: 选择后即可创建直纹曲面。删除长方体，即可查看效果，如图 11-70 所示。

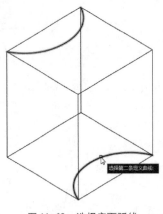

图 11-69　选择底面弧线

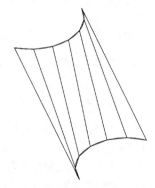

图 11-70　生成直纹曲面

11.4.4　边界曲面

　　边界曲面可以在三维空间以四条直线、圆弧或多段线形成的闭合回路为边界，生成一个复杂的三维网格曲面。通过以下方式可执行该命令：

- 在菜单栏中执行"绘图>建模>网格>边界网格"命令。
- 在"网格"选项卡"图元"面板中单击"边界曲面"按钮 。
- 在命令行输入 EDGESURF 命令，按回车键。

执行"边界曲面"命令，根据命令行提示，选择所有边界线段即可。

命令行提示如下：

命令: _edgesurf
当前线框密度: SURFTAB1=30   SURFTAB2=30
选择用作曲面边界的对象 1:   选择4条边界线段
选择用作曲面边界的对象 2:
选择用作曲面边界的对象 3:
选择用作曲面边界的对象 4:

动手练习——利用边界曲面创建布块模型

下面将以创建布块模型为例来介绍边界曲面具体的创建方法。

▶Step01: 打开"布块轮廓"素材文件，如图 11-71 所示。

▶Step02: 执行"边界网格"命令，选择布块第一条轮廓线，如图 11-72 所示。

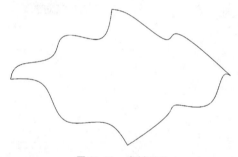

图 11-71　素材图形

图 11-72　选择第一条轮廓线

▶Step03: 依次选择布块第二、三、四条边界轮廓线，如图 11-73 所示。

▶Step04: 选择完成后即可创建出布块模型，如图 11-74 所示。

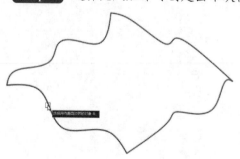

图 11-73　选择第二、三、四条轮廓线

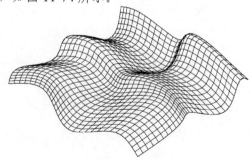

图 11-74　生成模型

实战演练 1——创建卷纸模型

下面将创建卷纸模型，其中所应用到的命令有螺旋线、编辑样条曲线、实体拉伸等。

▶Step01: 新建文件，在俯视图中执行"螺旋"命令，指定底面中心点，如图 11-75 所示。

▶Step02: 单击后移动光标，指定底面半径为 20，如图 11-76 所示。

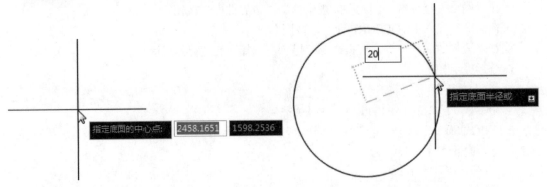

图 11-75　指定底面中心点　　　　　　　　　　图 11-76　输入底面半径

▶Step03: 按回车键后再指定顶面半径为 60，如图 11-77 所示。

▶Step04: 再按回车键确认，根据命令行提示输入命令 t，如图 11-78 所示。

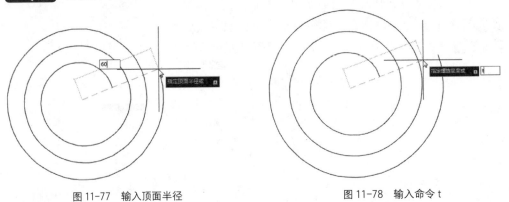

图 11-77　输入顶面半径　　　　　　　　　　图 11-78　输入命令 t

▶Step05: 按回车键后输入圈数为 30，如图 11-79 所示。

▶Step06: 按两次回车键即可完成螺旋线的绘制，如图 11-80 所示。

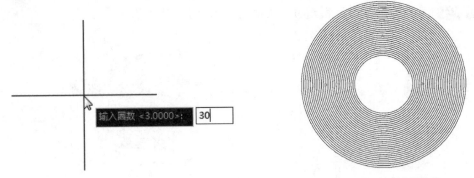

图 11-79　输入圈数　　　　　　　　　　图 11-80　绘制出螺旋线

▶Step07: 执行"多段线"命令，选择螺旋线，如图 11-81 所示。

▶Step08: 此时光标旁边会出现"是否将其转换为多段线？"的提示，保持默认回复 Y，如图 11-82 所示。

图 11-81　选择螺旋线

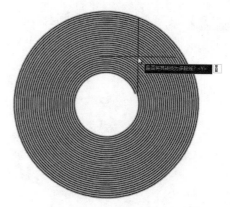

图 11-82　将螺旋线转换为多段线

▶Step09:　按回车键确认，指定精度为 1，如图 11-83 所示。

▶Step10:　再按回车键，在弹出的菜单中选择"样条曲线"选项，如图 11-84 所示。

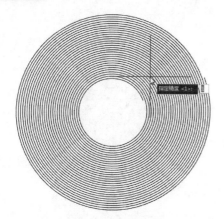

图 11-83　输入精度

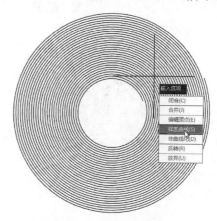

图 11-84　选择"样条曲线"选项

▶Step11:　按回车键后将螺旋线转换为样条曲线。选择样条曲线，通过夹点调整曲线造型，如图 11-85 所示。

▶Step12:　切换到东北等轴测视图，如图 11-86 所示。

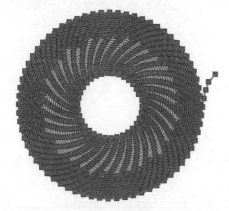

图 11-85　调整夹点

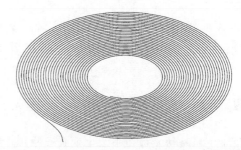

图 11-86　东北等轴测视图

▶Step13:　执行"拉伸"命令，根据提示选择样条曲线作为拉伸对象，如图 11-87 所示。

▶Step14: 按回车键确认，再向上移动光标，输入拉伸高度为 120，如图 11-88 所示。

图 11-87　选择拉伸对象

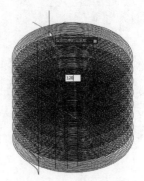

图 11-88　输入拉伸高度

▶Step15: 按回车键确认，指定精度为 1，如图 11-89 所示。
▶Step16: 将视觉样式切换到概念，效果如图 11-90 所示。

图 11-89　拉伸效果

图 11-90　概念样式

实战演练 2——创建连杆三维模型

下面将创建连杆模型，其中主要运用到的三维命令包括"拉伸"和"扫掠"等。

▶Step01: 打开"连杆"素材文件，如图 11-91 所示。
▶Step02: 执行"多段线"命令，捕捉绘制连杆中间部分的轮廓，如图 11-92 所示。

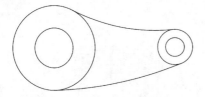

图 11-91　连杆图形

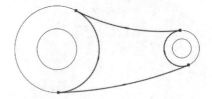

图 11-92　捕捉绘制多段线

▶Step03: 切换到西南等轴测视图，执行"圆柱体"命令，捕捉圆心作为圆柱体底面中心点，如图 11-93 所示。
▶Step04: 移动光标在小圆上捕捉一点用于指定底面半径，如图 11-94 所示。
▶Step05: 继续移动光标，指定圆柱体高度为"13"，如图 11-95 所示。
▶Step06: 按回车键即可完成圆柱体的创建，如图 11-96 所示。

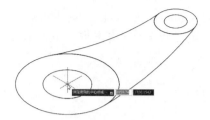

图 11-93 捕捉圆心

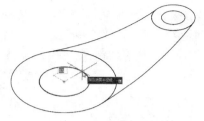

图 11-94 指定底面半径

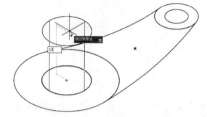

图 11-95 指定圆柱体高度

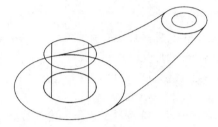

图 11-96 完成圆柱体的创建

▶Step07: 照此方法创建其他三个圆柱体，切换到概念视图，如图 11-97 所示。

▶Step08: 执行"拉伸"命令，根据提示选择要拉伸的对象，如图 11-98 所示。

图 11-97 创建其他三个圆柱体并切换到概念视图

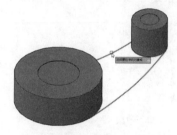

图 11-98 选择拉伸对象

▶Step09: 按回车键确认，根据提示输入拉伸高度为"6"，如图 11-99 所示。

▶Step10: 再按回车键确认，完成拉伸实体的创建，如图 11-100 所示。

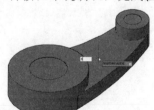

图 11-99 输入拉伸高度

图 11-100 完成拉伸操作

图 11-101 移动模型

图 11-102 差集运算

▶Step11: 选择拉伸实体，将其沿 Z 轴向上移动 3.5mm，如图 11-101 所示。

▶Step12: 执行"差集"命令，将小圆柱体与大圆柱体进行差集操作，将小圆柱体从中减去，完成连杆模型的制作，如图 11-102 所示。

 课后作业

（1）绘制座椅模型

本例将利用"多段线""拉伸"和"扫掠"命令绘制座椅模型，如图 11-103 所示。

操作提示：

Step01: 利用多段线绘制座椅及靠背横截面，利用拉伸命令将其拉伸成座椅实体。

Step02: 利用多段线绘制扶手轮廓，利用"扫掠"命令将扶手拉伸为实体。

Step03: 复制扶手实体即可。

（2）制作轴承剖面实体

利用"旋转"命令将二维轴承横截面拉伸成三维实体剖面，效果如图 11-104 所示。

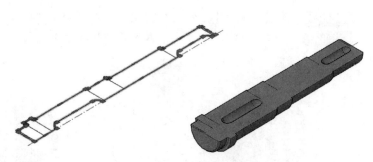

图 11-103　座椅模型效果　　　　　　　　　　图 11-104　轴承剖面

操作提示：

Step01: 利用二维多段线绘制一条完整的截面轮廓线。

Step02: 执行"旋转"命令，将二维横截面轮廓以–180 度角进行旋转拉伸。

 精选疑难解答

Q1：面域、块、实体是什么概念？

A：面域是用闭合的线段或环创建的二维区域。块是可组合起来形成单个对象（或称为块定义）的对象集合。实体有两个概念：一个是构成图形的有形的基本元素；一个是指三维物体。对于三维实体，可以使用"布尔运算"使之联合，对于广义的实体，可以使用"块"或"组"进行联合。

Q2：三维实体模型与三维网格有什么区别？

A：用户从外表上不容易看出对象是否是三维实体，AutoCAD 的提示功能可很容易看出对象的属性及类型。将光标放置到某对象上数秒，系统将会显示提示信息。若选择的是三维实体模型，则在打开的信息框中，则会显示"三维实体"，反之，则会显示"网格"。

Q3：拉伸的图形不是实体？

A：应用拉伸命令时如果想获得实体，必须保证拉伸图形是整体的一个图形（例如矩形、圆、多边形等），否则拉伸出的是片体。系统拉伸命令默认输出结果为实体，即便截面为封闭的，执行"拉伸"命令后，在命令行输入 MO 按回车键，再根据提示输入 SU 命令并按回车键，封闭的界面也可以拉伸成片体。

另外利用线段绘制的封闭图形，拉伸出的图形也是片体，如果需要将线段的横截面设置为面，为线段创建面域即可。

Q4：进行差集运算时，为什么总是提示"未选择实体或面域"提示？

A：执行差集命令后，根据提示选择实体对象，按回车键后再选择减去的实体，再次按回车键即可。若操作方法正确，则需要查看这些实体是不是相互孤立，而不是一个组合实体，将需要的实体合并在一起后，再次进行差集运算即可实现差集效果。

Q5：使用"差集"命令，无法进行布尔运算？

A：通常两个以上实体重叠在一起进行"差集"操作时，需先将要修剪的实体全部选中，或进行并集操作。而如果是单个实体修剪，则直接进行"差集"命令即可。

第 12 章

编辑三维实体模型

本章概述

利用三维基本体建模后,多多少少都会使用相应的编辑工具对模型进行修改调整。例如旋转模型、阵列模型、对模型进行倒角处理、修剪模型等。本章将着重对三维模型的编辑工具进行详细的介绍,其中包括实体模型的变换与编辑、模型边与面的处理等。

学习目标

- 掌握变换三维实体的操作。
- 掌握编辑三维实体的操作。
- 了解编辑三维模型边的操作。
- 了解编辑三维模型面的操作。

扫码观看本章视频

实例预览

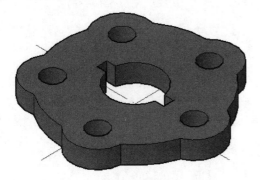

布尔运算操作

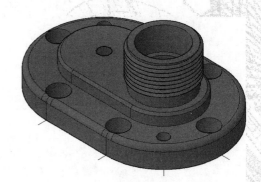

齿轮泵后盖模型

12.1 变换三维实体位置 ●●●...

利用三维移动、旋转、对齐、镜像和阵列这几种位置变换工具，可以创建出各种复杂的三维实体模型。这类三维命令与二维相关命令在操作上没有太大的区别，唯一不同的是编辑环境不一样。前者是在三维空间中操作，而后者是在二维空间操作。

12.1.1 移动三维实体

三维移动命令是将实体模型沿着 X、Y、Z 坐标轴移动一定距离来实现移动操作。操作方法与二维移动相似。通过以下方式可执行"三维移动"命令。

- 在菜单栏中执行"修改>三维操作>三维移动"命令。
- 在"常用"选项卡"修改"面板中单击"三维移动"按钮 。
- 在命令行输入 3DMOVE 命令，按回车键。

执行"三维移动"命令后，选中移动的模型，并指定好移动基点，然后选择好移动方向所在坐标轴，捕捉新目的基点即可。

命令行提示如下：

命令: _3dmove	
选择对象: 找到 1 个	
选择对象:	选择模型
指定基点或 [位移(D)] <位移>:	指定要移动的坐标轴
指定移动点 或 [基点(B)/复制(C)/放弃(U)/退出(X)]: 正在重生成模型	输入移动距离

命令行中主要选项说明如下：

① 基点：指定要移动的三维对象的基点。

② 位移：使用在命令行提示下输入的坐标值，指定选定三维对象的位置的相对距离和方向。

③ 移动点：设置选定对象的新位置。

④ 复制：创建选定对象的副本，而非仅移动选定对象。可以通过继续指定位置来创建多个副本。

 动手练习——移动螺栓实体模型

下面将以移动螺栓模型为例，来介绍"三维移动"命令的具体使用方法。

▶Step01: 打开"螺栓实体"素材文件，如图 12-1 所示。

▶Step02: 执行"三维移动"命令，根据提示选择螺帽实体，按回车键，如图 12-2 所示。

▶Step03: 按回车键可以看到，螺帽上会显示出相对应的三维移动坐标，如图 12-3 所示。

▶Step04: 选择 Y 轴（绿色坐标轴），此时会显示出 Y 轴方向上的一条轴线，如图 12-4 所示。

▶Step05: 沿着 Y 轴方向移动鼠标，输入移动距离"30"，如图 12-5 所示。

图 12-1　打开素材图形

图 12-2　选择对象

图 12-3　显示三维移动坐标

图 12-4　选择 Y 轴

▶Step06：按回车键后即可完成螺帽实体的移动操作，如图 12-6 所示。

图 12-5　输入移动距离

图 12-6　完成三维移动

12.1.2　旋转三维实体

三维旋转命令会将模型绕三维空间中的任意坐标轴进行旋转。在旋转三维对象之前需要定义一个点位三维对象的基准点。用户可以通过以下方式执行"三维旋转"命令：

- 在菜单栏中执行"修改>三维操作>三维旋转"命令。
- 在"常用"选项卡"修改"面板中单击"三维旋转"按钮 ⊕。
- 在命令行输入 3DROTATE 命令，按回车键。

执行"三维旋转"命令后，选中所需模型，指定好旋转轴以及旋转方向，输入旋转角度值即可。

命令行提示如下：

命令：_3drotate	
UCS 当前的正角方向：ANGDIR=逆时针　ANGBASE=0.00	
找到 14 个	选择模型，回车
指定基点：	指定旋转轴
正在检查 703 个交点...	

** 旋转 **	
指定旋转角度或 [基点(B)/复制(C)/放弃(U)/参照(R)/退出(X)]:	调整旋转方向,输入旋转角度,回车

命令行中主要选项说明如下:

① 指定基点:指定该三维模型的旋转基点。

② 拾取旋转轴:选择三维轴,并以该轴进行旋转。这里三维轴为 X 轴、Y 轴和 Z 轴。其中 X 轴为红色,Y 轴为绿色,Z 轴为蓝色。

③ 角起点或输入角度:输入旋转角度值。

 动手练习——旋转三维轴承实体模型

下面将以旋转三维轴承模型为例,来介绍"三维旋转"命令的具体使用方法。

▶Step01: 打开"轴承实体"素材文件,如图 12-7 所示。

▶Step02: 执行"三维旋转"命令,选择旋转对象,按回车键,此时在模型上会出现一个三维的旋转图标,如图 12-8 所示。

图 12-7　打开素材文件

图 12-8　选择旋转对象

▶Step03: 将光标移动到 Z 轴(蓝色旋转轴)上,此时会显示出一条 Z 轴方向上的蓝色轴线,如图 12-9 所示。

▶Step04: 单击旋转轴并移动光标,根据提示输入旋转角度"90",如图 12-10 所示。

图 12-9　选择旋转轴

图 12-10　输入旋转角度

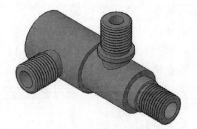

图 12-11　旋转效果

▶Step05：按回车键确认即可看到旋转效果，如图 12-11 所示。

12.1.3　镜像三维实体

三维镜像是将实体模型沿指定的平面进行镜像。镜像平面可以是已经创建的面，如实体的面和坐标轴上的面，也可以通过三点创建一个镜像平面。通过以下方式可执行"三维镜像"命令：

- 在菜单栏中执行"修改>三维操作>三维镜像"命令。
- 在"常用"选项卡"修改"面板中单击"三维镜像"按钮 ⬚⬚。
- 在命令行输入 MIRROR3D 命令，按回车键。

执行"三维镜像"命令后，选中所需镜像的模型，指定好镜像面上的三个点，按回车键即可完成三维镜像操作。

命令行提示如下：

命令: _mirror3d
选择对象: 找到 1 个
选择对象: 找到 1 个，总计 2 个
选择对象:　　　　　　　　　　　　　　　　选中模型，回车
指定镜像平面 (三点) 的第一个点或[对象(O)/最近的(L)/Z 轴(Z)/视图(V)/XY 平面(XY)/YZ 平面(YZ)/ZX 平面(ZX)/三点(3)] <三点>: yz　　　　　　　输入镜像面，或指定镜像面上的三个点
指定 YZ 平面上的点 <0,0,0>:
是否删除源对象? [是(Y)/否(N)] <否>:　　　　回车，保留源对象；选择 Y，则会删除源对象

命令行主要选项说明如下：

① 对象：通过选择圆、圆弧或二维多段线等二维对象，将选择对象所在的平面作为镜像平面。

② 三点：通过三个点定义镜像平面。

③ 最近的：使用上一次镜像操作中使用的镜像平面作为本次镜像操作的镜像平面。

④ Z 轴：依次选择两点，并将两点连线作为镜像平面的法线，同时镜像平面通过选择的第一点。

⑤ 视图：通过指定一点并将通过该点且与当前视图平面平行的平面作为镜像平面。

⑥ XY、YZ、ZX 平面：将镜像平面与一个通过指定点的标准平面（XY、YZ、ZX）对齐。

动手练习——镜像餐椅实体模型

下面将以镜像餐椅模型为例，来介绍"三维镜像"命令的具体用法。

▶Step01：打开"餐桌椅组合"素材文件，如图 12-12 所示。

▶Step02：执行"三维镜像"命令，选择餐椅模型，如图 12-13 所示。

▶Step03：按回车键确认，根据提示指定镜像平面的第一点，如图 12-14 所示。

▶Step04：移动光标，指定镜像平面的第二点，如图 12-15 所示。

▶Step05：继续移动光标，指定镜像平面的第三点，如图 12-16 所示。

▶Step06：指定第三点后，会弹出"是否删除源对象"的提示，这里选择"否"选项，如图 12-17 所示。

▶Step07：选择完成后即可完成餐椅的三维镜像操作，如图 12-18 所示。

图 12-12　打开素材文件

图 12-13　选择餐椅

图 12-14　指定镜像平面第一点

图 12-15　指定镜像平面第二点

图 12-16　指定镜像平面第三点

图 12-17　选择"否"

图 12-18　三维镜像效果

12.1.4　阵列三维实体

阵列是指将指定的模型按照一定的规则进行阵列，在三维建模工作空间中，三维阵列分为矩形阵列和环形阵列两种。用户可以利用以下方式执行"三维阵列"命令：

- 在菜单栏中执行"修改>三维操作>三维阵列"命令。
- 在命令行输入 3DARRAY 命令，按回车键。

（1）三维矩形阵列

三维矩形阵列可以将对象在三维空间以行、列、层的方式复制并排布。执行"三维阵列"命令，根据命令行提示，选择阵列对象，按回车键后再根据提示选择"矩形阵列"方式，输入相关的行数、列数、层数以及各间距值，即可完成三维矩形阵列操作。如图 12-19 所示为三维矩形阵列效果。

命令行提示如下：

命令：_3darray	
正在初始化... 已加载 3DARRAY。	
选择对象：找到 1 个	
选择对象：	选择所需模型
输入阵列类型 [矩形(R)/环形(P)] <矩形>:r	选择"矩形"类型，回车
输入行数 (---) <1>: 3	指定行数，回车
输入列数 (|||) <1>: 3	指定列数，回车
输入层数 (...) <1>: 3	指定层数，回车
指定行间距 (---): 250	指定行间距，回车
指定列间距 (|||): 250	指定列间距，回车
指定层间距 (...): 250	指定层间距，回车

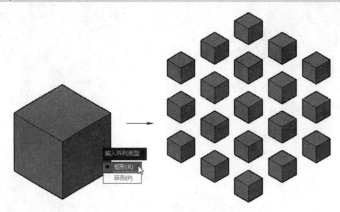

图 12-19　三维矩形阵列效果

（2）三维环形阵列

环形阵列是指将三维模型设置指定的阵列角度进行环形阵列。在执行"三维阵列"命令的过程中选择"环形"选项，则可以在三维空间中环形阵列三维对象，如图 12-20 所示。

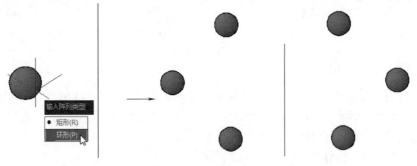

图 12-20　三维环形阵列效果

命令行提示如下：

命令：_3darray
选择对象：找到 1 个

选择对象: 找到 1 个, 总计 2 个	
选择对象:	选择模型, 回车
输入阵列类型 [矩形(R)/环形(P)] <矩形>:P	选择"环形"类型
输入阵列中的项目数目: 6	输入阵列数量, 回车
指定要填充的角度 (+=逆时针, –=顺时针) <360>:	默认角度, 回车
旋转阵列对象? [是(Y)/否(N)] <Y>: Y	回车
指定阵列的中心点:	指定旋转轴起点和端点

12.1.5　对齐三维实体

三维对齐是指在三维空间中将两个对象与其他对象对齐,可以为源对象指定一个、两个或三个基点,然后为目标对象指定一个、两个或三个基点。其中源对象的目标点要与目标对象的点相对应。通过以下方式可执行"三维对齐"命令:

- 在菜单栏中执行"修改>三维操作>三维对齐"命令。
- 在"常用"选项卡"修改"面板中单击"三维对齐"按钮 。
- 在命令行输入 3DALIGN 命令,按回车键。

执行"三维对齐"命令后,选中所需对齐的模型,指定好被选模型上的三个点,按回车键,再选择目标模型上要对齐的三个点即可。

命令行提示如下:

命令: _3dalign	
选择对象: 指定对角点: 找到 1 个	
选择对象:	选择模型, 回车
指定源平面和方向 ...	
指定基点或 [复制(C)]:	选择三个对齐点, 回车
指定第二个点或 [继续(C)] <C>:	
指定第三个点或 [继续(C)] <C>:	
指定目标平面和方向 ...	
指定第一个目标点:	选择目标模型上三个对齐点
指定第二个目标点或 [退出(X)] <X>:	
指定第三个目标点或 [退出(X)] <X>:	

命令行主要选项说明如下:

① 基点:指定一个点以用作源对象上的基点。

② 第二个点:指定源对象 X 轴上的点。第二个点在平行于当前 UCS XY 平面的平面内指定新的 X 轴方向。

③ 第三个点:指定对象的正 XY 平面上的点。第三个点设置源对象的 X 轴和 Y 轴方向。

④ 继续:向前跳至指定目标点的提示。

⑤ 第一个目标点:定义源对象基点的目标。

⑥ 第二个目标点:在平行于当前 UCS XY 平面的平面内为目标指定新的 X 轴方向。

⑦ 第三个目标点:设置目标平面的 X 轴和 Y 轴方向。

 动手练习——对齐几何体

下面利用"三维对齐"命令将楔体对齐到长方体上,具体操作如下。

▶Step01: 打开"几何"素材文件，可以看到一个长方体和一个楔体模型，如图 12-21 所示。

▶Step02: 执行"三维对齐"命令，根据提示选择源对象，这里选择楔体模型，如图 12-22 所示。

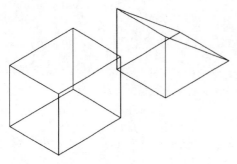

图 12-21　打开素材文件

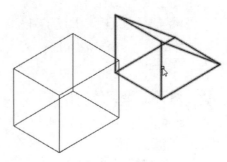

图 12-22　选择楔体

▶Step03: 按回车键确认，根据提示指定楔体上的第一个对齐点，如图 12-23 所示。

▶Step04: 移动光标，指定楔体第二个对齐点，如图 12-24 所示。

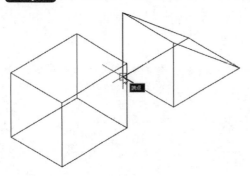

图 12-23　指定楔体第一个点

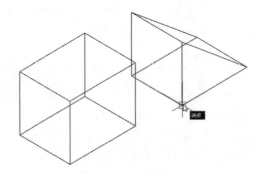

图 12-24　指定楔体第二个点

▶Step05: 继续移动光标指定楔体第三个对齐点，如图 12-25 所示。

▶Step06: 根据提示在长方体上指定第一个对齐点，如图 12-26 所示。

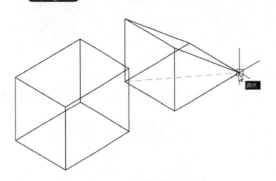

图 12-25　指定楔体第三个点

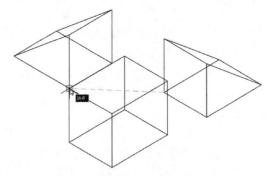

图 12-26　指定长方体第一个点

▶Step07: 移动光标再指定长方体第二个对齐点，如图 12-27 所示。

▶Step08: 继续指定长方体第三个对齐点，如图 12-28 所示。

▶Step09: 所有对齐点指定完成后，对齐效果如图 12-29 所示。

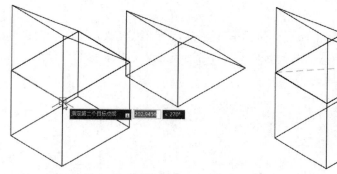

图 12-27　指定长方体第二个点

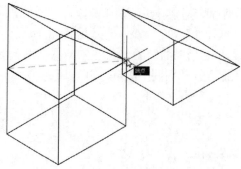

图 12-28　指定长方体第三个点

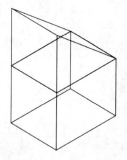

图 12-29　三维对齐效果

12.2　修改三维实体造型

如果需要修改实体模型的造型，可以利用剖切、抽壳、加厚、分割，或者布尔运算等三维编辑命令来对其造型进行修改。

12.2.1　剖切实体

剖切就是使用假想的一个与模型相交的平面或曲面，将模型切为两半。被切开的实体两部分可以保留一侧，也可以都保留。常利用该工具剖切一些复杂的零件，如腔体类零件，其外形看似简单，但内部却极其复杂，通过剖切可以更加清楚地表达模型内部的形体结构。用户可以通过以下方式来执行"剖切"命令：

- 在菜单栏中执行"修改>三维操作>剖切"命令。
- 在"常用"选项卡的"实体编辑"面板中单击"剖切"按钮 🔲。
- 在"实体"选项卡的"实体编辑"面板中单击"剖切"按钮。
- 在命令行输入 SLICE 命令，然后按回车键。

执行"剖切"命令，根据命令行的提示选取要剖切的模型，按回车键后指定剖切平面，并根据需要保留切开实体的一侧或两侧，即可完成剖切操作。下面介绍几种常用的指定剖切平面的方法。

（1）指定切面起点

该方式是默认的剖切方式，即通过指定剖切实体的两点，系统将默认两点所在垂直平面为剖切平面，对实体进行剖切操作。

执行"剖切"命令，选择要剖切的实体，按回车键后指定两点确定剖切平面，此时命令行会显示"在所需的侧面上指定点或[保留两个侧面（B）]"提示信息，可以根据需要指定侧面或输入命令 B 保留两个侧面，如图 12-30 所示。

命令行提示如下：

命令: _slice
选择要剖切的对象: 找到 1 个　　　　　　　　　　　　　选择实体模型
选择要剖切的对象:
指定 切面 的起点或 [平面对象(O)/曲面(S)/Z 轴(Z)/视图(V)/XY(XY)/YZ(YZ)/ZX(ZX)/三点(3)] <三点>:
指定平面上的第二个点:　　　　　　　　　　　　　　　　选择剖切面上的两个点
在所需的侧面上指定点或 [保留两个侧面(B)] <保留两个侧面>:　回车

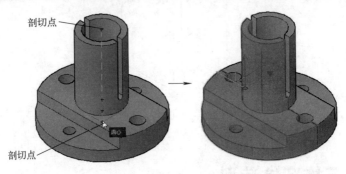

图 12-30　剖切效果 1

（2）指定平面对象

该剖切方式是利用曲线、圆、椭圆、圆弧或椭圆弧、二维样条曲线、二维多段线等构成的平面作为剖切平面，对所选实体进行剖切操作。

执行"剖切"命令，选择剖切对象，按回车键确认，根据命令行提示输入 o，按回车键，然后选择二维曲面作为剖切平面，并设置保留方式。如图 12-31 所示为指定矩形为剖切平面后，保留两侧的效果。

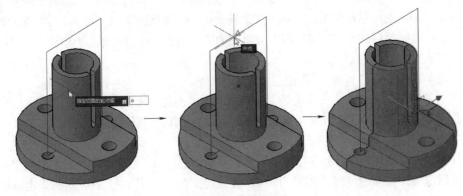

图 12-31　剖切效果 2

（3）指定曲面对象

该方式是以曲面作为剖切平面。执行"剖切"命令，选取待剖切对象，根据命令行提示输入命令 S，按回车键确认，再选择曲面，即可获得剖切效果。如图 12-32 所示就是指定曲面为剖切平面，保留一侧的效果。

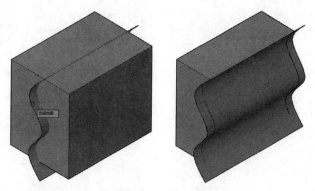

图 12-32　曲面剖切效果

除了以上剖切方式外，还可通过以下几种方式进行剖切：

① Z 轴：指定 Z 轴方向的两点作为剖切平面。执行"剖切"命令，选取待剖切的模型，在命令行中输入命令 Z，按回车键后直接在实体上指定两点，即可执行剖切操作。

② 视图：该方式是以实体所在的视图为剖切平面。执行"剖切"命令，选取剖切模型，在命令行中输入命令 V，按回车键后指定三维坐标点，即可执行剖切操作。

③ XY、YZ、ZX：该方式是利用坐标系平面 XY、YZ、ZX 平面作为剖切平面。执行"剖切"命令，选取剖切模型，在命令行中指定坐标系平面，按回车键后指定该平面上的一点，即可执行剖切操作。

④ 三点：该方式是在模型中选取三点，利用这三个点组成的平面作为剖切平面。执行"剖切"命令，选取剖切模型，根据命令行提示输入命令 3，按回车键后直接在实体上选取三个点，系统会自动根据这三个点组成的平面，执行剖切操作，

12.2.2　加厚实体

加厚命令可以为曲面添加厚度，将其转换为三维实体。通过以下方式可执行"加厚"命令：

- 在菜单栏中执行"修改>三维操作>加厚"命令。
- 在"常用"选项卡的"实体编辑"面板中单击"加厚"按钮 。
- 在"实体"选项卡的"实体编辑"面板中单击"加厚"按钮。
- 在命令行输入 THICKEN 命令，按回车键。

执行"加厚"命令，根据命令行提示选择曲面对象，按回车键确认，根据提示输入加厚的

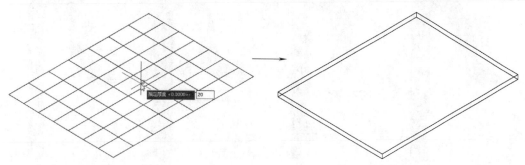

图 12-33　加厚效果

厚度，再按回车键确认，即可完成加厚操作，如图 12-33 所示。

命令行提示如下：

命令：_Thicken	
选择要加厚的曲面：找到 1 个	选择所需加厚的曲面，回车
选择要加厚的曲面：	
指定厚度 <0.0000>: 20	输入加厚的厚度值

12.2.3 抽壳实体

利用"抽壳"命令可以将三维模型转换为中空薄壁或壳体，其厚度用户可自己指定。用户可以通过以下方式执行"抽壳"命令：

- 在菜单栏中执行"修改>实体编辑>抽壳"命令。
- 在"常用"选项卡的"实体编辑"面板中单击"抽壳"按钮 。
- 在"实体"选项卡的"实体编辑"面板中单击"抽壳"按钮。

执行"抽壳"命令后，根据命令行提示先选择实体模型，然后选择要操作的实体面，按回车键确认，根据提示输入抽壳距离，再按回车键确认，即可完成操作。

命令行提示如下：

命令：_solidedit	
实体编辑自动检查：SOLIDCHECK=1	
输入实体编辑选项 [面(F)/边(E)/体(B)/放弃(U)/退出(X)] <退出" >": _body	
输入体编辑选项	
压印(I)/分割实体(P)/抽壳(S)/清除(L)/检查(C)/放弃(U)/退出(X)] <退出>: _shell	
选择三维实体：	选项所需实体
删除面或 [放弃(U)/添加(A)/全部(ALL)]: 找到一个面，已删除 1 个。	
删除面或 [放弃(U)/添加(A)/全部(ALL)]:	选择要删除的实体面，回车
输入抽壳偏移距离: 20	输入抽壳距离，回车
已开始实体校验。	
已完成实体校验。	

动手练习——抽壳圆管实体

下面利用"抽壳"命令制作圆管模型，具体操作方法介绍如下。

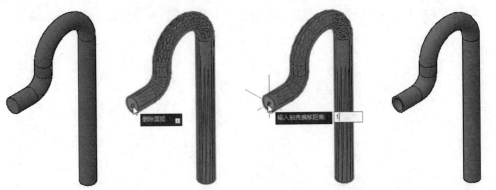

图 12-34 打开文件　图 12-35 选择圆管和横截面　图 12-36 设置抽壳距离　图 12-37 完成操作

▶Step01: 打开"圆管实体"素材文件，如图 12-34 所示。

▶Step02: 执行"抽壳"命令，选择圆管实体，然后选择要删除的圆管横截面，如图 12-35 所示。

▶Step03: 按回车键，输入抽壳厚度"1"，如图 12-36 所示。

▶Step04: 连续按三次回车键，即可完成圆管抽壳操作，如图 12-37 所示。

12.2.4 分割实体

使用"分割"命令可以将一组不相连的实体模型分割为独立的几个实体对象。通过以下方式可执行"分割"命令：

• 在菜单栏中执行"修改>实体编辑>分割"命令。

• 在"常用"选项卡的"实体编辑"面板中单击"分割"按钮 。

• 在"实体"选项卡的"实体编辑"面板中单击"分割"按钮。

执行"分割"命令，根据命令行提示，选择不相交的复合实体，按回车键，即可完成分割操作，如图 12-38 所示。

命令行提示如下：

```
命令: _solidedit
实体编辑自动检查：  SOLIDCHECK=1
输入实体编辑选项 [面(F)/边(E)/体(B)/放弃(U)/退出(X)] <退出>: _body
输入体编辑选项
[压印(I)/分割实体(P)/抽壳(S)/清除(L)/检查(C)/放弃(U)/退出(X)] <退出>: _separate
选择三维实体：                                                    选择不相交复合实体，回车
输入体编辑选项
[压印(I)/分割实体(P)/抽壳(S)/清除(L)/检查(C)/放弃(U)/退出(X)] <退出>: P
选择三维实体：
```

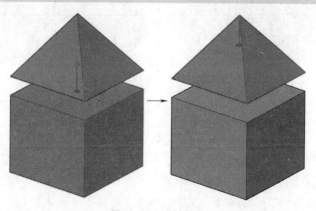

图 12-38　分割实体

◎ **技术要点**

"分割"命令仅可分离已通过并集运算合并的不相交的复合实体，不适用于布尔运算生成的相交对象，实体分割前后的模型外观上并无变化。

12.2.5 布尔运算

布尔运算可以合并、减去或找出两个或两个以上三维实体、曲面或面域的相交部分来创建复合三维对象。运用布尔运算命令可绘制出一些较为复杂的三维实体。

（1）并集运算

并集命令可对所选的两个或两个以上的面域或实体进行合并运算。通过以下方式可执行"并集"命令：

- 在菜单栏中执行"修改>实体编辑>并集"命令。
- 在"常用"选项卡"实体编辑"面板中单击"并集"按钮 。
- 在"实体"选项卡"布尔值"面板中单击"并集"按钮。
- 在命令行输入 UNION 命令，按回车键。

执行"并集"命令，根据命令行中的提示，依次选中需要合并的实体，按回车键后即可完成并集操作，如图 12-39 所示。

命令行提示如下：

```
命令：_union
选择对象：找到 1 个
选择对象：找到 1 个，总计 2 个
选择对象：找到 1 个，总计 3 个                    选择所有实体模型，回车
选择对象：
```

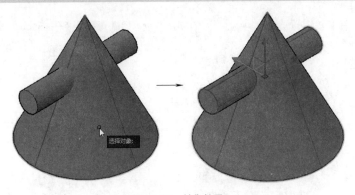

图 12-39　并集效果

（2）差集运算

差集命令可从一组实体中删除与另一组实体的公共区域，从而生成一个新的实体或面域。通过以下方式可执行"差集"命令：

- 在菜单栏中执行"修改>实体编辑>差集"命令。
- 在"常用"选项卡"实体编辑"面板中单击"差集"按钮 。
- 在"实体"选项卡"布尔值"面板中单击"差集"按钮。
- 在命令行输入 SUBTRACT 命令，按回车键。

执行"差集"命令后，根据命令行的提示，选择主实体，按回车键。再选择要删除的实体，按回车键，即可完成差集运算，如图 12-40 所示。

命令行提示如下：

```
命令：_subtract 选择要从中减去的实体、曲面和面域...
```

选择对象: 找到 1 个	选择实体模型，回车
选择对象:	
选择要减去的实体、曲面和面域...	
选择对象: 找到 1 个	选择要减去的实体模型，回车
选择对象:	

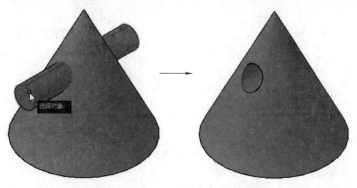

图 12-40　差集效果

（3）交集运算

交集是将多个面域或实体的公共部分生成新实体。通过以下方式调用"交集"命令：

- 在菜单栏中执行"修改>实体编辑>交集"命令。
- 在"常用"选项卡"实体编辑"面板中单击"交集"按钮。
- 在"实体"选项卡"布尔值"面板中单击"交集"按钮。
- 在命令行输 INTERSECT 命令，按回车键。

执行"交集"命令，根据命令行的提示，选择相交的实体，按回车键。此时系统会保留实体重叠部分，其他部分将被去除，如图 12-41 所示。

命令行提示如下：

命令: _intersect	
选择对象: 指定对角点: 找到 2 个	
选择对象: 找到 1 个 (1 个重复), 总计 2 个	选择所有实体，回车
选择对象:	

图 12-41　交集效果

动手练习——制作机械零件实体模型

下面将利用拉伸和差集命令，将二维机械零件图转换成三维模型。

▶Step01: 打开"机械零件"素材文件，如图 12-42 所示。

▶Step02: 执行"拉伸"命令，选择零件外轮廓线，按回车键，输入拉伸高度为 10，如图 12-43 所示。

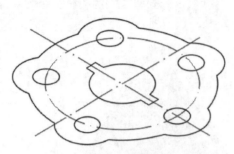

图 12-42　打开文件

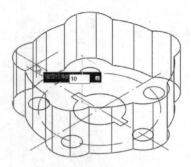

图 12-43　拉伸外轮廓线

▶Step03: 执行"拉伸"命令，选择零件内所有轴孔轮廓线，按回车键，输入拉伸高度为 15，如图 12-44 所示。

▶Step04: 执行"差集"命令，先选择拉伸的零件主体模型，如图 12-45 所示。

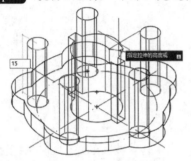

图 12-44　拉伸所有轴孔

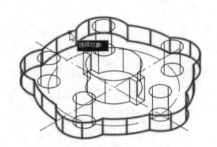

图 12-45　选择主体模型

▶Step05: 按回车键，然后选择所有拉伸的轴孔实体，如图 12-46 所示。

▶Step06: 按回车键，所有轴孔实体已从主体模型中减去。将视觉样式设为概念，其效果如图 12-47 所示。

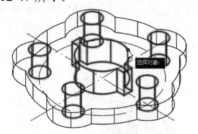

图 12-46　选择所有轴孔实体

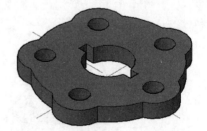

图 12-47　完成差集操作

12.3　编辑三维模型边 •••

AutoCAD 提供了丰富的实体编辑命令，对于三维实体的边可进行提取、压印、复制以及倒角、圆角等操作。

12.3.1 压印边

在选定的对象上压印一个对象，相当于将一个选定的对象映射到另一个三维实体上。为了使压印成功，被压印的对象必须与选定对象的一个面或多个面相交，被压印的对象可以是圆弧、圆、直线、多段线、椭圆、样条曲线、面域或三维实体等。用户可以通过以下几种方式执行"压印边"命令：

- 在菜单栏中执行"修改>实体编辑>压印边"命令。
- 在"常用"选项卡"实体编辑"面板中单击"压印"按钮 。
- 在"实体"选项卡"实体编辑"面板中单击"压印"按钮。
- 在命令行输入 IMPRINT 命令，按回车键。

执行"修改>实体编辑>压印边"命令，根据提示选择三维实体，再选择要压印的对象，根据需要选择是否删除对象，即可完成压印边的操作，如图 12-48 所示。

命令行提示如下：

命令: _imprint
选择三维实体或曲面: 选择三维模型主体
选择要压印的对象: 选择要压印的实体
是否删除源对象 [是(Y)/否(N)] <N>: y   "是"为删除压印实体，"否"为不删除压印实体
选择要压印的对象: *取消*

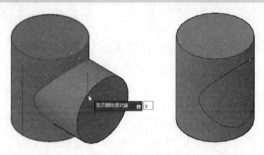

图 12-48　压印边

12.3.2 圆角边

"圆角边"命令与二维"圆角"命令类似，二维"圆角"命令可以对平面图形进行圆角操作，而"圆角边"命令可以对三维实体的边进行圆角操作。通过以下方式可执行"圆角边"命令：

- 在菜单栏中执行"修改>实体编辑>圆角边"命令。
- 在"实体"选项卡"实体编辑"面板中单击"圆角边"按钮 。
- 在命令行输入 FILLETEDGE 命令，按回车键。

执行"圆角边"命令，根据提示选择实体上的边，按回车键后选择"半径"选项，并输入指定半径值，再按两次回车键即可完成圆角边的操作。

命令行提示如下：

命令: _FILLETEDGE
半径 = 1.0000
选择边或 [链(C)/环(L)/半径(R)]: r   选择"半径"选项，回车

输入圆角半径或 [表达式(E)] <1.0000>: 20	设置圆角半径值，回车
选择边或 [链(C)/环(L)/半径(R)]:	选择所需实体边，两次回车
选择边或 [链(C)/环(L)/半径(R)]:	
已选定 1 个边用于圆角。	
按 Enter 键接受圆角或 [半径(R)]:	

 动手练习——将柜体进行圆角处理

下面将为柜体模型进行倒圆角，圆角半径为 20mm。

▶Step01: 打开"柜体"素材文件，如图 12-49 所示。

▶Step02: 执行"圆角边"命令，选择柜体上方四条边线，如图 12-50 所示。

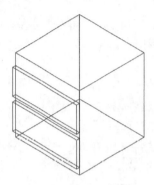

图 12-49　打开素材文件

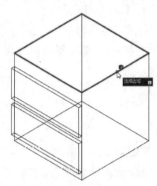

图 12-50　选择要处理的边线

▶Step03: 在命令行中输入 r，按回车键，将半径值设为 20mm，如图 12-51 所示。

▶Step04: 按两次回车键，即可完成实体边倒圆角操作，结果如图 12-52 所示。

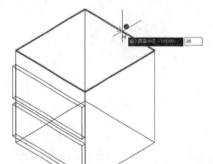

图 12-51　设置圆角半径

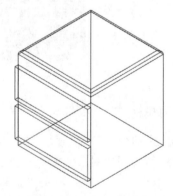

图 12-52　圆角处理效果

12.3.3　倒角边

使用"倒角边"命令可为三维实体边和曲面边建立斜角。在创建倒角时，可同时选择属于相同面的多条边。通过以下方式可执行"倒角边"命令：

- 在菜单栏中执行"修改>实体编辑>倒角边"命令。
- 在"实体"选项卡"实体编辑"面板中单击"倒角边"按钮。
- 在"实体编辑"工具栏中单击"倒角边"按钮。

• 在命令行输入 CHAMFEREDGE 命令，按回车键。

执行"倒角边"命令，根据命令行的提示选择模型的边，按回车键后选择"距离"选项，并指定基面倒角距离和其他曲面倒角距离，再按两次回车键即可完成倒角边的操作，如图 12-53 所示。

命令行提示如下：

命令: _CHAMFEREDGE 距离 1 = 1.0000，距离 2 = 1.0000	
选择一条边或 [环(L)/距离(D)]: d	选择"距离"选项，回车
指定距离 1 或 [表达式(E)] <1.0000>: 20	输入两条倒角参数，回车
指定距离 2 或 [表达式(E)] <1.0000>: 20	
选择一条边或 [环(L)/距离(D)]:	选择所需实体边，两次回车
选择同一个面上的其他边或 [环(L)/距离(D)]:	
按 Enter 键接受倒角或 [距离(D)]::	

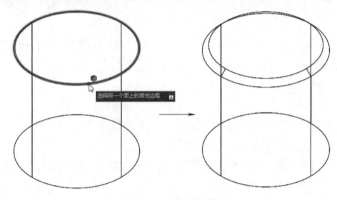

图 12-53　倒角边效果

12.3.4　复制边

复制边命令可以复制三维实体对象的各种边，用于把实体的边复制成直线、圆、圆弧或样条线等，其操作过程与常用的复制命令类似。通过以下方式可执行"复制边"命令：

• 在菜单栏中执行"修改>实体编辑>复制边"命令。
• 在"常用"选项卡"实体编辑"面板中单击"复制边"按钮 。
• 在命令行输入 SOLIDEDIT 命令，按回车键。

执行"复制边"命令，根据提示选择实体上的边，按回车键后指定复制基点和位移第二点，即可将选择的边复制出来，如图 12-54 所示。

命令行提示如下：

命令: _solidedit	
实体编辑自动检查：　SOLIDCHECK=1	
输入实体编辑选项 [面(F)/边(E)/体(B)/放弃(U)/退出(X)] <退出>: _edge	
输入边编辑选项 [复制(C)/着色(L)/放弃(U)/退出(X)] <退出>: _copy	
选择边或 [放弃(U)/删除(R)]:	选择所需实体边，回车
选择边或 [放弃(U)/删除(R)]:	
指定基点或位移:	在实体边上指定一点
指定位移的第二点:	移动光标，指定目标点

输入边编辑选项 [复制(C)/着色(L)/放弃(U)/退出(X)] <退出>:

实体编辑自动检查: SOLIDCHECK=1

输入实体编辑选项 [面(F)/边(E)/体(B)/放弃(U)/退出(X)] <退出>:

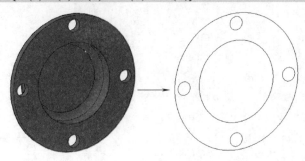

图 12-54　复制边效果

12.3.5　提取边

使用"提取边"命令可从三维实体、曲面、网格、面域或子对象的边创建线框几何图形，也可以按住【Ctrl】键选择提取单个边和面。通过以下方式可执行"提取边"命令：

- 在菜单栏中执行"修改>三维操作>提取边"命令。
- 在"常用"选项卡"实体编辑"面板中单击"提取边"按钮⬚。
- 在"实体"选项卡"实体编辑"面板中单击"提取边"按钮。
- 在命令行输入 XEDGES 命令，按回车键。

执行"提取边"命令，选择实体上需要提取的边，按回车键完成提取边操作，移动实体即可看到提取出的边，如图 12-55 所示。

命令行提示如下：

命令: _xedges

选择对象: 找到 1 个　　　　　　　　　　　　　　选择实体上所需边，回车

选择对象:

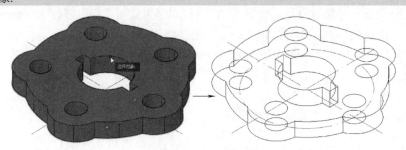

图 12-55　提取边效果

12.4　编辑三维模型面 ●●●·

除了可对实体进行倒角、阵列、镜像及旋转等操作外，系统提供了编辑实体模型表面、棱边及体的命令 SOLIDEDIT。对于面的编辑，提供了拉伸面、移动面、偏移面、删除面、旋转

面、倾斜面、复制面以及着色面这几种命令。

12.4.1 拉伸面

"拉伸面"是通过选择一个实体的面，然后指定一个高度和倾斜角度或指定一条拉伸路径，使实体的面被拉伸形成新的实体。可以作为拉伸路径的曲线有：直线、圆、圆弧、椭圆、椭圆弧、多段线和样条曲线。通过以下方式可执行"拉伸面"命令：

- 在菜单栏中执行"修改>实体编辑>拉伸面"命令。
- 在"常用"选项卡的"实体编辑"面板中单击"拉伸面"按钮 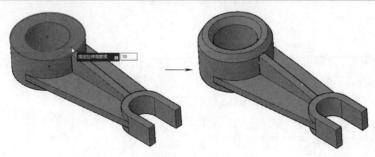。
- 在"实体"选项卡的"实体编辑"面板中单击"拉伸面"按钮 。

执行"拉伸面"命令，根据命令行提示，选择要拉伸实体上的面，按回车键后输入要拉伸的高度，再按两次回车键即可完成操作，如图12-56所示。

命令行提示如下：

命令: _solidedit

实体编辑自动检查: SOLIDCHECK=1

输入实体编辑选项 [面(F)/边(E)/体(B)/放弃(U)/退出(X)] <退出>: _face

输入面编辑选项

[拉伸(E)/移动(M)/旋转(R)/偏移(O)/倾斜(T)/删除(D)/复制(C)/颜色(L)/材质(A)/放弃(U)/退出(X)] <退出>: _extrude

选择面或 [放弃(U)/删除(R)]: 找到一个面。

选择面或 [放弃(U)/删除(R)/全部(ALL)]:　　　　　　　　　　选择实体面，回车

指定拉伸高度或 [路径(P)]: 10　　　　　　　　　　　　　　输入拉伸高度值，回车

指定拉伸的倾斜角度 <0>: 30　　　　　　　　　　　　　　　输入拉伸倾斜度，回车

已开始实体校验。

已完成实体校验。

输入面编辑选项

[拉伸(E)/移动(M)/旋转(R)/偏移(O)/倾斜(T)/删除(D)/复制(C)/颜色(L)/材质(A)/放弃(U)/退出(X)] <退出>:

实体编辑自动检查: SOLIDCHECK=1

输入实体编辑选项 [面(F)/边(E)/体(B)/放弃(U)/退出(X)] <退出>:

图12-56　拉伸面效果

12.4.2 移动面

"移动面"是将选定的面沿着指定的高度或距离进行移动，当然一次也可以选择多个面进

行移动。通过以下方式调用移动面命令：
- 在菜单栏中执行"修改>实体编辑>移动面"命令。
- 在"常用"选项卡的"实体编辑"面板中单击"移动面"按钮 ⊕卪。

执行"移动面"命令，根据命令行提示，选择所需要移动的三维实体面，并指定移动基点，其后再指定新基点即可，如图 12-57 所示。

命令行提示如下：

```
命令: _solidedit
实体编辑自动检查: SOLIDCHECK=1
输入实体编辑选项 [面(F)/边(E)/体(B)/放弃(U)/退出(X)]<退出>: _face
输入面编辑选项
[拉伸(E)/移动(M)/旋转(R)/偏移(O)/倾斜(T)/删除(D)/复制(C)/颜色(L)/材质(A)/放弃(U)/退出(X)] <退出>: _move
选择面或 [放弃(U)/删除(R)]: 找到一个面。
选择面或 [放弃(U)/删除(R)/全部(ALL)]:                    选择实体面
指定基点或位移:                                        选择实体面上的一点
指定位移的第二点:                                       选择目标点
已开始实体校验。
已完成实体校验。
输入面编辑选项
[拉伸(E)/移动(M)/旋转(R)/偏移(O)/倾斜(T)/删除(D)/复制(C)/颜色(L)/材质(A)/放弃(U)/退出(X)] <退出>:
```

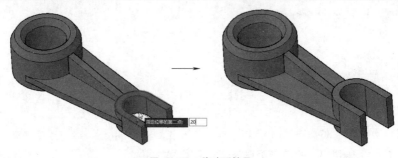

图 12-57　移动面效果

12.4.3　偏移面

使用"偏移面"命令可以按指定的距离均匀地偏移面。通过将现有的面从原始位置向内或向外偏移指定的距离可以创建新的面。通过以下方式可执行"偏移面"命令：
- 在菜单栏中执行"修改>实体编辑>偏移面"命令。
- 在"常用"选项卡的"实体编辑"面板中单击"偏移面"按钮 ▢。
- 在"实体"选项卡的"实体编辑"面板中单击"偏移面"按钮 ▢。

执行"偏移面"命令，根据命令行提示，选择要偏移的面，并输入偏移距离即可完成操作，如图 12-58 所示。命令行提示如下：

```
命令: _solidedit
实体编辑自动检查: SOLIDCHECK=1
```

输入实体编辑选项 [面(F)/边(E)/体(B)/放弃(U)/退出(X)] <退出>: _face

输入面编辑选项

[拉伸(E)/移动(M)/旋转(R)/偏移(O)/倾斜(T)/删除(D)/复制(C)/颜色(L)/材质(A)/放弃(U)/退出(X)] <退出>: _offset

选择面或 [放弃(U)/删除(R)]: 找到一个面。

选择面或 [放弃(U)/删除(R)/全部(ALL)]:   选择实体面，回车

指定偏移距离: 1   输入偏移距离值，回车

已开始实体校验。

已完成实体校验。

输入面编辑选项

[拉伸(E)/移动(M)/旋转(R)/偏移(O)/倾斜(T)/删除(D)/复制(C)/颜色(L)/材质(A)/放弃(U)/退出(X)] <退出>:

实体编辑自动检查: SOLIDCHECK=1

输入实体编辑选项 [面(F)/边(E)/体(B)/放弃(U)/退出(X)] <退出>:

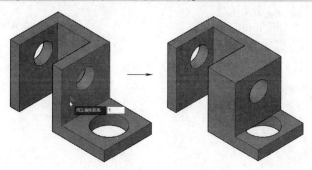

图 12-58　偏移面效果

12.4.4　删除面

使用"删除面"命令可以删除三维实体的某些表面。删除的表面必须具备一定的条件：当该表面被删除以后，删除面所在的区域必须可以被相邻的表面填充。通常可以删除的表面包括实体的内表面、倒角和圆角等。通过以下方式可执行"删除面"命令：

· 在菜单栏中执行"修改>实体编辑>删除面"命令。

· 在"常用"选项卡的"实体编辑"面板中单击"删除面"按钮 。

执行"删除面"命令，选择要删除的倒角面，按回车键即可完成，如图 12-59 所示。

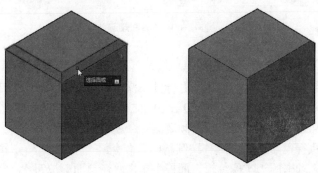

图 12-59　删除面

12.4.5 旋转面

使用"旋转面"命令可以将选择的面沿着指定的旋转轴和方向进行旋转，从而改变三维实体的形状。通过以下方式可执行"旋转面"命令：

- 在菜单栏中执行"修改>实体编辑>旋转面"命令。
- 在"常用"选项卡的"实体编辑"面板中单击"旋转面"按钮🖈。

执行"旋转面"命令，根据命令行提示，选择所需旋转的实体面，并选择旋转轴，输入旋转角度即可完成，如图 12-60 所示。

命令行提示如下：

命令: _solidedit

实体编辑自动检查： SOLIDCHECK=1

输入实体编辑选项 [面(F)/边(E)/体(B)/放弃(U)/退出(X)] <退出>: _face

输入面编辑选项

[拉伸(E)/移动(M)/旋转(R)/偏移(O)/倾斜(T)/删除(D)/复制(C)/颜色(L)/材质(A)/放弃(U)/退出(X)] <退出>: _rotate

选择面或 [放弃(U)/删除(R)]: 找到一个面。   选择实体面，回车

选择面或 [放弃(U)/删除(R)/全部(ALL)]:

指定轴点或 [经过对象的轴(A)/视图(V)/X 轴(X)/Y 轴(Y)/Z 轴(Z)] <两点>: y   选择旋转轴

指定旋转原点 <0,0,0>:   选择旋转基点

指定旋转角度或 [参照(R)]: 30   输入旋转角度值，回车

已开始实体校验。

已完成实体校验。

输入面编辑选项

[拉伸(E)/移动(M)/旋转(R)/偏移(O)/倾斜(T)/删除(D)/复制(C)/颜色(L)/材质(A)/放弃(U)/退出(X)] <退出>:

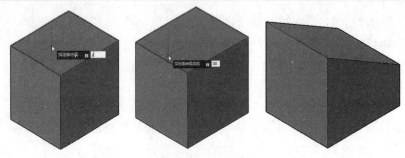

图 12-60 旋转面效果

12.4.6 倾斜面

倾斜面则是按照角度将指定的实体面进行倾斜操作。倾斜角的旋转方向由选择基点和第二点的顺序决定。输入的倾斜角度数值在–90 至 90 之间。若输入正值，则向里倾斜；若输入负值，则向外倾斜。通过以下方式可执行"倾斜面"命令：

- 在菜单栏中执行"修改>实体编辑>倾斜面"命令。
- 在"常用"选项卡的"实体编辑"面板中单击"倾斜面"按钮🖔。
- 在"实体"选项卡的"实体编辑"面板中单击"倾斜面"按钮。

执行"倾斜面"命令，根据命令行提示，选中所需倾斜面，并指定倾斜轴两个基点，其后输入倾斜角度即可完成，如图 12-61 所示。

命令行提示如下：

命令: _solidedit
实体编辑自动检查： SOLIDCHECK=1
输入实体编辑选项 [面(F)/边(E)/体(B)/放弃(U)/退出(X)] <退出>: _face
输入面编辑选项
[拉伸(E)/移动(M)/旋转(R)/偏移(O)/倾斜(T)/删除(D)/复制(C)/颜色(L)/材质(A)/放弃(U)/退出(X)] <退出>: _taper

选择面或 [放弃(U)/删除(R)]: 找到一个面。   选择实体面，回车
选择面或 [放弃(U)/删除(R)/全部(ALL)]:
指定基点: 选择倾斜轴两个点
指定沿倾斜轴的另一个点:
指定倾斜角度: 30   输入角度值，回车
已开始实体校验。
已完成实体校验。
输入面编辑选项
[拉伸(E)/移动(M)/旋转(R)/偏移(O)/倾斜(T)/删除(D)/复制(C)/颜色(L)/材质(A)/放弃(U)/退出(X)] <退出>:

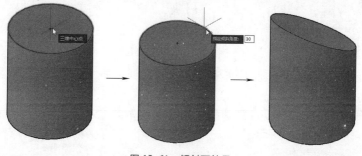

图 12-61　倾斜面效果

◎ 技术要点

"复制面"命令可以将已有实体的表面复制并移动到指定的位置。被复制出来的面可以用来执行拉伸和旋转等操作。执行"复制面"命令 ，选中所需复制的实体面，并指定复制基点，其后指定新基点即可。

💻 实战演练 1——制作弹片模型

下面将根据弹片二维平面图来绘制实体模型。所利用到的主要命令有"圆角边""差集"等。

▶Step01: 打开"弹片图形"素材文件，如图 12-62 所示。
▶Step02: 执行"面域"命令，选择弹片边线，如图 12-63 所示。

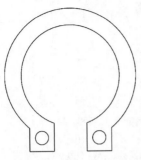

图 12-62　打开素材文件

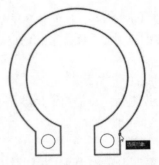

图 12-63　选择边框线

▶Step03：按回车键，创建一个面域图形，如图 12-64 所示。

▶Step04：切换到西南等轴测视图。执行"拉伸"命令，选中创建的面域，将其向 Z 轴方向上拉伸 3mm，如图 12-65 所示。

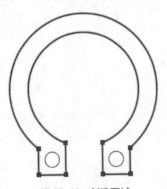

图 12-64　创建面域

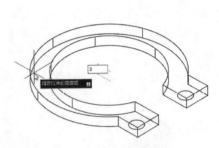

图 12-65　拉伸面域

▶Step05：执行"拉伸"命令，将弹片的两个轴孔图形向上拉伸 5mm，将其拉伸成圆柱体，如图 12-66 所示。

▶Step06：执行"差集"命令，先选择面域实体，如图 12-67 所示。

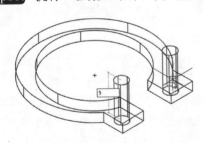

图 12-66　拉伸轴孔

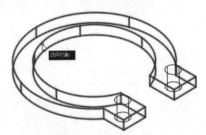

图 12-67　选择面域实体

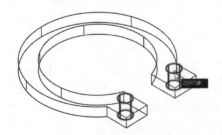

图 12-68　选择轴孔圆柱体

图 12-69　差集效果

▶Step07: 按回车键，再选择两个轴孔圆柱体，如图 12-68 所示。

▶Step08: 按回车键即可将两个圆柱体从面域实体中减去。将视觉样式设为概念，其效果如图 12-69 所示。

▶Step09: 执行"圆角边"命令，默认圆角半径为 1mm，单击弹片所要进行圆角处理的边，按两次回车键可对弹片进行圆角处理操作，如图 12-70 所示。

图 12-70　圆角处理边的效果

 实战演练 2——制作齿轮泵后盖模型

下面根据齿轮泵后盖零件图来创建其相应的模型，其中所运用到的主要命令为拉伸、差集、圆角边等。

▶Step01: 打开"齿轮泵后盖平面"素材文件。执行"面域"命令，将图形外轮廓线创建成面域图形，如图 12-71（a）所示。

▶Step02: 切换到西南等轴测视图，执行"拉伸"命令，将轮廓线向 Z 轴方向上拉伸 9mm，如图 12-71（b）所示。

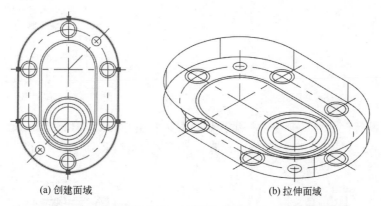

(a) 创建面域　　　　　　　　　　　　(b) 拉伸面域

图 12-71　创建及拉伸面域

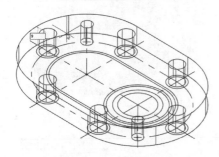

图 12-72　拉伸轴孔 1

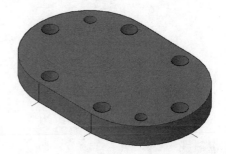

图 12-73　差集效果

▶Step03： 执行"拉伸"命令，将 φ5mm 以及 φ7mm 的轴孔图形也向 Z 轴方向上拉伸 9mm，如图 12-72 所示。

▶Step04： 执行"差集"命令，将拉伸的轴孔从面域中减去，结果如图 12-73 所示。

▶Step05： 继续执行"拉伸"命令，将所有直径为 9mm 的轴孔向上拉伸 6mm，如图 12-74 所示。

▶Step06： 将拉伸的 φ9mm 圆柱体再沿 Z 轴向上移动 3mm，使其与面域实体顶部齐平，如图 12-75 所示。

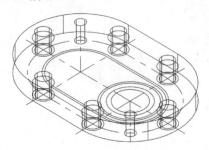
图 12-74　拉伸轴孔 2

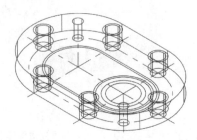
图 12-75　移动轴孔

▶Step07： 执行"差集"命令，将 φ9mm 的圆柱体从面域实体中减去，如图 12-76 所示。

▶Step08： 执行"面域"命令，将底部内轮廓线创建一个小面域，并将其向 Z 轴方向移动 9mm,如图 12-77 所示。

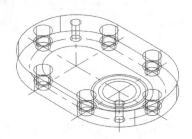
图 12-76　差集运算 1

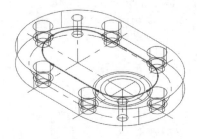
图 12-77　移动轮廓线

▶Step09： 执行"拉伸"命令，将小面域再向上拉伸 7mm，如图 12-78 所示。

▶Step10： 执行"拉伸"命令，将同心圆中第二层圆形向 Z 轴方向上拉伸 32mm，概念效果如图 12-79 所示。

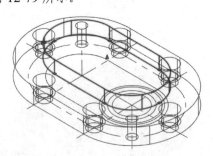
图 12-78　拉伸小面域

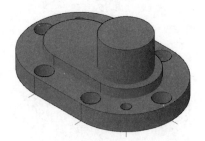
图 12-79　拉伸圆形 1

▶Step11： 执行"并集"命令，将创建好的模型合并为一个整体，如图 12-80 所示。

▶Step12： 再次执行"拉伸"命令，将底面内部的圆向上拉伸 32mm，如图 12-81 所示。

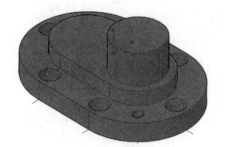

图 12-80　合并模型

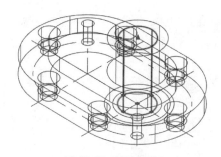

图 12-81　拉伸圆形 2

▶Step13:　执行"差集"命令，将刚创建的圆柱体从模型中减去，如图 12-82 所示。

▶Step14:　将底部剩余的两个圆都沿 Z 轴向上移动 32mm，如图 12-83 所示。

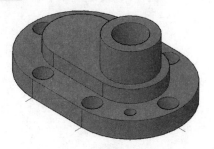

图 12-82　差集运算 2

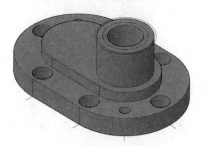

图 12-83　移动圆形

▶Step15:　执行"拉伸"命令，将上方内部的圆向 Z 轴负方向拉伸 11mm，如图 12-84 所示。

▶Step16:　执行"差集"命令，将圆柱体从模型中减去，如图 12-85 所示。

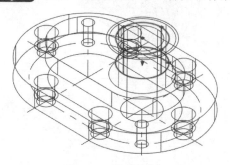

图 12-84　拉伸实体

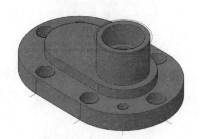

图 12-85　差集运算 3

▶Step17:　执行"螺旋线"命令，绘制顶面半径和底面半径都为 11.5mm，高度为 13mm，圈数为 8 的螺旋线，如图 12-86 所示。

▶Step18:　在命令行中输入 ucs，调整一下用户坐标，如图 12-87 所示。

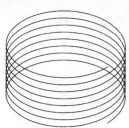

图 12-86　绘制螺旋线

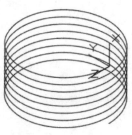

图 12-87　设置用户坐标

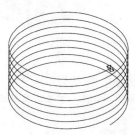

图 12-88　绘制四边形

▶Step19: 执行"直线"命令，绘制相互交叉长度分别为 2mm 和 1.5mm 的直线。再执行"多段线"命令，捕捉绘制一个封闭的四边形。将该四边形移至螺旋线顶部，如图 12-88 所示。

▶Step20: 执行"拉伸"命令，选择四边形，按回车键，在命令行输入命令 p，再按回车键确认，然后选择螺旋线，即可创建一个螺旋形状的模型，如图 12-89 所示。

▶Step21: 调整螺旋模型位置，使其与主体模型对齐。再执行"并集"命令，将模型合并为一个整体，如图 12-90 所示。

图 12-89　创建拉伸实体

图 12-90　并集操作

▶Step22: 执行"圆锥体"命令，创建一个底面半径为 8mm、高度为 4.6mm 的圆锥体。执行"按住并拖动"命令，根据提示选择圆锥体的底面并向下拉伸 11mm，如图 12-91 所示。

▶Step23: 移动圆锥模型位置，使其与主体模型底部对齐，如图 12-92 所示。

图 12-91　创建圆锥体并拉伸

图 12-92　对齐模型

▶Step24: 执行"差集"命令，将圆锥体从主体模型中减去，如图 12-93 所示。

▶Step25: 执行"圆角边"命令，设置圆角半径为 2mm，对模型的边线进行圆角处理，如图 12-94 所示。

图 12-93　差集运算 4

图 12-94　模型圆角处理

▶Step26: 执行"倒角边"命令，设置倒角距离为 1mm，继续对模型边线进行倒角处理，如图 12-95 所示。至此完成齿轮泵后盖模型的创建。

图 12-95 倒角边操作

 课后作业

（1）绘制球轴承三维模型

本例将利用所学的三维命令，绘制球轴承实体模型，结果如图 12-96 所示。

图 12-96 绘制球轴承三维模型

操作提示：

Step01：执行"圆柱体"绘制轴承轮廓。

Step02：执行"抽壳"将圆柱体抽壳。

Step03：执行"圆角边"命令，将模型进行倒圆角操作。执行"球体"命令，绘制球体，并执行"三维阵列"命令，将球体进行环形阵列。

（2）剖切定位支座

利用剖切命令对定位支座进行剖切，如图 12-97 所示。

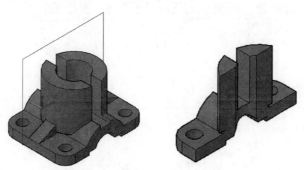

图 12-97 剖切定位支座

操作提示：

Step01：执行"剖切"命令，选中实体模型，然后在命令行中选择"平面对象"选项，选择二维矩形。

Step02：按回车键，删除右边剖切实体。

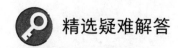 **精选疑难解答**

Q1：三维镜像与二维镜像的区别是什么？

A：二维镜像是在一个平面内完成的，其镜像介质是一条线；而三维镜像是在一个立体空间内完成的，其镜像介质是一个面。所以在进行三维镜像时，必须指定面上的三个点，并且这三个点不能处于同一直线上。

Q2：在进行三维镜像时，要指定三个基点，这三个点如何来确定？

A：用户只需以操作二维镜像的方法来操作三维镜像即可。三维里面只不过是根据定义的三个点所形成的一个面作为镜像基准面。

Q3：三维实体建模的方式有几种？

A：有三种方式：

① 由二维图形沿着图形平面垂直方向或路径进行拉伸操作，或将二维图形绕着某平面进行旋转生成。

② 利用 AutoCAD 软件提供的绘制基本实体相关函数，直接输入基本实体的控制尺寸，由 AutoCAD 直接生成。

③ 使用并、交、差集操作建立复杂三维实体。

Q4：删除面、旋转面命令，为什么对立方体的面无效？

A：删除面可以删除的面包括圆角、倒角及挖孔的（差集）内部面，就是将原来的立方体，进行倒圆角或差集命令后，想要恢复，则用删除面命令。而旋转面可以旋转编辑后的面，实体面可按照指定的旋转轴进行旋转。

Q5：三维实体边功能主要应用在哪些方面？

A：对三维实体边的编辑主要运用在编辑三维实体。当需要对实体边进行突出显示时，可以利用该功能。

Q6：剖切实体后为什么没有显示剖切面？

A：通常在执行剖切操作时，都会选中所要保留的实体侧面，这样才能显示剖切效果。如果不选择保留侧面，系统只显示实体剖切线，而不会显示剖切效果。

第 13 章

对实体模型进行渲染

📇 本章概述

模型创建完毕后，接下来可为模型添加相应的材质和灯光，以制作出更加逼真的效果。本章将对 AutoCAD 的渲染功能进行简单介绍，其中包括材质的创建与添加、灯光的设置以及模型渲染的方式。

✦ 学习目标

- 掌握材质的创建与添加。
- 掌握光源的设置方法。
- 掌握模型渲染出图的方式。

扫码观看本章视频

📑 实例预览

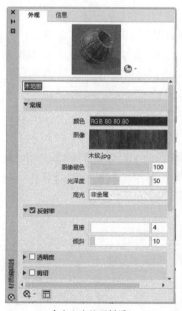

自定义木纹理材质

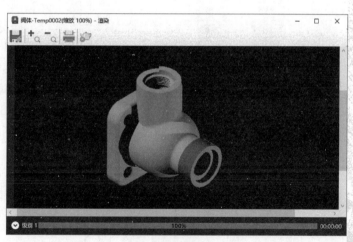

设置渲染方式

13.1 模型的材质

为了显著增强模型的真实感，就需要为模型添加相应的材质。AutoCAD 的材质库中预设了各种不同的材质，用户只需对材质参数进行微调即可将其赋予到模型上。下面将对材质的设置与创建操作进行介绍。

13.1.1 材质浏览器

材质浏览器主要用于管理由 Autodesk 提供的材质库，或为特定的项目创建自定义库。用户可以使用材质浏览器导航和管理材质，使用"过滤器"按钮来更改要显示的材质、缩略图的大小和显示的信息数量。

用户可通过以下方式打开"材质浏览器"选项板：

• 在菜单栏中执行"视图>渲染>材质浏览器"命令。

• 在"可视化"选项卡的"材质"面板中单击"材质浏览器"按钮 。

• 在"视图"选项卡的"选项板"面板中单击"材质浏览器"按钮。

• 在命令行中输入 MATBROWSEROPEN 命令。

执行"视图>渲染>材质浏览器"命令，打开"材质浏览器"选项板，如图 13-1 所示，可以看到面板主要分为三个部分：文档材质、Autodesk 库以及材质预览列表。

下面将对主要设置命令进行简单说明：

① 搜索：在多个库中搜索材质外观。

② 文档材质：显示随打开的图形保存的材质。

③ Autodesk 库：列出当前可用的材质库中的类别。选择类别中的材质将会显示在右侧。

图 13-1 "材质浏览器"选项板

④ 更改视图 ：提供用于过滤和显示材质列表的选项。

⑤ 主页 ：在右侧内容窗格中显示库的文件夹视图，单击文件夹以打开库列表。

⑥ 创建、打开并编辑用户定义的库 ：创建、打开或编辑库和库类别。

⑦ 在文档中创建新材质 ：创建新材质。

⑧ 材质编辑器 ：单击可打开材质编辑器。

13.1.2 材质编辑器

材质选择好后，接下来就需要对材质进行一系列设置，例如设置材质的纹理、反射率、凹凸等参数，好让材质更加逼真。这些设置需在材质编辑器面板中进行。通过以下方式可打开"材质编辑器"选项板：

• 在菜单栏中执行"视图>渲染>材质编辑器"命令。

• 在"可视化"选项卡中单击"材质"面板右侧小箭头 ⤵ 。

• 在命令行输入 MATEDITOROPEN 并按回车键。

执行"材质编辑器"命令，打开"材质编辑器"选项板，可以看到"材质编辑器"包括"外观"和"信息"两个选项卡，如图 13-2、图 13-3 所示。

图 13-2　"外观"选项卡

图 13-3　"信息"选项卡

"材质编辑器"选项板是由不同选项组构成，其中包括常规、反射率、透明度、剪切、自发光、凹凸以及染色等。

① 外观：显示图形中可用的材质样例以及材质创建编辑的各选项。系统默认材质名称为 Global。

② 常规：单击该选择组左侧扩展按钮，在扩展列表中可对材质的常规特性进行设置，如"颜色"和"图像"。单击"颜色"下拉按钮，在其列表中可选择颜色的着色方式；而单击"图像"下拉按钮，在其列表中可选择材质的漫射颜色贴图。

③ 反射率：可对材质的反射特性进行设置。

④ 透明度：可对材质的透明度特性进行设置，完全不透明的实体对象不允许光穿过其表面，不具有不透明性的对象是透明的。

⑤ 剪切：可设置剪切特性。

⑥ 自发光：可对材质的自发光特性进行设置。当设置的数值大于 0 时，可使对象自身显示为发光，而不依赖图形中的光源。选择自发光时，亮度不可用。

⑦ 凹凸：可对材质的凹凸特性进行设置。

⑧ 染色：可对材质进行着色设置。

⑨ 信息：显示当前图形材质的基本信息。

⑩ 创建或复制材质 🔧：单击该按钮，在打开的列表中可选择创建材质的基本类型选项。

⑪ 打开/关闭材质浏览器 ▦：单击该按钮可打开"材质浏览器"选项板，在该面板中，用户可选择系统自带的材质贴图。

13.1.3 材质的创建

用户可通过两种方式进行材质的创建。一种是使用系统自带的材质进行创建，另一种则是创建自定义材质。

（1）使用系统自带的材质

执行"材质浏览器"命令，打开"材质浏览器"选项板，单击"Autodesk 库"下三角按钮，在展开的列表中选择所需材质的类型。例如，选择"地板"材质，在右侧缩略图中会显示出各种地板材质，单击所需材质的编辑按钮，如图 13-4 所示。在"材质编辑器"选项板中可对该材质的"饰面"和"用途"参数进行更详细的设置，如图 13-5 所示。不同类型的材质，其编辑选项是不同的。

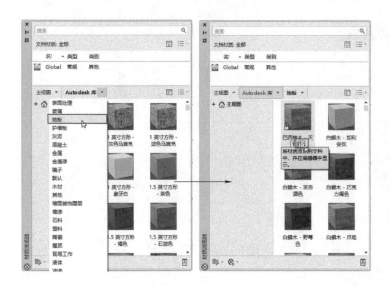

图 13-4　选择材质　　　　　　　　　　　　　图 13-5　编辑材质

> ◎ **技术要点**
>
> 在"材质浏览器"选项板中单击"更改您的视图"下拉按钮，在快捷列表中可根据需要，设置材质缩略图显示效果。例如"查看类型""排列""缩略图大小"等。

（2）自定义材质

如果系统预设的材质不能满足制作需求，那么用户可以对其进行自定义创建操作。打开"材质浏览器"选项板，单击"在文档中创建新材质"按钮，选择"新建常规材质"选项，如图 13-6 所示。此时在"文档材质"列表中可创建一个材质球，并打开"材质编辑器"选项板，在"常规"选项组中单击"图像"选项，打开"材质编辑器打开文件"对话框，选择所需材质文件，单击"打开"按钮，如图 13-7 所示。

此时，被选材质已添加到材质球中，用户只需在该选项板中对相关的材质参数进行调整即可，如图 13-8 所示。再次双击"图像"选项，会打开"纹理编辑器"选项板，在此可对纹理图案的位置、比例、重复方式等参数进行设置，如图 13-9 所示。

图 13-6　创建新材质球

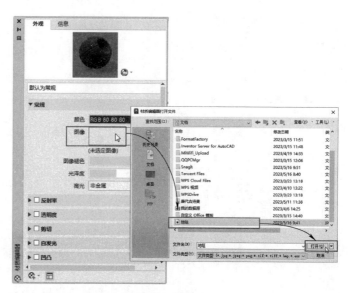

图 13-7　添加新材质

图 13-8　设置材质参数

图 13-9　编辑纹理图像

 动手练习——自定义木地板材质

下面就以创建木地板材质为例，来介绍自定义材质的具体操作。

▶Step01：执行"材质浏览器"命令，打开"材质浏览器"选项板，如图 13-10 所示。

▶Step02：单击"在文档中创建新材质"按钮，在打开的菜单中选择"新建常规材质"选项，如图 13-11 所示。

▶Step03：此时系统会打开一个空白的"材质编辑器"选项板，如图 13-12 所示。

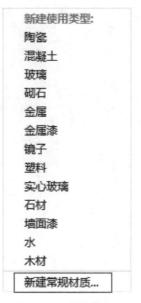

图 13-10 "材质浏览器"选项板　　　　图 13-11 新建材质　　　　图 13-12 创建空白"材质"编辑器
选项板

▶Step04：在选项板的"常规"选项组中单击"图像"预览区域，打开"材质编辑器打开文件"对话框，选择木纹材质，如图 13-13 所示。

▶Step05：单击"打开"按钮，即可将材质贴图添加到材质中，如图 13-14 所示。

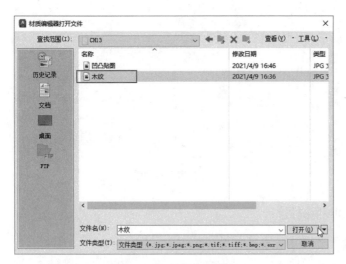

图 13-13 选择木纹材质

图 13-14 添加木纹材质

▶Step06：勾选"反射率"复选框，打开卷展栏，将"直接"设为 4，将"倾斜"设为 10，可以看到木纹已经有了反射效果，如图 13-15（a）所示。

▶Step07：勾选"凹凸"复选框，在贴图预览区单击，打开"材质编辑器打开文件"对话框，选择合适的凹凸贴图，单击"打开"按钮，如图 13-15（b）所示。

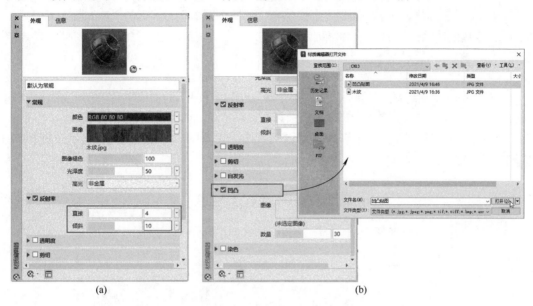

(a)   (b)

图 13-15　设置反射率及添加凹凸贴图

▶Step08:　在"凹凸"卷展栏下设置"数量"为 100，调整凹凸效果，如图 13-16（a）所示。

▶Step09:　为该凹凸效果进行重命名，如图 13-16（b）所示。至此，木地板材质创建完毕。

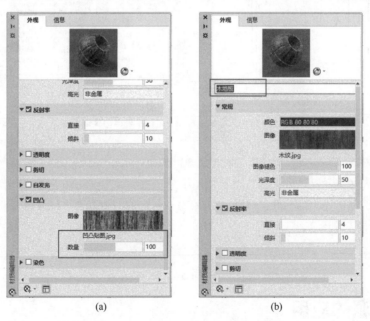

(a)   (b)

图 13-16　设置凹凸数量值及材质重命名

13.1.4　赋予材质

材质创建好后，可使用两种方法将创建好的材质赋予至实体模型上。一种是直接使用鼠标拖拽的方法赋予材质，而另一种则是使用鼠标右键点击菜单方法赋予材质。下面将对其具体操作进行介绍。

（1）鼠标拖拽材质

执行"渲染>材质>材质浏览器"命令，在"材质浏览器"对话框的"Autodesk 库"中，选择需要的材质缩略图，按住鼠标左键，将该材质图拖至模型合适位置后释放鼠标即可，如图 13-17（a）所示。

（2）鼠标右键点击菜单赋予材质

选择要赋予材质的模型，执行"材质浏览器"按钮，在打开的面板中，右击所需的材质图，在打开的快捷列表中，选择"指定给当前选择"选项即可，如图 13-17（b）所示。

材质赋予到实体模型后，用户执行"视图>视图样式>真实"命令，即可查看赋予材质后的效果。

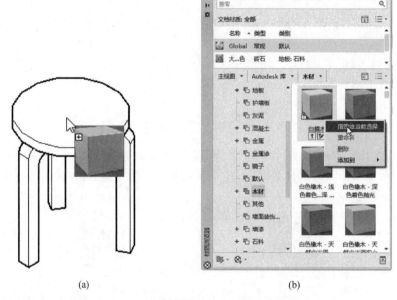

(a)　　　　　　　　　　(b)

图 13-17　使用鼠标拖拽操作及鼠标右键点击菜单操作

> ◎ **技术要点**
>
> 　　为了方便查看材质效果，可以在视图中显示材质，但是这样会占用计算机更多的资源。在"可视化"选项卡"材质"面板中，单击"材质/纹理"开关按钮即可控制场景中材质与纹理的显示与否。

13.2　光源的应用 ●•••

当场景中没有用户创建的光源时，系统将使用默认光源对场景进行着色或渲染，默认光源是来自视点后面的两个平行光源，模型中所有的面均会被照亮，以使其可见。用户可以控制其亮度和对比度，而无需创建或放置光源。

13.2.1 光源的类型

正确的光源对于在绘图时显示着色三维模型和创建渲染非常重要。光源的类型可包括 4 种：点光源、聚光灯、平行光以及广域网。若没有指定光源的类型，系统则会使用默认光源，该光源没有方向、阴影，并且模型各个面的灯光强度都是一样的，自然其真实效果远不如添加光源后的效果了。

（1）点光源

点光源从其所在位置向四周发射光线，与灯泡发出的光源类似，是从一点向各个方向发射的光源。点光源不以一个对象为目标，根据点光线的位置，模型将产生较为明显的阴影效果。使用点光源以达到基本的照明效果。通过以下方式可创建点光源：

- 在菜单栏中执行"视图>渲染>光源>新建点光源"命令。
- 在"可视化"选项卡的"光源"面板中打开"创建光源"列表，从中选择"点"选项。
- 在命令行输入 POINTLIGHT 并按回车键。

执行"新建点光源"命令，在绘图区中指定光源位置并选择修改光源基本特性，即可完成点光源的添加操作，如图 13-18 所示。

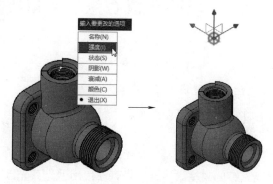

图 13-18　创建点光源

光源基本属性选项说明如下：

① 名称：指定光源名称。该名称可使用大、小写英文字母，数字，空格等多个字符。

② 强度：设置光源灯光强度或亮度。

③ 状态：打开和关闭光源。若没有启用光源，则该设置不受影响。

④ 阴影：该选项包含多个属性参数。其中"关"表示关闭光源阴影的显示和计算；"强烈"显示带有强烈边界的阴影；"已映射柔和"显示带有柔和边界的真实阴影；"已采样柔和"显示真实阴影和基于扩展光源的柔和阴影。

⑤ 衰减：该选项同样包含多个属性参数。"衰减类型"控制光线如何随着距离增加而衰减，对象距点光源越远，则越暗。"使用界线"指定是否使用界限。"衰减起点界限"指定一个点，光线的亮度相对于光源中心的衰减于该点开始。"衰减端点界限"指定一点，光线的亮度相对于光源中心的衰减于该点结束；没有光线投射在此点之外，在光线的效果很微弱，以致计算将浪费处理时间的位置处，设置端点界限将提高性能。

⑥ 颜色：控制光源的颜色。

（2）聚光灯光源

聚光灯发射定向锥形光，可用于亮显模型中的特性特征和区域。它与点光源相似，也是从一点发出，但点光源的光线没有可指定的方向，而聚光灯的光线是可以沿着指定的方向发射出锥形光束。像点光源一样，聚光灯也可以手动设置为强度随距离衰减。但是，聚光灯的强度始终还是根据相对于聚光灯的目标矢量的角度衰减。此衰减由聚光灯的聚光角角度和照射角角度控制。通过以下方式可创建聚光灯：

- 在菜单栏中执行"视图>渲染>光源>新建聚光灯"命令。
- 在"可视化"选项卡的"光源"面板中打开"创建光源"列表，从中选择"聚光灯"选项。
- 在命令行输入 SPOTLIGHT 并按回车键。

执行"新建聚光灯"命令，在绘图区中指定聚光灯位置及目标点位置即可，如图 13-19所示。

图 13-19　创建聚光灯

聚光灯光源基本属性选项说明如下：

① 名称：指定光源名称。该名称可使用大、小写英文字母，数字，空格等多个字符。

② 强度：设置光源灯光强度或亮度。

③ 状态：打开和关闭光源。若没有启用光源，则该设置不受影响。

④ 聚光角：指定最亮光锥的角度。该选项只有在使用聚光灯光源时可用。

⑤ 照射角：指定完整光锥的角度。照射角度取值范围为 0~160（°）。该选项同样在聚光灯中可用。

⑥ 阴影：该选项包含多个属性参数。其中"关"表示关闭光源阴影的显示和计算；"强烈"显示带有强烈边界的阴影；"已映射柔和"显示带有柔和边界的真实阴影；"已采样柔和"显示真实阴影和基于扩展光源的柔和阴影。

⑦ 衰减：该选项同样包含多个属性参数。其中，"衰减类型"控制光线如何随着距离增加而衰减，对象距点光源越远，则越暗；"使用界线"指定是否使用界限；"衰减起点界限"指定一个点，光线的亮度相对于光源中心的衰减于该点开始；"衰减端点界限"指定一点，光线的亮度相对于光源中心的衰减于该点结束。

⑧ 颜色：控制光源的颜色。

（3）平行光源

平行光源仅向一个方向发射统一的平行光线。它需要指定光源的起始位置和发射方向，从而定义光线的方向。平行光的强度并不随着距离的增加而衰减；对于每个照射的面，平行光的亮度都与其在光源处相同，在照亮对象或照亮背景时，平行光很有用。

用户可以通过以下几种方式创建平行光：

- 在菜单栏中执行"视图>渲染>光源>新建平行光"命令。

• 在"可视化"选项卡的"光源"面板中打开"创建光源"列表，从中选择"平行光"选项。

• 在命令行输入 DISTANTLIGHT 并按回车键。

执行"平行光"命令，在绘图区中指定光源来向和去向，再修改光源基本特性，即可看到平行光照射到物体上的效果，如图 13-20 所示。

平行光源基本属性选项说明如下：

① 名称：指定光源名称。该名称可使用大、小写英文字母，数字，空格等多个字符。

② 强度：设置光源灯光强度或亮度。

③ 状态：打开和关闭光源。若没有启用光源，则该设置不受影响。

④ 阴影：该选项包含多个属性参数。其中"关"表示关闭光源阴影的显示和计算；"强烈"显示带有强烈边界的阴影；"已映射柔和"显示带有柔和边界的真实阴影；"已采样柔和"显示真实阴影和基于扩展光源的柔和阴影。

⑤ 颜色：控制光源的颜色。

（4）光域网灯光

光域网灯光是具有现实中自定义光分布的光度控制光源。它同样也需指定光源的起始位置和发射方向。光域网是灯光分布的三维表示。它将测角图扩展到三维，以便同时检查照度对垂直角度和水平角度的依赖性。光域网的中心表示光源对象的中心。

图 13-20　创建平行光

13.2.2　设置光源

光源创建后，为了使图形渲染得更为逼真，通常都需要对创建的光源进行多次设置。在此用户可通过"光源列表"或"地理位置"两种方法对当前光源属性进行适当修改。

执行"渲染>光源"命令，打开"模型中的光源"面板。该面板按照光源名称和类型列出了当前图形中的所有光源，如图 13-21 所示。选中任意光源名称后，在图形中相应的灯光将一

图 13-21　"模型中的光源"面板

图 13-22　"特性"面板

起被选中。

　　右击光源名称，在打开的快捷菜单中，用户可根据需要对该光源执行删除光源、特性修改、轮廓显示操作。在快捷菜单中选择"特性"选项，可打开"特性"面板，用户可根据需要对光源基本属性进行修改设置，如图 13-22 所示。

13.3　模型的渲染

　　渲染是创建三维模型最后一道工序。利用渲染器可以生成真实准确的模拟光照效果，包括光线跟踪反射、折射和全局照明。而渲染的最终目的是通过多次渲染测试，创建出一张真实照片级的演示图像。

13.3.1　渲染概述

　　执行"视图>渲染>高级渲染设置"命令，打开"渲染预设管理器"选项板，用户可对渲染位置、渲染大小、当前预设、预设信息、渲染持续时间、光源和材质等参数进行设置，如图 13-23 所示。

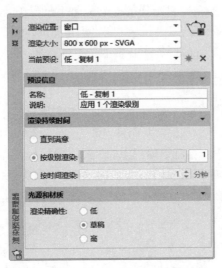

图 13-23　"渲染预设管理器"选项板

　　当用户指定一组渲染设置时，可以将其保存为自定义预设，以便能够快速地重复使用这些设置。使用标准预设作为基础，用户可以尝试各种设置并查看渲染图形的外观，如果得到满意的效果，即可创建为自定义预设。

　　"渲染预设管理器"选项板主要选项组说明如下：

　　① **渲染位置**：用于确定渲染器显示渲染图像的位置，包括"窗口""视口""面域"三种方式。

　　•窗口：将当前视图渲染到"渲染窗口"。

　　•视口：在当前视口中渲染当前视图。

　　•面域：在当前视口中渲染指定区域。

② 渲染大小：用于指定渲染图像的输出尺寸和分辨率。选择"更多输出设置"可以打开"渲染到尺寸输出设置"对话框，在该对话框中可以自定义输出尺寸，但仅当从"渲染位置"列表中选择"窗口"时，该选项才可用。

③ 当前预设：用于指定渲染视图或区域时要使用的渲染预设。

· 创建副本：复制选定的渲染预设。将复制的渲染预设名称以及后缀"-CopyN"附加到该名称，以便为新的自定义渲染预设创建位移名称。N 所表示的数字会递增，直到创建唯一名称。

· 删除：从图形的"当前预设"下拉列表中，删除选定的自定义渲染预设。

④ 预设信息：用于显示选定渲染预设的名称和说明。

· 名称：指定选定渲染预设的名称，用户可以重命名自定义渲染预设而非标准渲染预设。

· 说明：指定选定渲染预设的说明。

⑤ 渲染持续时间：用于控制渲染器为创建最终渲染输出而执行的迭代时间或层级数。增加时间或层级数可提高渲染图像的质量。

· 直到满意：渲染将继续，直到取消为止。

· 按级别渲染：指定渲染引擎为创建渲染图像而执行的层级数或迭代数。

· 按时间渲染：指定渲染引擎用于反复细化渲染图像的分钟数。

⑥ 光源和材质：用于控制渲染图像的光源和材质计算的准确度。

· 低：简化光源模型，最快但最不真实。全局照明、反射和折射处于禁用状态。

· 草稿：基本光源模型，平衡性能和真实感。全局照明处于启用状态，反射和折射处于禁用状态。

· 高：高级光源模型，较慢但更真实。全局照明、反射和折射都处于启用状态。

13.3.2 渲染等级

在执行渲染命令时，用户可根据需要对渲染的过程进行详细的设置。系统提供给用户低、中、高、茶歇质量、午餐质量、夜晚质量 6 种渲染等级，如图 13-24 所示。渲染等级越高，其图像越清晰，但其渲染时间则越长。下面将分别对这几种渲染等级进行简单说明。

① 低：该渲染等级采用较低渲染精度且光线跟踪深度为 3 个渲染迭代。

② 中：该渲染等级提高了质量，使其高于低渲染预设，使用光线跟踪深度 5 执行 5 次渲染迭代。

③ 高：该渲染等级在渲染质量方面，与中渲染预设相符，但执行 10 次渲染迭代，光线跟踪深度设置为 7。渲染的图像需要更长的时间进行处理，图像质量也要好得多。

图 13-24　选择渲染等级

④ 茶歇质量：该渲染等级使用低渲染精度和光线跟踪深度 3 执行渲染，持续时间超过 10 分钟。

⑤ 午餐质量：该渲染等级提高了质量，使其高于茶歇质量渲染预设。使用低渲染精度和光线跟踪深度 5 执行渲染，持续时间超过 60 分钟。

⑥ 夜间质量：该渲染等级可创建最高质量渲染图像的渲染预设，应用于最终渲染。光线跟踪深度设置为 7，但需要 12 个小时来处理。

13.3.3 渲染方式

模型的材质与光源都设置完成后，即可进行渲染操作。通过以下方法执行"渲染"命令：
- 在"可视化"选项卡的"渲染"面板中单击"渲染到尺寸"按钮🫖。
- 在"渲染预设管理器"选项板中单击"渲染"按钮🫖。
- 在命令行输入 RENDER 命令并按回车键。

AutoCAD 软件提供了三种渲染方式，分别为窗口渲染、视口渲染和面域渲染。用户在"可视化"选项卡的"渲染"选项组中，单击"渲染位置"下拉按钮即可选择渲染方式，如图 13-25 所示。

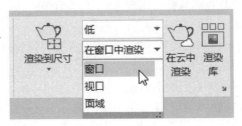

图 13-25　选择渲染方式

（1）窗口

窗口渲染为默认的渲染方式。执行"渲染到尺寸"命令，在打开的渲染窗口中，系统将自动对当前模型进行渲染处理，如图 13-26 所示。

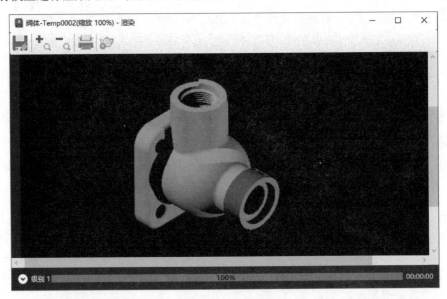

图 13-26　窗口渲染

在该渲染窗口的菜单栏中，用户可对渲染的效果进行保存、放大或缩小窗口、打印效果等设置。单击下方"级别"前的折叠按钮，可查看历史渲染信息，其中包括输出大小、输出分辨率、渲染时间等，如图 13-27 所示。

（2）视口

如果选择"视口"方式渲染，那么系统会直接对当前绘图视口进行渲染，如图 13-28 所示。

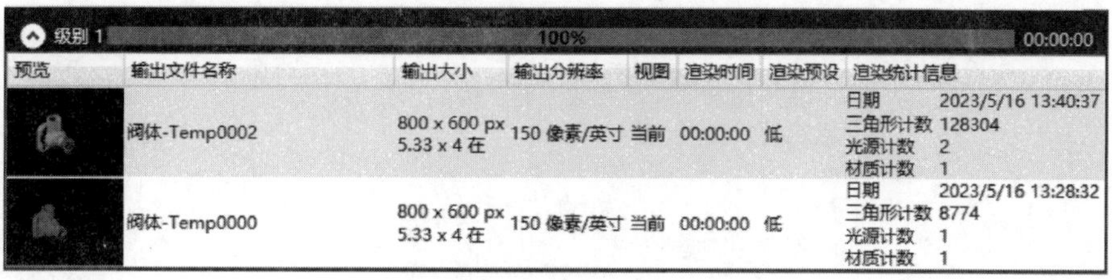

预览	输出文件名称	输出大小	输出分辨率	视图	渲染时间	渲染预设	渲染统计信息
	阀体-Temp0002	800 x 600 px 5.33 x 4 在	150 像素/英寸	当前	00:00:00	低	日期 2023/5/16 13:40:37 三角形计数 128304 光源计数 2 材质计数 1
	阀体-Temp0000	800 x 600 px 5.33 x 4 在	150 像素/英寸	当前	00:00:00	低	日期 2023/5/16 13:28:32 三角形计数 8774 光源计数 1 材质计数 1

图 13-27　查看历史渲染记录

图 13-28　视口渲染

（3）面域

如果选择使用"面域"渲染方式，那么在单击"渲染到尺寸"按钮后，在绘图区中框选出要渲染的区域，即可对该区域进行渲染操作，如图 13-29 所示。未被框选的区域将保持原始模样。

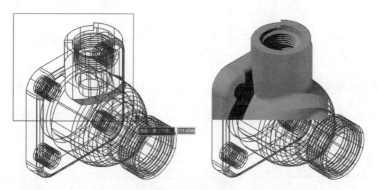

图 13-29　面域渲染

◎ **技术要点**

在启动渲染操作时，系统会打开"安装 Autodesk 材质库"对话框，在此用户只需选择"在不使用中等质量图像库的情况下工作"选项即可渲染，如图 13-30 所示。此外，无论是采用视口渲染还是采用面域渲染，渲染后，只需移动一下光标即可取消渲染预览。

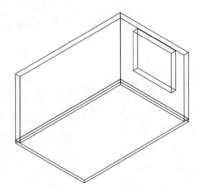

图 13-30　材质安装提示

 实战演练——制作书房效果

本案例将介绍书房效果的制作，具体操作步骤介绍如下。

▶Step01：执行"长方体"命令，绘制一个尺寸为 4600mm×3000mm×100mm 的长方体作为地面，如图 13-31 所示。

▶Step02：执行"多段体"命令，根据命令行提示设置宽度为"200"、高度为"2500"、对正方式为"左对齐"，捕捉长方体角点创建多段体作为墙体，如图 13-32 所示。

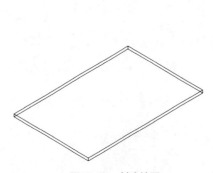

图 13-31　创建地面

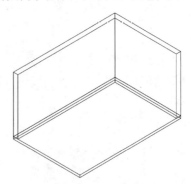

图 13-32　创建墙体

▶Step03：再执行"长方体"命令，创建尺寸为 600mm×1680mm×1480mm 的长方体，移动到一面墙体距地面 800mm 高度的位置，如图 13-33 所示。

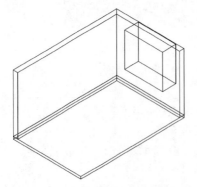

图 13-33　创建长方体并移动

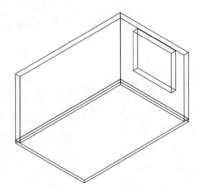

图 13-34　制作窗洞

▶Step04：执行"差集"命令，选择墙体模型，按回车键后再选择长方体，再按回车键即可完成差集操作，制作出窗洞，如图 13-34 所示。

▶Step05：切换至概念视觉样式，执行"长方体"命令，捕捉窗洞绘制尺寸为 60mm×840mm×1480mm 的长方体，如图 13-35 所示。

▶Step06：执行"抽壳"命令，设置壳厚度为 60mm，制作双面抽壳效果，作为窗框，如图 13-36 所示。

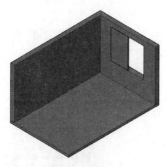

图 13-35　创建长方体 1

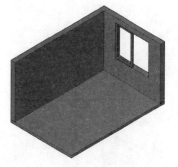

图 13-36　双面抽壳

▶Step07：执行"长方体"命令，捕捉窗框内部创建尺寸为 12mm×840mm×1360mm 的长方体作为玻璃模型，如图 13-37 所示。

▶Step08：复制窗户模型，如图 13-38 所示。

图 13-37　创建玻璃模型

图 13-38　复制窗户模型

▶Step09：执行"长方体"命令，创建尺寸为 1000mm×300mm×2000mm 的长方体，如图 13-39 所示。

图 13-39　创建长方体 2

图 13-40　单面抽壳

▶Step10: 执行"修改>实体编辑>抽壳"命令，将长方体制作成 30mm 厚度的壳，作为书柜，如图 13-40 所示。

▶Step11: 执行"长方体"命令，创建尺寸为 970mm×270mm×30mm 的长方体作为层板，对齐到书柜模型，并向上复制，设置间距为 300mm，制作出书柜模型，如图 13-41 所示。

▶Step12: 执行"并集"命令，选择书柜模型，将其合并为一个整体。

▶Step13: 执行"长方体"命令，创建尺寸为 1000mm×300mm×2000mm 的长方体，对齐到已创建好的书柜，如图 13-42 所示。

▶Step14: 继续创建尺寸分别为 470mm×20mm×970mm、470mm×20mm×150mm、470mm×20mm×580mm 的长方体作为柜门，放置到上一步创建的长方体上，间距设置为 30mm，如图 13-43 所示。

 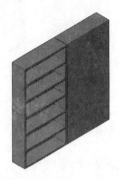 

图 13-41　创建并复制层板　　　图 13-42　创建长方体柜体　　　图 13-43　创建柜门

▶Step15: 执行"三维镜像"命令，将书柜和柜门镜像复制到另一侧，完成书柜组合的创建，如图 13-44 所示。

▶Step16: 执行"长方体"命令，创建尺寸为 25mm×240mm×270mm 的长方体并进行复制，作为书籍放置到书柜中，如图 13-45 所示。

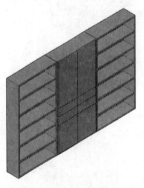 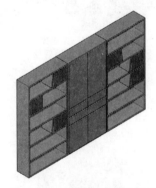

图 13-44　三维镜像模型　　　　图 13-45　创建并复制书籍模型

▶Step17: 移动书柜模型，将其居中对齐到墙体，如图 13-46 所示。

▶Step18: 为场景添加桌椅、沙发、台灯、落地灯模型，并放置到合适的位置，如图 13-47 所示。

▶Step19: 在"可视化"选项卡的"光源"面板中打开"创建光源"列表，从中选择"点"光源，在场景中创建一盏灯光，如图 13-48 所示。

▶Step20: 选择该灯光，打开"特性"面板，设置灯光强度及颜色，如图 13-49 所示。

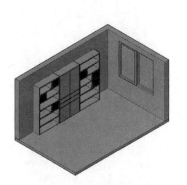

图 13-46　调整模型位置

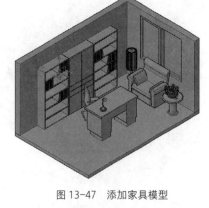

图 13-47　添加家具模型

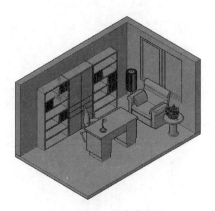

图 13-48　创建点光源

图 13-49　调整灯光参数

▶Step21：复制灯光并调整到合适位置，如图 13-50 所示。

▶Step22：执行"材质浏览器"命令，打开"材质浏览器"选项板，从"木材"材质列表中选择"红色橡木-天然无光泽"材质，如图 13-51 所示。

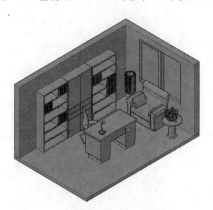

图 13-50　复制灯光

图 13-51　选择"红色橡木-天然无光泽"材质

▶Step23：将该材质分别拖曳至场景中的书柜、书桌、茶几等家具模型，如图 13-52 所示。

▶Step24：从"金属"材质列表中选择"铝-抛光"材质，如图 13-53 所示。

▶Step25：将材质拖曳至窗框模型上，如图 13-54 所示。

▶Step26：从"玻璃"材质列表中选择"透明反射"玻璃材质，如图 13-55 所示。

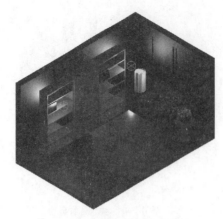

图 13-52　赋予到家具模型

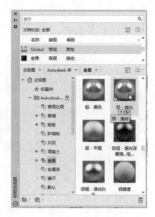

图 13-53　选择"铝-抛光"材质

图 13-54　赋予材质到窗框

图 13-55　选择玻璃材质

▶Step27: 将材质拖曳至窗户玻璃模型上，如图 13-56 所示。

▶Step28: 从"墙漆"材质列表中选择"白色"墙漆材质，如图 13-57 所示。

图 13-56　赋予材质到玻璃模型

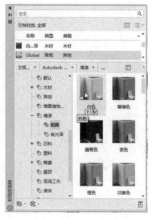

图 13-57　选择白色墙漆材质

▶Step29: 将材质拖曳至墙体模型上，如图 13-58 所示。

▶Step30: 在"织物"材质列表中选择"带卵石花纹的-黑色"皮革材质，如图 13-59 所示。

图 13-58　赋予材质到墙面

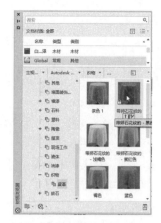

图 13-59　选择皮革材质

▶Step31：将材质拖曳至沙发模型上，如图 13-60 所示。

▶Step32：选择"地板"材质列表中的巧克力褐色白蜡木材质，如图 13-61 所示。

图 13-60　赋予材质到沙发

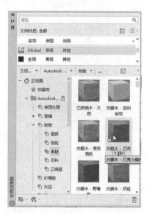

图 13-61　选择白蜡木材质

▶Step33：将材质拖曳至地面模型。打开"渲染预设管理器"选项板，设置好渲染大小，如图 13-62 所示。

▶Step34：单击"渲染到尺寸"按钮，渲染书房场景，如图 13-63 所示。

图 13-62　设置渲染尺寸

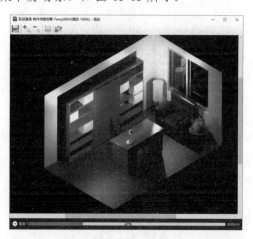

图 13-63　渲染效果

 课后作业

（1）为装饰吊灯赋予材质

利用材质浏览器面板为装饰吊灯赋予材质。灯罩为红色塑料材质，灯芯为黄色 LED 材质，渲染效果如图 13-64 所示。

操作提示：

Step01：打开"材质浏览器"面板，分别为灯罩、灯芯模型赋予材质。

Step02：执行面域渲染命令，查看渲染效果。

（2）为圆柱齿轮赋予材质

利用材质浏览器面板为圆柱齿轮赋予不锈钢材质，效果如图 13-65 所示。

图 13-64　为装饰吊灯赋予材质

图 13-65　为圆柱齿轮赋予材质

操作提示：

Step01：打开材质浏览器面板，选择不锈钢材质，将其赋予至模型中。

Step02：执行面域渲染命令，查看效果。

 精选疑难解答

Q1：想要扩大绘图空间，怎么操作？

A：扩大绘图的空间可通过以下几种方法进行操作。

· 提高系统显示分辨率。

· 设置显示器属性中的"外观""改变图标""滚动条""标题按钮""文字"等的大小。

· 去掉多余部件，如屏幕菜单、滚动条和不常用的工具条。

· 设定系统任务栏自动消隐，把命令行尽量缩小。

在显示器属性"设置"页面中，把桌面大小设定为大于屏幕大小的 1~2 个级别，便可在超大的活动空间里操作了。

Q2：可以更改渲染帧窗口颜色吗？

A：可以。进入三维建模工作空间后，在"可视化"选项卡"视图"面板中单击"视图管理器"按钮，打开"视图管理器"对话框，单击"新建"按钮，打开"新建视图/快照特性"

对话框，在"背景"选项组中单击"默认"列表框，并选择"纯色"选项，打开"背景"对话框，并设置颜色，设置完成后单击"确定"按钮即可。

Q3：为什么为地面添加木板材质后，不显示纹理？

A：这是因为没有设置材质的比例，比例太小，从而形成材质纹理过密。此时只需进行以下操作即可。

- 执行"材质浏览器"命令，打开相应的面板。
- 在"文档材质"列表中，选中地板材质，并单击材质后的编辑按钮。
- 在"材质编辑器"选项板中，单击"图像"后的地板图案，在"纹理编辑器"面板的"比例"选项组中，调整好"样例尺寸"的"宽度"和"高度"数值即可。

Q4：使用面域渲染的方式，能否保存效果？

A：面域渲染效果是无法进行保存的。因为它主要用来对某局部实体进行快速渲染，好让用户实时观察到设置效果，从而更好地调整材质和灯光等各参数。如果想要保存面域渲染效果，用户可以使用屏幕截图的方法来保存。

Q5：为什么添加了点光源后，渲染窗口不显示光源？

A：这是由添加的光源位置不对造成的。此时只需调整好光源的位置即可。在三维视图中，调整光源位置，需要结合其他视图一起调整，例如俯视图、左视图、三维视图，这样才能将光源调整到最好的状态。

第14章

输出与打印图形

📖 本章概述

图形的打印和输出是图纸绘制的最后一个流程。本章将着重对图形的输出与打印操作进行介绍，其中包括图形的输入与输出、打印视口的创建与管理、图形的超链接设置、图形的打印等。

✒ 学习目标

- 掌握图形的输入与输出操作。
- 掌握布局视口的创建与管理操作。
- 掌握图形的打印操作。
- 了解文件的网络功能。

扫码观看本章视频

📒 实例预览

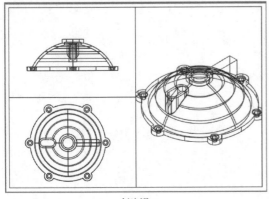

创建视口

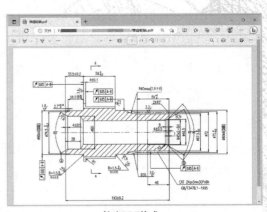

输出PDF格式

14.1　导入与输出图形

文件的输入和输出功能，不仅可以将外部文件导入到 AutoCAD 中，也可以将绘制好的图形文件以其他的文件格式进行导出，以方便他人预览文件。

14.1.1　导入图形

系统为用户提供了多种可输入的文件类型，如 3D Studio、ACIS、PDF、SolidWorks 等。通过以下方式可导入外部文件：

- 在菜单栏中执行"文件>输入"命令。
- 在"插入"选项卡的"输入"面板中单击"输入"按钮 。
- 在命令行输入 IMPORT 命令，按回车键。

执行以上任意一种操作即可打开"输入文件"对话框，单击"文件类型"下拉按钮，在其列表中选择所需的文件格式，单击"打开"按钮即可，如图 14-1 所示。

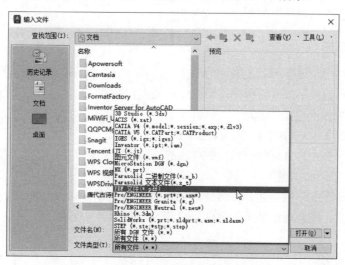

图 14-1　选择导入的文件类型

14.1.2　插入 OLE 对象

OLE 是指对象链接与嵌入，用户可以将其他 Windows 应用程序的对象链接或嵌入到 AutoCAD 图形中，或在其他程序中链接或嵌入 AutoCAD 图形。插入 OLE 文件可避免图片丢失、文件丢失这些问题，所以使用起来非常方便。通过以下方式可执行"OLE 对象"命令：

- 在菜单栏中执行"插入>OLE 对象"命令。
- 在"插入"选项卡"数据"选项组中单击"OLE 对象"按钮 。
- 在"插入"工具栏中单击"OLE 对象"按钮。
- 在命令行输入 INSERTOBJ 命令，按回车键。

执行以上任意一种操作即可打开"插入对象"对话框，在"对象类型"列表中可以选择要插入的对象类型，如图 14-2 所示。单击"确定"按钮即可。

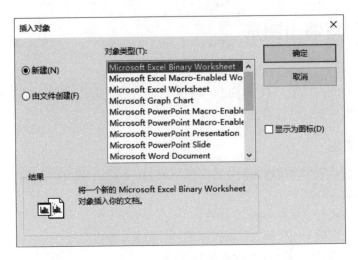

图 14-2 "插入对象"对话框

默认情况下，未打印的 OLE 对象会显示边框。OLE 对象是不透明的，打印的结果也是不透明的，它们覆盖了其背景中的图形。

14.1.3 输出图形

输出功能是将图形转换为其他类型的图形文件，如 bmp、wmf 等，以达到和其他软件兼容的目的。用户可通过以下方式将图形按照指定格式进行输出。

- 在菜单栏中执行"文件>输出"命令。
- 在命令行输入 EXPORT 命令，按回车键。

执行"输出"命令，打开"输出数据"对话框。设置输出文件名、文件类型以及输出路径，单击"保存"按钮即可，如图 14-3 所示。

单击"文件类型"下拉按钮，在展开的列表中可以看到图形输出的 13 种类型，都是工作中常用的文件类型，能够保证与其他软件的交流，如图 14-4 所示。

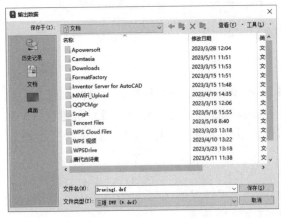

图 14-3 "输出数据"对话框

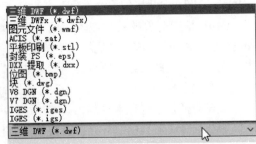

图 14-4 输出文件类型

动手练习——将阀体零件图输出为图片文件

下面以输出"阀体零件图"为例，来介绍如何将该文件输出为图片。

▶Step01: 打开"阀体零件图"素材文件，如图14-5所示。

▶Step02: 单击菜单浏览器按钮，在其列表中选择"输出"选项，并在其级联菜单中选择"其他格式"选项，如图14-6所示。

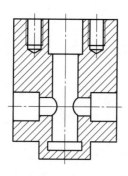

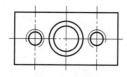

图14-5 打开素材文件

图14-6 选择"其他格式"

▶Step03: 在"输出数据"对话框中，先设置好文件名，然后单击"文件类型"下拉按钮，从列表中选择"位图"选项，如图14-7所示。

▶Step04: 选择好后，单击"保存"按钮即可。返回到绘图区，框选要输出的图形，如图14-8所示。

图14-7 选择"位图"类型

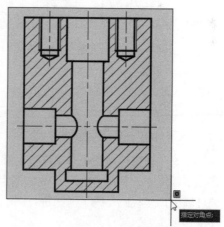

图14-8 框选图形

▶Step05: 框选后，按回车键即可输出该图形。双击保存的位图文件，即可查看其输出效果，如图14-9所示。

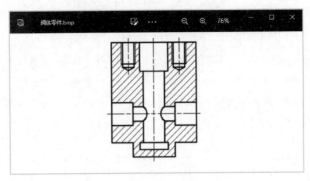

图 14-9　查看位图文件的输出效果

14.2　创建布局与视口

AutoCAD 提供了两种绘图环境：一种是模型环境，另一种则为布局环境。模型环境主要用于图形的绘制，而布局环境主要用于图形的打印与排版。

14.2.1　模型环境与布局环境

模型环境是一个没有界限的三维空间，并且永远按照 1：1 比例的实际尺寸绘图，它主要用于绘图及建模，如图 14-10 所示。在该环境中可以绘制全比例的二维模型和三维模型，还可以为图形添加标注、注释等内容。

布局环境又称为图纸环境，主要用于出图，它可以很方便地对多张图纸进行统一排版与设置，如图 14-11 所示。

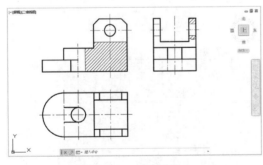

图 14-10　模型环境

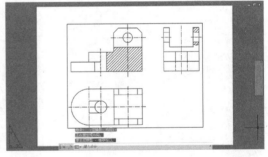

图 14-11　布局环境

不论是模型环境还是布局环境，都允许使用多个视图，但多视图的性质和作用并不相同。在模型环境中，多视图是为了方便观察图形的绘制。因此各个视图与原绘图窗口类似；而在布局环境中，多视图是为了便于进行图纸的合理排版，用户可以对其中任何一个视图进行复制、移动等基本编辑操作。

通过以下方法可进行"模型"与"布局"环境的切换操作。

- 在状态栏中单击"模型"或"布局"选项卡。
- 在状态栏中单击"≡"按钮，在其列表中进行选择。

· 将光标移至文件标题处，系统会显示出"模型"和"布局"的缩略图，单击即可。

14.2.2　创建布局

默认情况下，系统会提供"布局 1"和"布局 2"两个空白布局。如有需要可在状态栏中单击"+"按钮，新建空白布局，如图 14-12 所示。

图 14-12　创建新布局

此外，用户也可根据制作需求来创建属于自己的布局环境。

（1）使用样板创建布局

AutoCAD 提供了多种不同国际标准体系的布局模板，这些标准包括 ANSI、GB、ISO 等，特别是其中遵循中国国家工程制图标准（GB）的布局就有 12 种之多，支持的图纸幅面有 A0、A1、A2、A3 和 A4。

单击状态栏中的" ≡ "按钮，选择"从模板"选项，打开"从文件选择样板"对话框。在该对话框中选择需要的布局模板，单击"打开"按钮。打开"插入布局"对话框，该对话框中显示了当前所选布局模板的名称，单击"确定"按钮即可，如图 14-13 所示。

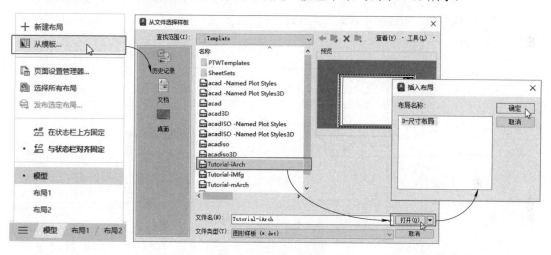

图 14-13　创建模板布局

（2）使用向导创建布局

AutoCAD 可以创建多个布局来显示不同的视图，每一个布局都可以包含不同的绘图样式，布局视图中的图形就是绘制成果。通过布局功能，用户可以从多个角度表现同一图形。布局向导用于引导用户来创建一个新的布局，每个向导页面都将提示用户为正在创建新布局指定不同的版面和打印设置。

在菜单栏中执行"插入>布局>创建布局向导"命令，打开"创建布局-开始"对话框，该向导会一步步引导用户进行布局的创建操作。过程中会分别对布局的名称、打印机、图纸尺寸和单位、图纸方向、是否添加标题栏及标题栏的类型、视口的类型，以及视口大小和位置等进行设置，如图 14-14 所示。

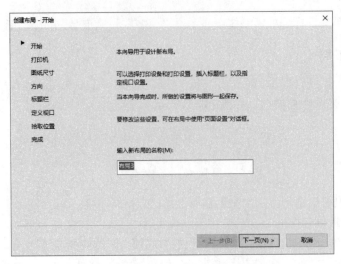

图 14-14 "创建布局-开始" 对话框

14.2.3 创建视口

视口是布局中用于显示模型空间图形的窗口，它可控制图形显示的范围和比例，从而帮助用户完成图纸排版与打印的工作。默认情况下布局中会显示一个固定的视口，如图 14-15 所示。用户可根据需要，通过以下方式来创建新的视口。

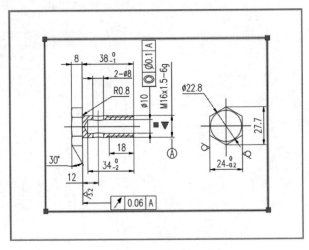

图 14-15 默认视口

· 在菜单栏中执行"视图>视口"命令，在子菜单中选择需要的选项。

· 在命令行输入 MVIEW 命令，按回车键。

创建视口后，如果对创建的视口不满意，那么可以根据需要调整布局视口。

（1）调整视口的大小

如果创建的视口不符合需求，那么用户可以利用视口边框的夹点来调整视口的大小，如图 14-16 所示。

（2）删除和复制布局视口

通过【Ctrl+C】和【Ctrl+V】快捷键进行视口的复制粘贴，按【Delete】键即可删除视口。

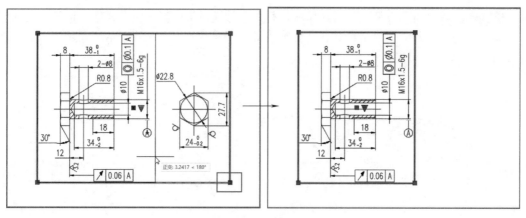

图 14-16　调整视口大小

也可通过单击鼠标右键弹出的快捷菜单进行该操作。

（3）调整视口中图形显示状态

在创建的视口中可以调整图形的显示状态。双击视口，使其窗口边框变为粗黑色即可激活视口。在此用户可利用"平移"或"缩放视图"命令来调整图形的显示，如图 14-17 所示。

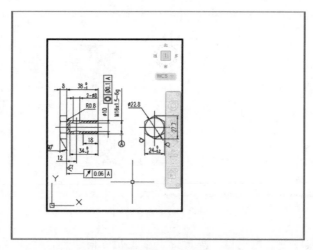

图 14-17　调整视口中图形显示状态

◎ **技术要点**

在"布局"中可创建不规则视口。执行"视图>视口>多边形视口"命令，在图纸空间只指定起点和端点，创建封闭的图形，按回车键即可创建不规则视口，或者在"布局"选项卡"布局视口"面板中单击"矩形"按钮，在弹出的下拉列表框中单击"多边形"选项。

　动手练习——创建机械模型三视图

下面将以端盖模型为例，来介绍视口创建的具体操作。

▶Step01：打开"端盖模型"素材文件，如图 14-18 所示。

▶Step02: 切换到“布局 1”，选择默认视口，按【Delete】键将其删除。执行“新建视口”命令，打开“视口”对话框，在“标准视口”列表中选择“三个: 右”选项，单击“确定”按钮，如图 14-19 所示。

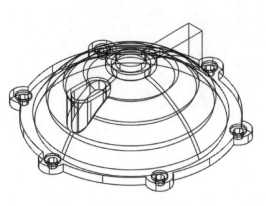

图 14-18　打开文件

图 14-19　创建视口

▶Step03: 拖拽鼠标绘制该视口，如图 14-20 所示。

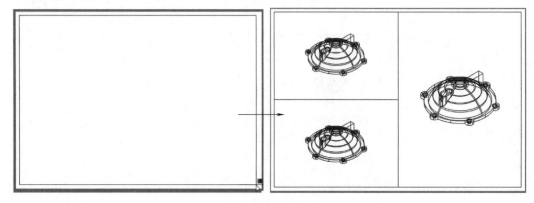

图 14-20　绘制视口

▶Step04: 双击激活左上角视口，单击视口右上角方向图标，选择“左”，将其调整为左视图，如图 14-21（a）所示。

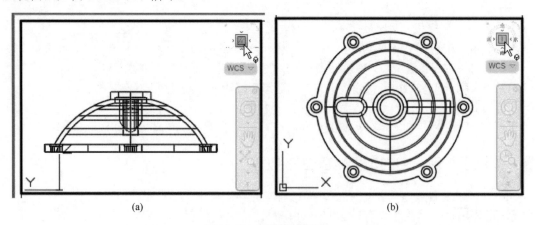

(a)

(b)

图 14-21　左视图及俯视图

▶Step05: 双击激活左下角视口，单击视口右上角方向图标，选择"上"，将其调整为俯视图，如图 14-21（b）所示。

▶Step06: 视口调整完毕后，双击视口外任意处可锁定视口，如图 14-22 所示。至此，模型三视图调整完毕。

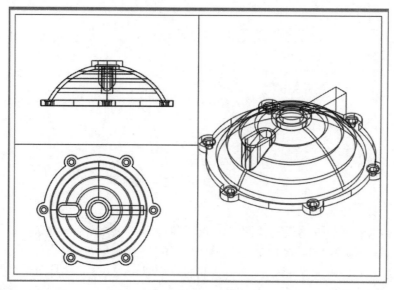

图 14-22 锁定视口

14.3 打印及预览图形

图形绘制完毕后，为了便于观察和实际施工制作，可将其打印输出到图纸上。在打印之前，需要对打印样式及打印参数等进行设置。

14.3.1 设置打印样式

打印样式属于对象的一种特性，用于修改打印图形的外观，包括对象的颜色、线型和线宽等，也可指定端点、连接和填充样式，以及抖动、灰度、笔号和淡显等输出效果。

（1）创建颜色打印样式表

颜色相关打印样式建立在图形实体颜色设置的基础上，通过颜色来控制图形输出。使用时，用户可以根据颜色设置打印样式，再将这些打印样式赋予使用该颜色的图形实体，从而最终控制图形的输出。在创建图层时，系统将根据所选颜色的不同自动为其指定不同的打印样式。

与颜色相关的打印样式表都被保存在以".ctb"为扩展名的文件中，命名打印样式表被保存在以".stb"为扩展名的文件中。

（2）添加打印样式表

为适合当前图形的打印效果，通常在进行打印操作之前进行页面设置和添加打印样式表。执行"工具>向导>添加打印样式表"命令，打开"添加打印样式表"向导窗口，如图 14-23 所示。该向导会一步步引导用户进行添加打印样式表操作，过程中会分别对打印的表格类型、样式表名称等参数进行设置。

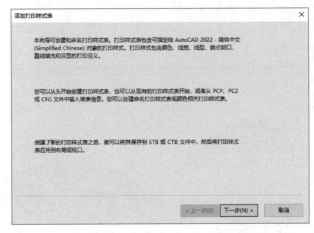

图 14-23　"添加打印样式表"设置向导

（3）管理打印样式表

在需要对相同颜色的对象进行不同的打印设置时，就可以使用命名打印样式表，用户可以根据需要创建统一颜色对象的多种命名打印样式，并将其指定给对象。

执行"文件>打印样式管理器"命令，即可打开如图 14-24 所示的打印样式列表，在该列表中显示之前添加的打印样式表文件，用户可双击该文件，然后在打开的"打印样式表编辑器"对话框中进行打印颜色、线宽、打印样式和填充样式等参数的设置，如图 14-25 所示。

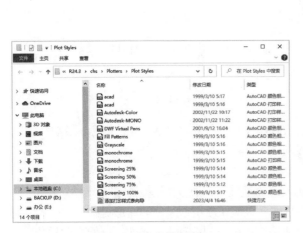

图 14-24　打印样式列表

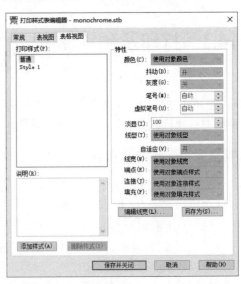

图 14-25　"打印样式表编辑器"对话框

14.3.2　设置打印参数

无论是从模型空间还是从布局中打印图形，图纸在打印前必须先对打印参数进行设置，如打印机、图纸尺寸、打印范围、打印比例、图纸方向等，这些都可以通过"打印-模型"对话框进行设置。用户可以通过以下方式打开"打印-模型"对话框：

• 从菜单栏执行"文件>打印"命令。

- 在快速访问工具栏中单击"打印"按钮 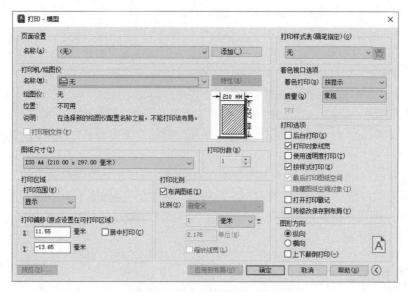。

- 在快速访问工具栏中单击"打印"按钮。
- 单击"菜单浏览器"按钮，在打开的菜单中选择"打印>打印"命令。
- 在"输出"选项卡的"打印"面板中单击"打印"按钮。
- 在键盘上按【Ctrl+P】组合键。
- 在命令行中输入 PLOT，按回车键。

执行"打印"命令后，在打开的"打印-模型"对话框中设置好一系列的打印参数即可进行打印操作，如图 14-26 所示。

图 14-26 "打印-模型"对话框

下面介绍对话框中各选项的含义：

① **打印机/绘图仪**：可以选择用户输出图形所需要使用的打印设备，若需要修改当前打印机配置，可单击右侧"特性"按钮，在"绘图仪配置编辑器"对话框中对打印机的输出进行设置。

② **打印样式表**：用于修改图形打印的外观。图形中每个对象或图层都具有打印样式属性，通过修改打印样式可以改变对象输出的颜色、线型、线宽等特性。

③ **图纸尺寸**：用户可以根据打印机类型及纸张大小选择合适的图纸尺寸。

④ **打印区域**：设定图形输出时的打印区域，包括布局、窗口、范围、显示四个选项。各选项含义如下。

- 布局：打印布局视口中显示的内容。
- 窗口：该选项会临时关闭"打印-模型"对话框，在绘图区中框选矩形区域作为打印内容。该选项是最常用的，选择区域后一般希望布满整张图纸，所以在"打印比例"选项中会勾选"布满图纸"复选框。
- 范围：打印包含所有对象的图形的当前空间，该图形中的所有对象都将被打印。
- 显示：打印当前视图中的内容。

⑤ **打印比例**：可设定图形输出时的打印比例。

- 比例：在"比例"下拉列表中可选择用户出图的比例，如 1：1，也可使用"自定义"选项，在下方的输入框中输入比例来达到控制比例的目的。
- 布满图纸：勾选该复选框会根据打印图形范围的大小，自动布满整张图纸。

· 缩放线宽：该选项是在布局中打印时使用的，勾选后，图纸所设定的线宽会按照打印比例进行放大或缩小，而未勾选的话则不管打印比例是多少，打印出来的线宽就是设置的线宽尺寸。

⑥ **打印偏移**：指定图形打印在图纸上的位置。可通过设置 X 和 Y 轴上的偏移距离来精确控制图形的位置，也可通过勾选"居中打印"复选框使图形打印在图纸中间。

⑦ **打印选项**：在设置打印参数时，还可以设置一些打印选项，在需要的情况下可以使用。

· 后台打印：在后台打印，可立刻返回图形。

· 打印对象线宽：指定打印对象和图层的线宽。

· 使用透明度打印：将打印应用于对象和图层的透明度级别。

· 按样式打印：以指定的打印样式来打印图形。选择该选项将自动打印线宽；如果不选择将按指定给对象的特性打印对象而不是按打印样式打印。

· 最后打印图纸空间：指定先打印模型空间中的对象，然后打印图纸空间中的对象。

· 隐藏图纸空间对象：指定"隐藏"操作是否应用于布局视口中的对象。

· 打开打印戳记：启用打印戳记，并在每个图形的指定角上放置打印戳记并将戳记记录到文件中。

· 将修改保存到布局：将在"打印-模型"对话框中所做的修改保存到布局。

⑧ **图形方向**：指定图形输出的方向，因为图纸制作会根据实际的绘图情况来选择图纸是横向还是纵向，所以在图纸打印的时候一定要注意设置图形方向，否则可能会出现部分图形超出纸张而未被打印出来。

> **注意事项**
>
> 在进行打印参数设定时，用户应根据与电脑连接的打印机类型来综合考虑打印参数的具体值，否则将无法实施打印操作。

14.3.3 打印预览

在打印输出前可以预览输出效果，以检查设置是否正确。例如，图形是否在有效输出区域内等。如果不符合要求再关闭预览进行更改，如果符合要求即可继续进行打印。通过以下方式

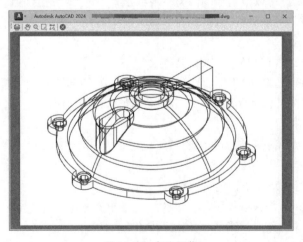

图 14-27　打印预览

可实施打印预览。

- 在菜单栏中执行"文件>打印预览"命令。
- 在"输出"选项卡点击"预览"按钮🔍。
- 在"打印-模型"对话框中设置"打印参数"后，单击左下角的"预览"按钮。

执行以上任意操作命令后，即可进入预览模式，如图 14-27 所示。

> ◎ **技术要点**
>
> 打印预览是将图形在打印机上打印到图纸之前，在屏幕上显示打印输出图形后的效果，其主要包括图形线条的线宽、线型和填充图案等。预览后，若需进行修改，则可关闭该视图，进入设置页面再次进行修改。

14.4 网络功能的应用

用户可以在 Internet 上预览图纸，为图纸插入超链接，将图纸以电子形式进行打印，并将设置好的图纸发布到 Web 以供用户浏览等。

14.4.1 在 Internet 上使用图形文件

Web 浏览器是通过 URL 获取并显示 Web 网页的一种软件工具。用户可在 AutoCAD 系统内部直接调用 Web 浏览器进入 Web 网络世界。

"输入"和"输出"命令都具有内置的 Internet 支持功能。通过该功能，可以直接从 Internet 上下载文件，其后就可以在 AutoCAD 环境下编辑图形。

利用"浏览 Web"对话框，可快速定位到要打开或保存文件特定的 Internet 位置。可以指定一个默认的 Internet 网址，每次打开"浏览 Web"对话框时都将加载该位置。如果不知道正确的 URL，或者不想在每次访问 Internet 网址时输入冗长的 URL，则可使用"浏览 Web"对话框方便地访问文件。

此外，在命令行中输入 BROWSER 命令，按回车键就可以根据提示信息打开网页。

14.4.2 超链接管理

超链接就是将图形对象与其他数据、信息、动画、声音等建立链接关系。利用超链接可实现由当前图形对象到关联图形文件的跳转。其链接的对象可以是现有的文件或 Web 页，也可以是电子邮件地址等。

（1）链接文件或网页

执行"插入>数据>超链接"命令，在绘图区中选择要进行连接的图形对象，按回车键后打开"插入超链接"对话框，如图 14-28 所示。

单击"文件"按钮，打开"浏览 Web-选择超链接"对话框，如图 14-29 所示。在此选择要链接的文件并单击"打开"按钮，返回到上一层对话框，单击"确定"按钮完成链接操作。

图 14-28 "插入超链接"对话框

图 14-29 选择需链接的文件

在带有超链接的图形文件中，将光标移至带有链接的图形对象上时，光标右侧则会显示超链接符号，并显示链接文件名称。此时按住【Ctrl】键并单击该链接对象，即可按照链接网址切转到相关联的文件中。

"插入超链接"对话框中各选项说明如下。

· 显示文字：用于指定超链接的说明文字。

· 现有文件或 Web 页：用于创建到现有文件或 Web 页的超链接。

· 键入文件或 Web 页名称：用于指定要与超链接关联的文件或 Web 页面。

· 最近使用的文件：显示最近链接过的文件列表，用户可从中选择链接。

· 浏览的页面：显示最近浏览过的 Web 页面列表。

· 插入的链接：显示最近插入的超级链接列表。

· 文件：单击该按钮，在"浏览 Web-选择超链接"对话框中，指定与超链接相关联的文件。

· Web 页：单击该按钮，在"浏览 Web-选择超链接"对话框中，指定与超链接相关联的 Web 页面。

· 目标：单击该按钮，在"选择文档中的位置"对话框中，选择链接到图形中的命名位置。

· 路径：显示与超链接关联的文件的路径。

· 使用超链接的相对路径：用于为超级链接设置相对路径。

· 将 DWG 超链接转换为 DWF：用于转换文件的格式。

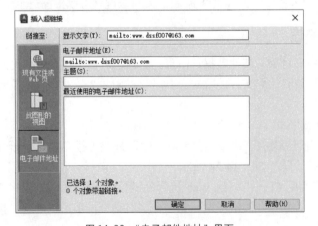

图 14-30 "电子邮件地址"界面

（2）链接电子邮件地址

执行"插入>数据>超链接"命令，在绘图区中选择要链接的图形对象，按回车键后在"插入超链接"对话框中，单击左侧"电子邮件地址"选项卡，如图 14-30 所示。其后在"电子邮件地址"文本框中输入邮件地址，并在"主题"文本框中，输入邮件消息主题内容，单击"确定"按钮即可。

在打开电子邮件超链接时，默认电子邮件应用程序将创建新的电子邮件消息。在此填好邮件地址和主题，最后输入消息内容并通过电子邮件发送。

 实战演练——将锥齿轮轴输出为 PDF 文件格式

下面将以输出"锥齿轮轴"文件为例，来介绍如何将图形文件导出成 PDF 文件。

▶Step01：打开"锥齿轮轴"素材文件，如图 14-31 所示。

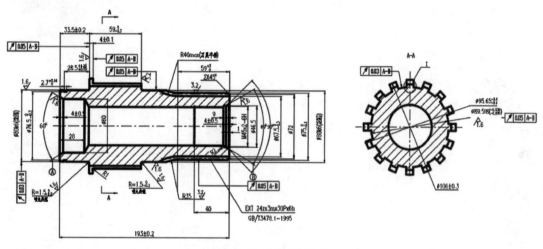

图 14-31　打开素材文件

▶Step02：执行"打印"命令，打开"打印-模型"对话框，将"打印机名称"设为"DWG To PDF.pc3"，如图 14-32 所示。

▶Step03：将"图纸尺寸"设为 ISO A3，勾选"布满图纸"复选框，在"打印范围"列表中选择"窗口"选项，如图 14-33 所示。

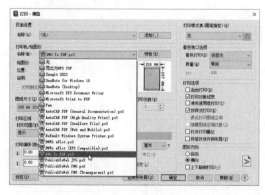

图 14-32　设置打印名称

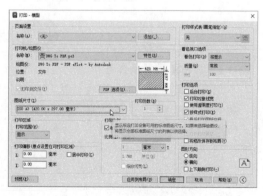

图 14-33　设置图纸尺寸

▶Step04：将"打印区域"设为"窗口"，并在绘图区中指定对角点确定打印区域，如图14-34所示。

▶Step05：返回"打印-模型"对话框，勾选"居中打印"复选框，单击"确定"按钮，如图14-35所示。

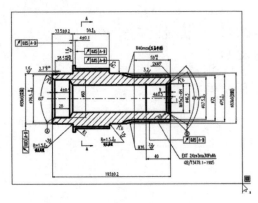

图 14-34 框选打印范围

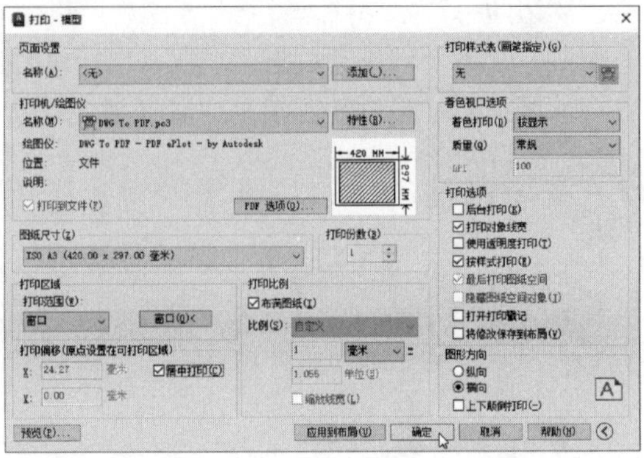

图 14-35 居中打印

▶Step06：此时会打开"浏览打印文件"对话框，设置存储路径及文件名，如图14-36所示。

▶Step07：单击"保存"按钮完成文件的打印输出，打开输出的 PDF 文件即可查看打印结果，如图14-37所示。按照同样的方法输入该零件剖面图。

图 14-36 设置存储路径及文件名

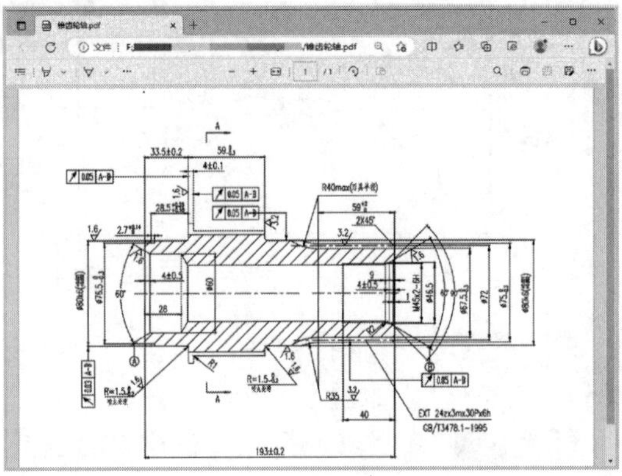

图 14-37 打开 PDF 文件

 课后作业

（1）将图纸进行黑白打印

本例将对圆柱齿轮零件图进行黑白打印，纸张大小为 A3，如图14-38所示。

操作提示：

Step01：打开"打印-模型"对话框，单击"打印样式表"下拉按钮，选择"monochrom.ctb"选项。

Step02：将"图纸尺寸"设为 A3，勾选"居中打印"复选框，单击"打印"按钮。

（2）打印办公室方案图

本例将利用新建视口功能，将办公室方案图进行排版打印，结果如图14-39所示。

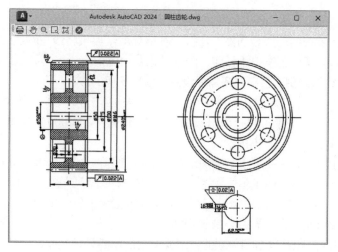

图 14-38 打印圆柱齿轮零件图

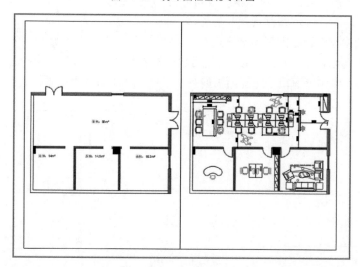

图 14-39 办公室方案图

操作提示:

Step01: 执行"新建视口"命令,创建两个垂直视口。

Step02: 激活视口,使用平移和缩放命令,分别调整两个视口的显示范围。

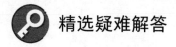 精选疑难解答

Q1: 为什么打印的线宽与设置的线宽不同?

A: 执行"打印"命令,打开"打印-模型"对话框,在"打印选项"选项组中取消勾选"打印对象线宽"复选框,单击"确定"按钮即可。

Q2: 为什么图形能够正常显示,却无法打印出来?

A: 有可能是该图形所在的图层被设置了关闭打印这一项。如果是,只需开启该图层的打印设置即可。还有可能是将图形放置在了 Defpoints 图层中,该图层会在添加尺寸标注时自动

加载，并设为不打印，无法修改。如果将该图层置为当前，就会出现这一现象。因此在打印之前也需要查看图形所在的图层。当然，还有一种情况就是如果将线型颜色设置为白色（255，255，255），那么系统就会按白色打印，因为纸张是白色的，所以不显示线条。

Q3：1∶1的绘图比例，打印时还需要设置打印比例吗？

A：在出图时有一个打印尺寸和绘图单位的比值关系，打印尺寸按毫米计，如果打印时按1∶1来出图，则1个绘图单位将打印出来1mm。如果使用1∶1000的比例，则可以在绘图时用1表示1m，打印时用1∶1出图就行了。

为了数据便于操作，往往用1个绘图单位来表示使用的主单位。比如，规划图主单位为是米，机械图、建筑图和结构图主单位为毫米，仅仅在打印时需要注意。因此，绘图时先确定主单位，一般按1∶1的比例，出图时再换算一下。按纸张大小出图仅用于草图。

Q4：在布局中如何让图形和白色背景相匹配？

A：图纸背景和打印设置是相关联的，想要使图形和背景相匹配，需要在"打印-模型"对话框中设置。在"打印-模型"对话框中设置好打印机、纸张等参数后，选择"布满图纸"复选框，这样在打印时，图形和背景就匹配了。

Q5：在视口中怎么设置图形视觉样式？

A：视口的视觉样式可在创建视口时进行设置。执行"新建视口"命令，选择好所需的标准视口，然后在右侧预览窗口中选择所需的视口，单击在下方的"视觉样式"下拉按钮，从中选择所需的视觉样式即可。

第 15 章

绘制三居室室内设计图

📃 本章概述

设计方案是设计师表达设计构想的重要手段之一，是设计师与各相关专业之间用于交流的语言，也是进行施工图深化的重要依据。本章将以绘制大户型设计方案为例，来介绍 AutoCAD 软件在室内设计行业中的应用。绘制的内容包含平面方案图、立面方案图、剖面详图等。

✒ 学习目标

- 掌握平面图的绘制方法。
- 掌握立面图的绘制方法。
- 掌握剖面图的绘制方法。
- 了解常见的施工工艺。

扫码观看本章视频

📝 实例预览

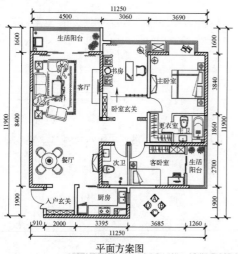

平面方案图

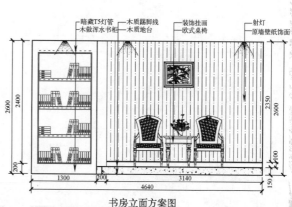

书房立面方案图

15.1 绘制三居室平面方案 ●●●

平面方案图包括原始户型图、平面方案图、地面铺设图、顶面方案图等。这些图纸能够反映出当前户型各空间布局以及家具摆放是否合理，同时用户能从中了解各空间的功能和用途。

15.1.1 绘制原始户型图

原始户型图是所有设计方案的基础图纸。在进入方案设计阶段时，需要准确地绘制出户型图，并在户型图中标出下水管、烟道以及排污管的位置，以作为后期设计尺寸依据。

▶Step01: 新建图层。打开"图层特性管理器"选项板，新建"轴线""墙体""标注"等图层，并设置图层特性，如图 15-1 所示。

▶Step02: 设置"轴线"图层为当前层。执行"直线"和"偏移"命令，绘制出墙体轴线，如图 15-2 所示。

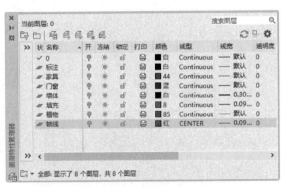

图 15-1 创建图层

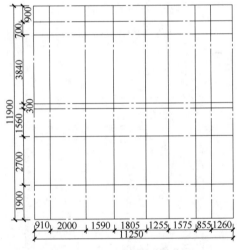

图 15-2 绘制墙体轴线

图 15-3 打开"多线样式"对话框

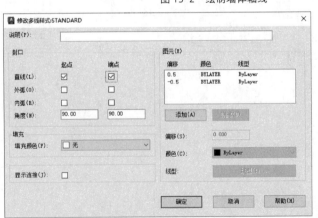

图 15-4 设置多线样式 1

▶Step03: 设置"墙体"图层为当前层。执行"多线样式"命令，打开"多线样式"对话框，如图15-3所示。

▶Step04: 单击"修改"按钮，打开"修改多线样式"对话框，在"封口"选项组中选择"起点"和"端点"复选框，其余参数不变，如图15-4所示。

▶Step05: 单击"确定"按钮关闭对话框，返回"多线样式"对话框，可以预览到设置后的多线样式，如图15-5所示。

▶Step06: 关闭"多线样式"对话框，设置"墙体"图层为当前层。执行"多线"命令，将"对正"设为"无"，将"比例"设为200，捕捉轴线绘制外墙体，如图15-6所示。

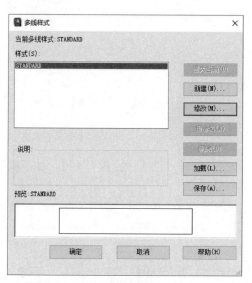

图 15-5　预览多线样式

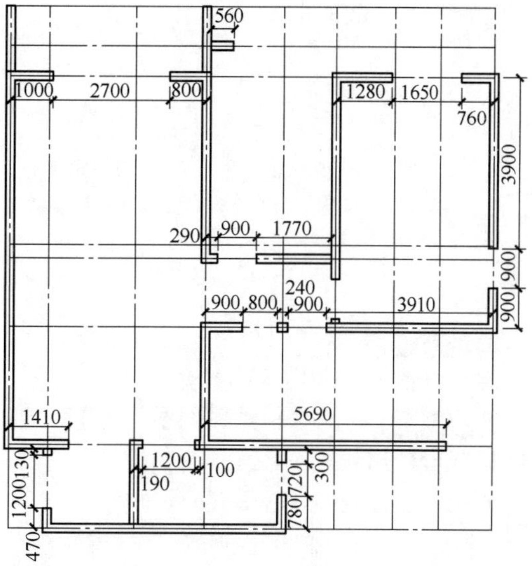

图 15-6　绘制外墙体

▶Step07: 执行"多线"命令，设置"比例"为120，再绘制内墙体，如图15-7所示。

▶Step08: 再执行"多线样式"命令，打开"多线样式"对话框，单击"新建"按钮，新建"窗"样式，如图15-8所示。

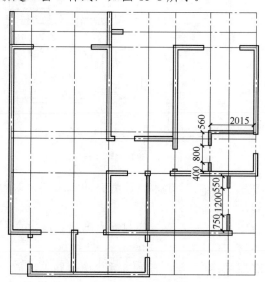

图 15-7　绘制内墙体

图 15-8　新建多线样式

▶Step09：单击"继续"按钮，进入"新建多线样式"对话框，设置"封口"及"图元"参数，如图 15-9 所示。

▶Step10：关闭对话框，再将"窗"样式置为当前，如图 15-10 所示。

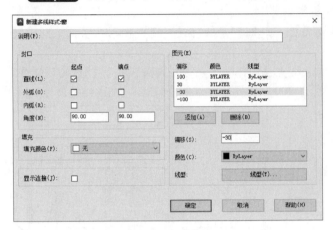

图 15-9　设置多线样式 2

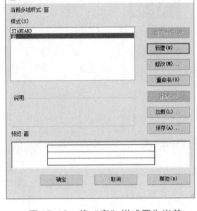

图 15-10　将"窗"样式置为当前

▶Step11：设置"门窗"图层为当前层。执行"多线"命令，设置"比例"为 1，再捕捉绘制窗户图形，如图 15-11 所示。

▶Step12：关闭"轴线"图层，设置"墙体"图层为当前层。执行"直线"命令，绘制卧室飘窗轮廓线，如图 15-12 所示。

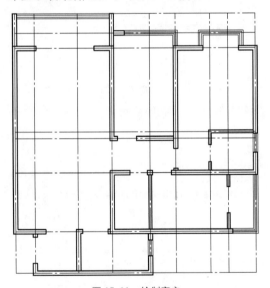

图 15-11　绘制窗户

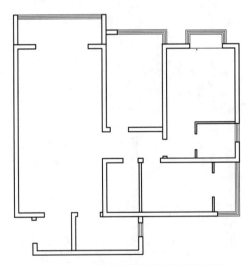

图 15-12　隐藏轴线并绘制飘窗轮廓线

▶Step13：双击墙体多线，打开"多线编辑工具"面板，选择"T 形合并"工具，如图 15-13 所示。

▶Step14：编辑墙体图形结合处，再执行"直线"命令，绘制分割出承重墙区域，如图 15-14 所示。

▶Step15：执行"图案填充"命令，选择 STEEL 图案，并设置好填充比例及颜色，如图 15-15 所示。

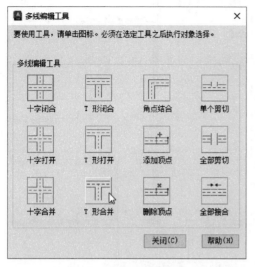

图 15-13　选择编辑工具

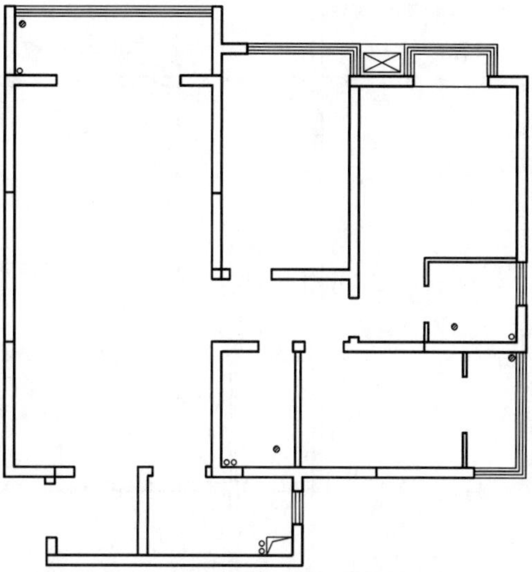

图 15-14　编辑墙体

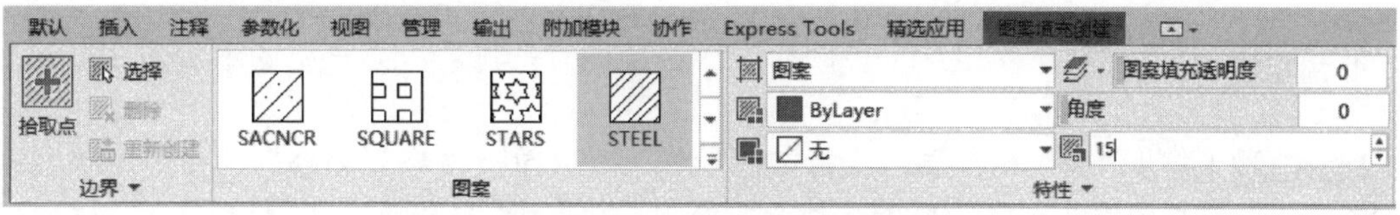

图 15-15　设置填充参数

▶Step16: 拾取承重墙区域进行填充操作，如图 15-16 所示。

▶Step17: 执行"直线"和"偏移"命令绘制梁图形，并设置其线型，如图 15-17 所示。

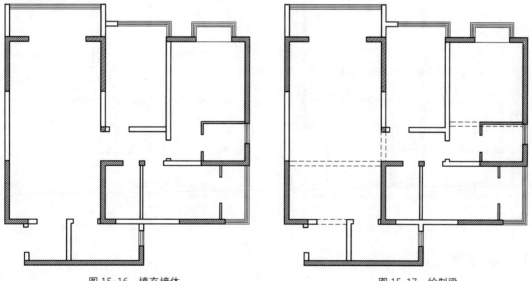

图 15-16　填充墙体

图 15-17　绘制梁

▶Step18: 执行"直线"和"矩形"命令，绘制空调外机图形，如图 15-18 所示。

▶Step19: 执行"圆""矩形""图案填充"等命令，绘制下水管、地漏、烟道等图形，如图 15-19 所示。

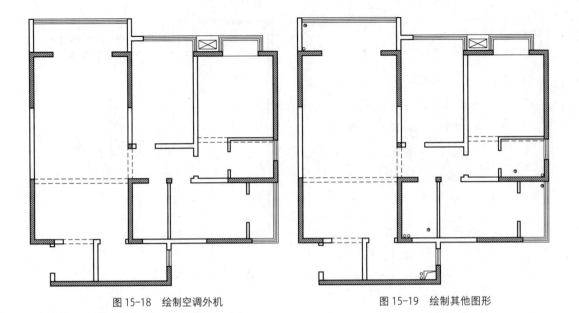

图 15-18 绘制空调外机 图 15-19 绘制其他图形

▶Step20: 打开"轴线"图层，将"标注"图层设为当前层，为户型图添加尺寸标注，如图 15-20 所示。

▶Step21: 关闭"轴线"图层，执行"多段线"和"单行文字"命令，为户型图添加层高注释与入户指示符号，完成原始户型图的绘制，如图 15-21 所示。

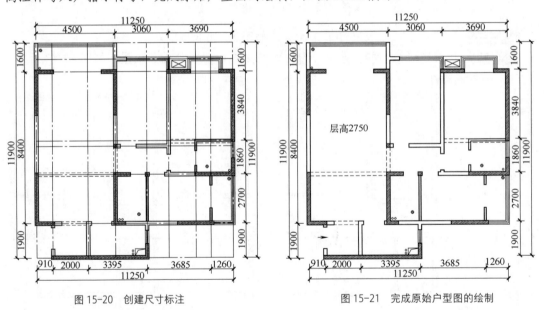

图 15-20 创建尺寸标注 图 15-21 完成原始户型图的绘制

15.1.2 绘制平面方案图

平面方案图是方案设计的第一步，也是最重要的一步。下面介绍具体的绘制步骤。

▶Step01: 复制原始户型图，并删除文字、梁等图形。执行"矩形"命令，绘制卫生间、厨房、阳台的包水管图形，如图 15-22 所示。

▶Step02: 执行"直线""偏移""图案填充"等命令，绘制出拆墙、砌墙图案（其中实体填充图形为砌墙，斜格填充图形为拆墙），如图 15-23 所示。

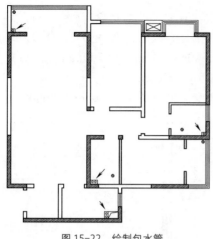

图 15-22　绘制包水管

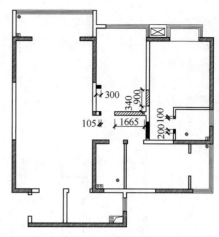

图 15-23　绘制砌墙、拆墙

▶Step03：执行"修剪"命令，修剪拆墙位置的线条，再调整墙体图形，如图 15-24 所示。

▶Step04：执行"圆"和"矩形"命令，在主卧室门洞位置分别绘制半径为 900mm 的圆和尺寸为 900mm×40mm 的矩形，如图 15-25 所示。

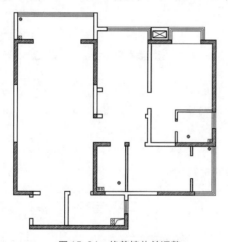

图 15-24　修剪墙体并调整

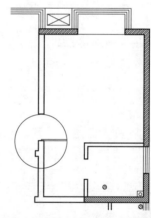

图 15-25　绘制圆和矩形

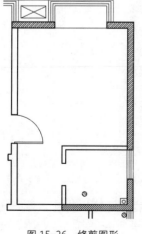

图 15-26　修剪图形

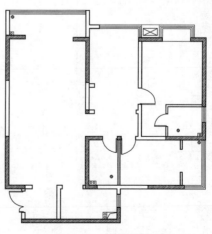

图 15-27　绘制其他门图形

▶Step05: 执行"修剪"命令，修剪出卧室平开门图形，如图 15-26 所示。

▶Step06: 执行"复制""旋转""缩放"等命令，绘制其他房门图形，如图 15-27 所示。

▶Step07: 执行"矩形"命令，绘制尺寸分别为 600mm×40mm 和 700mm×40mm 的矩形，复制图形，作为厨房及阳台的推拉门图形，如图 15-28 所示。

▶Step08: 执行"矩形""偏移"和"直线"命令，绘制尺寸为 500mm×200mm 的门洞造型，如图 15-29 所示。

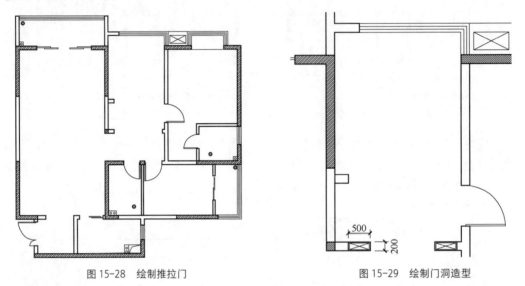

图 15-28　绘制推拉门　　　　　　　　　　图 15-29　绘制门洞造型

▶Step09: 执行"矩形""偏移"命令，捕捉绘制矩形，并将其向内偏移 20mm，如图 15-30 所示。

▶Step10: 将内部矩形分解。执行"定数等分"命令，将内部一条边线等分成三份，再执行"直线"命令，绘制出装饰柜图形，如图 15-31 所示。

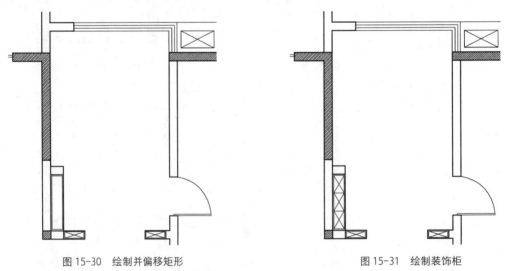

图 15-30　绘制并偏移矩形　　　　　　　　图 15-31　绘制装饰柜

▶Step11: 执行"直线"命令，捕捉绘制一条直线作为书房的阶梯轮廓，再分别执行"矩形""直线"等命令，绘制尺寸为 200mm×60mm 的隔断造型并进行复制操作，如图 15-32 所示。

▶Step12: 执行"直线"和"偏移"命令，绘制厚度为 20mm 的玻璃图形，再修剪被覆盖的线条，如图 15-33 所示。

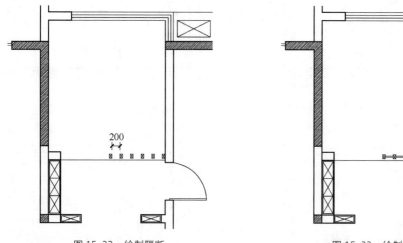

图 15-32 绘制隔断   图 15-33 绘制玻璃造型

▶Step13: 执行"矩形""偏移"命令，绘制尺寸为 1200mm×500mm 的矩形并向内偏移 20mm，作为书桌图形，调整其位置，如图 15-34 所示。

▶Step14: 将沙发、座椅、电脑、台灯等图块插入至该区域中，完成书房空间的平面布局，如图 15-35 所示。

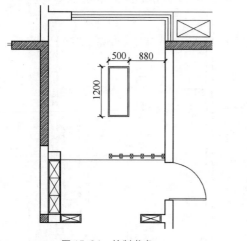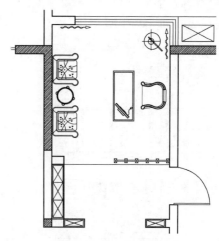

图 15-34 绘制书桌   图 15-35 插入图块 1

▶Step15: 执行"多段线"和"偏移"命令，绘制衣柜轮廓并将其向内偏移 20mm，如图 15-36 所示。

▶Step16: 执行"多段线"命令，绘制衣柜中线。将衣架图块插入至衣柜中，并进行复制，如图 15-37 所示。

▶Step17: 分解墙体。执行"偏移"和"修剪"命令，绘制出洗手台及浴缸轮廓，如图 15-38 所示。

▶Step18: 将坐便器、浴缸、洗手盆图块插入至卫生间区域，完成主卫空间的平面布局，如图 15-39 所示。

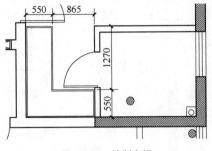

图 15-36　绘制衣柜

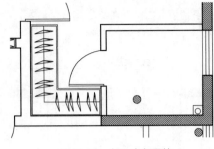

图 15-37　插入衣架图块

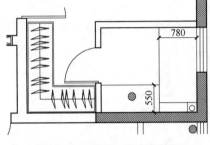

图 15-38　绘制洗手台和浴缸轮廓

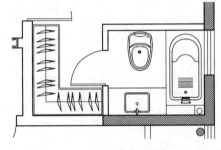

图 15-39　插入图块 2

▶Step19:　继续将双人床、装饰柜、台灯等图块插入至主卧区域中，完成主卧空间的平面布局，如图 15-40 所示。

▶Step20:　执行"矩形"和"偏移"命令，绘制尺寸为 2200mm×500mm 的矩形并将其向内偏移 20mm，如图 15-41 所示。

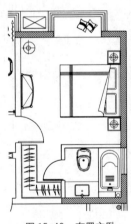

图 15-40　布置主卧

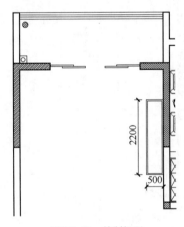

图 15-41　绘制矩形

▶Step21:　将沙发组合、餐桌椅、电视机、洗衣机等图块插入至客厅及餐厅区域，完成客厅、餐厅空间的平面布局，如图 15-42 所示。

▶Step22:　利用"矩形""偏移""直线"命令在次卫以及次卧室区域绘制洗手台、衣柜等各种家具造型，如图 15-43 所示。

▶Step23:　将洗手盆、坐便器、淋浴、单人床、书桌椅等图块插入至该区域，完成次卧室及次卫生间的平面布局，如图 15-44 所示。

▶Step24:　利用"矩形""直线""偏移""定数等分"命令为入户玄关和厨房空间绘制鞋柜、橱柜图形，如图 15-45 所示。

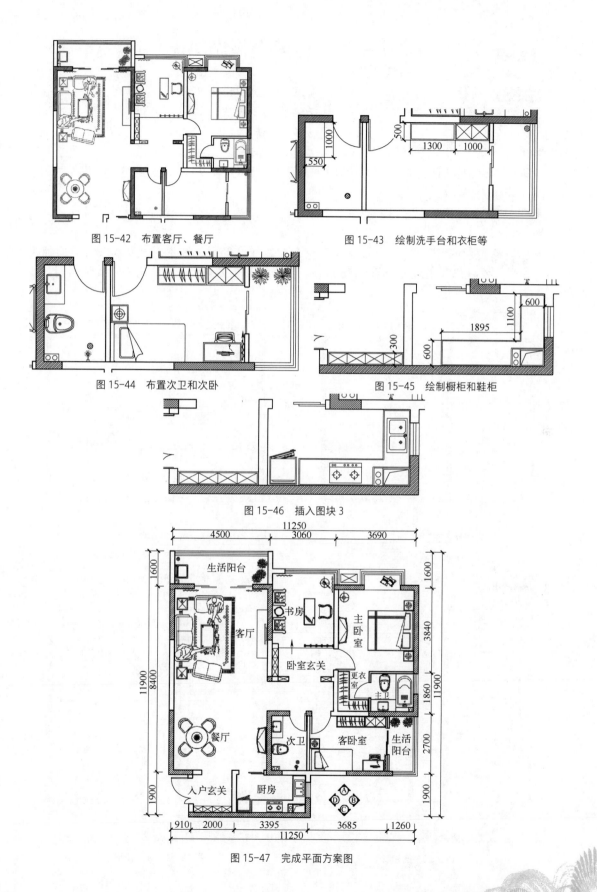

图 15-42 布置客厅、餐厅

图 15-43 绘制洗手台和衣柜等

图 15-44 布置次卫和次卧

图 15-45 绘制橱柜和鞋柜

图 15-46 插入图块 3

图 15-47 完成平面方案图

▶Step25: 依次插入冰箱、燃气灶、洗菜盆等图块，完成入户玄关和厨房空间的布局，如图 15-46 所示。

▶Step26: 执行"单行文字"命令为各空间添加说明。将立面索引符号图块插入至平面图中，并调整好位置。至此，三居室平面方案图绘制完成，如图 15-47 所示。

15.1.3 绘制顶面方案图

顶面方案图是由顶面造型线、灯具图块、标高、材料注释及灯具列表组成。在设计时需以平面方案为设计依据进行绘制。

▶Step01: 复制平面方案图，删除多余图形。执行"直线"命令，绘制直线划分顶面区域，如图 15-48 所示。

▶Step02: 执行"矩形"和"偏移"命令，在客厅、餐厅、卧室、书房和玄关空间捕捉绘制矩形，并将部分矩形向内偏移 450mm，再捕捉入户玄关和书房的矩形中心绘制圆，如图 15-49 所示。

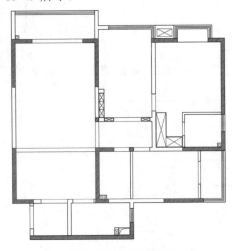

图 15-48　划分顶面区域

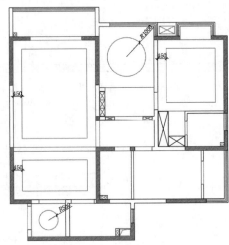

图 15-49　绘制矩形和圆形

▶Step03: 执行"偏移"命令，将矩形和圆都向内依次偏移 20mm、50mm、20mm，如图 15-50 所示。

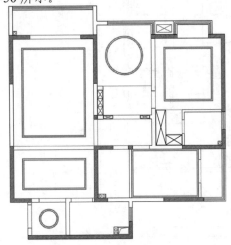

图 15-50　偏移图形

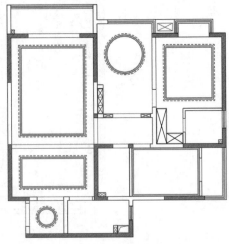

图 15-51　设置图形特性

▶Step04: 执行"偏移"命令，将最外侧的图形继续向外偏移 60mm，调整灯带图形颜色和线型，再删除多余的线条，如图 15-51 所示。

▶Step05: 执行"图案填充"命令，选择图案填充类型为"用户定义"，设置填充比例为 300，单击"交叉线"按钮，填充厨房及次卫顶部区域，如图 15-52 所示。

▶Step06: 执行"图案填充"命令，选择图案 AR-CONC，设置填充比例，填充入户及书房圆形吊顶区域，如图 15-53 所示。

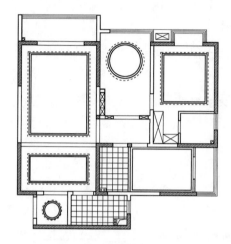

图 15-52　填充厨房和次卫

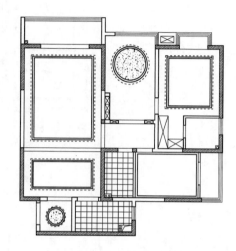

图 15-53　填充圆形吊顶

▶Step07: 执行"直线"命令，绘制各个空间的对角线，再将吊灯及浴霸图块插入至空间中，进行复制操作，如图 15-54 所示。

▶Step08: 继续插入筒灯和射灯图块，再删除对角线，如图 15-55 所示。

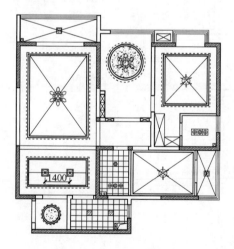

图 15-54　插入吊灯和浴霸图块

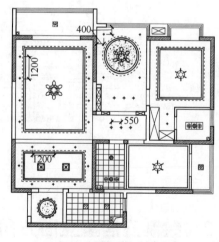

图 15-55　插入图块并复制

▶Step09: 执行"多段线"和"单行文字"命令，绘制标高图形，并将其进行复制和修改，为顶面图添加标高，如图 15-56 所示。

▶Step10: 在命令行中输入 QL，为顶面图添加引线标注。至此，顶面方案图绘制完成，如图 15-57 所示。

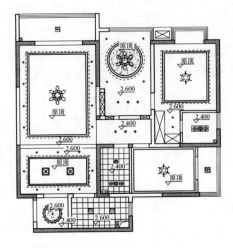

图 15-56　添加标高

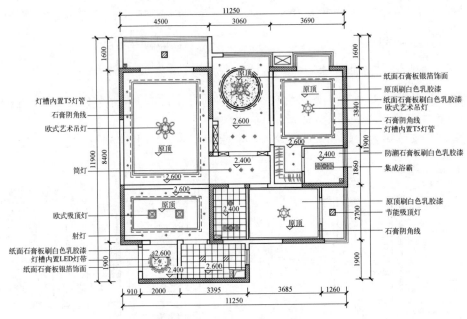

图 15-57　完成顶面方案的绘制

15.2　绘制三居室立面方案图 ●●●

　　平面图只能反映出室内平面布局情况，而对墙面造型设计是无法观察到的。所以绘制立面方案图是很有必要的。严格来说，一个空间的四个面都需要绘制。而在实际的设计中，只需绘制有设计要求的墙面即可，其他墙面可忽略不画。

15.2.1 绘制客厅立面方案图

依据平面方案图中的立面索引标志，可看出 B 立面为客厅、餐厅墙体立面。下面将以该平面图为依据，来绘制其立面效果。

▶Step01: 从平面图中复制出客厅背景墙及餐厅区域的图形，绘制矩形并进行修剪，作为立面绘图参考依据，如图 15-58 所示。

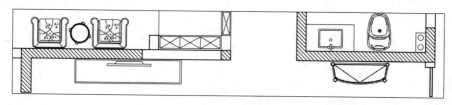

图 15-58　绘制参考平面

▶Step02: 执行"直线""偏移""修剪"命令，捕捉绘制辅助线，再修剪图形，绘制出高度为 2600mmm 的立面轮廓，如图 15-59 所示。

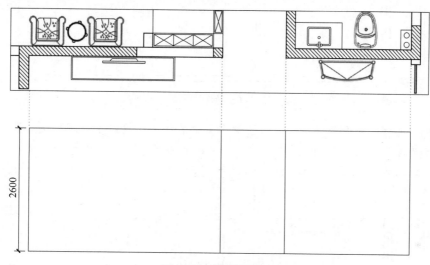

图 15-59　绘制立面轮廓

▶Step03: 执行"偏移"命令，分别偏移两侧的图形，如图 15-60 所示。

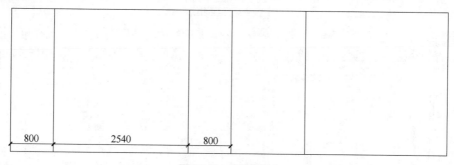

图 15-60　偏移图形 1

▶Step04: 执行"矩形"命令，捕捉角点绘制三个矩形，执行"偏移"命令，将矩形依次向内偏移 80mm、20mm，再删除多余图形，如图 15-61 所示。

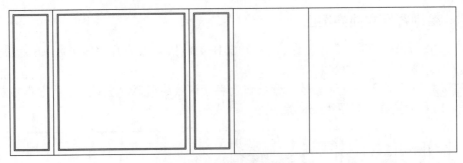

图 15-61　绘制并偏移矩形

▶Step05：执行"偏移"命令，将上边线向下偏移 150mm，将下边线向上偏移 100mm，再将门洞边线向右偏移 200mm，如图 15-62 所示。

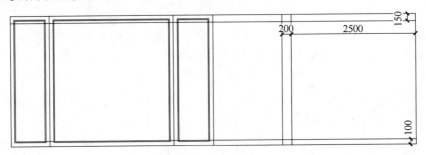

图 15-62　偏移图形 2

▶Step06：执行"修剪"命令，修剪图形中多余的线条，绘制出门洞、梁以及踢脚线，如图 15-63 所示。

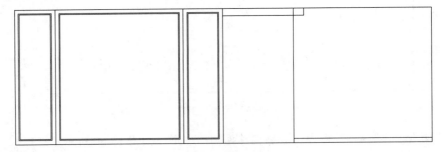

图 15-63　修剪图形

▶Step07：执行"直线""偏移"命令，绘制门洞及踢脚线的装饰线。将壁灯、电视柜、装饰柜、人物等装饰图块插入至立面图中。再执行"修剪"命令，修剪被覆盖的图形，如图 15-64 所示。

图 15-64　插入图块

▶Step08: 执行"图案填充"命令，选择图案 ANSI31，设置比例为 10，填充梁立面。再次执行"图案填充"命令，选择图案 CROSS，设置填充比例为 5，填充电视背景区域，如图 15-65 所示。

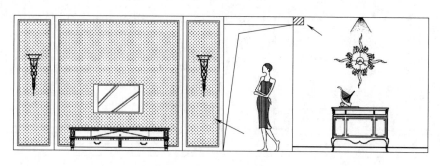

图 15-65　填充梁、客厅背景墙立面

▶Step09: 执行"图案填充"命令，选择图案 ANSI35，填充餐厅背景墙，如图 15-66 所示。

图 15-66　填充餐厅背景墙

▶Step10: 执行"线性"和"连续"标注命令，为立面图添加尺寸标注，如图 15-67 所示。

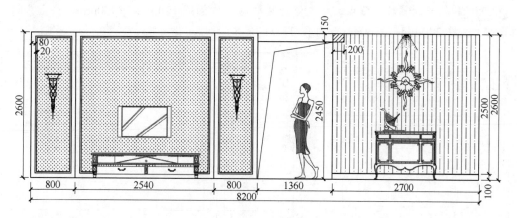

图 15-67　添加尺寸标注

▶Step11: 在命令行中输入命令 QL，为立面图添加引线标注。至此，三居室 B 立面图的绘制完成，结果如图 15-68 所示。

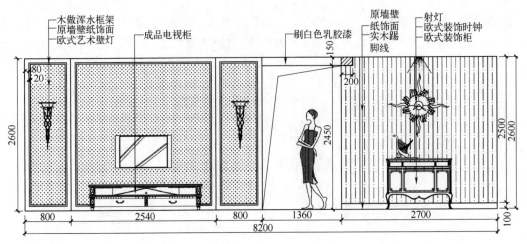

图 15-68　客厅 B 立面图

15.2.2　绘制书房立面方案图

下面将绘制书房 D 立面设计图。

▶Step01：在平面图中复制书房区域的平面图形，绘制矩形并进行修剪，如图 15-69 所示。

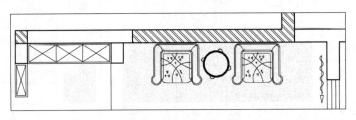

图 15-69　绘制参考平面

▶Step02：执行"直线""偏移""修剪"命令，捕捉绘制辅助线，再修剪图形，绘制出高度为 2600mm 的立面轮廓，如图 15-70 所示。

▶Step03：执行"偏移"命令，将左侧边线向右依次偏移 120mm、1060mm，将上方边线向下依次偏移 240mm、2160mm，如图 15-71 所示。

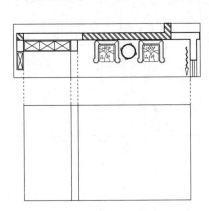

图 15-70　绘制立面轮廓

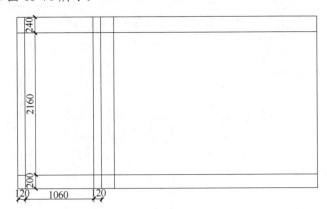

图 15-71　偏移图形 1

▶Step04：执行"矩形""偏移"命令，捕捉绘制矩形并向内偏移 10mm，删除多余的线条，如图 15-72 所示。

▶Step05： 分解内部矩形，执行"偏移"命令，将内部矩形的上边线依次向下偏移，如图 15-73 所示。

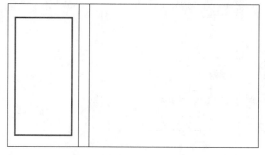

图 15-72 绘制并偏移矩形

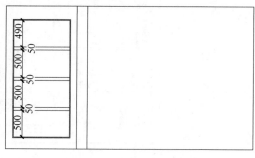

图 15-73 偏移图形 2

▶Step06： 执行"偏移"命令，设置偏移尺寸为 25mm，偏移出灯带图形，并修改其图形特性，如图 15-74 所示。

▶Step07： 执行"偏移"命令，将下方边线向上偏移 150mm、100mm，再执行"修剪"命令，修剪出地台以及踢脚线轮廓，如图 15-75 所示。

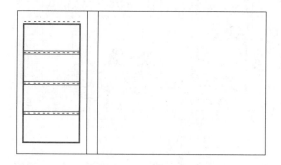

图 15-74 设置图形特性

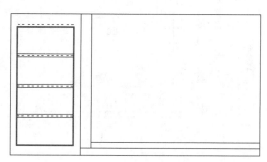

图 15-75 偏移并修剪图形

▶Step08： 执行"偏移"命令，在地台位置进行偏移操作，如图 15-76 所示。

▶Step09： 执行"修剪"命令，修剪图形中多余的线条，如图 15-77 所示。

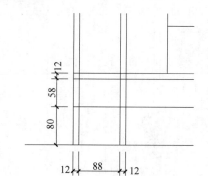

图 15-76 偏移图形 3

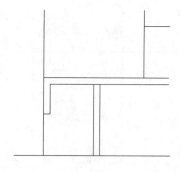

图 15-77 修剪图形

▶Step10： 执行"偏移"命令，将踢脚线向下偏移 10mm。插入书籍、射灯、桌椅、装饰画图块，移动到合适的位置，再修剪被覆盖的图形，如图 15-78 所示。

图 15-78　插入图块

▶Step11:　执行"图案填充"命令，对立面墙体以及地台图形进行填充，填充效果如图 15-79 所示。

▶Step12:　执行"线性"和"连续"标注命令，为立面图添加尺寸标注，如图 15-80 所示。

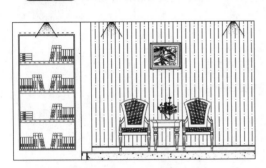

图 15-79　填充墙面及地台

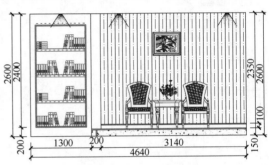

图 15-80　添加尺寸标注

▶Step13:　在命令行中输入命令 QL，为立面图添加引线标注。至此，完成书房 D 立面图的绘制操作，效果如图 15-81 所示。

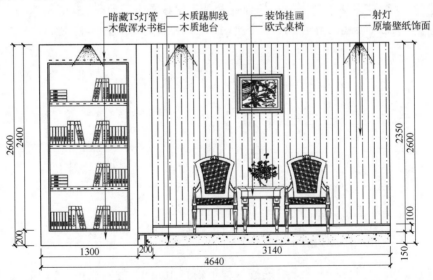

图 15-81　书房 D 立面图

15.3   绘制地台及顶面剖面详图

剖面详图是为了表达节点及配件的形状、材料、尺寸、做法等，是施工人员施工的依据。所以在方案设计图中剖面详图不可少。

15.3.1   绘制书房入口地台剖面图

下面介绍书房入口处地台剖面图的绘制。

▶Step01：执行"直线"和"偏移"命令，绘制直线并进行偏移，如图15-82所示。

▶Step02：执行"修剪"命令，修剪并删除图形中多余的线条，如图15-83所示。

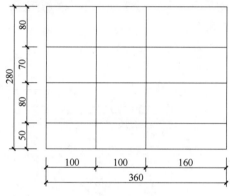

图15-82　绘制并偏移图形

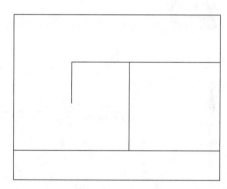

图15-83　修剪图形1

▶Step03：执行"偏移"和"直线"命令，绘制出12mm的木地板和18mm的指接板，如图15-84所示。

▶Step04：执行"修剪"命令，修剪图形中多余的线条，如图15-85所示。

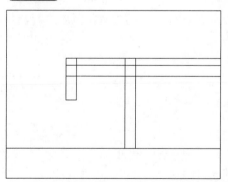

图15-84　偏移图形

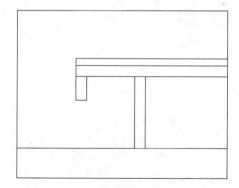

图15-85　修剪图形2

▶Step05：执行"多段线"命令，绘制35mm×35mm×3mm的铝条造型和70mm×50mm×5mm的角钢造型，如图15-86所示。

▶Step06: 执行"圆角"命令，分别设置圆角半径为 1mm 和 4mm，对两个造型进行圆角操作，如图 15-87 所示。

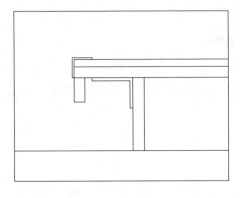

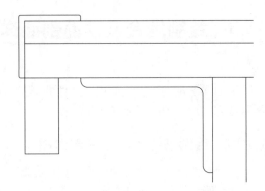

图 15-86　绘制造型

图 15-87　圆角处理

▶Step07: 执行"图案填充"命令，对地台剖面图进行填充，结果如图 15-88 所示。
▶Step08: 将灯管图块插入至地台中，如图 15-89 所示。

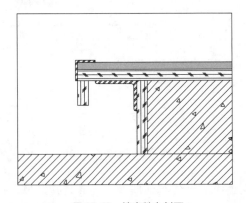

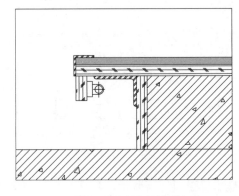

图 15-88　填充地台剖面

图 15-89　插入灯管图块

▶Step09: 执行"线性"标注命令，为剖面图添加尺寸标注，如图 15-90 所示。
▶Step10: 在命令行中输入命令 QL，为剖面图添加引线标注，完成剖面图的绘制，如图 15-91 所示。

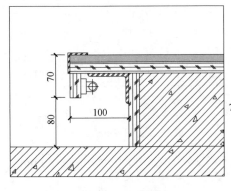

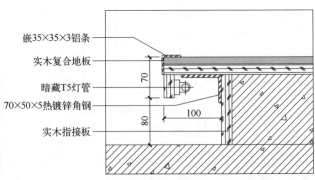

嵌35×35×3铝条
实木复合地板
暗藏T5灯管
70×50×5热镀锌角钢
实木指接板

图 15-90　添加尺寸标注

图 15-91　完成地台剖面图的绘制

15.3.2 绘制客厅吊顶剖面图

下面介绍客厅吊顶剖面图形的绘制。

▶Step01: 执行"直线"和"偏移"命令，绘制直线并进行偏移，如图 15-92 所示。

▶Step02: 执行"修剪"命令，修剪并删除图形中多余的线条，如图 15-93 所示。

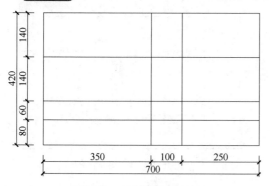

图 15-92 绘制并偏移图形

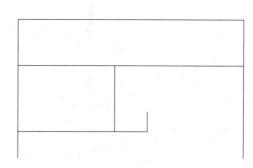

图 15-93 修剪图形

▶Step03: 执行"偏移"命令，继续偏移出 12mm 的石膏板和 18mm 的木工板厚度，如图 15-94 所示。

▶Step04: 执行"修剪"和"延伸"命令，修剪多余的图形，如图 15-95 所示。

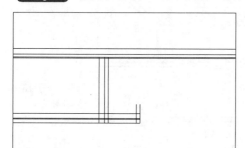

图 15-94 偏移图形

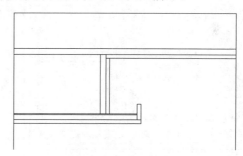

图 15-95 修剪并延伸图形

▶Step05: 执行"矩形"和"修剪"命令，任意绘制一个矩形将图形包裹，再修剪矩形外的图形，如图 15-96 所示。

▶Step06: 依次执行"矩形"和"直线"命令，绘制 40mm×30mm 的龙骨图形并进行复制，如图 15-97 所示。

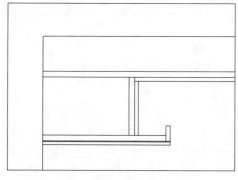

图 15-96 绘制矩形并修剪

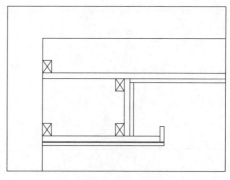

图 15-97 绘制龙骨图形

▶Step07: 将石膏线、灯管、吊筋等图块插入至剖面图中，并放置到合适的位置，如图 15-98 所示。

▶Step08: 执行"图案填充"命令，填充墙体、吊顶石膏板等剖面图形，如图 15-99 所示。

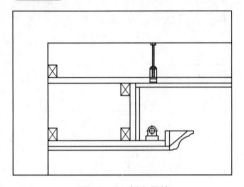

图 15-98　插入图块

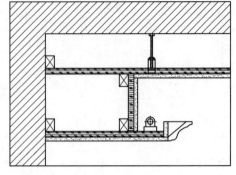

图 15-99　填充剖面图形

▶Step09: 执行"线性"标注命令，为剖面图添加尺寸标注，如图 15-100 所示。

▶Step10: 在命令行中输入命令 QL，为剖面图创建引线标注，完成剖面图的绘制，如图 15-101 所示。

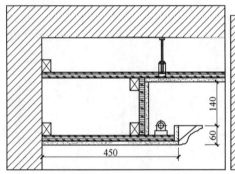

图 15-100　添加尺寸标注

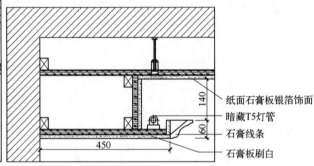

图 15-101　完成吊顶剖面的绘制

第16章

绘制住宅建筑平面设计图

📖 本章概述

　　一套完整的建筑设计图包含建筑总平图、各标准层平面图、各朝向建筑立面图、建筑剖面图等。本章将以别墅建筑为例，来介绍建筑平面设计图的绘制方法。它与室内平面图最大的区别在于，建筑平面图只需表示出建筑物、构筑物、建筑设备在平面图中的位置，至于室内空间的划分以及布局规划可以忽略。

✈ 学习目标

- 掌握建筑平面图的绘制。
- 掌握建筑屋顶平面图的绘制。

扫码观看本章视频

📝 实例预览

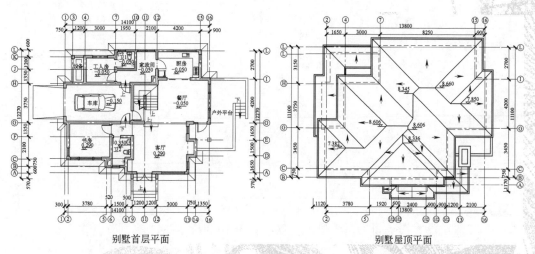

别墅首层平面　　　　　　　　　　　别墅屋顶平面

16.1   绘制别墅首层平面图

别墅首层平面所需绘制的图形有：建筑墙体、门窗、楼梯、台阶、散水等室外构件。

16.1.1   绘制墙体图形

建筑墙体的绘制方法与绘制室内墙体类似，都是先定位好墙体轴线位置，然后再根据轴线绘制墙体。

▶Step01：新建文件，执行"单位"命令，打开"图形单位"对话框，设置图形精度及单位，如图 16-1 所示。

▶Step02：在键盘上按【Ctrl+S】键，打开"图形另存为"对话框，设置文件名及文件保存路径，保存图形文件，如图 16-2 所示。

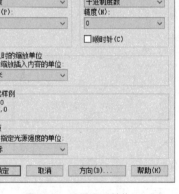

图 16-1   设置图形单位

图 16-2   保存文件

▶Step03：打开"图层特性管理器"选项板，创建平面图中的基本图层。如轴线、墙体、门窗、标注等，设置图层颜色、线型等参数，如图 16-3 所示。

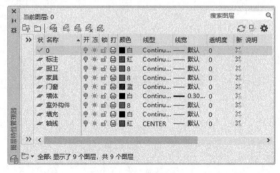

图 16-3   创建图层

▶Step04: 将"轴线"层设为当前层。执行"直线"和"偏移"命令，绘制直线并进行偏移操作，如图16-4所示。

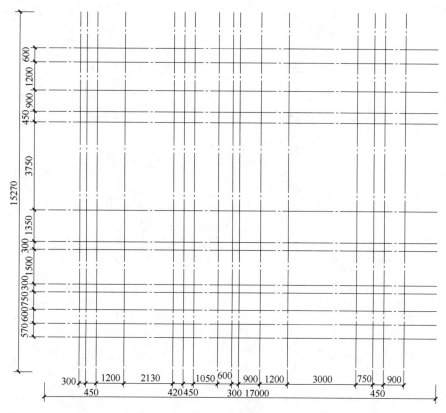

图16-4　绘制轴线

▶Step05: 将"墙体"层设为当前层。执行"多线"命令，根据命令行提示将"对正"设为无，将"比例"设为240，捕捉轴线绘制墙体，如图16-5所示。

▶Step06: 双击多线，打开多线编辑工具，选择"T形合并"工具，如图16-6所示。

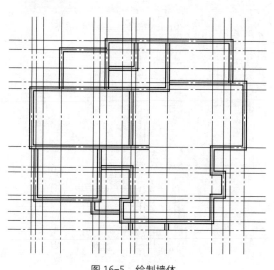

图16-5　绘制墙体

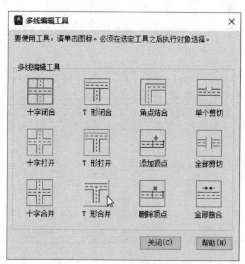

图16-6　选择"T形合并"工具

▶Step07: 再单击该工具，对绘制的多线进行编辑。关闭"轴线"图层，编辑效果如图16-7所示。

▶Step08: 执行"直线"和"偏移"命令，绘制出门洞和窗洞位置，如图16-8所示。

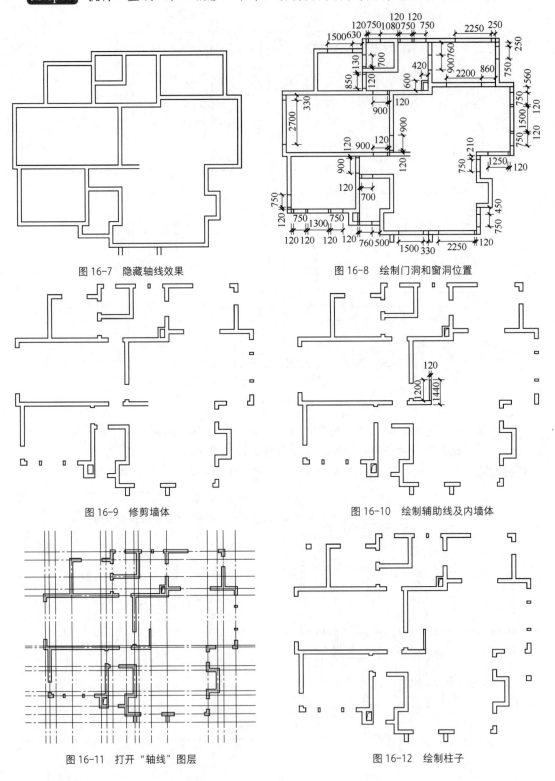

图 16-7　隐藏轴线效果

图 16-8　绘制门洞和窗洞位置

图 16-9　修剪墙体

图 16-10　绘制辅助线及内墙体

图 16-11　打开"轴线"图层

图 16-12　绘制柱子

▶Step09：执行"修剪"命令，修剪图形，并对部分多线进行分解。再执行"修剪"操作，绘制出门洞、窗洞，如图 16-9 所示。

▶Step10：执行"直线"命令，绘制管道辅助线以及内墙体，如图 16-10 所示。

▶Step11：打开"轴线"图层，显示轴线，如图 16-11 所示。

▶Step12：执行"矩形"命令，绘制 300mm×300mm 的矩形作为柱子，移动到合适的位置，再关闭"轴线"图层，如图 16-12 所示。

16.1.2 绘制门窗图形

门窗是组成建筑物的重要构件，是建筑制图中仅次于墙体的重要对象，在建筑立面中起着围护及装饰作用。

▶Step01：设置"门窗"图层为当前图层，执行"多线样式"命令，打开"多线样式"对话框，单击"新建"按钮，输入新的样式名，如图 16-13 所示。

▶Step02：单击"继续"按钮，打开"新建多线样式"对话框，勾选"起点"和"端点"复选框，编辑图元偏移量并单击"确定"按钮，如图 16-14 所示。

图 16-13　新建多线样式

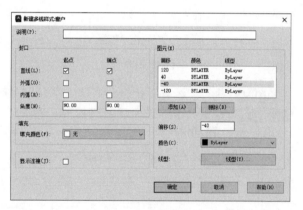

图 16-14　设置多线样式

图 16-15　样式置为当前

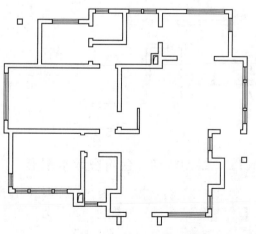

图 16-16　绘制窗户图形

▶Step03: 设置完毕后关闭该对话框，返回到"多线样式"对话框，在预览区可以看到多线样式，依次单击"置为当前"和"确定"按钮，如图 16-15 所示。

▶Step04: 执行"多线"命令，设置多线比例为 1，捕捉窗洞，绘制窗户图形，如图 16-16 所示。

▶Step05: 将左侧的窗户图形分解，删除两条线，作为卷帘门图形，如图 16-17 所示。

▶Step06: 执行"圆"命令，捕捉墙洞绘制半径为 900mm 的圆。执行"矩形"命令，绘制 900mm×40mm 的矩形，放置到门洞一侧位置，如图 16-18 所示。

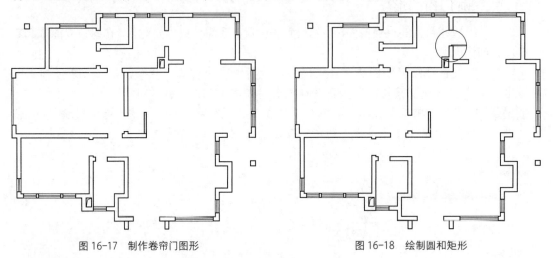

图 16-17　制作卷帘门图形　　　　　　　　图 16-18　绘制圆和矩形

▶Step07: 执行"修剪"命令，修剪出平开门图形，如图 16-19 所示。

▶Step08: 绘制其他位置的平开门图形。利用"矩形"命令绘制推拉门，完成门窗图形的绘制，如图 16-20 所示。

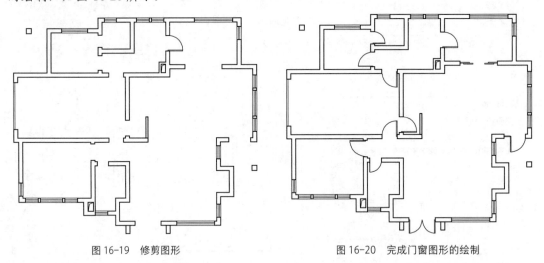

图 16-19　修剪图形　　　　　　　　　　　图 16-20　完成门窗图形的绘制

16.1.3　绘制楼梯、台阶及散水图形

建筑墙体绘制结束后，接下来就可绘制楼梯、台阶、房屋散水等室外建筑构件。

▶Step01: 设置"室外构件"图层为当前图层，执行"直线"和"偏移"命令，绘制室内楼梯及台阶轮廓，如图 16-21 所示。

▶Step02: 执行"偏移"命令，设置偏移尺寸为50mm，偏移楼梯位置的图形，如图16-22所示。

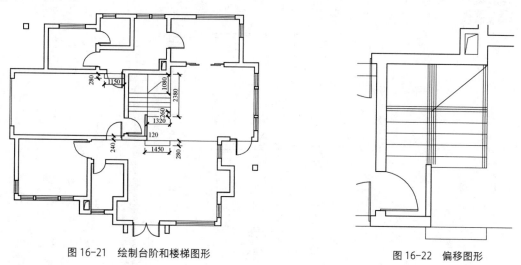

图16-21 绘制台阶和楼梯图形

图16-22 偏移图形

▶Step03: 执行"修剪"命令，修剪图形，绘制出楼梯扶手轮廓，如图16-23所示。

▶Step04: 执行"多段线"命令，绘制打断线，旋转并移动到楼梯位置，如图16-24所示。

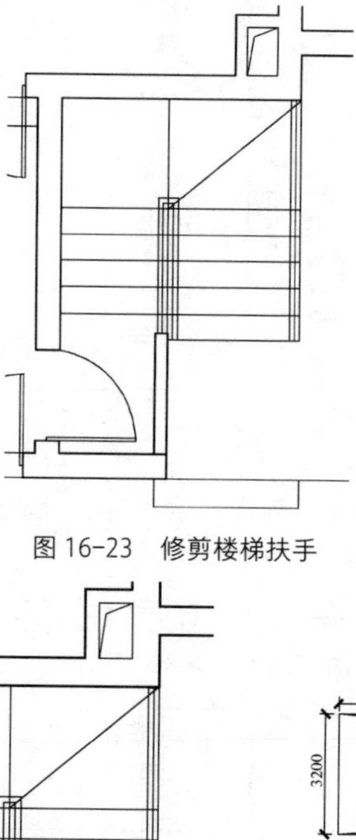

图16-23 修剪楼梯扶手

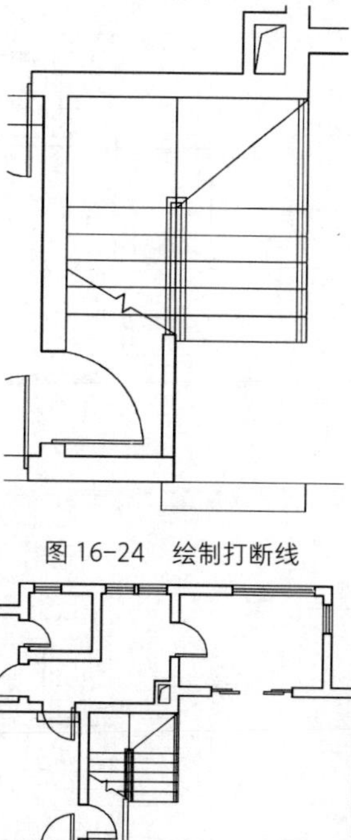

图16-24 绘制打断线

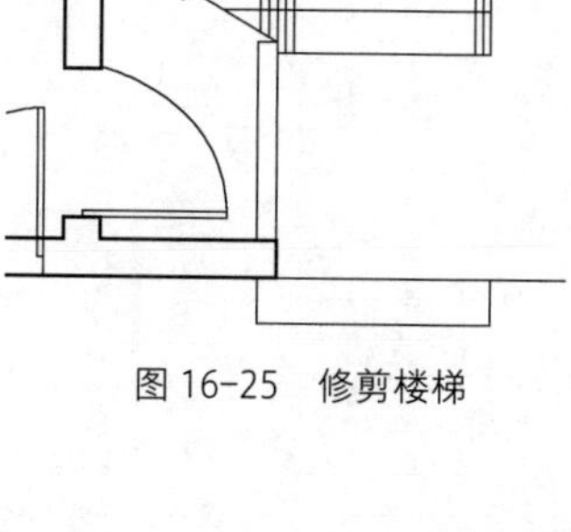

图16-25 修剪楼梯

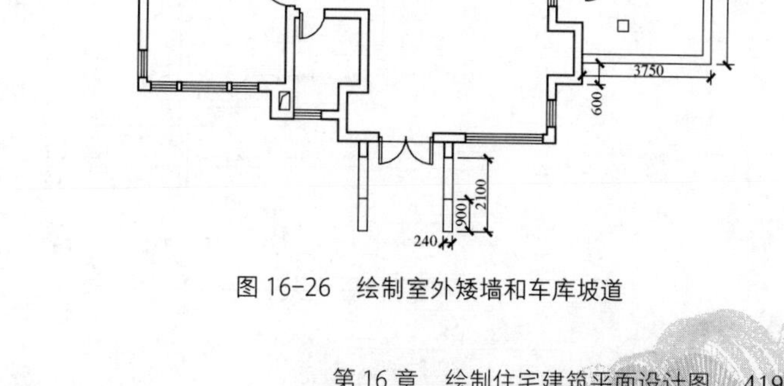

图16-26 绘制室外矮墙和车库坡道

▶Step05： 执行"修剪"命令，修剪图形，完成楼梯图形的绘制，如图 16-25 所示。
▶Step06： 执行"直线"命令，绘制室外矮墙轮廓以及车库坡道，如图 16-26 所示。
▶Step07： 执行"直线"和"偏移"命令，绘制室外台阶图形，如图 16-27 所示。

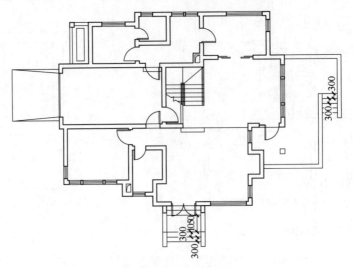

图 16-27　绘制室外台阶

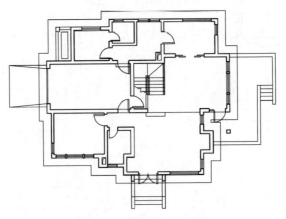

图 16-28　绘制并偏移多段线

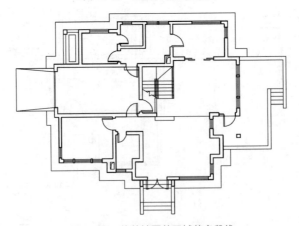

图 16-29　修剪被覆盖区域的多段线

▶Step08: 执行"多段线"命令，捕捉墙体绘制外墙轮廓。再执行"偏移"命令，将多段线向外偏移600mm，如图16-28所示。

▶Step09: 执行"修剪"命令，修剪被覆盖区域的多段线，如图16-29所示。

▶Step10: 执行"直线"命令，捕捉绘制直线，绘制建筑散水，如图16-30所示。

▶Step11: 为平面图中添加洗手台、坐便器、洗菜盆、汽车等图块，并放置到合适的位置，如图16-31所示。

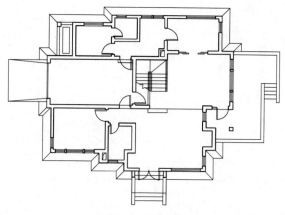

图16-30 绘制出散水

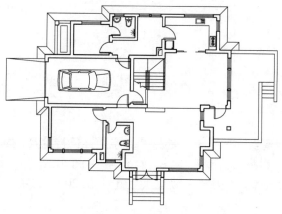

图16-31 添加图块

16.1.4 为首层平面添加尺寸和注释

尺寸标注和文字说明是建筑施工图中不可缺少的一部分，也是建筑施工的依据。下面将为绘制好的首层平面添加尺寸标注和文字注释。

▶Step01: 将"标注"图层设为当前图层。执行"单行文字"命令，创建文字，添加文字标注，以区分功能区，如图16-32所示。

▶Step02: 执行"直线"命令，绘制楼梯方向箭头，如图16-33所示。

▶Step03: 执行"标注样式"命令，打开"标注样式管理器"对话框，单击"新建"按钮，新建标注样式，命名为"建筑标注"，如图16-34所示。

▶Step04: 单击"继续"按钮，打开"新建标注样式"对话框，切换到"主单位"选项板，设置精度为0，如图16-35所示。

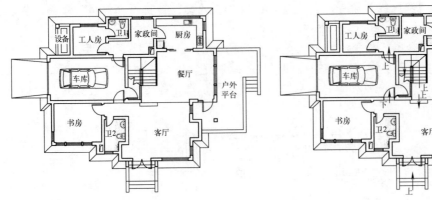

图 16-32　添加文字

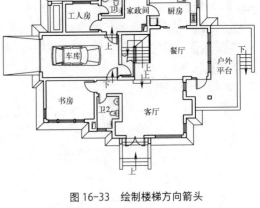

图 16-33　绘制楼梯方向箭头

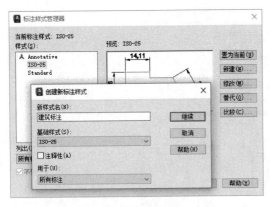

图 16-34　新建文字样式

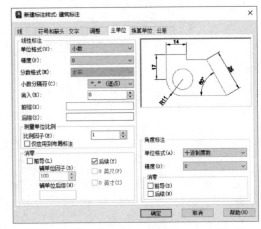

图 16-35　设置精度

▶Step05：切换到"调整"选项卡，选择"文字始终保持在尺寸界线之间"和"若箭头不能放在尺寸界线内，则将其消除"选项，如图 16-36 所示。

▶Step06：切换到"文字"选项卡，设置文字高度为 200，文字从尺寸线偏移 50，如图 16-37 所示。

图 16-36　设置调整参数

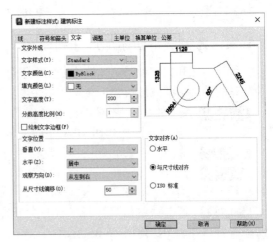

图 16-37　设置文字参数

▶Step07: 切换到"符号和箭头"选项卡，设置箭头类型为"建筑标记"，箭头大小为120，如图 16-38 所示。

▶Step08: 切换到"线"选项卡，设置超出尺寸线 120，起点偏移量为 150，如图 16-39 所示。

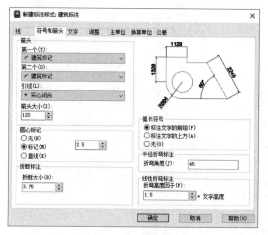

图 16-38 设置符号和箭头

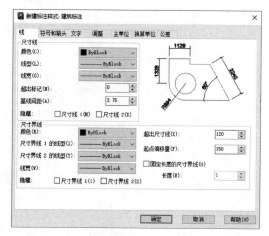

图 16-39 设置线

▶Step09: 设置完毕单击"确定"按钮，返回到"标注样式管理器"对话框，依次单击"置为当前""关闭"按钮，如图 16-40 所示。

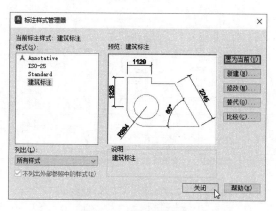

图 16-40 样式置为当前

▶Step10: 打开"轴线"图层，执行"线性"和"连续"命令，为平面图添加尺寸标注并调整位置，如图 16-41 所示。

▶Step11: 执行"直线"和"圆"命令，绘制 1400mm 的直线和半径为 520mm 的圆，并进行复制，如图 16-42 所示。

▶Step12: 在"插入"选项卡的"块定义"面板中单击"定义属性"按钮，打开"属性定义"对话框，输入属性标记内容和默认内容，设置文字高度，如图 16-43 所示。

▶Step13: 单击"确定"按钮，将其指定到绘图区的一个圆中，即可创建一个属性块，如图 16-44 所示。

▶Step14: 复制属性块至其他圆形中，如图 16-45 所示。

▶Step15: 双击属性块，打开"编辑属性定义"对话框，修改标记内容，如图 16-46 所示。

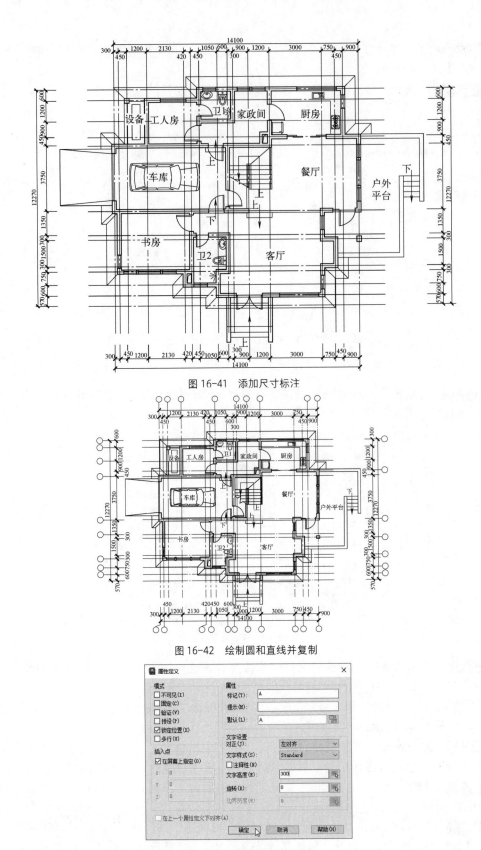

图 16-41　添加尺寸标注

图 16-42　绘制圆和直线并复制

图 16-43　"属性定义"对话框

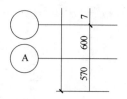

图 16-44 插入属性块

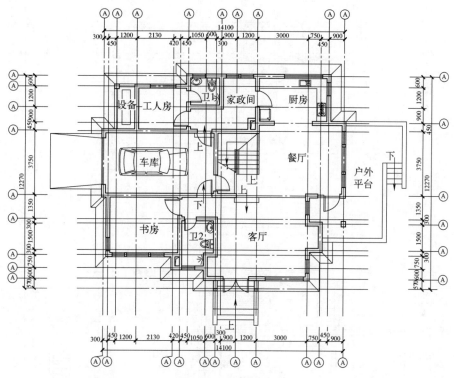

图 16-45 复制属性块

图 16-46 编辑属性标记

▶Step16: 按照此方法修改其他属性块的标记内容，如图 16-47 所示。

▶Step17: 执行"修剪"命令，修剪轴线，再调整尺寸标注，如图 16-48 所示。

▶Step18: 为平面图添加标高符号，并修改标高尺寸，如图 16-49 所示。

▶Step19: 为平面图添加图示以及图框，完成别墅首层平面图的绘制，如图 16-50 所示。

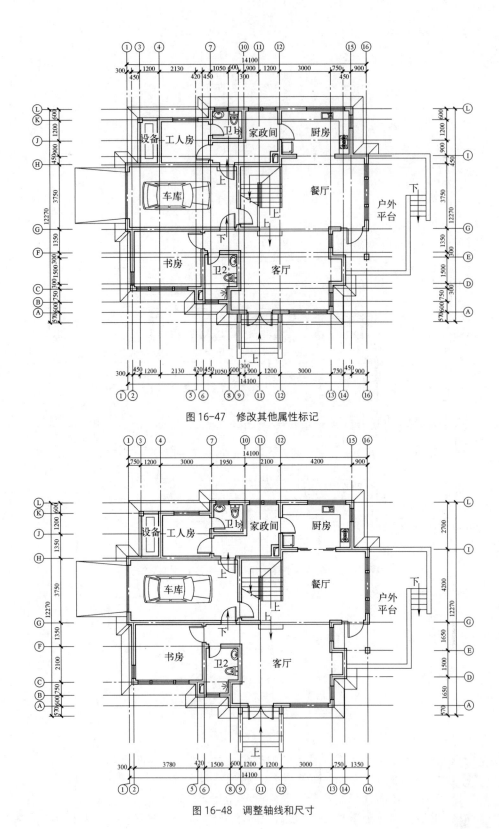

图 16-47　修改其他属性标记

图 16-48　调整轴线和尺寸

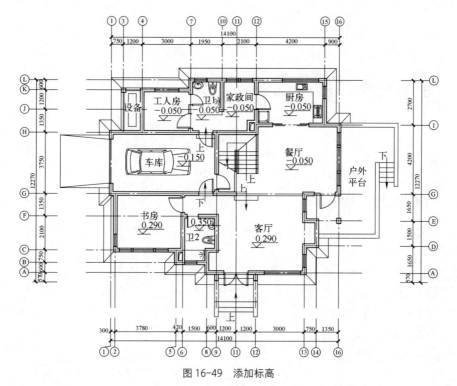

图 16-49　添加标高

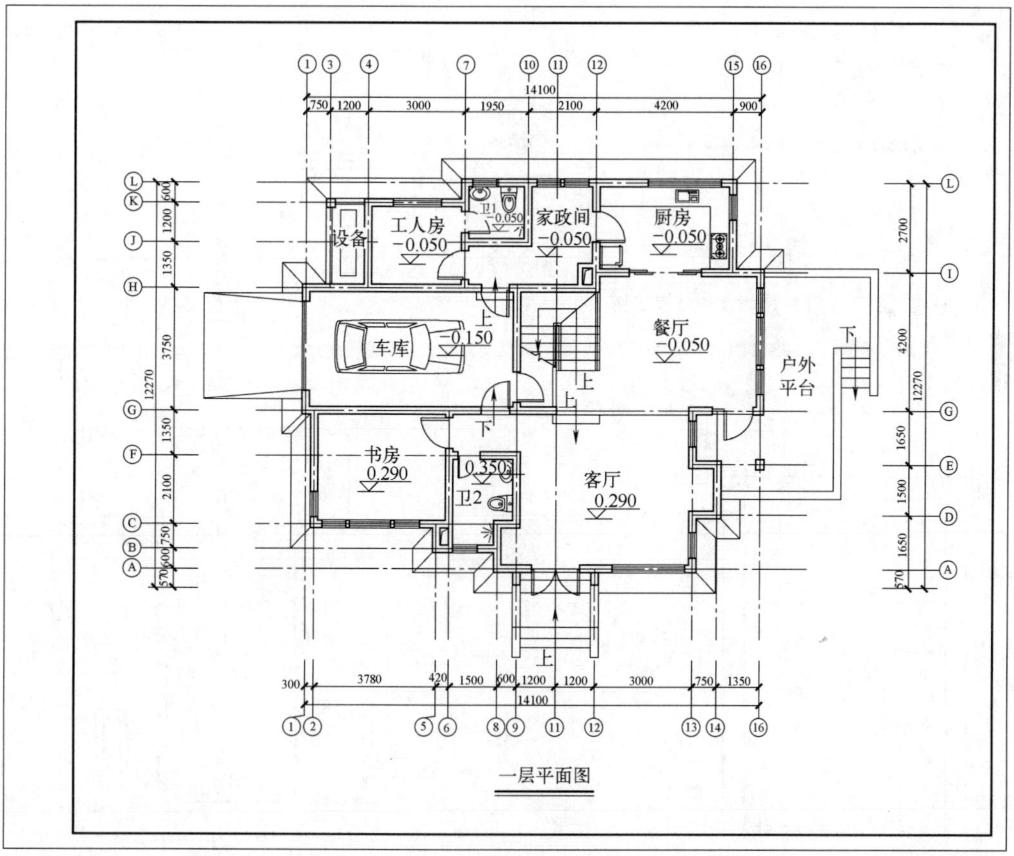

一层平面图

图 16-50　最终效果

16.2 绘制别墅二层平面图

建筑二层平面图是以一层平面图为基础进行修改和调整的，比一层缺少了平台，多了屋脊等图形。

16.2.1 绘制屋檐散水及平台

本例中的二层墙体是在一层的基础上进行变动的，只需要复制一层平面布置图并进行修改编辑即可。

▶Step01: 复制建筑一层平面图，删除多余的图形，如图 16-51 所示。

▶Step02: 关闭"标注""轴线"图层，设置"室外构件"图层为当前层，执行"多段线"命令，捕捉外墙体绘制两条多段线，再执行"偏移"命令，将多段线依次向外偏移 550mm、100mm，如图 16-52 所示。

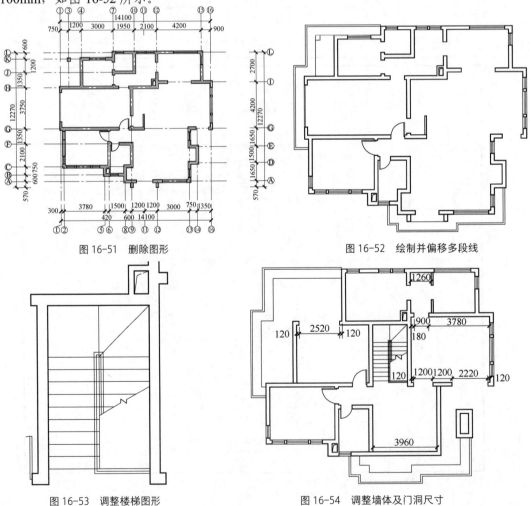

图 16-51 删除图形

图 16-52 绘制并偏移多段线

图 16-53 调整楼梯图形

图 16-54 调整墙体及门洞尺寸

▶Step03: 利用"偏移""镜像""修剪"等命令调整楼梯图形，如图 16-53 所示。

▶Step04: 利用"延伸""修剪"等命令调整墙体及门洞，如图 16-54 所示。

▶Step05: 执行"多段线"命令，绘制二层平台轮廓线。执行"偏移"命令，将轮廓线向内偏移 180mm，如图 16-55 所示。

▶Step06: 执行"修剪"命令，修剪被覆盖的图形，如图 16-56 所示。

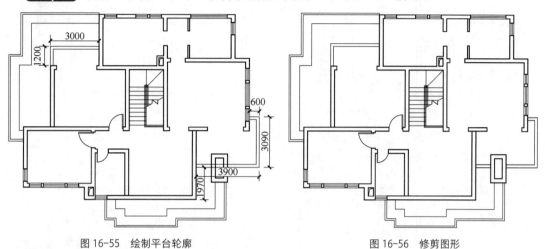

图 16-55　绘制平台轮廓　　　　　　　　　　　　　图 16-56　修剪图形

▶Step07: 利用"偏移"和"修剪"命令修改局部墙体线，如图 16-57 所示。

▶Step08: 执行"直线"命令，绘制散水屋脊线，如图 16-58 所示。

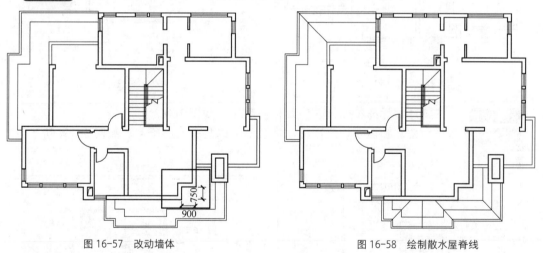

图 16-57　改动墙体　　　　　　　　　　　　　　图 16-58　绘制散水屋脊线

16.2.2　添加门窗及标注

二层的墙体和门窗位置变化也较大。下面将在原有门窗的基础上进行删减和调整。

▶Step01: 利用"延伸"和"复制"命令调整窗户尺寸和个数，如图 16-59 所示。

▶Step02: 利用"复制"和"缩放"等命令绘制门图形，如图 16-60 所示。

▶Step03: 执行"直线"命令，绘制方向箭头，再添加文字注释，如图 16-61 所示。

▶Step04: 打开"轴线"图层，删除多余的轴线和标注，再复制并调整标注和编号内容，如图 16-62 所示。

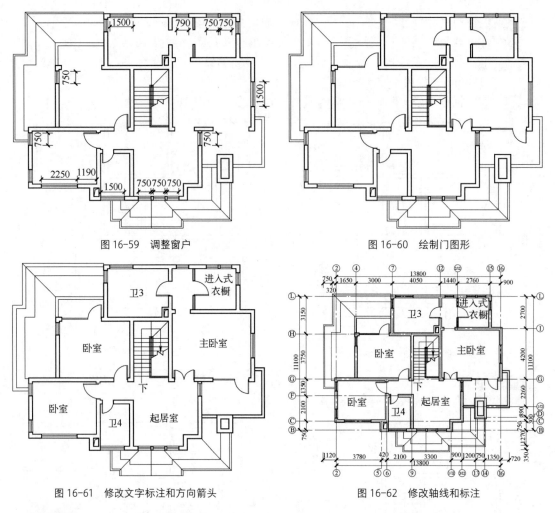

图 16-59　调整窗户

图 16-60　绘制门图形

图 16-61　修改文字标注和方向箭头

图 16-62　修改轴线和标注

▶Step05：为图纸添加标高符号，并修改标高尺寸，如图 16-63 所示。

▶Step06：为平面图添加图示以及图框，完成别墅二层平面的绘制，如图 16-64 所示。

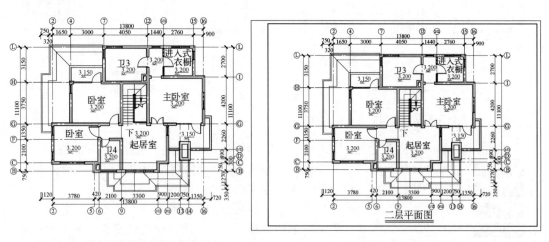

图 16-63　添加标高符号并修改标高尺寸

图 16-64　最终效果

16.3　绘制别墅屋顶平面图

别墅屋顶设计为复合式坡顶，由不同大小、不同朝向的屋顶组合而成。在绘制过程中，应该认真分析它们之间的结合关系，并将这种关系准确地表现出来。

▶Step01：复制建筑二层平面图，关闭"标注"和"轴线"图层，删除多余图形，如图16-65所示。

▶Step02：设置"室外构件"图层为当前层，执行"多段线"命令，捕捉绘制墙体外框，再执行"偏移"命令，将多段线依次向外偏移550mm、100mm，如图16-66所示。

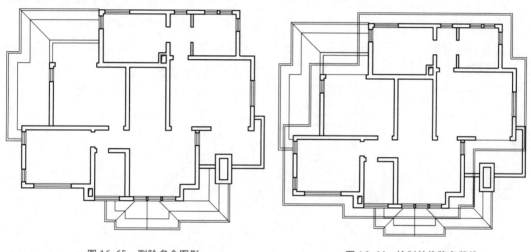

图16-65　删除多余图形　　　　　　　　　　　　图16-66　绘制并偏移多段线

▶Step03：删除多段线内部图形，如图16-67所示。

▶Step04：执行"修剪"命令，修剪图形，如图16-68所示。

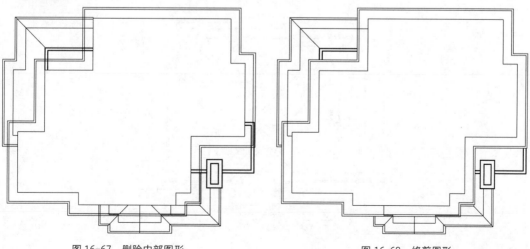

图16-67　删除内部图形　　　　　　　　　　　　图16-68　修剪图形

▶Step05: 调整图形的颜色和线型，如图 16-69 所示。

▶Step06: 执行"直线"命令，绘制屋脊线，如图 16-70 所示。

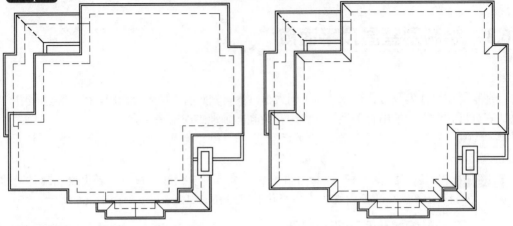

图 16-69　调整图形的颜色和线型　　　　　　　　图 16-70　绘制屋脊线

▶Step07: 利用"延伸"和"直线"等命令完成屋脊线的绘制，如图 16-71 所示。

▶Step08: 打开"标注"和"轴线"图层，调整轴线和尺寸标注，如图 16-72 所示。

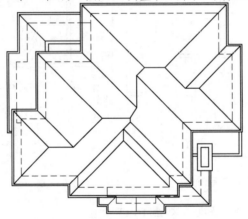

图 16-71　延伸图形

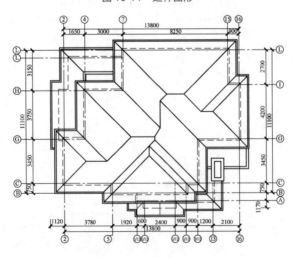

图 16-72　调整尺寸标注与轴线

▶Step09: 为屋顶平面图添加标高符号，并修改标高值，如图 16-73 所示。

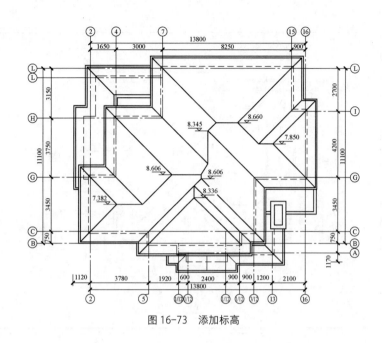

图 16-73 添加标高

▶Step10: 再绘制坡度方向符号，表示屋顶坡度方向，如图 16-74 所示。

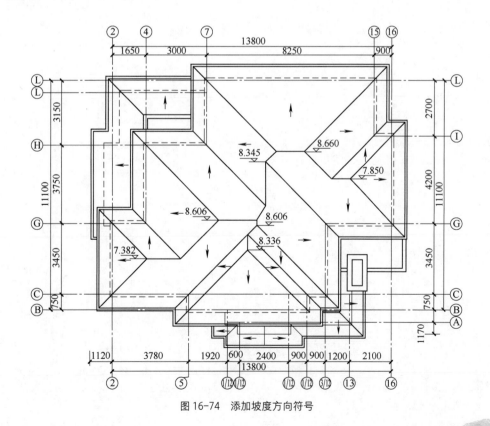

图 16-74 添加坡度方向符号

▶Step11： 为平面图添加图示以及图框。至此，别墅屋顶平面图绘制完成，如图 16-75 所示。

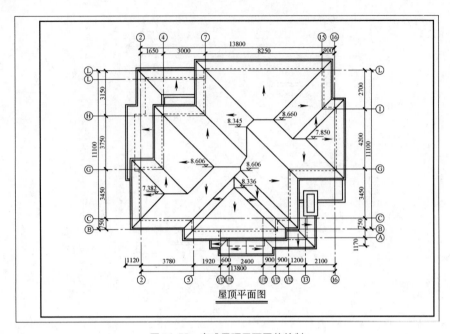

图 16-75　完成屋顶平面图的绘制

第 17 章

绘制机械零件图

📖 本章概述

机械零件是组成机械和机器不可拆分的单个制件，是机械的基本元件。其设计图是用于表达零件结构、大小及技术要求的图样，是制造和检测零件质量的依据，也是生产过程中最重要的技术支持。本章将以绘制三个常见的机械零件图为例，来介绍 AutoCAD 软件在机械制造行业的应用。

🧭 学习目标

- 掌握传动轴零件图的绘制方法。
- 掌握法兰盘零件图的绘制方法。
- 掌握油泵盖零件图的绘制方法。

扫码观看本章视频

📒 实例预览

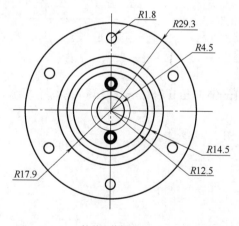

法兰盘俯视图

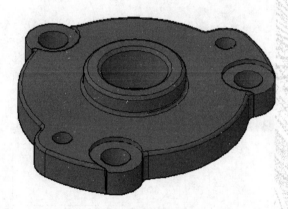

油泵盖模型

17.1　绘制传动轴零件图 ●●●

传动轴是一个高转速、少支承的旋转体，它是汽车传动系统中传递动力的重要部件，其作用是与变速箱、驱动桥一起将发动机的动力传递给车轮，使汽车产生驱动力。

17.1.1　绘制传动轴主视图

下面将绘制传动轴的主视图。主视图是从零件的正面视角进行观察。

▶Step01：新建"中心线""轮廓线"和"尺寸标注"等图层，设置图层颜色、线型及线宽，如图 17-1 所示。

▶Step02：设置"轮廓线"图层为当前层。执行"矩形"命令，绘制长为 29mm，宽为 15mm 的矩形，如图 17-2 所示。

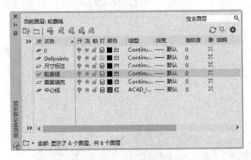

图 17-1　创建图层

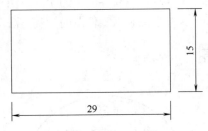

图 17-2　绘制矩形 1

▶Step03：继续执行"矩形"命令，分别绘制 21mm×17mm 和 2mm×15mm 的两个矩形，并捕捉宽边的中点进行对齐，如图 17-3 所示。

▶Step04：按照同样的方法，绘制其他矩形，如图 17-4 所示。

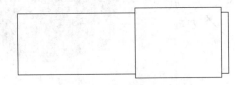

图 17-3　继续绘制矩形并对齐

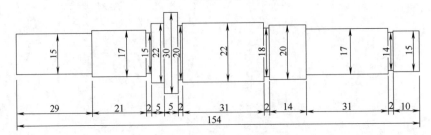

图 17-4　绘制其他矩形

▶Step05: 执行"分解"命令，将矩形进行分解，如图17-5所示。

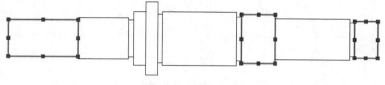

图17-5 分解所需矩形

▶Step06: 执行"偏移"命令，将分解的矩形边线进行偏移，如图17-6所示。

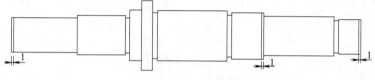

图17-6 偏移分解的矩形边线

▶Step07: 执行"倒角"命令，设置倒角值为1，对矩形进行倒角操作，如图17-7所示。

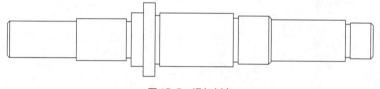

图17-7 添加倒角

▶Step08: 执行"矩形"命令，分别绘制16mm×5mm和25mm×6mm的矩形，如图17-8所示。

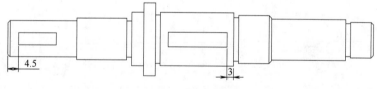

图17-8 绘制矩形2

▶Step09: 执行"圆角"命令，分别设置圆角半径为2.5mm和3mm，对刚绘制的矩形进行圆角处理，如图17-9所示。

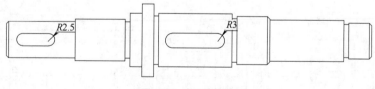

图17-9 矩形倒圆角

▶Step10: 设置"中心线"图层为当前层。执行"直线"命令，绘制一条长170mm和4条长10mm的中心线，并设置线型比例为0.3，如图17-10所示。

▶Step11: 执行"多段线"和"文字注释"命令，设置多段线宽度为0.1，绘制截面符号，如图17-11所示。

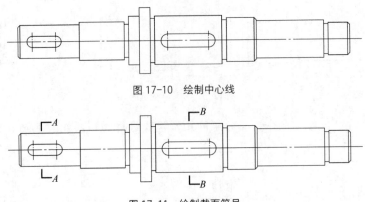

图 17-10　绘制中心线

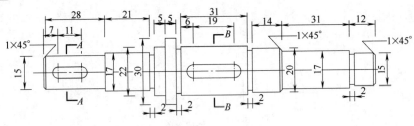

图 17-11　绘制截面符号

▶Step12:　执行"线性"和"快速引线"命令，对传动轴进行尺寸标注，如图 17-12 所示。

图 17-12　标注尺寸

▶Step13:　双击左侧竖向尺寸标注，进入编辑状态，输入直径符号，如图 17-13 所示。
▶Step14:　在绘图区空白处单击鼠标左键，退出编辑状态，效果如图 17-14 所示。

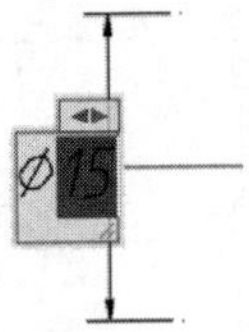

图 17-13　输入直径符号 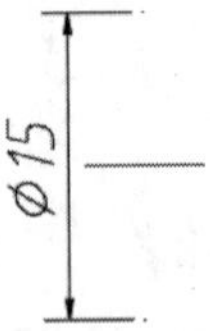　　　　　　　图 17-14　退出编辑状态

▶Step15:　按照相同的方法，修改其他尺寸标注，完成传动轴正立面图的绘制，如图 17-15 所示。

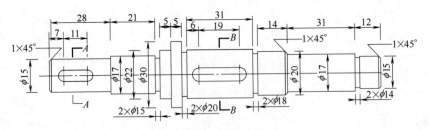

图 17-15　修改其他尺寸标注

▶Step16:　在状态栏单击"显示线宽"按钮，图形效果如图 17-16 所示。

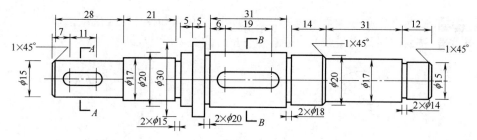

图 17-16　最终效果

17.1.2　绘制传动轴剖视图

剖视图是用来表达零件内部特征的。下面将根据主视图中的切剖符号来绘制传动轴 *A—A* 和 *B—B* 两个剖视图。

▶Step01：设置"中心线"图层为当前层，绘制两条长 20mm 垂直的中心线，并设置线型比例为 0.1，如图 17-17 所示。

▶Step02：设置"轮廓线"图层为当前层，执行"圆"命令，捕捉中心线的交点，绘制半径为 7.5mm 的圆形，如图 17-18 所示。

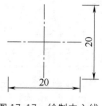

图 17-17　绘制中心线

图 17-18　绘制圆形

▶Step03：执行"矩形"命令，绘制 2.5mm×5mm 的矩形，放在绘图区合适位置，如图 17-19 所示。

▶Step04：执行"修剪"命令，修剪删除掉多余的线段，如图 17-20 所示。

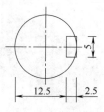

图 17-19　绘制矩形

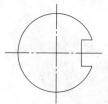

图 17-20　修剪多余的线段

▶Step05：执行"图案填充"命令，对传动轴剖面图进行图案填充，如图 17-21 所示。

▶Step06：执行"线性"和"半径"命令，对传动轴剖面图进行尺寸标注，完成传动轴 *A—A* 剖视图的绘制，如图 17-22 所示。

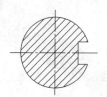

图 17-21　填充修剪后图形

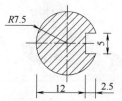

图 17-22　标注图形尺寸

▶Step07：在状态栏单击"显示线宽"按钮，图形效果如图 17-23 所示。

▶Step08：按照相同的方法绘制传动轴 B—B 剖视图如图 17-24 所示。

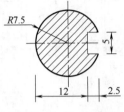

图 17-23　A—A 剖视图

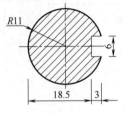

图 17-24　B—B 剖视图

17.1.3　绘制传动轴三维模型

下面介绍传动轴模型的制作。

▶Step01：切换到西南等轴测视图的概念视觉样式，执行"圆柱体"命令，绘制半径为 7.5mm、高为 28mm 的圆柱体，如图 17-25 所示。

▶Step02：切换为俯视图，执行"多段线"命令，绘制多段线图形，如图 17-26 所示。

图 17-25　绘制圆柱体

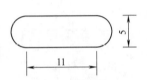

图 17-26　绘制多段线图形

▶Step03：切换为西南等轴测视图。执行"拉伸"命令，将多段线图形向上拉伸 2.5mm，并放在绘图区合适位置，如图 17-27 所示。

▶Step04：执行"差集"命令，将刚拉伸出来的模型从实体中减去，如图 17-28 所示。

图 17-27　拉伸多段线图形

图 17-28　修剪模型 1

▶Step05：执行"圆柱体"命令，分别绘制半径为 8.5mm、高为 21mm，半径为 7.5mm、高为 2mm，半径为 11mm、高为 5mm，半径为 15mm、高为 5mm 的圆柱体，并捕捉之前

图 17-29　绘制圆柱体并对齐 1

图 17-30　继续绘制圆柱体

圆柱体的底面进行对齐，如图 17-29 所示。

▶Step06：继续执行当前命令，绘制半径为 10mm、高为 2mm 和半径为 11mm、高为 31mm 的圆柱体，如图 17-30 所示。

▶Step07：切换为俯视图，执行"多段线"命令，绘制多段线图形，如图 17-31 所示。

▶Step08：切换为西南等轴测视图，执行"拉伸"命令，将多段线图形向上拉伸 3.5mm，并放在绘图区合适位置，如图 17-32 所示。

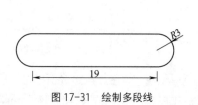

图 17-31　绘制多段线

图 17-32　拉伸多段线图形

▶Step09：执行"差集"命令，将刚拉伸出来的模型从实体中减去，如图 17-33 所示。

▶Step10：执行"圆柱体"命令，分别绘制半径为 9mm、高为 2mm，半径为 10mm、高为 14mm，半径为 8.5mm、高为 31mm，半径为 7mm、高为 2mm，半径为 7.5mm、高为 10mm 的圆柱体，并捕捉之前圆柱体的底面进行对齐，如图 17-34 所示。

▶Step11：执行"倒角边"命令，对实体进行倒角处理。至此，传动轴三维模型绘制完毕，效果如图 17-35 所示。

图 17-33　修剪模型 2

图 17-34　绘制圆柱体并对齐 2

图 17-35　倒角边操作

17.2　绘制法兰盘零件图

法兰盘通常是指在一个类似盘状的金属，周边开上几个固定用的孔用于连接其他部件。法兰盘在管道工程中最为常见，都是成对使用的，主要用于管道的连接。

17.2.1　绘制法兰盘俯视图

下面将绘制法兰盘俯视图。俯视图也可叫做顶视图，它是从零件正上方的视角来观察。

▶Step01：新建"中心线""轮廓线"和"尺寸标注"等图层，设置图层颜色、线型及线宽，如图 17-36 所示。

▶Step02：设置"中心线"图层为当前图层。执行"直线"命令，绘制两条相互垂直的中心线，中心线长 65mm，设置线型比例为 0.2，如图 17-37 所示。

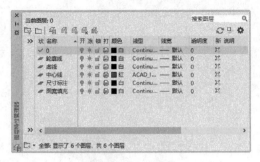

图 17-36　创建图层

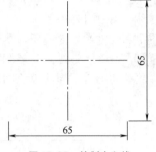

图 17-37　绘制中心线

▶Step03: 执行"偏移"命令，将中心线进行偏移操作，如图 17-38 所示。

▶Step04: 设置"轮廓线"图层为当前图层，执行"圆"命令，绘制半径为 4.5mm、6.5mm、12.5mm、14.5mm、17.9mm、29.3mm 的同心圆，如图 17-39 所示。

图 17-38　偏移中心线

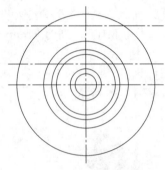

图 17-39　绘制同心圆

▶Step05: 继续绘制半径为 1.6mm 和 2.1mm 的同心圆，如图 17-40 所示。

▶Step06: 执行"镜像"命令，镜像复制刚绘制的同心圆，如图 17-41 所示。

图 17-40　绘制小同心圆

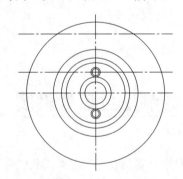

图 17-41　镜像小的同心圆

▶Step07: 执行"圆"命令，绘制半径为 1.8mm 的圆，如图 17-42 所示。

▶Step08: 执行"环形阵列"命令，设置项目数为 6，将"介于"设为 60，其余参数保持不变，如图 17-43 所示。

▶Step09: 删除多余的中心线，设置"尺寸标注"为当前图层，执行"半径"命令，对法兰盘进行尺寸标注，完成法兰盘俯视图的绘制，如图 17-44 所示。

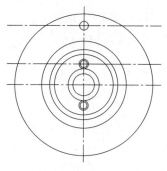

图 17-42　绘制半径为 1.8mm 的圆

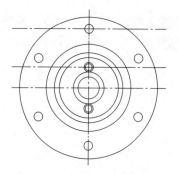

图 17-43　设置环形阵列参数

▶Step10：在状态栏单击"显示线宽"按钮，图形效果如图 **17-45** 所示。

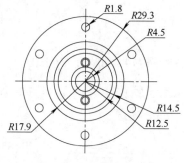

图 17-44　标注法兰盘

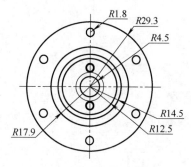

图 17-45　显示线宽

17.2.2　绘制法兰盘剖视图

下面将绘制法兰盘的剖视图。

▶Step01：设置"轮廓线"图层为当前图层，执行"直线"命令，绘制一个 29.3mm×42.9mm 的矩形，如图 **17-46** 所示。

▶Step02：执行"分解"命令，将矩形分解。执行"偏移"命令，将线段进行偏移，如图 **17-47** 所示。

图 17-46　绘制矩形

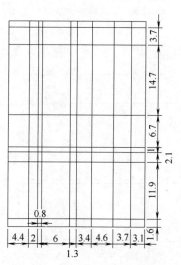

图 17-47　分解并偏移矩形边线

▶Step03: 执行"修剪"命令，修剪删除掉多余的线段，如图 17-48 所示。

▶Step04: 执行"倒角"命令，对图形进行倒角操作，如图 17-49 所示。

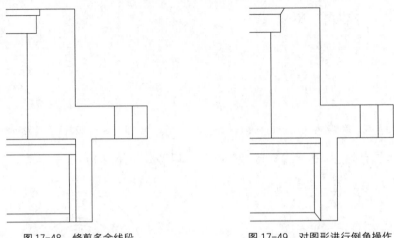

图 17-48　修剪多余线段　　　　　　　　图 17-49　对图形进行倒角操作

▶Step05: 设置"中心线"为当前层。绘制中心线，设置线型比例 0.1，如图 17-50 所示。

▶Step06: 执行"镜像"命令，镜像复制图形，如图 17-51 所示。

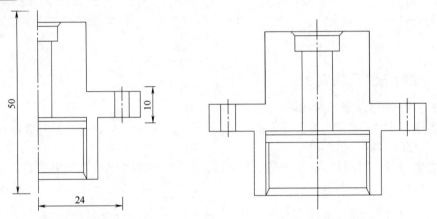

图 17-50　绘制中心线　　　　　　　　　　图 17-51　镜像图形

▶Step07: 执行"图案填充"命令，设置图案名为 ANSI31，填充剖面区域，如图 17-52 所示

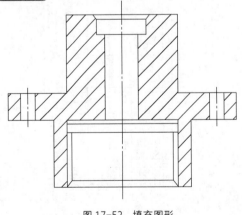

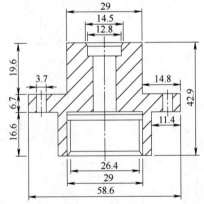

图 17-52　填充图形　　　　　　　　　　图 17-53　为剖面图标注尺寸

所示。

▶Step08：执行"线性"命令，对法兰盘剖面图进行尺寸标注，如图 17-53 所示。

▶Step09：双击尺寸标注，进入编辑状态，如图 17-54 所示。

▶Step10：单击鼠标右键，弹出快捷菜单，在"符号"选项中选择"直径"符号，如图 17-55 所示。

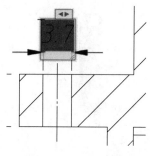

图 17-54　双击尺寸标注

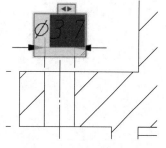

图 17-55　添加直径符号

▶Step10：在绘图区空白处单击鼠标左键退出编辑状态，如图 17-56 所示。

▶Step11：按照同样的方法，完成其他尺寸的修改，如图 17-57 所示。

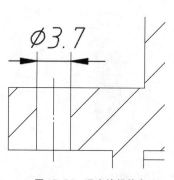

图 17-56　退出编辑状态

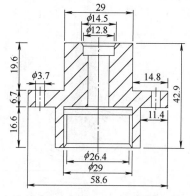

图 17-57　标注图形

▶Step12：在状态栏单击"显示线宽"按钮，图形效果如图 17-58 所示。

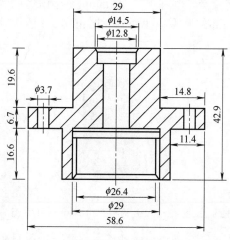

图 17-58　显示线宽

17.2.3 绘制法兰盘三维模型

下面将制作法兰盘模型。

▶Step01: 复制法兰盘平面图并删除多余的尺寸标注，如图 17-59 所示。

▶Step02: 切换到西南等轴测视图，再选择概念视觉样式，执行"拉伸"命令，将半径为 4.5mm 的圆形向上拉伸 42.9mm，如图 17-60 所示。

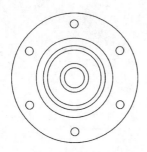

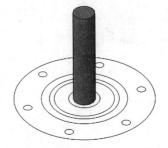

图 17-59　复制并删除图形　　　　　　图 17-60　拉伸半径为 4.5mm 的圆

▶Step03: 执行"拉伸"命令，将半径为 6.5mm 的圆形向上拉伸 4.9mm，如图 17-61 所示。

▶Step04: 执行"三维移动"命令，将刚拉伸出来的圆柱体沿 Z 轴向上移动 38mm，如图 17-62 所示。

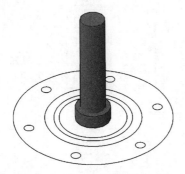

图 17-61　拉伸半径为 6.5mm 的圆　　　　图 17-62　移动半径为 6.5mm 的圆柱

▶Step05: 执行"拉伸"命令，将半径为 12.5mm 的圆向上拉伸 13.5mm，如图 17-63 所示。

▶Step06: 继续执行当前命令，将半径为 14.5mm 的圆形向上拉伸 42.9mm，如图 17-64 所示。然后将半径为 17.9mm 的圆形向上拉伸 23.3mm，如图 17-65 所示。

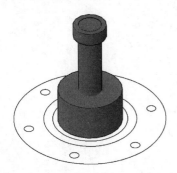

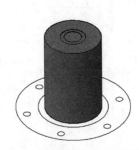

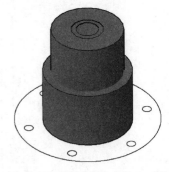

图 17-63　拉伸半径为 12.5mm 的圆　　图 17-64　拉伸半径 14.5mm 的圆　　图 17-65　拉伸半径为 17.9mm 的圆

▶Step07: 继续执行当前命令，将阵列圆形和半径为 29.3mm 的圆形向上拉伸 6.7mm，并沿 Z 轴向上移动 16.6mm，如图 17-66 所示。

▶Step08: 执行 "差集" 命令，对模型进行差集操作，如图 17-67 所示。

▶Step09: 执行 "并集" 命令，将模型合并成一个整体，如图 17-68 所示。

图 17-66　拉伸其他二维图形

图 17-67　对模型进行差集操作

图 17-68　合并模型

17.3　绘制油泵盖零件图

齿轮泵主要由齿轮、轴、泵体、泵盖、轴承套、轴端密封等组成，齿轮油泵适用于输送各种有润滑性的液体。

17.3.1　绘制泵盖俯视图

下面将绘制泵盖俯视图。

▶Step01: 新建 "中心线" "轮廓线" 和 "尺寸标注" 等图层，设置图层颜色、线型及线宽，如图 17-69 所示。

▶Step02: 设置 "中心线" 图层为当前层，执行 "直线" 命令，绘制两条长 90mm 的垂直中心线，并设置线型比例为 0.2，如图 17-70 所示。

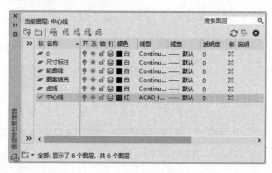

图 17-69　新建图层

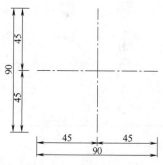

图 17-70　绘制中心线

▶Step03: 执行 "偏移" 命令，将水平中心线向下偏移 4mm，如图 17-71 所示。

▶Step04: 设置 "轮廓线" 图层为当前层。执行 "圆" 命令，捕捉中心线的交点，绘制半径为 9mm、10mm、14mm、15mm、34mm、42mm 的同心圆，如图 17-72 所示。

▶Step05: 执行 "圆" 命令，绘制半径为 5mm、8mm 的同心圆，如图 17-73 所示。

▶Step06: 继续执行当前命令，绘制两组半径为 5mm、8mm 的同心圆，如图 17-74 所示。

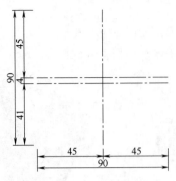

图 17-71 偏移中心线

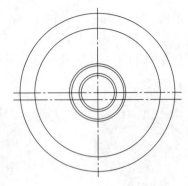

图 17-72 绘制同心圆

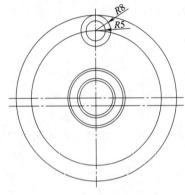

图 17-73 继续绘制同心圆 1

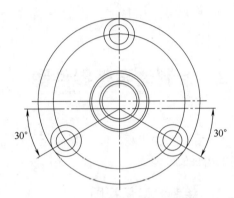

图 17-74 绘制其他同心圆

▶Step07: 执行"圆"命令，捕捉水平中心线和半径为 34mm 圆形的交点，绘制半径为 3mm 和 8mm 的同心圆，如图 17-75 所示。

▶Step08: 执行"修剪"命令，修剪删除掉多余的线段，如图 17-76 所示。

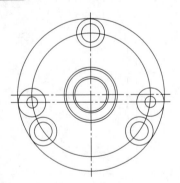

图 17-75 继续绘制同心圆 2

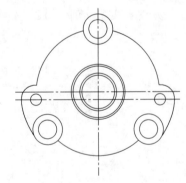

图 17-76 修剪同心圆

▶Step09: 执行"圆角"命令，根据命令行提示设置圆角半径为 2mm，并选择第一个和第二个对象，如图 17-77 所示。

▶Step10: 设置"虚线"图层为当前层。执行"圆"命令，捕捉同心圆的圆心，绘制半径为 34mm 的同心圆，设置颜色为黑色，线型比例为 0.2，如图 17-78 所示。

▶Step11: 继续执行当前命令，绘制长 20mm、角度为 30° 的中心线，如图 17-79 所示。

▶Step12: 设置"尺寸标注"图层为当前图层，执行"标注"命令，对泵盖平面图进行尺寸标注，如图 17-80 所示。

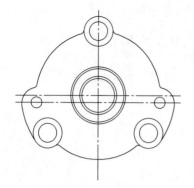

图 17-77　图形倒圆角

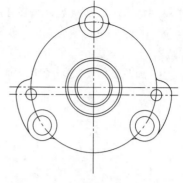

图 17-78　继续绘制半径为 34mm 的圆

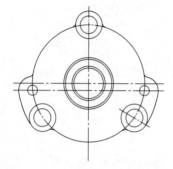

图 17-79　绘制右侧轴孔中心线

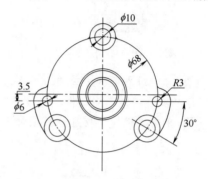

图 17-80　为图形进行标注

▶Step13：双击标注的尺寸，进入编辑状态。添加直径符号，修改后的尺寸标注如图 17-81 所示。

▶Step14：双击标注的尺寸，进入编辑状态，如图 17-82 所示。

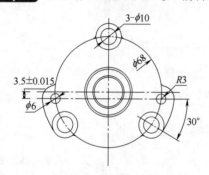

图 17-81　编辑尺寸标注

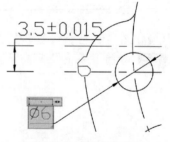

图 17-82　进入编辑状态

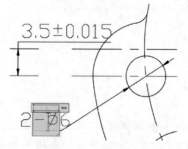

图 17-83　添加组数

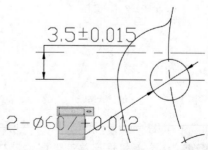

图 17-84　添加公差值

▶Step15: 为标注添加组数，如图 17-83 所示。

▶Step16: 设置文字高度为 1.5，输入直径公差值，如图 17-84 所示。

▶Step17: 选中公差值，单击鼠标右键，弹出快捷菜单，如图 17-85 所示。

▶Step18: 在弹出的快捷菜单中选择"堆叠"选项，效果如图 17-86 所示。

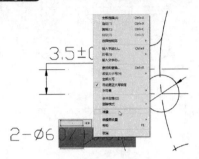

图 17-85　打开快捷菜单

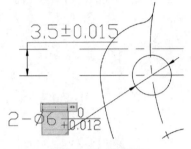

图 17-86　堆叠效果

▶Step19: 选中堆叠后的公差值，单击鼠标右键，在弹出的快捷菜单中选择"堆叠特性"选项，打开"堆叠特性"对话框，并设置其特性，如图 17-87 所示。

▶Step20: 单击"确定"按钮，效果如图 17-88 所示。

图 17-87　设置参数

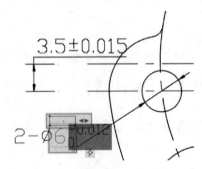

图 17-88　设置效果

▶Step21: 在绘图区空白处单击鼠标左键，退出编辑状态，如图 17-89 所示。

▶Step22: 执行"多重引线"命令，为图形添加引线标注，如图 17-90 所示。

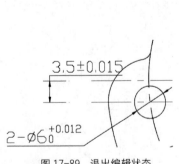

图 17-89　退出编辑状态

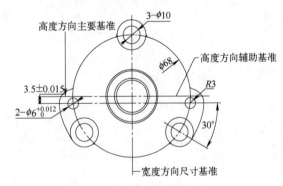

图 17-90　添加引线标注

▶Step23: 执行"多段线"和"文字注释"命令绘制表面粗糙度符号，如图 17-91 所示。

▶Step24: 将表面粗糙度符号复制移动到绘图区合适位置，并对文字注释进行修改，如图 17-92 所示。

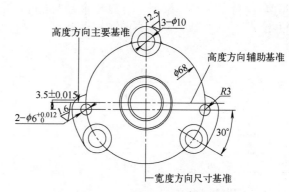

图 17-91　绘制表面粗糙度符号　　　　　　　图 17-92　复制移动表面粗糙度符号

▶Step25：执行"文字注释"命令，为图形添加文字注释，完成泵盖俯视图的绘制，如图 17-93 所示。

▶Step26：在状态栏单击"显示线宽"按钮，图形效果如图 17-94 所示。

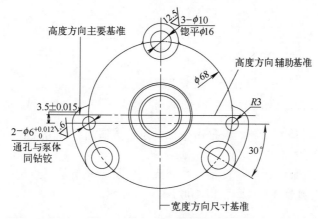

图 17-93　添加文字注释

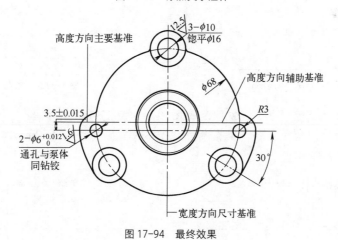

图 17-94　最终效果

17.3.2　绘制泵盖剖视图

下面将绘制泵盖剖视图。

▶Step01: 执行"直线"命令，绘制尺寸为38mm×15mm的矩形，如图17-95所示。

▶Step02: 执行"分解"命令分解矩形。执行"偏移"命令，将线段向内进行偏移，如图17-96所示。

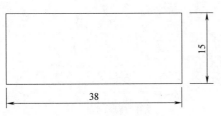

图17-95 绘制矩形

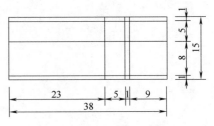

图17-96 偏移矩形边线

▶Step03: 执行"修剪"命令，修剪删除掉多余的线段，如图17-97所示。

▶Step04: 执行"倒角"命令，根据命令行提示设置角度为45°，对图形进行倒角操作，如图17-98所示。

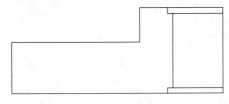

图17-97 修剪偏移的线段

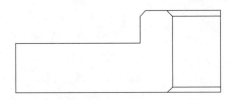

图17-98 添加45°倒角

▶Step05: 执行"圆角"命令，根据命令行提示设置圆角半径为2mm，对图形进行圆角操作，如图17-99所示。

▶Step06: 删除掉多余的线段，设置"中心线"图层为当前层，绘制一条长20mm的中心线，并设置线型比例为0.1，如图17-100所示。

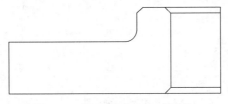

图17-99 设置半径为2mm的圆角

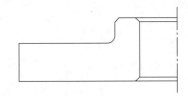

图17-100 绘制中心线1

▶Step07: 执行"镜像"命令，镜像复制图形，如图17-101所示。

▶Step08: 执行"圆角"命令，根据命令行提示设置圆角半径为2mm，对图形进行圆角操作，如图17-102所示。

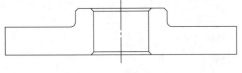

图17-101 镜像图形

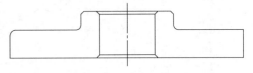

图17-102 继续倒圆角

▶Step09: 执行"偏移"命令，将线段向内进行偏移，如图17-103所示。

▶Step10: 执行"修剪"命令，修剪删除掉多余的线段，如图17-104所示。

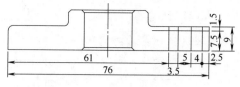

图 17-103　向内偏移线段

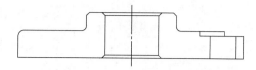

图 17-104　修剪图形

▶Step11：执行"偏移""拉伸"命令，将中心线向右偏移 31mm，拉伸到 12mm 的高度，如图 17-105 所示。

▶Step12：设置"图案填充"图层为当前层，执行"绘图>图案填充"命令，设置图案名为 ANSI31，比例为 0.5，其余参数保持不变，并选择填充区域，如图 17-106 所示。

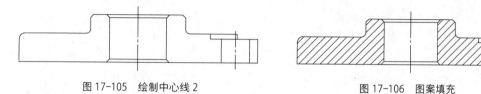

图 17-105　绘制中心线 2　　　　　　　　　　　　　图 17-106　图案填充

▶Step13：设置"尺寸标注"图层为当前层。执行"线性"命令，对泵盖剖面进行尺寸标注，完成其剖视图的绘制，如图 17-107 所示。

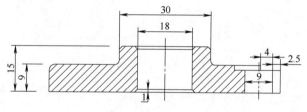

图 17-107　添加线性标注

▶Step14：双击尺寸标注，进入编辑状态，如图 17-108 所示。

▶Step15：在编辑框中单击鼠标右键，会弹出快捷菜单，在"符号"选项的级联菜单中选择"直径"，如图 17-109 所示。

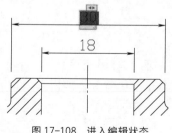

图 17-108　进入编辑状态

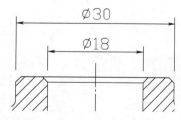

图 17-109　添加直径符号

▶Step16：双击进入编辑状态，并输入公差值，如图 17-110 所示。

▶Step17：选择公差值，单击鼠标右键，选择"堆叠"选项，如图 17-111 所示。

▶Step18：选择调整后公差值，单击鼠标右键，选择"堆叠特性"选项，打开"堆叠特性"对话框，并设置其参数，如图 17-112 所示。

▶Step19：单击"确定"按钮，返回绘图区，效果如图 17-113 所示。

▶Step20：在绘图区空白区域单击鼠标左键，退出编辑状态，如图 17-114 所示。

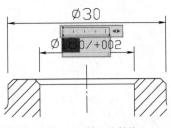

图 17-110　输入公差值

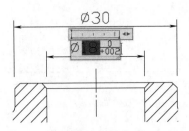

图 17-111　堆叠效果

图 17-112　设置堆叠特性

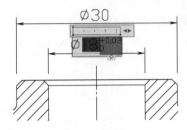

图 17-113　设置效果 1

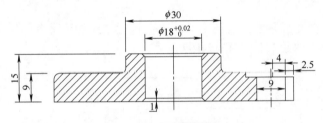

图 17-114　退出编辑状态

▶Step21:　执行"半径"标注命令，标注圆角半径尺寸，如图 17-115 所示。

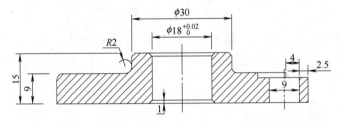

图 17-115　添加半径标注

▶Step22:　执行"多重引线"命令，为倒角进行标注，如图 17-116 所示。

▶Step23:　执行"多段线""文字注释"命令，绘制表面粗糙度符号，如图 17-117 所示。

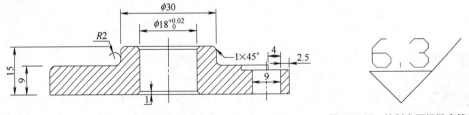

图 17-116　添加引线标注　　　　　　　图 17-117　绘制表面粗糙度符号

▶Step24:　执行"复制"和"旋转"命令，将表面粗糙度符号复制移动到合适位置，如图 17-118 所示。

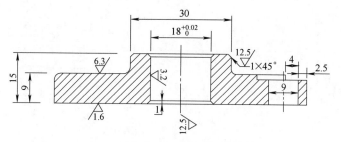

图 17-118　复制移动表面粗糙度符号

▶Step25: 执行"直线"和"多重引线"命令，绘制标高引线，如图 17-119 所示。

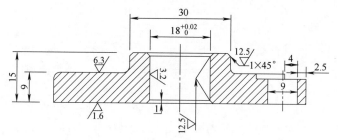

图 17-119　绘制标高引线

▶Step26: 执行"直线"和"文字注释"命令，为图形添加文字注释，如图 17-120 所示。

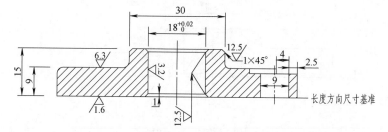

图 17-120　添加文字注释

▶Step27: 执行"公差"标注命令，打开"形位公差"对话框，并设置参数，如图 17-121 所示。

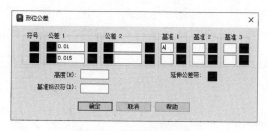

图 17-121　设置公差参数

▶Step28: 单击"确定"按钮，将创建好的公差标注移动到绘图区合适位置，如图 17-122 所示。

▶Step29: 执行"直线"命令，绘制公差标注的引线，至此完成泵盖剖视图的绘制，如图 17-123 所示。

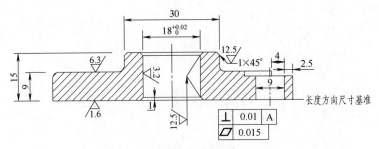

图 17-122 设置效果 2

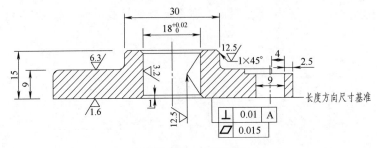

图 17-123 绘制引线

▶Step30: 在状态栏单击"显示线宽"按钮,图形效果如图 17-124 所示。

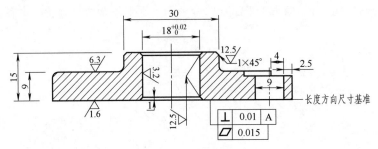

图 17-124 最终效果

17.3.3 创建油泵盖模型

下面将创建油泵盖三维模型,其具体操作步骤介绍如下。

▶Step01: 复制泵盖俯视图,并删除多余的尺寸标注,如图 17-125 所示。

▶Step02: 执行"多段线"命令,将泵盖轮廓转换为多段线,如图 17-126 所示。

图 17-125 修剪图形

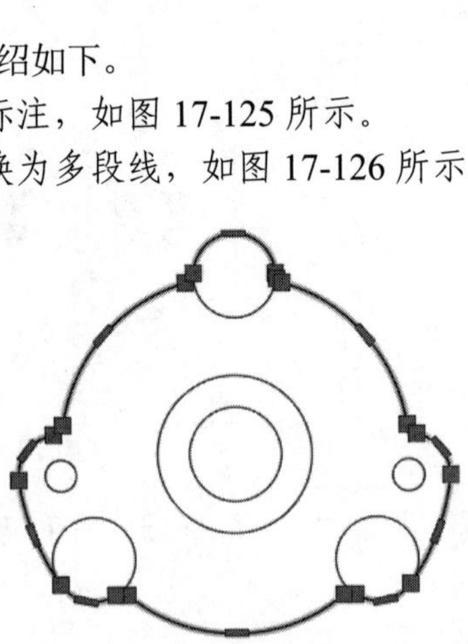

图 17-126 绘制多段线

▶Step03: 将视图控件转化为西南等轴测视图，将视觉样式控件转化为概念，执行"拉伸"命令，将中间的同心圆向上拉伸 15mm，如图 17-127 所示。

▶Step04: 继续执行当前命令，将其余圆形向上拉伸 9mm，如图 17-128 所示。

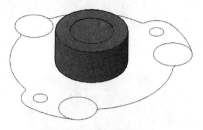

图 17-127　拉伸同心圆

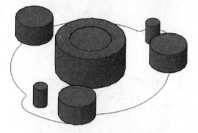

图 17-128　继续拉伸其他圆

▶Step05: 继续执行当前命令，将轮廓图形向上拉伸 9mm，如图 17-129 所示。

▶Step06: 执行"差集"命令，将实体模型进行删减，如图 17-130 所示。

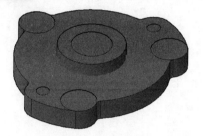

图 17-129　拉伸轮廓线

图 17-130　修剪模型 1

▶Step07: 执行"圆柱体"命令，绘制底面半径分别为 4.5mm、8mm，高 7.5mm 的圆柱体，如图 17-131 所示。

▶Step08: 执行"差集"命令，将中间圆柱体从模型中减去，如图 17-132 所示。

图 17-131　绘制圆柱体

图 17-132　修剪模型 2

▶Step09: 执行"复制"命令，将删减后的圆柱体模型进行复制，并放置在绘图区合适位置，如图 17-133 所示。

▶Step10: 执行"并集"命令，将实体模型合并成一个整体，如图 17-134 所示。

▶Step11: 执行"倒角边"命令，根据命令行提示，设置倒角距离为 1mm，对实体模型进行倒角操作，如图 17-135 所示。

▶Step12: 执行"圆角边"命令，根据命令行提示，设置圆角半径为 1mm。至此，完成泵盖模型的绘制，效果如图 17-136 所示。

图 17-133　复制并移动模型

图 17-134　合并实体

图 17-135　添加倒角边

图 17-136　绘制效果

第18章

绘制景观小品设计图

本章概述

景观设计是指风景与园林的规划设计，它所涉及的范围比较广，其中城市景观设计、城市公园设计、旅游度假区设计、滨水绿地规划设计等都属于该范围。本章将以别墅露台景观为例，来介绍如何利用 AutoCAD 软件绘制景观小品设计图。其内容包括露台总平图、露台廊架平立面图、露台树池小品平立面图。

学习目标

- 掌握景观各平面图绘制方法。
- 掌握景观小品的绘制方法。

扫码观看本章视频

实例预览

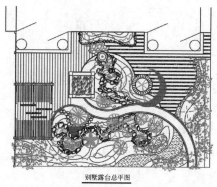

露台总平图

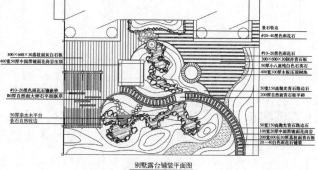

露台地面铺装图

18.1　绘制露台平面设计图 ●●●●

　　景观设计平面图包括总平面图、绿化配置平面图、地面铺装图等。下面将对这三种平面图的绘制方法进行介绍。

18.1.1　绘制露台总平面图

　　通常景观总平图是由建筑、道路、广场、绿植、地形、水体这几个主要元素构成。当然具体要绘制哪些元素，还是要根据实际设计需求来确定。

▶Step01: 打开"别墅露台"素材文件，如图 18-1 所示。

▶Step02: 执行"样条曲线"命令，绘制庭院地形等高线，如图 18-2 所示。

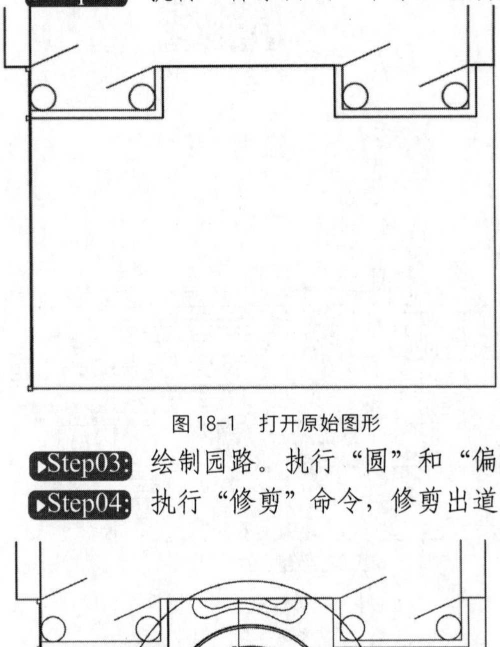

图 18-1　打开原始图形 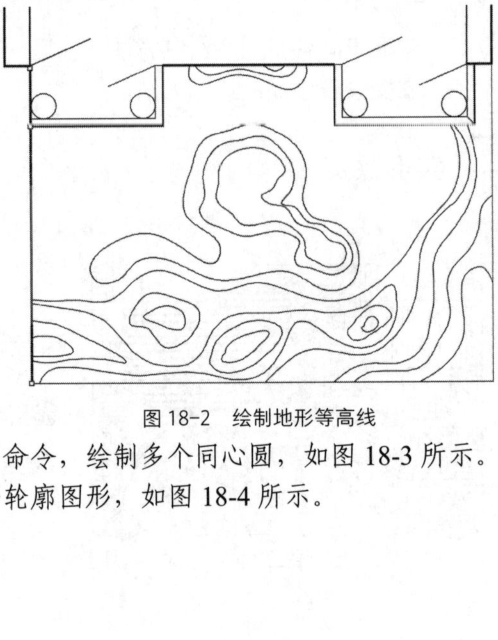　　　　　　　　　　　　　　　图 18-2　绘制地形等高线

▶Step03: 绘制园路。执行"圆"和"偏移"命令，绘制多个同心圆，如图 18-3 所示。

▶Step04: 执行"修剪"命令，修剪出道路等轮廓图形，如图 18-4 所示。

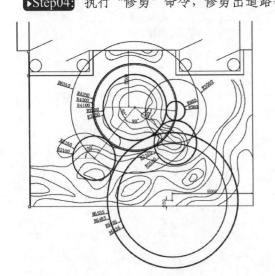

图 18-3　绘制并偏移圆

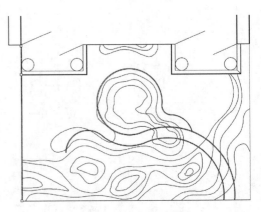

图 18-4　修剪道路轮廓

▶Step05: 继续执行"修剪"命令，修剪被覆盖的等高线图形，如图18-5所示。

▶Step06: 执行"多段线"命令，绘制如图18-6所示的景石图形。

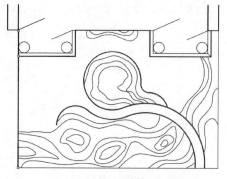

图18-5 修剪被覆盖的等高线

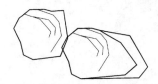

图18-6 绘制景石

▶Step07: 执行"样条曲线"命令，绘制多个曲线图形作为大卵石图形，布局到合适的位置，如图18-7所示。

▶Step08: 继续绘制景石和大卵石图形，并进行复制、移动等操作，如图18-8所示。

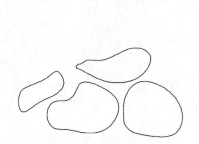

图18-7 绘制大卵石

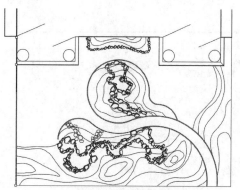

图18-8 复制景石和大卵石

▶Step09: 执行"修剪"命令，再次修剪被覆盖的等高线图形，如图18-9所示。

▶Step10: 在庭院中插入廊架、树池、磨盘图块，如图18-10所示。

图18-9 再次修剪被覆盖的等高线

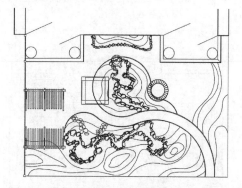

图18-10 插入图块

▶Step11: 执行"修剪"命令，修剪被图块覆盖的图形，如图18-11所示。

▶Step12: 执行"偏移"和"圆角"等命令，制作墙边造型，如图18-12所示。

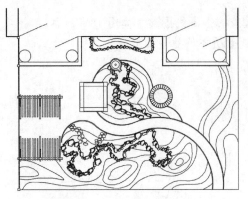

图 18-11　修剪被覆盖的图形 1

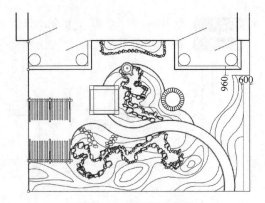

图 18-12　绘制墙边造型

▶Step13：绘制地面铺设，执行"多段线"命令，绘制两条不规则多段线，将地面分隔开，如图 18-13 所示。

▶Step14：执行"直线""偏移"命令，绘制直线并向下依次偏移 300mm、100mm，如图 18-14 所示。

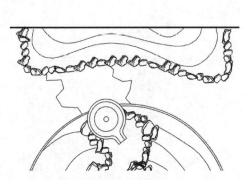

图 18-13　绘制不规则多段线

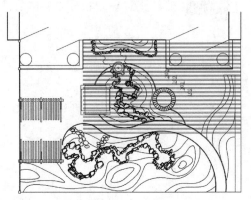

图 18-14　绘制并偏移直线 1

▶Step15：执行"修剪"命令，修剪出石板造型，如图 18-15 所示。

▶Step16：执行"直线"和"偏移"命令，绘制直线并向右依次偏移 100mm，再执行"矩形"命令，在廊架位置绘制四个 1800mm×150mm 的矩形，如图 18-16 所示。

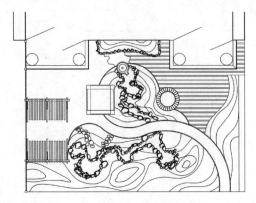

图 18-15　修剪石板造型

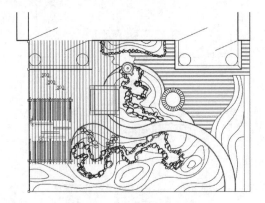

图 18-16　绘制直线与矩形

▶Step17: 执行"修剪"命令，修剪被覆盖的图形，如图18-17所示。

▶Step18: 执行"直线"和"偏移"命令，绘制如图18-18所示的图形。

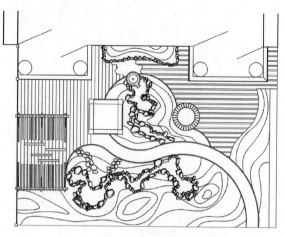

图18-17　修剪被覆盖的图形2　　　　　　　　图18-18　绘制并偏移直线2

▶Step19: 执行"修剪"命令，修剪出木质平台效果，如图18-19所示。

▶Step20: 执行"偏移""修剪"命令，将园路轮廓向内偏移100mm，再修剪图形，如图18-20所示。

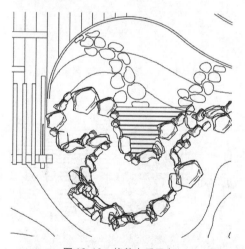
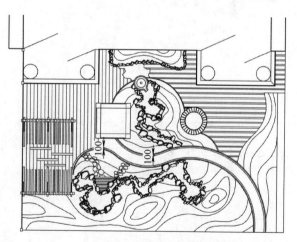

图18-19　修剪木质平台　　　　　　　　　　　图18-20　绘制园路

▶Step21: 执行"图案填充"命令，选择图案GRAVEL，填充两侧地面相接的位置；再选择图案AR-SAND，填充细石铺地，如图18-21所示。

▶Step22: 执行"图案填充"命令，选择图案AR-RROOF，填充水体，绘制效果如图18-22所示。

▶Step23: 执行"修订云线"命令，徒手绘制灌木轮廓，如图18-23所示。

▶Step24: 插入斑竹、毛竹、睡莲植物图块，调整图块大小并进行复制，如图18-24所示。

▶Step25: 继续插入合欢、白玉兰、腊梅、桂花、银杏、红枫等植物图块，并进行复制操作，如图18-25所示。

▶Step26: 执行"多段线"和"单行文字"命令，为总平面图添加图示。至此，露台总平面图绘制完成，如图18-26所示。

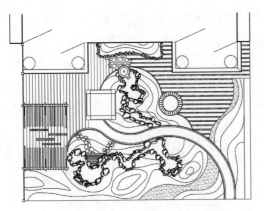

图 18-21　填充地面图案

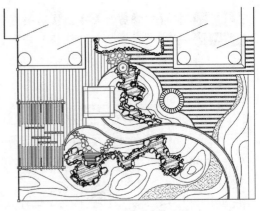

图 18-22　填充水体图案

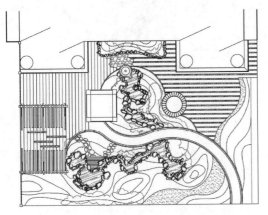

图 18-23　绘制灌木造型

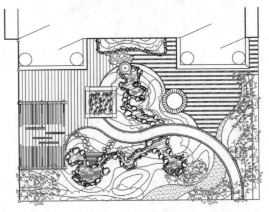

图 18-24　插入斑竹、毛竹、睡莲图块

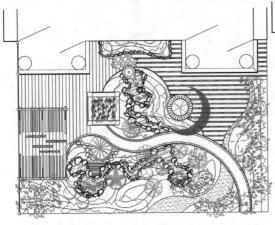

图 18-25　插入其他植物图块

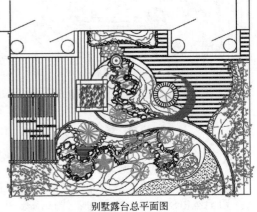

别墅露台总平面图

图 18-26　完成总平面图的绘制

18.1.2　绘制露台地面铺装图

地面铺装是指运用自然或人工的装饰材料，按照一定的方式铺设于地面形成的表面效果。在绘制地面铺装图时，只需在总平图的基础上进行加工即可。

▶Step01：复制总平面图，删除植物图形，如图 18-27 所示。

▶Step02：执行"偏移"命令，将园路边线向内偏移 400mm，如图 18-28 所示。

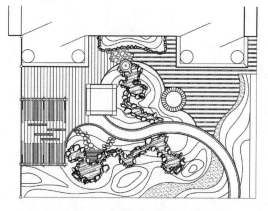

图 18-27　复制总平面图并删除植物图形

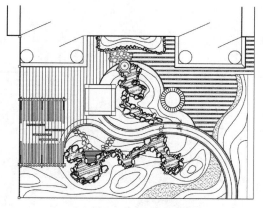

图 18-28　偏移园路边线

▶Step03：执行"修剪"命令，修剪图形，使三个圆弧完美连接，如图 18-29 所示。

▶Step04：执行"矩形"命令，绘制长 600mm、宽 200mm 的矩形，居中对齐到圆弧的象限点，如图 18-30 所示。

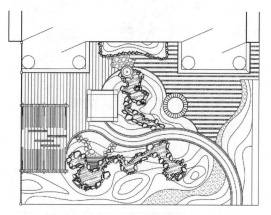

图 18-29　修剪圆弧

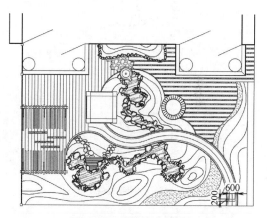

图 18-30　绘制并对齐矩形

▶Step05：执行"环形阵列"命令，捕捉圆弧圆心为阵列中心，设置填充角度为 120°，项目数为 36，操作完毕后再对图形进行旋转，调整图形，如图 18-31 所示。

▶Step06：将阵列图形分解，再利用尾部的矩形继续执行"环形阵列"操作，然后分解图形，并删除多余的矩形，完成园路的铺设，效果如图 18-32 所示。

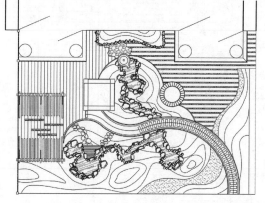

图 18-31　阵列复制矩形

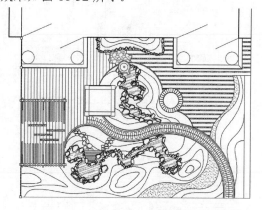

图 18-32　园路铺设

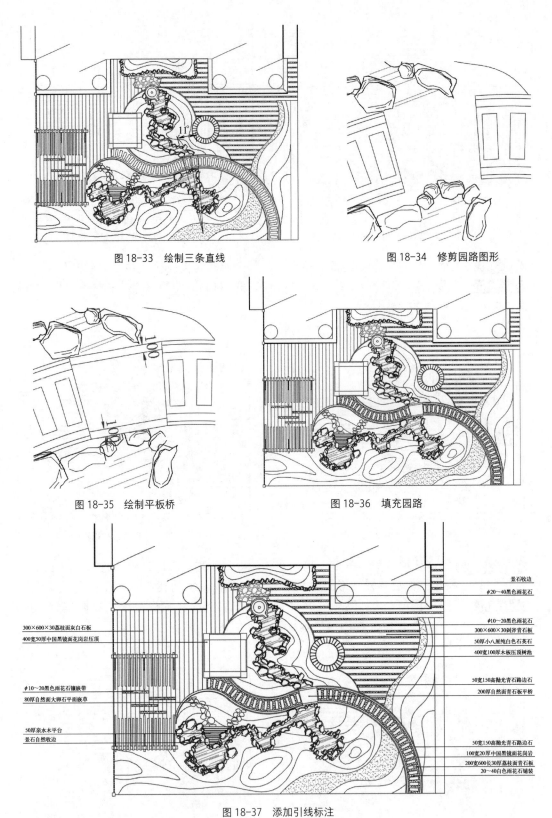

图 18-33 绘制三条直线

图 18-34 修剪园路图形

图 18-35 绘制平板桥

图 18-36 填充园路

300×600×30荔枝面灰白石板
400宽50厚中国黑镜面花岗岩压顶

φ10~20黑色雨花石镶嵌带
80厚自然面大卵石平面嵌草

50厚亲水木平台
景石自然收边

景石收边
φ20~40黑色雨花石

φ10~20黑色雨花石
300×600×30剁斧青石板
50厚小八厘纯白色石英石
400宽100厚木板压顶树池

50宽150高抛光青石路边石
200厚自然面青石板平桥

50宽150高抛光青石路边石
100宽20厚中国黑镜面花岗岩
200宽600长30厚荔枝面青石板
20~40白色雨花石铺装

图 18-37 添加引线标注

注：图中图示部分单位为 mm，下同

▶Step07: 删除园路中线，执行"直线"命令，捕捉圆心及中点绘制三条直线，如图 18-33 所示。

▶Step08: 执行"修剪"命令，修剪并删除多余的图形，如图 18-34 所示。

▶Step09: 执行"直线""偏移""修剪"命令，绘制出平板桥图形，如图 18-35 所示。

▶Step10: 执行"图案填充"命令，选择图案 AR-SAND，填充园路，如图 18-36 所示。

▶Step11: 执行"快速引线"命令，为铺装平面图添加引线标注，如图 18-37 所示。

▶Step12: 为铺装平面图添加图示，完成图形的绘制，如图 18-38 所示。

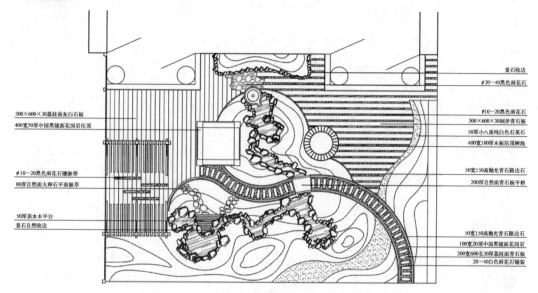

别墅露台铺装平面图

图 18-38　露台地面铺装图

18.1.3　绘制露台绿化配置平面图

绿化配置平面图主要是对平面图中所有植被进行说明，并利用表格对这些植被进行归类。

▶Step01: 复制总平面图，删除地面铺设及填充图形，如图 18-39 所示。

▶Step02: 执行"多行文字"命令，创建 1~6 的数字区分灌木丛，如图 18-40 所示。

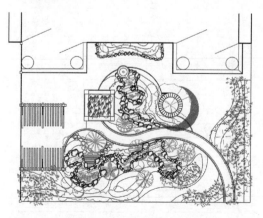

图 18-39　复制总平面图并删除地面铺设及填充图形

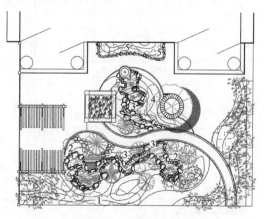

图 18-40　创建数字划分灌木丛

▶Step03: 为平面图添加图示，如图 18-41 所示。

▶Step04: 执行"直线"和"偏移"命令，绘制表格，如图 18-42 所示。

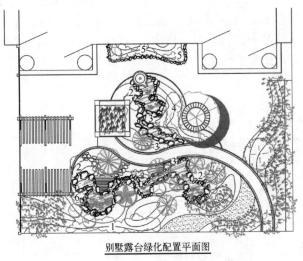

别墅露台绿化配置平面图

图 18-41 添加图示

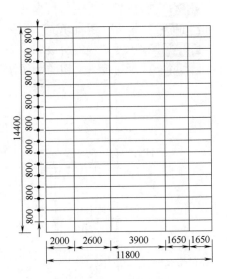

图 18-42 绘制表格

▶Step05: 执行"单行文字"命令，创建高度为 320 的表头文字，如图 18-43 所示。

▶Step06: 插入各类植物图块，并将其缩放至合适大小，如图 18-44 所示。

图例	名称	规格	单位	数量

图 18-43 创建表头文字

图例	名称	规格	单位	数量

图 18-44 插入各类植物图块

▶Step07: 复制文字并修改其内容，完成配置表的绘制。将表格移动到绿化配置平面图旁边，完成最终的绘制，如图 18-45 所示。

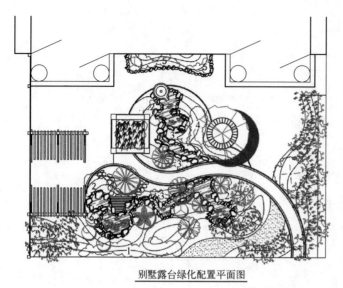

别墅露台绿化配置平面图

图例	名称	规格	单位	数量
	合欢	φ15~17cm	株	1
	大叶黄杨球	D120cm	株	2
	垂枝碧桃	φ5~7cm	株	4
	白玉兰	φ8~10cm	株	1
	红枫	φ4~6cm	株	1
	腊梅	D150cm,H120cm	株	3
	桂花	D120cm,H160cm	株	3
	斑竹	H250cm以上	丛	220
	银杏	φ6~8cm	株	1
	珍珠梅	D40cm,H60cm	株	12
	南天竹	D30cm,H40cm	株	35
	鸢尾	三年生	株	120
	迎春	三年生	株	45
	金银花	D40cm,H60cm	株	7
	石楠	D40cm,H60cm	株	5
	睡莲	三年生	缸	3
	毛竹	H400cm以上,φ8cm	株	18

图 18-45　露台绿化配置平面图

18.2　绘制树池小品设计图

树池作为景观小品的一种，在美化观赏、引导视线、组织交通、围合分割空间、构成空间序列、防护功能以及提供休息场所等方面起着重要作用。

18.2.1　绘制树池平面图

下面将绘制露台中树池平面图。

▶Step01：从平面图中复制树池平面图，如图 18-46 所示。

▶Step02：执行"线性"和"连续"标注命令，为其平面图添加尺寸标注，如图 18-47 所示。

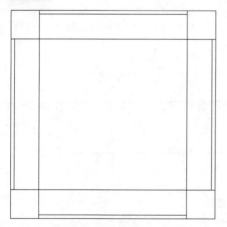

图 18-46　复制树池平面图

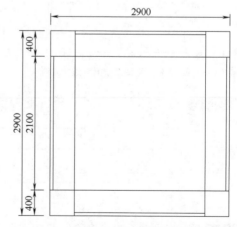

图 18-47　添加尺寸标注

▶Step03：执行"多段线"及"多行文字"命令，为图形添加图示及比例，完成树池平面图的绘制，如图 18-48 所示。

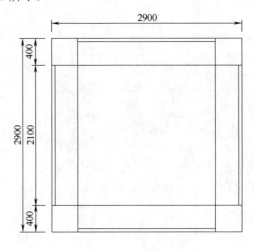

露台树池平面图

图 18-48　树池平面图

18.2.2　绘制树池立面图

下面将根据树池平面图来绘制其立面图。

▶Step01:　复制平面图。执行"直线"和"偏移"命令，捕捉绘制直线并偏移 400mm 的距离，如图 18-49 所示。

▶Step02:　执行"修剪"命令，修剪并删除多余图形，如图 18-50 所示。

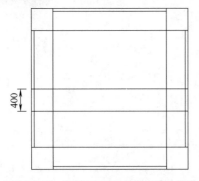

图 18-49　复制平面图及绘制直线并偏移

图 18-50　修剪图形

▶Step03:　执行"偏移"命令，将顶部边线向下依次偏移 50mm、100mm，如图 18-51 所示。

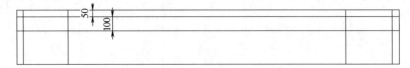

图 18-51　偏移图形

▶Step04:　执行"修剪"命令，修剪出坐凳造型，如图 18-52 所示。

▶Step05:　执行"圆角"命令，设置圆角半径为 25mm，对图形两端进行圆角操作，如图 18-53 所示。

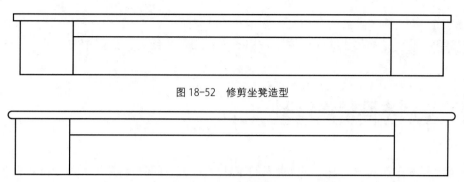

图 18-52　修剪坐凳造型

图 18-53　圆角操作

▶Step06：执行"矩形"命令，在图形底部绘制尺寸为 4200mm×200mm 的矩形作为基层，如图 18-54 所示。

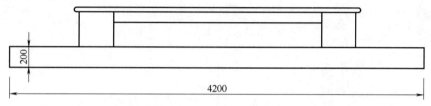

图 18-54　绘制底部矩形

▶Step07：执行"图案填充"命令，选择图案 ANSI38，填充基层图形，如图 18-55 所示。

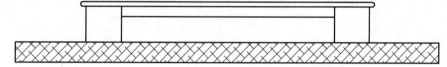

图 18-55　填充基层

▶Step08：将矩形分解，并删除多余线条，如图 18-56 所示。

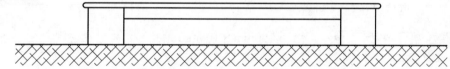

图 18-56　分解矩形并删除多余线条

图 18-57　插入竹子图块

图 18-58　树池立面图

▶Step09: 为立面图插入竹子图案，如图 18-57 所示。

▶Step10: 最后添加尺寸标注和图示，完成立面图形的绘制，如图 18-58 所示。

18.3 绘制木廊架设计图 ●●●

在露台景观中加入廊架小品，可供人们休息和观赏。廊架与自然生态环境搭配非常和谐。

18.3.1 绘制木廊架正立面图

下面将根据木廊架平面图来绘制正立面图。

▶Step01: 执行"直线"和"偏移"命令，绘制廊架立面框架图形，如图 18-59 所示。

▶Step02: 执行"修剪"命令，修剪出立面图形，如图 18-60 所示。

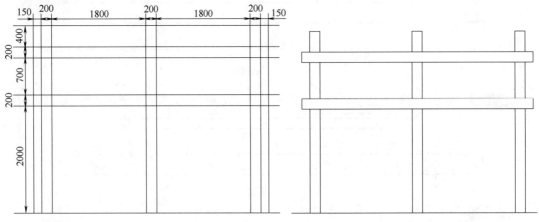

图 18-59　绘制立面框架　　　　　　　图 18-60　修剪出立面轮廓

▶Step03: 执行"矩形"命令，绘制 100mm × 100mm 的矩形，放置在左侧立柱适合位置，如图 18-61 所示。

▶Step04: 执行"复制"命令，复制矩形，两个矩形间隔为 150mm，如图 18-62 所示。

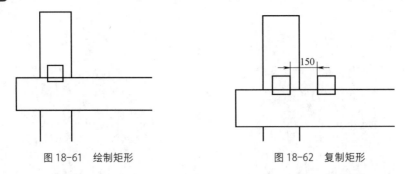

图 18-61　绘制矩形　　　　　　　图 18-62　复制矩形

▶Step05: 继续复制矩形，其复制间距都保持在 150mm，如图 18-63 所示。

▶Step06: 执行"修剪"命令，修剪掉复制后的矩形中多余的线段，如图 18-64 所示。

▶Step07: 执行"图案填充"命令，将木廊架图形进行填充，图 18-65 所示。

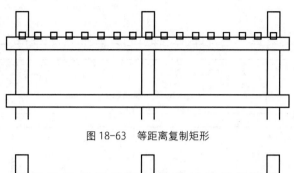

图 18-63　等距离复制矩形

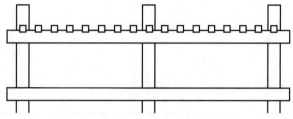

图 18-64　修剪矩形覆盖的线段

▶Step08：执行"圆"和"复制"命令，绘制半径为 10mm 的圆并进行复制操作，如图 18-66 所示。

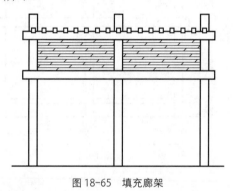

图 18-65　填充廊架

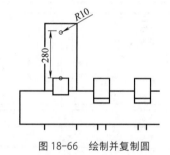

图 18-66　绘制并复制圆

▶Step09：在两圆之间绘制间隔为 3mm 的直线，并执行"修剪"命令，修剪下方小圆形，如图 18-67 所示。

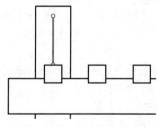

图 18-67　绘制直线并修剪圆

▶Step10：执行"复制"命令，将绘制的图形复制到其他两个立柱中，如图 18-68 所示。

▶Step11：执行"偏移"命令，将地平线向上依次偏移 300mm 和 100mm，如图 18-69 所示。

▶Step12：执行"修剪"命令，修剪偏移的地平线，完成坐凳的绘制操作，如图 18-70 所示。

▶Step13：执行"线性"和"连续"标注命令，对廊架立面图进行尺寸标注。此外，复制并修改图示内容，至此廊架正立面图绘制完成，结果如图 18-71 所示。

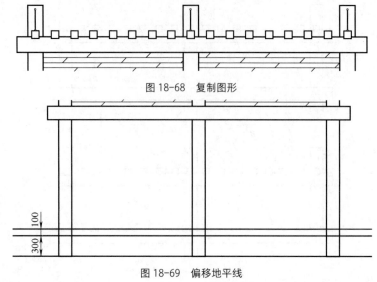

图 18-68　复制图形

图 18-69　偏移地平线

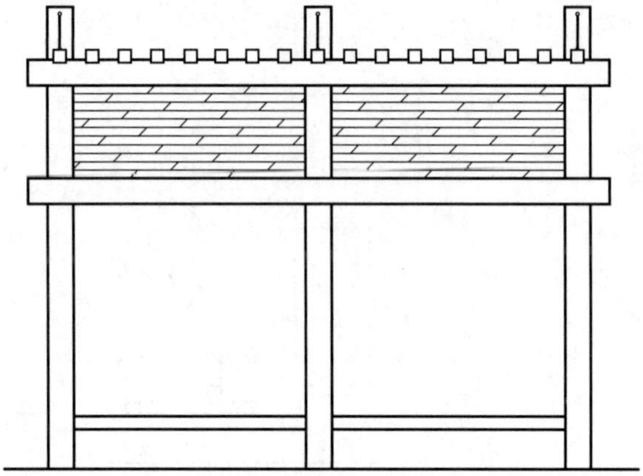

图 18-70　修剪出坐凳

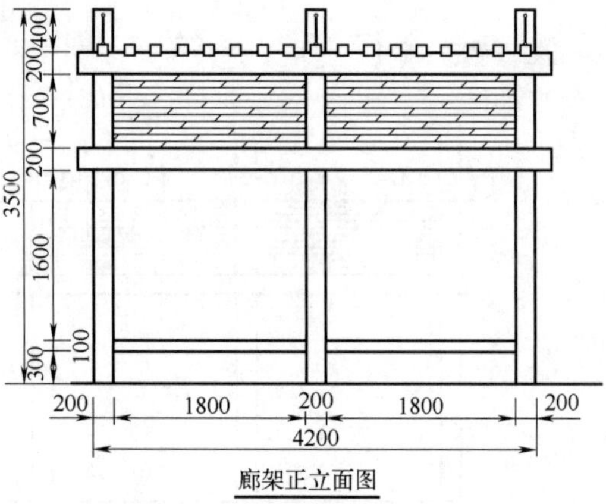

图 18-71　木廊架正立面图

廊架正立面图

18.3.2　绘制木廊架侧立面图

廊架图形是对称相同的，因此侧立面也是相同的，这里只需绘制一侧的立面图形即可。

▶Step01：执行"直线"命令，根据廊架正立面图来绘制侧立面框架图，执行"偏移"命令，将绘制的垂直线向左依次偏移200mm和2200mm，如图18-72所示。

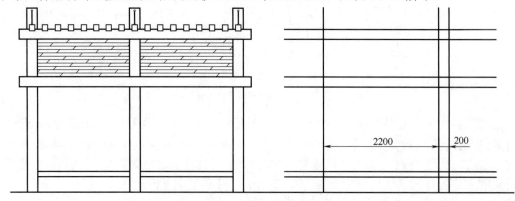

图 18-72　绘制廊架侧立面框架图

▶Step02: 执行"修剪"命令，将立面框架图进行修剪，如图 18-73 所示。

▶Step03: 执行"偏移"命令，偏移修剪后的线段，如图 18-74 所示。

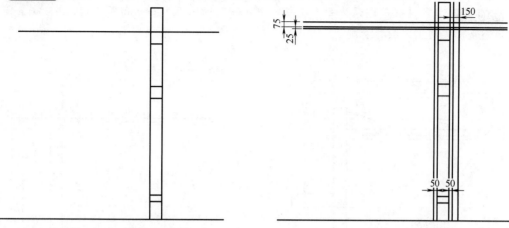

图 18-73　修剪框架图形　　　　　　　　　　　　图 18-74　偏移图形

▶Step04: 执行"修剪"命令，修剪出廊架顶部和侧面造型，如图 18-75 所示。

▶Step05: 执行"偏移"命令，将修剪后的线段再次进行偏移，如图 18-76 所示。

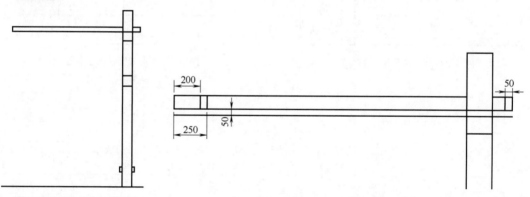

图 18-75　修剪廊架造型　　　　　　　　　　　图 18-76　继续偏移图形

▶Step06: 执行"延伸""修剪""直线"命令，绘制出顶部的斜面造型，如图 18-77 所示。

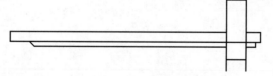

图 18-77　绘制斜面造型

▶Step07: 执行"直线"命令，在廊架顶部绘制一条斜线，如图 18-78 所示。

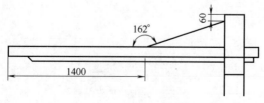

图 18-78　绘制连接斜线

▶Step08：执行"图案填充"命令，为廊架侧立面图进行填充。执行"线性""连续"标注命令，对廊架立面图进行尺寸标注，如图 18-79 所示。

▶Step09：复制并修改图示内容，将其放置在侧立面图下方合适位置，如图 18-80 所示。至此完成廊架侧立面图的绘制。

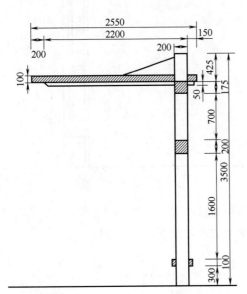

图 18-79　填充并标注尺寸

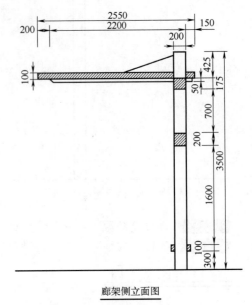

廊架侧立面图

图 18-80　完成廊架侧立面图的绘制